U0258357

Java EE

互联网轻量级框架整合开发

SSM+Redis+Spring微服务 · 上册

杨开振 刘家成 / 著

电子工业出版社

Publishing House of Electronics Industry

北京·BEIJING

内 容 简 介

随着移动互联网的兴起，以 Java 技术为后台的互联网技术占据了市场的主导地位。在 Java 互联网后台开发中，SSM 框架（Spring+Spring MVC+MyBatis）成为了主要架构，本书讲述了 SSM 框架从入门到实际工作的要求。与此同时，为了提高系统性能，NoSQL（尤其是 Redis）在互联网系统中已经广泛应用用，为了适应这个变化，本书通过 Spring 讲解了有关 Redis 的技术应用。随着微服务的异军凸起，Spring 微服务成为时代的主流，本书也包括这方面的内容。

本书主要分为 7 部分：第 1 部分对 Java 互联网的框架和主要涉及的模式做简单介绍；第 2 部分讲述 MyBatis 技术；第 3 部分讲述 Spring 基础（包括 IoC、AOP 和数据库应用），重点讲解 Spring 数据库事务应用，以满足互联网企业的应用要求；第 4 部分讲述 Spring MVC 框架；第 5 部分通过 Spring 讲解 Redis 技术；第 6 部分讲解 Spring 微服务（Spring Boot 和 Spring Cloud）；第 7 部分结合本书内容讲解 Spring 微服务实践。

本书结合企业的实际需求，从原理到实践全面讲解 Java 互联网后端技术，Java 程序员、SSM 框架和 Spring 微服务等互联网开发和应用人员，都可以从本书中收获知识。

图书在版编目（CIP）数据

Java EE 互联网轻量级框架整合开发：SSM+Redis+Spring 微服务. 上册 / 杨开振，刘家成著. —北京：电子工业出版社，2021.7

ISBN 978-7-121-41399-5

Ⅰ. ①J… Ⅱ. ①杨… ②刘… Ⅲ. ①JAVA 语言－程序设计②数据库－基本知识 Ⅳ. ①TP312.8 ②TP311.138

中国版本图书馆 CIP 数据核字（2021）第 120023 号

责任编辑：孙学瑛

印　　刷：北京天宇星印刷厂
装　　订：北京天宇星印刷厂
出版发行：电子工业出版社
　　　　　北京市海淀区万寿路 173 信箱　邮编 100036
开　　本：787×1092　1/16　印张：49.25　字数：1339.6 千字
版　　次：2021 年 7 月第 1 版
印　　次：2025 年 2 月第 5 次印刷
定　　价：199.00 元（上下册）

凡所购买电子工业出版社图书有缺损问题，请向购买书店调换。若书店售缺，请与本社发行部联系，联系及邮购电话：（010）88254888，88258888。

质量投诉请发邮件至 zlts@phei.com.cn，盗版侵权举报请发邮件至 dbqq@phei.com.cn。

本书咨询联系方式：（010）51260888-819，faq@phei.com.cn。

前　言

随着移动互联网的兴起及手机和平板电脑的普及，Java 开发方向发生了很大变化，渐渐从管理系统走向了互联网系统。互联网系统的要求是大数据、高并发、高响应，而非管理系统的少数据、低并发和缓慢响应。为顺应技术发展趋势，2017 年夏，笔者出版了《Java EE 互联网轻量级框架整合开发 SSM 框架（Spring MVC+Spring+MyBatis）和 Redis 实现》一书，比较全面和系统地介绍了 Java EE 的开发知识，受到了业内的广泛认可。但是随着微服务的崛起，以及技术的更替，该书的知识点已经开始过时，更新已是必然，这就是本书出版的原因。

移动互联网的新要求

- 高并发：举个例子，大公司企业 ERP 应用，有 1 万名员工使用，同时在线的用户可能只有数百人，而操作一个业务的同一个数据的可能只有几个人，其系统一般不会存在高并发的压力，使用传统程序和数据库完全可以应付。在互联网中，对于一件热门的商品，可能刚一上市就有成千上万的请求到达服务器，要求服务器瞬间执行数以万计的数据操作，对性能要求高，操作不当容易造成网站瘫痪，引发网站的生存危机。
- 高响应：企业管理系统可以缓慢处理一些业务，而在高并发的互联网系统中，却不可以，按照互联网的要求一般以 5s 为上限，超过 5s 后响应，则用户体验不好，影响用户忠诚度，因此往往需要在高并发和大数据量的场景下实现。
- 数据一致性：由于高并发，多个线程对同一数据同时访问，需要保证数据的一致性，比如电商网站的金额、商品库存不能出错，还要保证其性能不能太差，这是在管理系统中不会出现的场景。
- 技术复杂化：在互联网中流行许多新技术，比如常见的 NoSQL（Redis、MongoDB），微服务（Spring Boot 和 Spring Cloud）等技术。

为什么选择 SSM 框架+Redis+Spring 微服务的开发模式

Struts2 框架和 Spring 结合，多年来没有改变臃肿的老毛病，更为严重的是近年来多次出现的漏洞问题，使得其名声和使用率大降。这个时候 Spring MVC 框架成了新一代 MVC 框架的主流。它原生于 Spring 框架，可以无缝对接 Spring 的核心技术。与 Struts 不同，它的流程模块化，没有那么多臃肿的类，所以互联网应用的框架大部分使用 Spring MVC。

在目前企业的 Java 应用中，Spring 框架是必需的，Spring 的核心是 IoC（控制反转），它是一个大容器，方便组装和管理各类系统内外部资源，同时支持 AOP（面向切面编程），这是对面向对象的补充，目前广泛用于日志和数据库事务控制，减少了大量的重复代码，使得程序更为清晰。因为 Spring 可以使模块解耦，控制对象之间的协作，所以 Spring 框架是目前 Java 最为流行的框架。

对于 Hibernate，笔者感慨最多，在需要存储过程或者复杂 SQL 时，它的映射关系几乎用不上，所有的问题都需要自己敲代码处理。作为全映射的框架，它的致命缺点是没有办法完全掌控数据库的 SQL，而优化 SQL 是高并发、高响应系统的必然要求，这是互联网系统的普遍特性，所以 Hibernate 在互联网系统中被排除了。而另一个持久层框架 MyBatis 需要编写 SQL，提供映射规则，不过它加入了动态 SQL、自动映射、接口编程等功能，从而变得简单易用，同时支持 SQL 优化、动态绑定，并满足高并发和高响应的要求，所以它成为最流行的 Java 互联网持久框架。

NoSQL 是基于内存的，也就是将数据放在内存中，而不是像数据库那样放在磁盘上，内存的读取速度是磁盘读取速度的几十倍到上百倍，所以 NoSQL 工具的读取速度远比数据库读取速度要快得多，满足了高响应的要求。即使 NoSQL 将数据放在磁盘中，它也是一种半结构化的数据格式，读取到解析的复杂度远比数据库要低，这是因为数据库存储的是经过结构化、多范式等有复杂规则的数据，还原为内存结构的速度较慢。NoSQL 在很大程度上满足了高并发、快速读/写和响应的要求，所以它也是 Java 互联网系统的利器。于是两种 NoSQL 工具——Redis 和 MongoDB 流行起来，尤其是 Redis，已经成为主要的 NoSQL 工具，本书会详细介绍它的常用方法。

随着微服务的崛起，当前使用 Spring 的方式也以微服务为主，所以本书还会讨论关于微服务（Spring Boot 和 Spring Cloud）的内容。其中，Spring Boot 是基于 Spring 技术进行封装的，更易于开发 Spring 应用，而 Spring Cloud 以 Spring Boot 的形式对一些分布式组件进行封装，更易于理解和使用。

基于以上原因，SSM（Spring+Spring MVC +MyBatis）已经成为 Java 互联网时代的主流框架，而 Spring 微服务更容易使用，加之 Redis 缓存已经成了主流的 NoSQL 技术，笔者愿意将自己所掌握的知识分享给大家，为目前奋斗在 SSM、Spring 微服务和 Redis 战线上的同行们奉献一本有价值的参考书，给准备进入这个行业的新手一定的帮助和指导。

本书的特点

- 实用性：全书内容来自笔者多年互联网实践开发经验，理论结合实际。
- 理论性：突出基础理念，结合设计模式阐述框架的实现原理和应用理念，让读者知其然，也知其所以然。
- 与时俱进：介绍最新框架技术，与当前互联网企业保持同步，比如全注解搭建 SSM 框架、Spring 微服务和 Redis 应用，方便读者把最新技术应用到实际工作中去。
- 突出热点和重点：着重介绍 MyBatis 实践应用，Spring 数据库及事务应用，使用 Spring 介绍 Redis 实践应用、Spring 微服务、高并发和锁等互联网热门技术的热点和重点。
- 性能要求突出：这是移动互联网的要求，因为互联网面对大数据和高并发，体现互联网企业真实需求。

本书的内容安排

本书基于一线企业的实际需求，介绍了 Java 互联网最流行的框架技术，内容全面，以实际应用为导向，取舍明确，尤其对于技术的重点、难点，解释得深入浅出，案例丰富，本书分为 7 部分。

第 1 部分，讲解 Java EE 和框架基础，让读者对每一门技术的主要作用都有所了解。介绍 SSM 框架的主要设计模式，有助于从底层深入理解框架。

第 2 部分，讲解 MyBatis 的基础应用，包括其主要组成、配置、映射器、动态 SQL，并且深入 MyBatis 的底层运行原理和插件，详细讨论它们的高级应用。

第 3 部分，讲解 Spring IoC 和 Spring AOP。掌握 Spring 如何通过 IoC 管理资源，通过设计模式讨论 AOP 的实现原理、使用方法及实践。讨论 Spring 对数据库的支持，如何整合 MyBatis，并且着重讨论 Spring 数据库事务的相关内容，包括数据库隔离级别和传播行为的应用。

第 4 部分，讲解 Spring MVC 主要的流程、HandlerMapping 的应用、控制器 Controller、处理适配器（HandlerAdapter）、视图和视图解析器，然后讨论传递参数、注解、数据校验、消息转换和国际化等应用。

第 5 部分，讲解 NoSQL 的优势和应用方法，Redis 的常用数据类型和主要命令，以及一些基本的特性（比如事务）和用法，并教会读者在 Java 和 Spring 环境中使用它。

第 6 部分，讲解 Spring 微服务，微服务的概念，通过对 Spring Boot 和 Spring Cloud 的讲解让大家理解 Spring 微服务的开发。

第 7 部分，通过 Spring 微服务实例串联本书的主要知识点，让大家体验 Java 后端开发的主流技术；注重性能分析，介绍一些常见处理高并发的方法，以满足企业的真实需要。

和读者的约定

为了方便论述，我们进行以下约定。

- import 语句一般不出现在代码中，主要用于缩减篇幅，可以使用 IDE 自动导入，只有在笔者认为有必要的场景和一些重要的实例中，它才会出现在代码中。
- 本书的例子大部分使用附录 A 中的数据模型，附录 A 中有基本的论述和对应的 SQL 语句。
- 对于普通的 POJO，笔者大部分都会以"/**setter and getter**/"代替 POJO 的 setter 和 getter 方法，类似这样：

```
public class Role {
private Long id;
private String roleName;
private String note;
/**setter and getter**/
}
```

读者可以用 IDE 生成这些属性的 setter 和 getter 方法，这样做主要是为了节省篇幅，突出重点，也有利于读者的阅读。当然在一些特别重要的和使用广泛的场景中，比如 MyBatis 入门、SSM 框架整合等，才会给出全量代码，以便读者进行编码学习。

- 在默认情况下，笔者使用互联网最常用的 MySQL 数据库，当使用其他数据库时，笔者会事先加以说明。
- 本书采用的 MyBatis 版本是 3.5.3，Spring 的版本是 5.2.1.RELEASE，Redis 的版本是 5.0.8，在实践的过程中，读者需要注意版本之间的差异。

本书的目标读者

阅读本书，读者要掌握以下知识：Java 编程基础和数据库基础知识（本书以互联网数据库 MySQL 为主）。本书以互联网企业最广泛使用的技术框架为中心讲解 Java EE 和 Spring 微服务技术，从入门到实践，适合有志于从事 Java EE 和 Spring 微服务开发的各类人员阅读，通过学习本书能够有效提高技术能力，并将知识点应用到实际的企业工作中去。本书也可以作为大中专院校计算机专业的教材，帮助在校学生学习企业实际应用，当然，读者也可以把本书当作一本工作手册进行查阅。

致谢

本书的成功出版，要感谢电子工业出版社的编辑们，没有他们的辛苦付出，绝对没有本书的成功出版，尤其是孙学瑛编辑，写作过程中，她给了我很多的建议和帮助，为此付出了很多时间和精力。

在撰写本书期间，我去了四川旅游，得到了校友刘家成的接待，和他聊起了创作本书的事情，他也自愿加入了本书的创作和更新，也帮助我编写和完善了部分章节的内容；同时得到前同事谭茂华的协助，他以过硬的技术为我排除了不少错误，给了我很多很好的建议，并撰写了一些很好的实例；在此对他们的辛苦付出表示最诚挚的感谢。

互联网技术博大精深，涉及的技术门类特别多，甚至跨越行业，技术更新较快。撰写本书时，笔者也遇到了一些困难，由于本书涉及的知识十分广泛，对技术要求更高，所以出错的概率也大大增加，正如没有完美的程序一样，也没有完美的书，一切都需要一个完善的过程，所以尊敬的读者，如果对本书有任何意见或建议，欢迎发送邮件到 ykzhen2013@163.com，或者在笔者的博客（http://blog.csdn.net/ykzhen2015）上留言，以便于本书的修订。

杨开振

读者服务

微信扫码回复：41399

- 本获取本书配套源代码
- 加入本书读者交流群，与本书作者互动
- 获取【百场业界大咖直播合集】（永久更新），仅需 1 元

目　　录

第 1 部分　入门和技术基础

第 2 部分　互联网持久框架——MyBatis

第 3 部分　Spring 基础

第 1 部分

入门和技术基础

第 1 章

Java EE 基础

本章目标

1. 理解 Java EE 容器和组件的概念
2. 理解 Web 项目文件和目录结构
3. 掌握 Servlet 的应用

Java EE（Java Platform Enterprise Edition）是一种企业级的 Java 版本，我们可以通过它构建企业级应用。严格讲，它现在官方的名字应该是 Jakarta EE（Jakarta Enterprise Edition），不过在现实中，这个名字似乎没有流行起来，当前还是普遍称其为 Java EE，所以本书依旧使用 Java EE 这个名称。

1.1 Java EE 概述

Java EE 是 SUN 公司提出来的企业版 Java 开发中间件，它主要用于企业级互联网系统的搭建。Java 语言凭借其平台无关性、可移植性、健壮性、支持多线程和安全性等优势迅速成为构建企业互联网平台的主流技术。随着 Java EE 被广泛使用，也衍生出了许多优秀的框架，比如当前最流行的 Spring 框架，还有 Struts、Hibernate 和 MyBatis 等，使得 Java EE 的开发更加简单和快速。

Java EE 的本质是一种容器加组件技术，这句话里包含了两个概念——容器和组件。**容器**是用来管理组件行为的一个集合工具，组件的行为包括与外部环境的交互、组件的生命周期、组件之间的合作依赖关系和运行等。**组件**是开发者编写或者引入的第三方程序代码，只要开发者按照容器所定义的规范开发组件，组件就可以在容器中运行了。Java EE 中的主要组件包括 JSP、Servlet 和 EJB（Enterprise Java Bean）等，主要的开发语言是 Java。容器和组件的关系如图 1-1 所示。

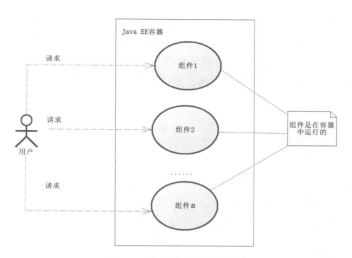

图 1-1　容器和组件的关系

1.1.1　Java EE 容器

Java EE 容器不是需要用户开发的内容，它是依照 Java EE 规范提供的集合工具，只要满足 Java EE 规范的组件都可以在该容器中运行。从这句话中，可以知道组件是用户开发的，而容器是某个公司、组织或者个人依照 Java EE 规范提供的。Java EE 容器可以分为 Web 容器、EJB 容器和应用容器，它们都依照 Java EE 制定的规范实现。下面来了解这三种容器。

- Web 容器：它包含一个 Servlet 容器，Servlet 容器可以运行 Java EE 的核心组件 Servlet，而实际上 JSP 最终会被 Web 容器翻译为 Servlet，再通过 Servlet 容器运行。此外，Web 容器还可以运行 HTML 等文件。实现 Web 容器规范的服务器有多种，如 Tomcat、Jetty、Wildfly（前身为 JBoss）和 GlassFish 等。
- **EJB 容器**：它是 Java EE 提出的一个企业级 Java Bean 的规范，能在它内部运行的组件是 EJB，但是请注意，在默认情况下，Tomcat 只提供 Web 容器，不提供 EJB 容器，所以在 Tomcat 中无法运行 EJB，除非引入插件。Wildfly 和 GlassFish 等服务器则提供了 EJB 容器，可以在它们当中运行 EJB。但是 EJB 存在诸多的问题，当前已经被大部分企业抛弃，基于实用原则，本书不再讨论它。
- **其他 Java 应用容器**：解决某类问题的一些厂商提供的容器，比如 Java NIO，它是一种支持字节组件的容器。

从客观的角度来看，在企业应用中，Web 容器是使用最广泛的容器，本书主要讨论这个容器。当前，EJB 已经没有太大的讨论价值，其他的 Java 容器，虽然有比较广泛的应用，但是都是解决某一问题的，针对性较强。后续我们会以 Tomcat 为例讨论 Web 容器，其实 Jetty、Wildfly 和 GlassFish 都是类似的，因为它们都遵循 Java EE 容器的规范。

1.1.2　Java EE 组件

Java EE 组件是运行在 Java EE 容器中的程序片段，该程序以 Java 为主要的开发语言，可以和 Java 的其他技术融合。在不同的 Java EE 容器中存在不同的组件，比如 Web 容器和 EJB 容器中的组件是不同的。在 Web 容器中，主要的组件是 Servlet 和 JSP，由于当前在企业中流行前端和后端分离，所以 JSP 技术已经走向了被淘汰的边缘，而 Servlet 是我们的研究重点，从本质来说，可以认为 JSP 也是一种 Servlet 技术，因为 Web 容器会先将 JSP 翻译为 Servlet，然后去执行。而 EJB 容器中主要的组件是 EJB，它们又可以分为会话 Bean、实体 Bean 和消息驱动 Bean，只是它已经是被淘汰的技术，所以本书不再讨论。其他 Java 应用容器的组件，则需要根据用户需要引入。

1.2　开发环境简介

为了更好地进行开发，本书在介绍 Spring 微服务之前会选用 Eclipse 作为开发环境，在介绍 Spring 微服务时会选用 IntelliJ IDEA 作为开发环境，它们都是现今最为流行的 IDE。不过在此之前我们需要先介绍一下 Tomcat、Maven 和 Java EE 的 Web 项目。

1.2.1　Tomcat 简介

Tomcat 是 Apache 软件基金会（Apache Software Foundation）的 Jakarta 项目中的一个核心部分，由 Apache、Sun 和其他公司及个人共同开发。

Tomcat 支持 HTTP，并且支持 Web 容器规划的实现，它支持 HTTP 技术，如 HTML、CSS 等，同时支持 JSP 和 Servlet 等 Java EE 技术。我们可以通过访问 Apache 官方网站，下载 Tomcat，笔者的计算机系统是 Windows 10 的 64 位版本，因此选择的 Tomcat 是 64 位的 Tomcat 9.0.30。下载并解压缩后，就准备好了 Tomcat。

为了启动 Tomcat，我们需要配置好 JDK 环境变量（JAVA_HOME 和 PATH，这比较简单，网上也有很多教程，这里就不再讨论了）。接着可以打开 Tomcat 目录下的 bin 文件夹，如果在 Windows 环境下可以看到 startup.bat 文件，则双击它启动 Tomcat。启动完成后，在浏览器输入访问地址 http://localhost:8080，可以看到图 1-2 所示的页面。

图 1-2　Tomcat 控制台

当看到这个页面时，说明 Tomcat 已经启动。这里有必要研究一下 Tomcat 目录下的各个文件夹的作用，首先看它下面有哪些文件夹，如图 1-3 所示。

名称 ^	修改日期	类型	大小
bin	2020/4/6 15:24	文件夹	
conf	2020/4/6 15:24	文件夹	
lib	2020/4/6 15:24	文件夹	
logs	2020/4/6 15:24	文件夹	
temp	2020/4/6 15:24	文件夹	
webapps	2020/4/6 15:24	文件夹	
work	2020/4/6 15:24	文件夹	
BUILDING	2019/12/7 16:43	文本文档	20 KB
CONTRIBUTING.md	2019/12/7 16:43	MD 文件	6 KB
LICENSE	2019/12/7 16:43	文件	57 KB
NOTICE	2019/12/7 16:43	文件	3 KB
README.md	2019/12/7 16:43	MD 文件	4 KB
RELEASE-NOTES	2019/12/7 16:43	文件	7 KB
RUNNING	2019/12/7 16:43	文本文档	17 KB

图 1-3　Tomcat 目录下的文件夹

下面，我们通过表 1-1 进行说明。

表 1-1　Tomcat 目录下的文件夹说明

文件夹	说　明
bin	放置 Tomcat 的命令，如 startup.bat 为启动命令，shutdown.bat 为关闭命令
conf	放置 Tomcat 的配置，可以设置编码等参数
lib	存放启动的包，比如我们使用 Tomcat 的数据源，需要将对应的数据库连接包放在这里
logs	放置 Tomcat 日志文件
temp	缓存文件夹，放置 Tomcat 缓存的内容
webapp	Web 项目部署目录，我们可以将 Java EE 的 Web 项目放置在这里，它会自动发布
work	工作目录，在 Web 容器运行时，JSP 会被翻译为 Servlet，而编译 Servlet 后生成的 class 文件，可以存放在这里，这样后续运行的 JSP 速度就更快了

Tomcat 的编码经常需要修改，在默认情况下，如果使用 Windows 系统，则可以在 Tomcat 的控制台中看到日志存在很多乱码，可以打开 conf 文件夹下的配置文件 logging.properites，然后修改其中的配置项，如下：

```
java.util.logging.ConsoleHandler.encoding = GBK
```

这样重启 Tomcat 就不会有乱码了。在运行过程中，我们还可以设置 Tomcat 的运行编码，打开 conf 目录下的 server.xml 文件，找到<Connector>元素进行修改，如下：

```
<Connector port="8080" protocol="HTTP/1.1"
           connectionTimeout="20000"
           redirectPort="8443" URIEncoding="UTF-8"/>
```

这样可以让 Tomcat 在 UTF-8 的环境下运行，当然也可以根据需要配置为 GB2312 等。

1.2.1　Maven

Maven 是一种常见的构建工具，它是可以通过一小段描述信息进行项目的构建、报告和文档管理的工具软件。我们首先从 Apache 网站上下载 Maven 压缩包，然后解压缩到本地，接下来设置环境变量 MAVEN_HOME 指向 Maven 目录，最后在环境变量 PATH 中添加 Maven 的 bin 目录。在默认情况下，Maven 会根据依赖从外国网站上下载对应的依赖包，这个过程会十分缓慢。为了改变这种情况，可以在 Maven 目录的 conf 文件下找到配置文件 setting.xml，再找到 <mirrors> 元素，这是一个添加镜像的元素，在它下面添加子元素，内容如下：

```xml
<mirror>
    <id>alimaven</id>
    <name>aliyun maven</name>
    <url>http://maven.aliyun.com/nexus/content/groups/public/</url>
    <mirrorOf>central</mirrorOf>
</mirror>
```

将 Maven 的下载路径指向阿里巴巴的镜像后，Maven 就会去国内的阿里巴巴的镜像下载对应的依赖包，从而大大加快项目的构建速度。我们可以使用 Eclipse 或者 IntelliJ IDEA 构建 Maven 项目或者模块，在此之前，最好将 Maven 的用户设置指向修改过的 setting.xml 文件。这样就可以构建 Maven 项目了，注意，选择骨架（maven-archetypes-webapp）构建项目，会更方便我们构建 Web 项目。

1.2.3　Web 项目结构

这里笔者用 Eclipse 构建 Maven 的 Web 项目 chapter1，然后观察 Web 项目的目录，如图 1-4 所示。

图 1-4　Maven Web 项目的目录

这里的/src/main 目录下有三个文件夹：java、resources 和 webapp。其中 java 文件夹主要放置我们开发的 Java 类；resources 文件夹存放各种配置文件；webapp 文件夹主要放置 Web 项目所需要的各类文件，如 HTML、JSP 和 JavaScript 文件等。/src/test 目录下的 java 文件夹则主要放置测试类。这里需要对/src/main 目录下的 webapp 文件夹进行进一步说明，从图 1-4 中可以看到在 WEB-INF 文件夹下存在一个 web.xml 文件，这是一个 Java EE Web 项目的配置文件，只是在新的 Servlet 3.0 以后的容器规范下，它不是必需的，而 index.jsp 是 IDE 为我们构建的一个 JSP 样例。

1.2.4　Web 项目发布包

这里需要研究一下 Web 项目打包后的结构。我们可以使用 IDE 将项目打包为 war 文件，然后解压缩它，其目录结构如图 1-5 所示。

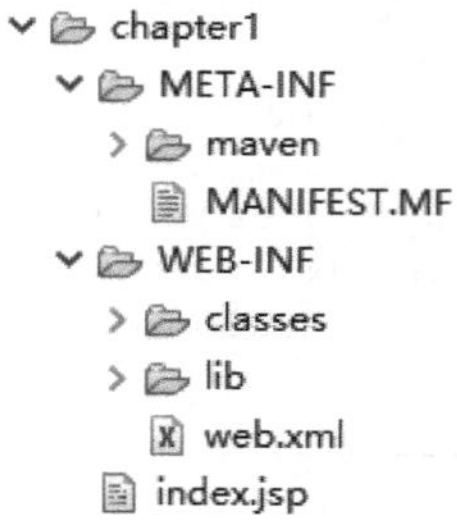

```
∨ 🗁 chapter1
    ∨ 🗁 META-INF
        > 🗁 maven
            📄 MANIFEST.MF
    ∨ 🗁 WEB-INF
        > 🗁 classes
        > 🗁 lib
            📄 web.xml
        📄 index.jsp
```

图 1-5　Web 项目包目录结构

在图 1-5 中，MANIFEST.MF 文件是一个说明文档，一般不常用。WEB-INF 文件夹是核心，它下面还有 classes 和 lib 两个文件夹，classes 是 Web 项目开发的 Java 文件，是经过编译生成的 class 文件，lib 文件夹放置第三方依赖包，web.xml 是 Web 项目的配置文件。index.jsp 则是一个 JSP 页面，是默认的欢迎页。把 chapter1 整个复制到 Tomcat 的 webapps 目录下，就可以发布项目了。将 war 包直接放到 Tomcat 的 webapps 目录下也可以发布项目，一般来说，这样的方式适合在项目正式发布的时候使用。

1.3　Web 容器的组件——Servlet

上述，我们通过 Tomcat 来获取 Web 容器，而 Web 容器包含 Servlet 容器，那么我们肯定想在 Tomcat 中运行我们开发的程序。在 Servlet 容器中，Servlet 是最基础的组件，这里并没有讨论 JSP（Java Server Page），这是因为严格来说，也可以把 JSP 当作 Servlet，JSP 存在的意义只是方便我们编写动态页面，使 Java 语言能和 HTML 相互结合。现在已经很少直接使用 JSP 了，前后端分离已经成为大势，基于实用原则，本书就不再介绍 JSP 页面。本节的主要内容是 Servlet 的应用，它是理解 Java EE 的核心内容，也是我们学习的核心内容。按照 Servlet 3.0 以后的规范，组件都可以使用注解来配置，而不必使用 web.xml 配置，随着 Spring Boot 的流行，使用注解开发的方式成为主流，因此本章也会以注解为主，配置为辅介绍 Servlet 的应用。注意，Servlet 是运行在 Servlet 容器中的组件，而 Tomcat 实现的 Web 容器包含 Servlet 容器。

1.3.1　Servlet 入门实例

我们暂时不讨论 Servlet 中复杂的内容，先通过实例让大家对 Servlet 有一个基本的认识，开发 Servlet 一般需要继承 HttpServlet 这个抽象类，实现一个服务方法。为此编写代码清单 1-1，定义 MyServlet。

代码清单 1-1：自定义 Servlet——MyServlet

```java
package com.learn.ssm.chapter1.servlet;

/**** imports ***/
```

```
// 使用@WebServlet 将类标识为 Servlet，Servlet 容器会自动识别
@WebServlet(
      name="myServlet", // Servlet 名称
      urlPatterns = "/my" // Servlet 拦截路径，可以是正则式
)
public class MyServlet extends HttpServlet { // 继承抽象类 HttpServlet

    // 实现 doGet 方法，接收 HTTP 的 GET 方法
    @Override
    public void doGet(HttpServletRequest request, HttpServletResponse response)
          throws IOException, ServletException {
        response.getWriter().print("Hello Servlet"); // 写入应答消息
    }
}
```

注意标识在类上面的@WebServlet，它标识这个类是 Servlet，将会被 Servlet 容器识别为 Servlet，配置 Servlet 的名称和拦截的路径为/my。MyServlet 则继承了 HttpServlet，且覆盖了它定义的 doGet 方法。在 IDE 配置好 Tomcat 后，就可以运行项目了。在浏览器中访问 http://localhost:8080/chapter1/my，可以看到响应的内容，如图 1-6 所示。

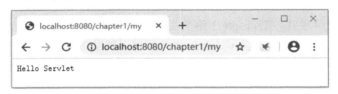

图 1-6　MyServlet 的响应内容

图 1-6 说明 MyServlet 已经装配到 Servlet 容器中。这里首先需要认识 MyServlet 中 doGet 方法的两个参数：

- 请求参数（HttpServletRequest）：它代表请求，可以从请求中获取对应的参数和与之相关的信息。
- 响应参数（HttpServletResponse）：它代表如何响应用户的请求，我们可以通过它写入响应信息，也可以设置应答的类型和其他相关的信息，比如图 1-6 中的 Hello Servlet 就是通过它写入的响应信息。

关于这两个参数，在本章后续还会介绍，这里只需要有个印象。本章介绍的 MyServlet 比较简单，还远远没有达到应用的层级，为此我们有必要进行更深入的学习。

1.3.2　Servlet 的生命周期

Servlet 的生命周期是 Servlet 学习的核心内容之一，也是初学者常常犯糊涂的地方。Servlet 是 Servlet 容器中的一个接口，在它的基础上，还会定义 GenericServlet 和 HttpServlet 两个抽象类，它们的关系如图 1-7 所示。

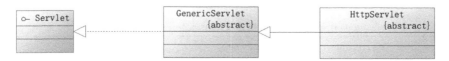

图 1-7　Servlet 相关接口和类

　　这里的 GenericServlet 和 HttpServlet 就是我们关注的核心类，它们都是抽象类，定义了许多重要的方法，代码清单 1-2 展示了 HttpServlet 的部分重要方法。

代码清单 1-2：HttpServlet 的重要方法节选

```java
// 带配置参数的初始化方法
public void init(ServletConfig config) throws ServletException {
    ......
}

// 不带参数的初始化方法
public void init() throws ServletException {
}

// HTTP 的 GET 请求处理方法
protected void doGet(HttpServletRequest req,
        HttpServletResponse resp) throws ServletException, IOException {
    ......
}


// HTTP 的 POST 请求处理方法
protected void doPost(HttpServletRequest req,
        HttpServletResponse resp) throws ServletException, IOException {
    ......
}

// HTTP 的服务方法，它是 Servlet 的核心方法，
// 会根据请求方法（比如 GET 或者 POST）转发到对应的 doGet 或者 doPost 等方法
protected void service(HttpServletRequest req, // ①
        HttpServletResponse resp) throws ServletException, IOException {
    ......

}


// 接口 Servlet 定义的方法，它会调用①处的方法
public void service(ServletRequest req,
        ServletResponse res) throws ServletException, IOException {
    ......
    this.service(request, response); // 调用①处的方法
}

// 销毁方法
public void destroy() {
}

// ... 其他方法 ...
```

　　这里的方法分为三大类：一是初始化方法，分别是两个 init 方法，其中一个带参数，另一个不带参数；二是服务方法，这是 Servlet 的核心方法，包括 service、doGet 和 doPost 方法；三是销毁方法，也就是 destroy 方法。这里的方法在注释中都有清晰的说明，请自行参考。

　　这里需要注意，Servlet 容器是如何初始化和使用 Servlet 提供服务的，以及这些方法的调用顺序等问题，这些都是 Servlet 的核心内容，请大家务必掌握好。Servlet 的请求响应过程如图 1-8 所示。

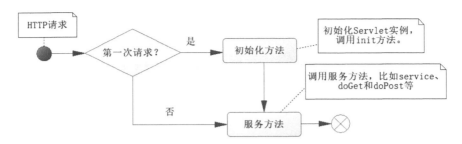

图 1-8　Servlet 的请求响应过程

注意第一次请求和其他请求之间的不同。在第一次请求时，Servlet 容器会构建 Servlet 实例，然后调用其初始化的 init 方法，接着调用服务方法（比如 doGet、doPost 等），从而响应请求。第二次和之后的请求则是直接调用服务方法，不会再调用 init 方法初始化 Servlet。可见在这个过程中，Servlet 只有一个实例，而不是多个实例，而 init 方法也只会调用一次。那么，销毁（destroy）方法又是如何呢？让我们看图 1-9。

图 1-9　Servlet 的销毁方法

销毁方法会在 Servlet 容器正常关闭或者在 Servlet 实例超时的时候被调用，这样在 Servlet 容器中就会销毁 Servlet 的实例了。

上述是 Servlet 的生命周期，初学者必须掌握好，有时候可以通过配置进行改变。为了掌握好 Servlet 的生命周期，我们修改 MyServlet 的代码进行测试，如代码清单 1-3 所示。

代码清单 1-3：测试 Servlet 生命周期

```java
package com.learn.ssm.chapter1.servlet;

/**** imports ****/

// 使用@WebServlet 将类标识为 Servlet，Servlet 容器会自动识别它
@WebServlet(
    name="myServlet", // Servlet 名称
    urlPatterns = "/my" // Servlet 拦截路径，可以是正则式
)
public class MyServlet extends HttpServlet { // 继承抽象类 HttpServlet

    @Override
    public void init() {
        System.out.println("init 方法调用");
    }

    // 实现 doGet 方法，接收 HTTP 的 GET 方法
    @Override
    public void doGet(HttpServletRequest request, HttpServletResponse response)
        throws IOException, ServletException {
        System.out.println("doGet 方法调用");
        response.getWriter().print("Hello Servlet");
```

```
    }

    @Override
    public void destroy() {
        System.out.println("destroy 方法调用");
    }
}
```

这里覆盖了 init、doGet 和 destroy 方法，并且输入了内容，以方便我们监测，重启项目，按照以下步骤测试。

在浏览器中访问 http://localhost:8080/chapter1/my，可以看到日志打出：

```
init 方法调用
doGet 方法调用
```

这说明 Servlet 容器开始初始化 MyServlet，并第一次执行 doGet 方法。接着刷新请求两次，可以看到日志打出：

```
doGet 方法调用
doGet 方法调用
```

可见 init 方法并未被调用，而是直接调用了 doGet 方法。最后正常关闭 Tomcat，可以看到日志打出：

```
destroy 方法调用
```

可见在 Servlet 容器正常关闭的时候，才会调用 destroy 方法销毁 Servlet 实例。而整个过程是按照图 1-8 和图 1-9 执行的。此外我们可以使用代码清单 1-2 中带有参数的 init 方法传递参数，我们需要学习 Servlet 的参数配置等内容，如代码清单 1-4 所示。

代码清单 1-4：配置 Servlet

```
package com.learn.ssm.chapter1.servlet;

/**** imports ****/

// 使用@WebServlet 将类标识为 Servlet，Servlet 容器会自动识别它
@WebServlet(
    name="myServlet", // Servlet 名称
    urlPatterns = "/my", // Servlet 拦截路径，可以是正则式
    asyncSupported = true, // 是否异步执行？默认为 false
    // 启动顺序，如果小于或等于 0，则不在项目启动时加载，如果大于 0，则在项目启动时加载
    loadOnStartup = 1,
    initParams = { // 设置 Servlet 参数
        @WebInitParam(name = "init.param1", value ="init-value1"),
        @WebInitParam(name = "init.param2", value ="init-value2")
    }
)
public class MyServlet extends HttpServlet { // 继承抽象类 HttpServlet

    @Override
    public void init(ServletConfig servletConfig) {
        System.out.println("init 方法调用");
        // 获取配置参数
```

```java
        String param1 = servletConfig.getInitParameter("init.param1");
        String param2 = servletConfig.getInitParameter("init.param2");
        System.out.println(param1);
        System.out.println(param2);
    }

    /**** 其他代码 ****/
}
```

请注意代码中@WebServlet 配置项的使用：其中，asyncSupported 的默认值为 false，代表不使用异步线程运行 Servlet，这里配置为 true，代表支持多线程异步；配置项 loadOnStartup 设置为 1，如果这里设置为大于 0，那么 Servlet 实例会在启动项目时就初始化到 Servlet 容器中，而不是在第一次请求时才初始化；配置项 initParams 设置 Servlet 的参数。这里编写了带有参数的 init 方法，这个方法中的参数类型为 ServletConfig，它代表 Servlet 的配置，在方法中，还获取了这些参数。重启 Tomcat 服务器，无须对 MyServlet 进行请求，就可以看到 init 方法的调用和参数的打印了。

1.3.3 HttpServletRequest 的应用

应该说，HttpServletRequest 和 HttpServletResponse 这两个类在 Servlet 的开发中是最常用的。对于 HttpServletRequest 类，我们一般称之为请求对象，为了学习它的使用方法，这里构建一个 RequesServlet，其内容如代码清单 1-5 所示。

代码清单 1-5：HttpServletRequest 的使用

```java
package com.learn.ssm.chapter1.servlet;
/**** imports ****/
@WebServlet(
    name = "reqServlet", // Servlet 名称
    urlPatterns = "/request/*" // 正则式匹配
)
public class RequestServlet extends HttpServlet {

    @Override
    public void doGet(HttpServletRequest request, HttpServletResponse response)
            throws ServletException, IOException {
        // 获取请求信息（①）
        int port = request.getServerPort();
        String url = request.getRequestURL().toString();
        String uri = request.getRequestURI();
        System.out.println("服务器端口：" + port);
        System.out.println("url:" + url);
        System.out.println("uri:" + uri);

        // 获取请求头（②）
        String userAget = request.getHeader("User-Agent");
        System.out.println("User-Agent: " + userAget);

        // 获取参数（③）
        String param1 = request.getParameter("param1");
        String param2 = request.getParameter("param2");

        // 获取请示上下文（④）
        ServletContext application = request.getServletContext();
        // 设置上下文属性
```

```
        application.setAttribute("application", "application-value");

        // 设置请求属性（⑤）
        request.setAttribute("param1", param1);
        request.setAttribute("param2", param2);

        // 设置 Session 属性（⑥）
        HttpSession session = request.getSession();
        // 设置 Session 超时时间为半小时，这里的单位为 s
        session.setMaxInactiveInterval(1800);
        session.setAttribute("session1", "session-value1");

        // 跳转到 JSP 页面（ ⑦）
        request.getRequestDispatcher("/request-result.jsp")
            // 请注意此时会传递请求和响应的上下文，同时浏览器地址不会发生改变
            .forward(request, response);
    }
}
```

　　这里的代码分为 7 段：第①段是获取请求基本信息；第②段是获取请求头；第③段是获取请求参数；第④段是获取请求上下文，并设置上下文属性；第⑤段是设置请求属性；第⑥段是设置 Session 属性；第⑦段是跳转到 JSP 页面。每一段的注释都有清晰的说明，请自行参考。这段代码涉及 JSP 页面中三个重要内置对象的使用：request、session 和 application，在使用它们的时候需要特别注意的是作用域。request 请求对象的作用域是当次用户请求有效；session 的作用域是浏览器和服务器会话期间有效；而 application 的作用域是 Web 项目在 Servlet 容器中存活期间有效。其中，session 是服务器在和浏览器通信期间为了保存会话数据而开辟的内存空间，它可以记录和浏览器之间的会话数据，记录和浏览器会通过一个 sessionId 进行关联，我们还可以像代码中那样通过 setMaxInactiveInterval 方法设置超时时间，比如我们常见的购物车往往就保存在 session 中。应该说 JSP 内还有一个内置对象 page，只是这个对象只对当前页面有效，使用率很低，所以不再讨论它的功能。在代码的第⑦段，还会跳转到一个 JSP 页面，为此我们需要提供这个页面，并且将其放在 webapp 目录下，其内容如代码清单 1-6 所示。

代码清单 1-6：RequesServlet 请求跳转页面（request-result.jsp）

```jsp
<%@ page contentType="text/html;charset=UTF-8" language="java" %>
<html>
<body>
<%
    out.print("<h2>内置对象 request</h2>");
    String param1 =(String) request.getAttribute("param1");
    String param2 =(String) request.getAttribute("param2");
    out.print("param1 => " + param1 +"<br>");
    out.print("param2 => " + param2 +"<br>");

    out.print("<h2>内置对象 session</h2>");
    String sesionValue = (String) session.getAttribute("session1");
    out.print("session1 => " + sesionValue +"<br>");

    out.print("<h2>内置对象 application</h2>");
    String appValue = (String) application.getAttribute("application");
    out.println("application => " + appValue + "<br>");
%>
</body>
</html>
```

这里使用了 JSP 的三个内置对象 request、session 和 application 来获取属性值，需要注意它们的作用域。此时启动项目，在浏览器访问 http://localhost:8080/chapter1/request/url?param1=value1&param2=value2，就可以看到结果了，如图 1-10 所示。

图 1-10 测试 Servlet 请求流程和 JSP 内置对象

注意到浏览器中的地址并未显示 JSP，但是会展示 JSP 的内容，同时各个 JSP 内置对象也都可以正常工作了。此外还可以观察 Tomcat 日志平台，它会打印出：

```
服务器端口：8080
url:http://localhost:8080/chapter1/request/url
uri:/chapter1/request/url
User-Agent: Mozilla/5.0 (Windows NT 10.0; Win64; x64) AppleWebKit/537.36 (KHTML, like
Gecko) Chrome/80.0.3987.163 Safari/537.36
```

可见除了页面，其他的信息也获取成功了。

1.3.4 HttpServletResponse 的应用

HttpServletResponse 也被我们称为响应对象，主要用于响应请求。相对来说，它没有 HttpServletRequest 那么复杂，它主要的作用是设置响应头和响应体。在前后端分离为主要趋势的今天，页面主要通过 AJAX（Asynchronous Javascript And XML）获取数据，而手机应用也是接近的，所以后端更多的响应的类型会以 JSON 数据集为主，这时需要通过 HttpServletResponse 设置响应类型和编码。下面举例说明，如代码清单 1-7 所示。

代码清单 1-7：HttpServletResponse 的使用

```java
package com.learn.ssm.chapter1.servlet;

/**** imports ****/
@WebServlet(
    name = "respServlet",
    urlPatterns = "/response/*"
)
public class ResponseServlet extends HttpServlet {

    @Override
    public void doGet(HttpServletRequest request,
        HttpServletResponse response) throws IOException {
    // 获取参数
    String param1 = request.getParameter("param1");
    String param2 = request.getParameter("param2");

    // 封装到 Map 数据结构中
```

```
        Map<String, String> resultMap = new HashMap<>();
        resultMap.put("param1", param1);
        resultMap.put("param2", param2);
        // 转换为 JSON 数据集
        String json = JSON.toJSONString(resultMap);

        // 设置响应信息为 JSON 类型
        response.setContentType("application/json");
        // 设置响应编码为 UTF-8
        response.setCharacterEncoding("UTF-8");
        // 设置响应头
        response.setHeader("success", "true");
        // 设置状态码, 200 表示成功
        response.setStatus(200);
        // 获取输出对象
        PrintWriter out = response.getWriter();
        // 输出信息
        out.println(json);
    }
}
```

这里首先获取两个请求参数，然后将其放到一个 Map 结构中，接着将其转换为 JSON。之后通过 HttpServletResponse 对象设置响应类型、编码、响应头等内容，最后获取 PrintWriter 对象，输出 JSON 信息。启动 Tomcat，在浏览器中访问 http://localhost:8080/chapter1/response/my?param1=value1&param2=value2，就可以看到图 1-11 所示的内容了。

图 1-11　使用 JSON 数据集作为 Servlet 的请求响应

可见请求体也以 JSON 数据集的形式展示了出来。我们可以再查看响应头，笔者使用的是 Chrome 浏览器，点击 F12 键，就可以看到控制台了，图 1-12 就是笔者监控的结果。

图 1-12　监控请求头

从图 1-12 中可以看到，设置的响应码和响应头都成功了。当然有时候，我们也需要跳转到 JSP，使用 HttpServletResponse 对象也是可以的，下面通过代码清单 1-8 进行举例。

代码清单 1-8：使用 HttpServletResponse 进行跳转

```java
package com.learn.ssm.chapter1.servlet;

/**** imports ****/
@WebServlet(
    name="respJsp",
    urlPatterns = "/resp/jsp/*"
)
public class ResponseJspServlet extends HttpServlet {

    @Override
    public void doGet(HttpServletRequest request, HttpServletResponse response)
        throws IOException {
        // 获取参数
        String param1 = request.getParameter("param1");
        String param2 = request.getParameter("param2");
        String param3 = request.getParameter("param3");
        // 设置请求属性
        request.setAttribute("param1", param1);
        // 设置 Session 属性
        request.getSession().setAttribute("param2", param2);
        // 设置 ServletContext 属性
        request.getServletContext().setAttribute("param3", param3);
        // 跳转，需给出相对全路径
        response.sendRedirect("/chapter1/response-result.jsp");
    }

}
```

注意到代码中设置了请求属性、会话（Session）属性和 ServletContext 属性，之后通过 sendRedirect 方法跳转，这里的跳转需要给出相对全路径。由于跳转到 response-result.jsp，所以下面需要编写它，并放在 webapp 目录下，其内容如代码清单 1-9 所示。

代码清单 1-9：Servlet 响应 JSP 页面（response-result.jsp）

```jsp
<%@ page contentType="text/html;charset=UTF-8" language="java" %>
<html>
<body>
<%
    out.print("<h2>内置对象 request</h2>");
    String param1 =(String) request.getAttribute("param1");
    out.print("param1 => " + param1 +"<br>");

    out.print("<h2>内置对象 session</h2>");
    String param2 = (String) session.getAttribute("param2");
    out.print("param2 => " + param2 +"<br>");

    out.print("<h2>内置对象 application</h2>");
    String param3 = (String) application.getAttribute("param3");
    out.println("param3 => " + param3 + "<br>");
%>
</body>
</html>
```

启动项目，在浏览器中访问 http://localhost:8080/chapter1/resp/jsp/my?param1= value1& param2=value2&params3=value3，可以看到图 1-13 所示的内容。

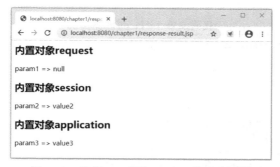

图 1-13　使用 JSP 作为 Servlet 的响应页面

这里需要注意两点：第一，我们请求的路径和浏览器中显示的最终路径并不相同，浏览器显示的是一个 JSP 路径，这点和 HttpServletRequest 的跳转不一样；第二，更重要的是可以看到 param1 这个参数为 null，因为 HttpServletResponse 的跳转并不传递请求上下文，所以不能读取 Servlet 中 HttpServletRequest 设置的属性，只能查看 Session 的属性和 ServletContext 的属性。

1.3.5　过滤器的使用

过滤器（Filter）的作用是在 Servlet 执行的过程前后执行一些逻辑，比如可以控制对 Servlet 的访问权限控制。在 Servlet 规范中，需要使用注解 @WebFilter 标识过滤器，同时需要实现 Filter （javax.servlet.Filter）接口，为此我们先来了解一下 Filter 接口的定义，如代码清单 1-10 所示。

代码清单 1-10：Filter 接口

```java
package javax.servlet;
import java.io.IOException;
public interface Filter {
    // 初始化方法
    default void init(FilterConfig filterConfig) throws ServletException {
    }

    // 过滤器逻辑， filterChain 的 doFilter 方法代表放行请求
    void doFilter(ServletRequest req, ServletResponse resp,
        FilterChain filterChain)
        throws IOException, ServletException;

    // 销毁方法
    default void destroy() {
    }
}
```

和 Servlet 类似，Filter 的 init 方法是一个初始化方法，它会在项目启动时先于 Servlet 的 init 方法执行，对过滤器进行初始化，在接口中有了默认的空实现；doFilter 是过滤器的逻辑方法，它存在一个 filterChain 的参数，通过它的 doFilter 方法可以放行请求；而 destroy 方法是销毁过滤器时执行的方法，它在过滤器超时或者 Servlet 容器正常关闭时会调用，但是它会在 Servlet 的 destroy 方法之后执行，和 init 方法一样默认是空实现。

下面我们通过代码清单 1-11 来学习过滤器的使用。

代码清单 1-11：过滤器实例

```java
package com.learn.ssm.chapter1.filter;

/**** imports ****/

// 标识为过滤器
@WebFilter(
        filterName = "servletFilter",
        // 拦截请求的范围
        urlPatterns = {"/request/*", "/response/*"},
        // 需要拦截的 Servlet，需要提供 Servlet 名称
        servletNames = {"reqServlet", "respServlet"},
        // 初始化参数
        initParams = {
                @WebInitParam(name = "init.param1", value="init-value-1"),
                @WebInitParam(name = "init.param2", value ="init-value-2")
        }
)
public class ServletFilter implements Filter {

    // 初始化
    @Override
    public void init(FilterConfig filterConfig) throws ServletException {
        String initParam1 = filterConfig.getInitParameter("init.param1");
        String initParam2 = filterConfig.getInitParameter("init.param2");
        System.out.println("Filter 初始化参数: param1 =>" + initParam1);
        System.out.println("Filter 初始化参数: param2 =>" + initParam2);
    }

    /**
     * 过滤器逻辑
     * @param req Servlet 请求对象
     * @param resp Servlet 响应对象
     * @param filterChain 过滤器责任链
     * @throws IOException IO 异常
     * @throws ServletException Servlet 异常
     */
    @Override
    public void doFilter(ServletRequest req, ServletResponse resp,
            FilterChain filterChain) throws IOException, ServletException {
        // 强制转换
        HttpServletRequest request = (HttpServletRequest) req;
        HttpServletResponse response = (HttpServletResponse) resp;
        request.setCharacterEncoding("UTF-8");
        // 获取参数
        String param1 = request.getParameter("param1");
        if (param1 == null || param1.trim().equals("")) {
            response.setCharacterEncoding("UTF-8");
            response.setContentType("text/html");
            response.getWriter().println("没有参数: param1, 拦截请求");
            // 在过滤器中结束请求，不再转发到 Servlet
            return;
        }
        // 放行请求
        filterChain.doFilter(req, resp);
    }

    // 销毁方法
```

```
@Override
public void destroy() {
    System.out.println("Filter 销毁方法");
    }
}
```

先看过滤器上标注的@WebFilter，它标识这个类是一个过滤器，同时，配置项 filterName 是过滤器名称，urlPatterns 是限制拦截的路径，而 servletNames 是拦截的 Servlet 名称，initParams 则是过滤器的配置参数。init 方法从配置中读取配置参数。Filter 的 destroy 方法在 Servlet 容器关闭时，会在 Servlet 的 destroy 方法之后执行。doFilter 是过滤器的核心逻辑，在代码中的主要作用是获取参数 param1，如果为空，则输出拦截请求的信息，然后直接返回不再执行下面的逻辑，否则就使用：

```
filterChain.doFilter(req, resp);
```

这行代码表示放行请求到具体的 Servlet 或者 JSP 上去。

启动项目，然后在浏览器访问 http://localhost:8080/chapter1/request/url，可以看到图 1-14 所示的内容。

图 1-14　测试过滤器

可见，没有参数 param1，请求被过滤器拦截了。访问 http://localhost:8080/chapter1/request/url?param1=value1&param2=value2，可以看到图 1-15 所示的内容。

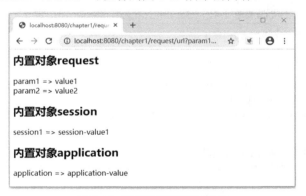

图 1-15　测试过滤器放行请求

此时因为存在参数 param1，所以过滤器放行了请求。最后正常关闭 Tomcat，可以看到这样的日志顺序。

```
# 过滤器 init 方法
Filter 初始化参数：param1 =>init-value-1
Filter 初始化参数：param2 =>init-value-2
```

```
# Servlet 的 init 方法
init 方法调用
init-value1
init-value2

# Servlet 的 doGet 方法
服务器端口: 8080
url:http://localhost:8080/chapter1/request/url
uri:/chapter1/request/url
User-Agent: Mozilla/5.0 (Windows NT 10.0; Win64; x64) AppleWebKit/537.36 (KHTML, like
Gecko) Chrome/80.0.3987.163 Safari/537.36

# Servlet 的 destroy 方法
destroy 方法调用
# 过滤器的 destroy 方法
Filter 销毁方法
```

日志的注释是笔者自己加的，为的是让大家更好地理解过滤器和 Servlet 的执行顺序。从日志可以看到过滤器的 init 方法会先于 Servlet 的 init 方法执行；过滤器的逻辑也会先于 Servlet 的逻辑执行；但是过滤器的 destroy 方法会在 Servlet 的 destroy 方法之后执行。

1.3.6 监听

在 Servlet 的 规 范 中 存 在 多 种 监 听 （ Listener ）， 比 如 监 听 Servlet 上 下 文 属 性 的 ServletContextAttributeListener、监听请求的 ServletRequestListener 和监听 Session 属性操作的 HttpSessionAttributeListener 等，最常用的当属 ServletContextListener，所以本节就用它举例说明监听的使用。ServletContextListener 是 Web 项目在 Servlet 容器中的监听器，允许我们在 Web 项目启动之前和之后的上下文织入自己的逻辑。先来看 ServletContextListener 接口定义，如代码清单 1-12 所示。

代码清单 1-12：ServletContextListener 接口定义

```java
package javax.servlet;

import java.util.EventListener;

public interface ServletContextListener extends EventListener {
    // Servlet 上下文初始化后执行逻辑
    default void contextInitialized(ServletContextEvent sce) {
    }

    // Servlet 上下文销毁后执行逻辑
    default void contextDestroyed(ServletContextEvent sce) {
    }
}
```

contextInitialized 方法会在 Servlet 上下文初始化后执行，而 contextDestroyed 会在 Servlet 上下文销毁之后执行，我们可以在 Servlet 上下文初始化之前构建一些资源，或者在 Servlet 上下文销毁之后释放一些资源。

下面，我们开发一个监听器，来展示它的使用方法，如代码清单 1-13 所示。

代码清单 1-13：监听器实例

```
package com.learn.ssm.chapter1.listener;

/**** imports ****/
// 标识为监听
@WebListener
public class WebContextListener implements ServletContextListener {

    /**
     * Servlet 上下文初始化后执行逻辑
     * @param sce Servlet 事件
     */
    public void contextInitialized(ServletContextEvent sce) {
        System.out.println("Servlet 上下文初始化后的逻辑");
    }

    /**
     * Servlet 上下文销毁后执行逻辑
     * @param sce Servlet 事件
     */
    public void contextDestroyed(ServletContextEvent sce) {
        System.out.println("Servlet 上下文销毁后的逻辑");
    }
}
```

重启项目，可以看到 contextInitialized 方法在过滤器的 init 方法之前执行。如果正常关闭 Servlet 容器，则 contextDestroyed 方法在过滤器的 destroy 方法之后执行。

1.3.7　Servlet 容器初始化器

在我们开发的过程中，往往会引入第三方包，而当中有些类可能是我们需要使用的。此时 Servlet 容器初始化器（ServletContainerInitializer）允许我们将一些第三方的类加载到 Servlet 容器中，具体需要加载哪些类型，可以通过注解@HandlesTypes 来指定。

我们假设存在第三方的一个类——OuterServiceImpl，它是 OuterService 接口的实现类，如代码清单 1-14 所示。

代码清单 1-14：第三方类 OuterServiceImpl

```
package com.learn.ssm.outer.service.impl;

import com.learn.ssm.outer.service.OuterService;

public class OuterServiceImpl implements OuterService {

    @Override
    public void sayHello(String name) {
        System.out.println("hello " + name);
    }
}
```

此时我们可以通过实现抽象类 ServletContainerInitializer 的 onStartup 方法，并且通过@HandlesTypes 指定引入的类型，这样就可以使用第三方的类了，如代码清单 1-15 所示。

代码清单 1-15：通过 Serlvet 容器初始化器加载第三方类

```java
package com.learn.ssm.chapter1.initializer;

/**** imports ****/

// 配置需要加载的类型，连同类型的实现类或子类加载进来
@HandlesTypes(value = {OuterService.class})
public class WebContainerInitializer implements ServletContainerInitializer {

    /**
     * 在 Web 容器启动时
     * @param set 加载类型集合
     * @param servletContext Servlet 上下文
     * @throws ServletException 异常
     */
    @Override
    public void onStartup(Set<Class<?>> set, ServletContext servletContext)
            throws ServletException {
        for(Class clazz : set) {
            try {
                Class[] itfs = clazz.getInterfaces();
                for (Class itf: itfs) {
                    if (OuterService.class.equals(itf)) { // 符合当前配置类型
                        // 获取构造方法数组
                        Constructor<?>[] constructors =
                            Class.forName(clazz.getName()).getConstructors();
                        // 通过反射构建对象
                        Object service = constructors[0].newInstance();
                        // 强制转换
                        OuterService outerService = (OuterService) service;
                        // 执行服务方法
                        outerService.sayHello("我是 Servlet 容器初始化器");
                        // 放入 Servlet 上下文
                        servletContext.setAttribute("outerService",
                            outerService);
                        break;
                    }
                }
            } catch (Exception e) {
                e.printStackTrace();
            }
        }
    }
}
```

这个 Servlet 初始化器上标注了@HandlesTypes，并且指定了加载类型为 OuterService，同时初始化器实现了 ServletContainerInitializer 的 onStartup 方法，该方法会在 Servlet 上下文构建时执行。onStartup 方法有两个参数：一个是 set，它是一个@HandlesTypes 所指定类型的集合，该集合包含所指定类型的实现类或者子类；另一个是 servletContext，它是 Servlet 的上下文。方法的逻辑在代码注释中也写清楚了，请自行参考。

有了这个初始化器，还需要在项目的 resources 目录下构建子目录/META-INF/servics，然后在其下面构建文件 javax.servlet.ServletContainerInitializer，以文本形式打开它，编写其内容如下：

```
com.learn.ssm.chapter1.initializer.WebContainerInitializer
```

显然这就指向了我们自己开发的 Servlet 初始化器。

启动项目，可以看到日志在所有监听器、过滤器和 Servlet 初始化之前打印出：

hello 我是 Servlet 容器初始化器

可见我们开发的 Servlet 容器初始化器（WebContainerInitializer）已经正常工作了。

1.3.8　使用 Cookie

Cookie 是服务器写入用户本地浏览器的数据，因为用户可以禁用或者删除 Cookie，所以使用 Cookie 并非十分可靠。下面我们通过 CookieServlet 来学习 Cookie 的使用，如代码清单 1-16 所示。

代码清单 1-16：使用 Cookie

```java
package com.learn.ssm.chapter1.servlet;

/**** imports ****/

// 标识为 Servlet
@WebServlet(
        name="cookieServlet",
        urlPatterns = "/cookie/*"
)
public class CookieServlet extends HttpServlet {

    public void doGet(HttpServletRequest request,
            HttpServletResponse response) throws IOException {
        response.setContentType("text/html");
        response.setCharacterEncoding("UTF-8");
        // 获取参数
        String action = request.getParameter("action");
        if ("write".equalsIgnoreCase(action)) { // 写入 Cookie
            this.writeCookie(request, response);
        } else if("show".equalsIgnoreCase(action)) { // 显示 Cookie
            this.showCookie(request, response);
        } else {
            response.getWriter().println("参数错误!! ");
        }
    }

    private void writeCookie(HttpServletRequest request,
            HttpServletResponse response) throws IOException{
        // 写入 Cookie
        for (int i=1; i<10; i++) {
            Cookie cookie = new Cookie("cookie" + i, "cookie" + i);
            response.addCookie(cookie);
        }

        response.getWriter().println("写入 Cookie 成功");
    }

    private void showCookie(HttpServletRequest request,
            HttpServletResponse response) throws IOException {
        // 读取 Cookie
        Cookie[] cookies = request.getCookies();
        for (Cookie cookie : cookies) {
            String name = cookie.getName();
```

```
            String value = cookie.getValue();
            response.getWriter().println("<br> Cookie["+name+"]: " + value);
        }
    }
}
```

这段代码中的 writeCookie 方法是将 Cookie 写入浏览器，而 showCookie 方法是显示 Cookie。具体执行哪个方法是通过参数 action 控制的，当其为 write 时，就会执行 writeCookie 方法，当其为 show 时，就会执行 showCookie 方法。启动项目后，在浏览器中先访问 http:// localhost:8080/ chapter1/cookie/test?action=write，再访问 http://localhost:8080/chapter1/ cookie/test? action=show，就可以看到图 1-16 所示的内容了。

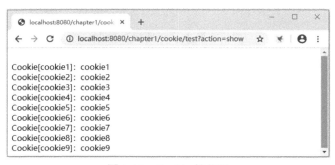

图 1-16　Cookie 的使用

从图 1-16 可见，Cookie 写入和显示都已经成功了。

1.3.9　提交表单

上述谈到 Servlet 的 doGet 方法，而实际上，还可以使用 doPost、doPut 等方法，其中最常用的是 doPost 方法。一般来说，GET 请求从服务端获取信息，它的安全性较差，且对提交数据的类型和长度有所限制，同时，参数在 URL 是可见的，它的优势在于速度较快。POST 请求是浏览器向服务端提交数据，数据类型和长度都不受限，同时参数可以放在表单中，不在 URL 中显示出来，安全度也较高，但是性能相对低一些。由于表单涉及商业数据，比较重要，因此提交表单的操作一般会使用 POST 请求。

下面我们开发一张 JSP，通过它来提交表单，如代码清单 1-17 所示。

代码清单 1-17：JSP 表单

```
<%@ page contentType="text/html;charset=UTF-8" language="java" %>
<html>
<head>
    <title>测试 POST 请求</title>
</head>
<body>
<form action="./post" method="post">
    角色名称: <input id="role_name" type="text" name="role_name"/>
    备注: <input id="note" type="text" name="note"/>
    <input type="submit" value="提交">
</form>
</body>
</html>
```

这里注意<form>的属性配置，因为 action 配置的是提交到的地址，而 method 默认为 get，所以这里修改为 post，意味着将表单以 POST 请求的方式提交到服务端。接着开发后端处理表单的 Servlet，如代码清单 1-17 所示。

代码清单 1-18：开发 Servlet 接收 POST 请求

```java
package com.learn.ssm.chapter1.servlet;

/**** imports ****/

@WebServlet(
    name = "postServlet",
    urlPatterns = "/post"
)
public class PostServlet extends HttpServlet {

    // 使用 doPost 方法编写 POST 请求逻辑
    @Override
    public void doPost(HttpServletRequest request,
        HttpServletResponse response) throws ServletException, IOException {
        String roleName = request.getParameter("role_name");
        String note = request.getParameter("note");
        response.setContentType("text/html");
        response.setCharacterEncoding("UTF-8");
        PrintWriter out = response.getWriter();
        out.print("提交的表单参数【roleName】为: " + roleName);
        out.print("<br>提交的表单参数【note】为: " + note);
    }
}
```

这里的 PostServlet 与之前开发的 Servlet 不同的是，不再覆盖 doGet 方法，而是覆盖 doPost 方法，这就意味着它只能接收 POST 类型的请求。这里将请求匹配地址设置为/post，也就是会接收表单的提交。

启动项目后，访问 http://localhost:8080/chapter1/form.jsp，可以看到图 1-17 的测试 POST 请求内容。

图 1-17　测试 POST 请求

在图 1-17 中，填写了表单的内容，点击"提交"按钮，可以看到图 1-18 所示的内容。

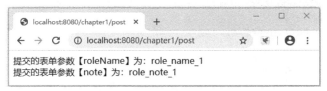

图 1-18　提交表单后的结果

从图 1-18 中可以看到，我们已经成功地通过 POST 请求，将表单提交到 Servlet 中处理。

1.3.10　使用 web.xml

除了可以使用 Servlet 3.0 规范给出的各种注解，我们还可以使用 web.xml 配置 Servlet、监听器和过滤器等内容。在此之前，我们把开发过的 WebContextListener 上标注的@WebListener、ServletFilter 上标注的@WebFilter 和 MyServlet 上标注的@WebServlet 删除或注释掉，这样 Servlet 容器就不能识别它们了。接着我们可以通过 web.xml 配置它们，如代码清单 1-19 所示。

代码清单 1-19：使用 web.xml 配置 Web 项目

```xml
<?xml version="1.0" encoding="UTF-8"?>
<web-app xmlns:xsi="http://www.w3.org/2001/XMLSchema-instance"
xmlns="http://java.sun.com/xml/ns/javaee"
xmlns:web="http://java.sun.com/xml/ns/javaee/web-app_2_5.xsd"
xsi:schemaLocation="http://java.sun.com/xml/ns/javaee
http://java.sun.com/xml/ns/javaee/web-app_3_0.xsd"
id="WebApp_ID" version="3.0">
<display-name>Archetype Created Web Application</display-name>

<!-- 配置监听 -->
<listener>
    <listener-class>
        com.learn.ssm.chapter1.listener.WebContextListener
    </listener-class>
</listener>

<!-- 配置过滤器 -->
<filter>
    <!-- 过滤器名称 -->
    <filter-name>servletFilter</filter-name>
    <!-- 全限定名 -->
<filter-class>com.learn.ssm.chapter1.filter.ServletFilter</filter-class>
    <!-- 参数 -->
    <init-param>
        <param-name>init.param1</param-name>
        <param-value>init-value-1</param-value>
    </init-param>
    <init-param>
        <param-name>init.param2</param-name>
        <param-value>init-value-2</param-value>
    </init-param>
</filter>

<!-- 配置过滤器匹配内容 -->
<filter-mapping>
    <!-- 过滤器名称 -->
    <filter-name>servletFilter</filter-name>
    <!-- 拦截 Servlet 名称 -->
    <!-- <servlet-name>reqServlet, respServlet</servlet-name> -->
    <!-- 拦截路径 -->
    <url-pattern>/request/*, /response/*</url-pattern>
</filter-mapping>

<!-- 配置 Servlet -->
<servlet>
    <!-- Serlvet 名称 -->
    <servlet-name>myServlet</servlet-name>
    <!-- 全限定名 -->
    <servlet-class>com.learn.ssm.chapter1.servlet.MyServlet</servlet-class>
```

```xml
    <!-- 参数 -->
    <init-param>
        <param-name>init.param1</param-name>
        <param-value>init-value1</param-value>
    </init-param>
    <init-param>
        <param-name>init.param2</param-name>
        <param-value>init-value2</param-value>
    </init-param>
    <!-- 启动顺序 -->
    <load-on-startup>1</load-on-startup>
</servlet>

<!-- 配置 Servlet 匹配 -->
<servlet-mapping>
    <servlet-name>myServlet</servlet-name>
    <url-pattern>/my</url-pattern>
</servlet-mapping>

<!-- 配置 Session 超时时间，配置为默认 30 分钟 -->
<session-config>
    <session-timeout>30</session-timeout>
</session-config>

<!-- 配置欢迎页（首页） -->
<welcome-file-list>
    <welcome-file>index.jsp</welcome-file>
</welcome-file-list>

<!-- 错误页配置 -->
<error-page>
    <!-- 404 找不到资源错误码 -->
    <error-code>404</error-code>
    <location>/WEB-INF/jsp/404.jsp</location>
</error-page>
<error-page>
    <!-- 500 服务器内部错误码 -->
    <error-code>500</error-code>
    <location>/WEB-INF/jsp/500.jsp</location>
</error-page>

</web-app>
```

这段代码有点长，不过结果还算清晰，具体的含义已经在注释中进行了说明，请大家自行参考。

第2章
认识 SSM 框架、Redis 和微服务

本章目标

1. 了解 Spring IoC 和 Spring AOP 的基础概念
2. 了解 MyBatis 的特点
3. 了解 Spring MVC 的特点
4. 了解为什么要使用 NoSQL（Redis）及 Redis 的优点
5. 掌握 SSM 和 Redis 的基本结构框图和各种技术的作用

2.1 Spring 框架

Spring 框架是 Java 中应用最广的框架。它的成功来自理念，而不是技术本身，它的理念包括控制反转（Inversion of Control，IoC）和面向切面编程（Aspect Oriented Programming，AOP）。

2.1.1 Spring IoC 简介

IoC 是一个容器，在 Spring 中，它认为一切 Java 资源都是 Java Bean，容器的目标就是管理这些 Bean 和它们之间的关系。所以在 Spring IoC 里面装载着各种 Bean，其实也可以理解为 Java 的各种资源。IoC 容器管理 Java Bean 的构建、事件、行为等。除此之外，各个 Java Bean 之间会存在一定的依赖关系，比如班级是由老师和学生组成的，假设老师、学生都是 Java Bean，那么显然二者之间形成了依赖关系，老师和学生有教育和被教育的关系。这些 Spring IoC 容器都能够对其进行管理，只是 Spring IoC 管理对象和其依赖关系不是人为构建的，而是由 Spring IoC 通过描述构建的，也就是说，Spring 是依靠描述来完成对象的构建及其依赖关系的。

比如插座，它依赖国家标准（这个标准可以定义为一个接口——Socket）定义，现有两种插座（Socket1 和 Socket2），如图 1-1 所示。

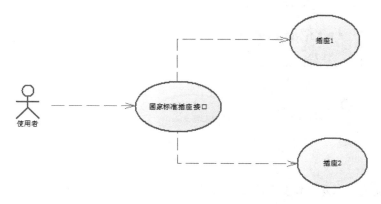

图 2-1　使用插座图

有两种插座可供选择，具体使用哪种呢？我们可以通过代码来实现使用插座 1（Socket1），如代码清单 2-1 所示。

代码清单 2-1：使用插座 1（Socket1）

```
Socket socket = new Socket1();
user.setSocket(socket);
user.useSocket();
```

使用 Socket socket = new Socket1();后，国家标准插座接口（Socket）就和插座 1（Socket1）捆绑在一起了。这样会有一个弊端：如果使用其他插座，就需要修改代码。在这种情况下，Socket 接口和其实现类 Socket1 耦合了，如果有一天不再使用 Socket1，而要使用 Socket2，那么就要把代码修改为如代码清单 2-2 所示。

代码清单 2-2：使用插座 2（Socket2）

```
Socket socket = new Socket2();
user.setSocket(socket);
user.useSocket();
```

如果有其他更好的插座，那么岂不是还要修改代码？一个大型互联网的对象成千上万，如果要不断修改代码，那么对系统的可靠性将是极大的挑战，Spring IoC 可以解决这个问题。

首先，我们不用 new 的方式构建对象，而使用配置的方式构建对象，然后让 Spring IoC 容器自己通过配置找到插座。用一段 XML 描述插座和用户的引用插座 1，如代码清单 2-3 所示。

代码清单 2-3：使用 Spring IoC 注入插座 1 给用户

```
<bean id="socket" class="Socket1">
<bean id="user" class="xxx.User">
    <property name="socket" ref="socket"/>
</bean>
```

请注意这些不是 Java 代码，而是 XML 配置文件，换句话说只要把配置切换为

```
<bean id="scocket" class="Socket2">
```

就可以向用户信息中注入插座 2，显然，切换插座的实现类十分方便。这个时候 Socket 接口可以不依赖任何插座，只需要通过配置就能切换，如图 2-2 所示。

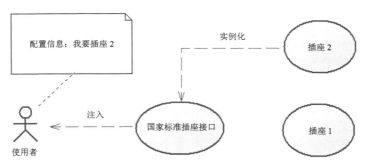

图 2-2　Spring 的控制反转

图 2-2 的配置信息是"我要插座 2"，相当于 XML 依赖关系配置，这个时候 Spring IoC 只会拿到插座 2，然后通过国家标准插座接口提供给使用者。换句话说，这是一种被动的行为，通过向 IoC 容器注入描述信息得到资源（Bean），控制权在 Spring IoC 容器中，它会根据描述找到使用者需要的资源，这就是**控制反转**的含义。

这样的好处是 Socket 接口不再依赖某个实现类，需要使用某个实现类时通过配置信息就可以完成了。想修改或者加入其他资源可以通过配置完成，不需要再用 new 关键字构建对象，依赖关系也可以通过配置完成，即时地管理它们之间的关系。

用户不需要找资源，只要向 Spring IoC 容器描述所需资源，Spring IoC 就会自己寻找，这就是 Spring IoC 的理念。这样就把 Bean 之间的依赖关系解耦了，更容易写出结构清晰的程序。除此之外，Spring IoC 还提供对 Java Bean 生命周期的管理，可以延迟加载，可以在其生命周期内定义一些行为等，更加方便有效地管理和使用 Java 资源，这些在未来都可以学习到，这就是 Spring IoC 的魅力。

2.1.2　Spring AOP

IoC 的目标是管理 Bean，而 Bean 是 Java 面向对象编程（OOP）的基础，比如声明一个用户类、插座类等都是基于面向对象的概念。

有些情况是面向对象编程没办法处理的。举个例子，生产部门的订单、生产部门、财务部门三者符合 OOP 的设计理念。订单发出，生产部门审批通过准备付款，但是财务部门发现订单的价格超过预算，需要取消订单。显然超支限定已经不只影响财务部门了，还会影响生产部门之前所做的审批，需要把它们做作废处理。这个超支影响了订单、生产部门和财务部门 3 个 OOP 对象。在现实中，这样的限制的影响跨越了 3 个甚至更多的对象，并且影响了它们之间的协作。所以只用 OOP 并不完善，还需要协调它们之间的操作，这便是需要面向切面编程的原因，我们可以通过它去协调多个对象之间的操作，如图 2-3 所示。

图 2-3　Spring 面向切面编程的理念

在图 2-3 中，实线是订单提交的流程，虚线是订单驳回的流程，影响它们的条件是预算超额，这是一个对多个对象产生影响的限制条件。

Spring AOP 常用于数据库事务的编程，经常发生类似的情况，例如，我们在更新完数据库后，不知道下一步是否会成功，如果下一步失败，则使用数据库事务的回滚功能回滚事务，使第一步的数据库更新作废。在 Spring AOP 实现的数据库事务管理中，是以异常信息作为消息的。在默认情况下（可以通过 Spring 的配置修改），只要 Spring 接收到了异常信息，就会将数据库的事务回滚，而不需要通过代码实现这个过程，从而保证数据的一致性。比如上面的例子，可用一段伪代码进行一些必要的说明，如代码清单 2-4 所示。

代码清单 2-4：Spring AOP 处理订单

```
/**
 * Spring AOP 处理订单伪代码
 * @param order 订单
 **/
@Transactional
private void proceed(Order order) {
    //判断生产部门是否通过订单，数据库记录订单
    boolean pflag = productionDept.isPass(order);
    if(pflag) {//如果生产部门通过，则财务部门进行审批
        if (financialDept.isOverBudget(order)) {//财务审批是否超限
            //抛出异常回滚事务，之前的订单操作也会回滚
            throw new RuntimeException("预算超限!!");
        }
    }
}
```

这里完全看不到数据库连接、事务获取和关闭的代码，只是在方法上标注了注解 @Transactional，不需要再编写麻烦的 try...catch...finally...语句了。在现实中，Spring AOP 的编程也是如此，关于数据库操作的内容都被 Spring AOP 封装好了，只要遇到注解@Transactional，就不需要自己编写数据库操作的代码。这样使得开发者不再需要关注功能性的代码，专注于业务代码就可以了。开发者所需要知道的是只要方法中发生了异常，Spring 就会回滚事务，而数据库的开闭 Spring 也会自动完成。当然这段话还不算准确，因为事务和业务是十分复杂的，还有许多细节需要注意，只是在入门的章节没有必要谈得如此复杂，后面会详细剖析它们。

2.2　MyBatis 简介

MyBatis 的前身是 Apache 的开源项目 iBATIS。iBATIS 一词来源于 internet 和 abatis 的组合，是一个基于 Java 的持久层框架。2010 年，这个项目由 Apache software foundation 迁移到 Google code，并更名为 MyBatis。2013 年 11 月，MyBatis 迁移到 GitHub 上，目前由 GitHub 维护。

MyBatis 的优势在于灵活，它几乎可以代替 JDBC，同时提供了接口编程。目前 MyBatis 的数据访问层 DAO（Data Access Objects）是不需要实现类的，它只需要一个接口和 XML（或者注解）。MyBatis 提供自动映射、动态 SQL、级联、缓存、注解、代码和 SQL 分离等特性，具有使用方便的特点，同时可以对 SQL 进行优化。因为其具有封装少、映射多样化、支持存储过程、可以进行 SQL 优化等特点，使得它取代 Hibernate 成为 Java 互联网中首选的持久框架。

　　Hibernate 作为一种曾经十分流行的框架，有无可替代的优势，这里有必要讨论一下它和 MyBatis 的区别。由于 MyBatis 和 Hibernate 都是持久层框架，都涉及数据库，所以首先定义一个数据库表——角色表（t_role），其结构如图 2-4 所示。

图 2-4　角色表

　　根据这个角色表，我们可以用一个 POJO（Plain Ordinary Java Object）和这张表定义的字段对应起来，如代码清单 2-5 所示。

代码清单 2-5：定义角色 POJO

```
package com.learn.chapter1.pojo;
public class Role implements java.io.Serializable {
    private Long id;
    private String roleName;
    private String note;
    /** setter and getter **/
}
```

　　无论是 MyBatis 还是 Hibernate，都是依靠某种方法，将数据库的表和 POJO 映射起来，这样程序员就可以通过操作 POJO 来完成相关的逻辑了。

2.2.1　Hibernate 简介

　　要将 POJO 和数据库映射起来需要给这些框架提供映射规则，所以下一步要提供映射的规则，如图 2-5 所示。

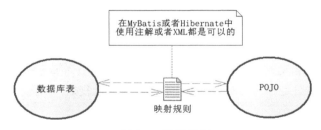

图 2-5　映射规则

　　在 MyBatis 或者 Hibernate 中可以通过 XML 或者注解的方式提供映射规则，这里讨论 XML 方式，因为在 MyBatis 中，注解方式会受到一定的限制，所以 MyBatis 通常使用 XML 方式实现映射关系。

　　我们把 POJO 对象和数据库表相互映射的框架称为对象关系映射（Object Relational Mapping，ORM，或 O/RM，或 O/R mapping）框架。无论 MyBatis 还是 Hibernate 都可以被称为 ORM 框架，只是 Hibernate 的设计理念是完全面向 POJO 的，而 MyBatis 不是。Hibernate 基本不再需要编写 SQL 就可以通过映射关系来操作数据库，是一种全表映射的体现；而 MyBatis 不同，它需要用户提供 SQL 运行。

　　Hibernate 是将 POJO 和数据库表对应的映射文件，如代码清单 2-6 所示。

代码清单 2-6：Hibernate 映射文件

```xml
<?xml version="1.0"?>
<!DOCTYPE hibernate-mapping PUBLIC "-//Hibernate/Hibernate Mapping DTD 3.0//EN"
"http://www.hibernate.org/dtd/hibernate-mapping-3.0.dtd">
<hibernate-mapping>
    <class name="com.learn.chapter1.pojo.Role" table="t_role">
        <id name="id" type="java.lang.Long">
            <column name="id" />
            <generator class="identity" />
        </id>
        <property name="roleName" type="string">
            <column name="role_name" length="60" not-null="true" />
        </property>
        <property name="note" type="string">
            <column name="note" length="512" />
        </property>
    </class>
</hibernate-mapping>
```

先对 POJO 和角色表进行映射，再对 POJO 进行操作，从而影响角色表的数据，比如对其增、删、查、改，可以按照如代码清单 2-7 所示的方式操作。

代码清单 2-7：Hibernate 通过 Session 操作数据库数据

```java
Session session = null;
Transaction tx = null;
try {
    //打开 Session
    session = HibernateUtil.getSessionFactory().openSession();
    //事务
    tx = session.beginTransaction();
    //POJO
    Role role = new Role();
    role.setId(1);
    role.setRoleName("rolename1");
    role.setNote("note1");
    session.save(role);//保存
    Role role2 = (Role) session.get(Role.class, 1);//查询
    role2.setNote("修改备注");
    session.update(role2);//更新
    System.err.println(role2.getRoleName());
    session.delete(role2);//删除
    tx.commit();//提交事务
} catch (Exception ex) {
    if (tx != null && tx.isActive()) {
        tx.rollback();//回滚事务
    }
    ex.printStackTrace();
} finally {
    if (session != null && session.isOpen()) {
        session.close();
    }
}
```

这里没有看到 SQL，那是因为 Hibernate 会根据映射关系来生成对应的 SQL，程序员不用精通 SQL，通过 POJO 就能够操作对应数据库的表了。

这在管理系统时代是十分有利的。因为管理系统优先考虑的是业务逻辑的实现，然后才是

性能，使用 Hibernate 的建模方式是十分有利于分析业务的，所以 Hibernate 成为那个时代的主流持久框架。

2.2.2 MyBatis

应该说，MyBatis 框架成为当前 Java 互联网持久框架的首选，与 Hibernate 不同，MyBatis 不屏蔽 SQL。不屏蔽 SQL 的优势在于，程序员可以自己制定 SQL 规则，无须 Hibernate 自动生成规则，这样能够更加精确地定义 SQL，从而优化性能。它更符合移动互联网高并发、大数据、高性能、快响应的要求。

与 Hibernate 一样，MyBatis 需要一个映射文件把 POJO 和角色表对应起来。MyBatis 映射文件如代码清单 2-8 所示。

代码清单 2-8：MyBatis 映射文件

```xml
<?xml version="1.0" encoding="UTF-8" ?>
<!DOCTYPE mapper PUBLIC "-//mybatis.org//DTD Mapper 3.0//EN"
"http://mybatis.org/dtd/mybatis-3-mapper.dtd">
<mapper namespace="com.learn.chapter1.mapper.RoleMapper">
    <resultMap id="roleMap" type="com.learn.chapter1.pojo.Role">
        <id property="id" column="id" />
        <result property="roleName" column="role_name"/>
        <result property="note" column="note"/>
    </resultMap>

    <select id="getRole" resultMap="roleMap">
        select id, role_name, note from t_role where id = #{id}
    </select>

    <delete id ="deleteRole" parameterType="int">
        delete from t_role where id = #{id}
    </delete>

    <insert id ="insertRole" parameterType="com.learn.chapter1.pojo.Role">
        insert into t_role(role_name, note) values(#{roleName}, #{note})
    </insert>

    <update id="updateRole" parameterType="com.learn.chapter1.pojo.Role">
        update t_role set
        role_name = #{roleName},
        note = #{note}
        where id = #{id}
    </update>
</mapper>
```

这里的 resultMap 元素用于定义映射规则，而实际上当 MyBatis 满足一定的规则时，可以自动完成映射，增、删、查、改对应 insert、delete、select、update 四个元素，这是十分明显的。

注意 mapper 元素中的 namespace 属性，它要和一个接口的全限定名保持一致，里面的 SQL 的 id 也需要和接口定义的方法完全保持一致，定义 MyBatis 映射接口，如代码清单 2-9 所示。

代码清单 2-9：定义 MyBatis 映射接口

```java
package com.learn.chapter1.mapper;
import com.learn.chapter1.pojo.Role;
public interface RoleMapper {
```

```
    public Role getRole(Integer id);

    public int deleteRole(Integer id);

    public int insertRole(Role role);

    public int updateRole(Role role);
}
```

这就定义了 MyBatis 映射接口。到这里或许初学的读者会有一个很大的疑问，就是是否需要定义这个接口的一个实现类呢？答案是不需要，关于这点我们在讨论 MyBatis 原理时会进一步解释。

下面就可以通过 RoleMapper 接口完成角色类的增、删、查、改了，如代码清单 2-10 所示。

代码清单 2-10：MyBatis 对角色类的增、删、查、改

```
SqlSession sqlSession = null;
try {
    sqlSession = MyBatisUtil.getSqlSession();
    RoleMapper roleMapper = sqlSession.getMapper(RoleMapper.class);
    Role role = roleMapper.getRole(1);//查询
    System.err.println(role.getRoleName());
    role.setRoleName("update_role_name");
    roleMapper.updateRole(role);//更新
    Role role2 = new Role();
    role2.setNote("note2");
    role2.setRoleName("role2");
    roleMapper.insertRole(role);//插入
    roleMapper.deleteRole(5);//删除
    sqlSession.commit();//提交事务
} catch (Exception ex) {
    ex.printStackTrace();
    if (sqlSession != null) {
        sqlSession.rollback();//回滚事务
    }
} finally {//关闭连接
    if (sqlSession != null) {
        sqlSession.close();
    }
}
```

显然，MyBatis 在业务逻辑上和 Hibernate 是大同小异的。其区别在于，MyBatis 需要提供接口和 SQL，这意味着它的工作量会比 Hibernate 大，但是由于自定义 SQL、映射关系，所以其灵活性、可优化性超过了 Hibernate。因为一条 SQL 的性能可能相差十几倍到几十倍，所以互联网的可优化性、灵活性是十分重要的。

2.2.3　Hibernate 和 MyBatis 的区别

Hibernate 和 MyBatis 的增、删、查、改，对于业务逻辑层来说大同小异，对于映射层，Hibernate 的配置不需要接口和 SQL，而 MyBatis 是需要的。Hibernate 不需要编写大量的 SQL 就可以完全映射，同时提供了日志、缓存、级联（级联比 MyBatis 强大）等特性，此外，还提供 HQL（Hibernate Query Language）对 POJO 进行操作，使用十分方便，但是它也有致命的缺陷。

由于无须 SQL，当关联的表超过 3 个的时候，通过 Hibernate 的级联会造成很多性能的丢失。

例如，访问一个财务报表，它会关联财产信息表，财产又分为机械、原料等，显然机械和原料的字段是不一样的，这些关联字段只能根据特定的条件变化而变化，而 Hibernate 无法支持这样的变化。遇到存储过程，Hibernate 也只能作罢。更为关键的是性能，在管理系统时代，对于性能的要求不是那么苛刻，但是在互联网时代，性能就是系统的根本，响应过慢就会降低客户的忠诚度。

以上问题通过 MyBatis 都可以解决，MyBatis 可以自由书写 SQL、支持动态 SQL、处理列表、动态生成表名、支持存储过程。这样可以灵活地定义查询语句，满足各类需求和性能优化的需要，这些在互联网系统中是十分重要的。

但 MyBatis 也有缺陷。首先，它要编写 SQL 和映射规则，其工作量稍微大于 Hibernate。其次，它支持的工具很有限，不像 Hibernate，有许多的插件可以帮助其生成映射代码和关联关系，即使使用生成工具，往往也需要开发者进行进一步简化，所以 MyBatis 采用手工编码的方式，工作量相对大些。

对于性能要求不太苛刻的系统，比如管理系统、ERP 等推荐使用 Hibernate；对于性能要求高、响应快、灵活的互联网系统则推荐使用 MyBatis。

2.3　Spring MVC 简介

长期以来，Struts 2 与 Spring 的结合一直存在很多问题，比如兼容性和类臃肿。加之近年来 Struts 2 漏洞问题频发，导致使用率大减。与此同时，生于 Spring Web 项目的 MVC（Model View Controller）框架走到了我们面前，Spring MVC 结构层次清晰，类比较简单，并且与 Spring 的核心 IoC 和 AOP 无缝对接，成为互联网时代的主流框架。

Spring MVC 是一种 MVC 模式，在 MVC 模式里，把应用程序（输入逻辑、业务逻辑和 UI 逻辑）分成不同的元素，同时提供这些元素之间的松耦合，主要涉及三个概念。

- Model（模型），封装了应用程序的数据和由它们组成的 POJO。
- View（视图），负责把模型数据渲染到视图上，将数据以一定的形式展现给用户。
- Controller（控制器），负责处理用户请求，并建立适当的模型把它传递给视图渲染。

在 Spring MVC 中还可以定义逻辑视图，通过其提供的视图解析器能够很方便地找到对应的视图进行渲染，或者使用消息转换的功能，比如在 Controller 的方法内加入注解 @ResponseBody 后，Spring MVC 就可以通过其消息转换系统，将数据转换为 JSON，提供给前端 Ajax 或者手机应用使用。

Spring MVC 的重点是它的流程和一些重要的注解，包括控制器、视图解析器、视图等重要内容，这些都将在后面进行详细讨论。

2.4　最流行的 NoSQL——Redis

Redis 是当前互联网世界最为流行的 NoSQL（Not Only SQL）。NoSQL 在互联网系统中的作用很大，它可以在很大程度上提高互联网系统的性能。它具备一些持久层的功能，也可以作为缓存工具。NoSQL 数据库作为持久层，它存储的数据是半结构化的，这就意味着计算机在读入内存中只存在少量规则，因此这读入速度更快。相对于那些结构化、多范式规则的关系数据库系统，它更具性能优势。作为缓存，它可以支持数据存入内存，只要命中率高，它就能快速响应，这是因为内存的读/写数据速度是磁盘的数倍到上百倍，其作用如图 2-6 所示。

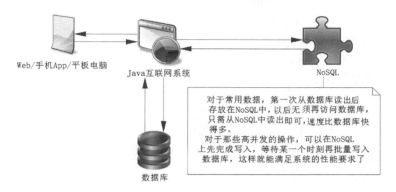

对于常用数据，第一次从数据库读出后存放在NoSQL中，以后无须再访问数据库，只需从NoSQL中读出即可，速度比数据库快得多。
对于那些高并发的操作，可以在NoSQL上先完成写入，等待某一个时刻再批量写入数据库，这样就能满足系统的性能要求了

图 2-6　NoSQL 的作用

目前对 NoSQL 有很多争议，有些人认为它可以取代数据库，而笔者不这么认为，因为数据库系统有更好的规范性和数据完整性，功能更强大，作为持久层更为完善，安全性更高。而 NoSQL 结构松散、不完整，功能有限，目前尚不具备取代数据库的实力，但是它的高性能、快响应的特性，使它成为一个很重要的缓存工具。

当前 Redis 成为主要的 NoSQL 工具，其原因如下。

- **响应快速**：Redis 响应非常快，每秒可以执行大约 110000 个写操作，或者 81000 个读操作，其速度远超数据库。如果存入一些常用的数据，就能有效提高系统的性能。
- **支持多种数据类型**：包括字符串、哈希结构、列表、集合、可排序集合等。比如字符串可以存入一些 Java 基础数据类型，哈希结构可以存储对象，列表可以存储 List 对象等。这使得在应用中很容易根据自己的需要选择存储的数据类型，方便开发。Redis 虽然只支持几种数据类型，但是它有两大好处：一是可以满足存储各种常用数据结构体的需要；二是数据类型少，规则就少，需要的判断和逻辑就少，这样读/写的速度就更快。
- **操作都是原子的**：所有 Redis 的操作都是原子的，从而确保当两个客户同时访问 Redis 服务器时，得到的是更新后的值（最新值）。在需要高并发的场合可以考虑使用 Redis 的事务处理一些需要锁的业务。
- **MultiUtility 工具**：Redis 可以在如缓存、消息传递队列中使用（Redis 支持"发布+订阅"的消息模式），在 Web 应用中存储会话信息（session），或者记录某个时间段页面点击量等需要短暂使用到的数据。

Redis 具备的这些优点使它成为目前主流的 NoSQL 技术，在 Java 互联网中得到广泛使用。

2.5　SSM+Redis 结构框图及概述

在 Java 互联网中，将 Spring+Spring MVC+MyBatis（SSM）作为主流框架，SSM+Redis 的结构框图，如图 2-7 所示。

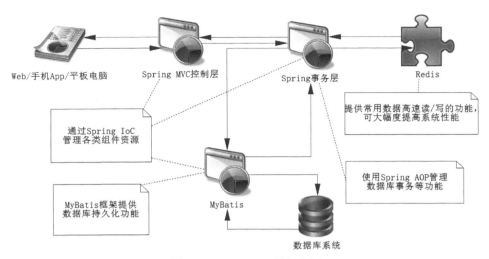

图 2-7　SSM+Redis 结构框图

结合图 2-7，下面简单介绍图中各个组件的功能。

- Spring IoC 具有资源（Java Bean）管理、整合、即插即拔的功能。
- Spring AOP 具有切面管理，特别是数据库事务管理的功能。
- Spring MVC 用于把 Web 开发的模型、视图和控制器分层，组合成一个有机灵活的系统。
- MyBatis 提供了一个数据库访问的持久层，通过 MyBatis-Spring 项目，它能和 Spring 无缝对接。
- Redis 作为缓存工具，具有高速度处理数据和缓存数据的功能，系统在大部分时间只需要访问缓存，无须从数据库磁盘中重复读/写；在一些需要高速运算的场景下，也可以先用它来完成运算，再把数据批量存入数据库，这样能极大地提升互联网系统的性能和响应能力。

在未来我们还会更为详细地讨论图 2-7 中的各种技术，这也是本书的核心内容。

2.6　Spring 微服务

在当今的 Java 开发领域，人们似乎不提微服务就不好意思说自己是 Java 程序员，随着移动互联网的兴起，微服务成为这几年 Java 互联网开发的热点。关于微服务的概念，笔者不打算在这里长篇论述，实际上微服务是没有明确的规范的，只需要满足特定风格就可以称为微服务。笔者喜欢将微服务架构称为一种"带有一定风格的分布式架构"，微服务架构有自己的特点和风格，但是本质上它属于分布式系统的一种。

当前最流行的 Java 微服务是 Pivotal 团队提供的 Spring Cloud，学习 Spring Cloud 需要先学习 Spring Boot。这里让我们来了解一下 Spring Boot 和 Spring Cloud 的概念。

Spring Boot 的设计目的是简化新 Spring 应用的初始搭建及开发过程。该框架使用了特定的方式进行配置，使开发人员不再需要定义样板化的配置。通过这种方式，Spring Boot 致力于在蓬勃发展的快速应用开发领域（rapid application development）成为领导者。简单地说，Spring Boot 的设计理念是约定优于配置，在 Spring Boot 中会提供很多默认的配置，用户可以通过 Spring Boot 给予的配置项修改这些配置。大家知道在普通开发中，用户需要提供大量的配置和代码去连接数据库和其他资源，而在 Spring Boot 中就不再需要了，它会提供对应的配置项，用户只需要跟着这些配置项配置数据库的连接和属性就可以了，例如，只需要配置数据库连接和连接池的属性就可以使用了，而无须再编写任何代码，比如下面的配置。

```
spring.datasource.url=jdbc:mysql://localhost:3306/chapter5
spring.datasource.username=root
spring.datasource.password=123456
spring.datasource.driver-class-name=com.mysql.jdbc.Driver
#最大等待连接中的数量,设 0 为没有限制
spring.datasource.tomcat.max-idle=10
#最大活动连接数
spring.datasource.tomcat.max-active=50
#最大等待毫秒数, 单位为 ms, 超过时间会抛出错误信息
spring.datasource.tomcat.max-wait=10000
#数据库连接池初始化连接数
spring.datasource.tomcat.initial-size=5
```

通过这样的配置，就完成了构建数据库连接池的任务，这些是 Spring Boot 根据用户的配置自动完成的，并不需要用户编写代码，它的作用是尽可能减少用户编写代码的工作，使得开发者能够更快速地开发业务。

Spring Cloud 是微服务开发的利器。在微服务中，一个庞大的单体系统会按照业务微服务被拆分为多个服务，每一个服务都是一个独立的产品，可以拥有独立的数据库、服务器和其他资源，可以独立运行。比如一个庞大的电商单体系统可以拆分为用户、产品、资金、商户等服务，需要通过各种组件来管理这些独立的服务，并且将它们联系起来。为此，Spring Cloud 提供了服务发现、服务注册、配置中心、消息总线、负载均衡、服务调用、断路器、数据监控等组件。但是请注意，Spring Cloud 的这些组件并非都是自己开发的，而是会选用当前开源、口碑较好和经得起实践考验的分布式组件，Spring Cloud 会采用 Spring Boot 风格将这些组件进行封装，所以学习 Spring Cloud 的基础是 Spring Boot。

第 3 章

Java 设计模式

本章目标

1. 学习反射技术，掌握反射的基本概念
2. 着重学习全书重点——动态代理、责任链模式及拦截器的概念
3. 掌握观察者模式
4. 掌握工厂和抽象工厂模式
5. 掌握 Builder（构建）模式

3.1 Java 反射技术

Java 反射技术应用广泛，它能够配置类的全限定名、方法和参数，完成对象的初始化，甚至反射某些方法，可以大大增强 Java 的可配置性。Spring IoC 的基本原理也是如此，只是其代码要复杂得多。

Java 的反射内容繁多，包括对象构建、反射方法、注解、参数、接口等。本书不会详谈所有内容，而是主要讲解对象构建（包括没有参数的对象和有参数的对象的构建方法）和方法的反射调用。在 Java 中，反射是通过包 java.lang.reflect.* 来实现的。

3.1.1 通过反射构建对象

在 Java 中允许通过反射配置信息构建对象，比如 ReflectServiceImpl 类，如代码清单 3-1 所示。

代码清单 3-1：ReflectServiceImpl.java

```java
package com.learn.ssm.chapter3.reflect;

public class ReflectServiceImpl {
    public void sayHello(String name) {
        System.err.println("Hello "+name);
    }
}
```

再通过反射的方法构建它，如代码清单 3-2 所示。

代码清单 3-2：反射生成对象

```java
public static ReflectServiceImpl getInstance() {
    ReflectServiceImpl object = null;
    try {
        // 获取构造方法
```

```
    Constructor<ReflectServiceImpl> constructor
        = ReflectServiceImpl.class.getConstructor();
    // 反射生成对象
    object = constructor.newInstance();
} catch (NoSuchMethodException | SecurityException
        | InstantiationException | IllegalAccessException
        | IllegalArgumentException | InvocationTargetException e) {
    e.printStackTrace();
}

    return object;
}
```

这里的 getInstance 方法首先获取构建方法（constructor），然后通过 newInstance 方法反射生成一个对象，最后将其返回。

请注意，ReflectServiceImpl 的构建方法不存在任何参数，但是有些类并没有无参数的构造方法，如果遇到这样的情况，又该如何用反射构建对象呢？在 Java 中，只要稍微改变一下就可以，例如把 ReflectServiceImpl 改造成 ReflectServiceImpl2　，如代码清单 3-3 所示。

代码清单 3-3：构建方法含有参数的类

```
package com.learn.ssm.chapter3.reflect;

public class ReflectServiceImpl2 {
    private String name;

    public ReflectServiceImpl2(String name) {
        this.name = name;
    }

    public void sayHello() {
        System.err.println("hello " + name);
    }
}
```

这里实现了含有一个参数的构建方法，这时不能用之前的办法通过反射生成对象，用代码清单 3-4 的方法可以实现相同的功能。

代码清单 3-4：通过反射生成带有参数的构建方法

```
public static ReflectServiceImpl2 getInstance() {
    ReflectServiceImpl2 object = null;
    try {
        // 通过参数类型获取构建方法
        Constructor<ReflectServiceImpl2> constructor
            = ReflectServiceImpl2.class.getConstructor(String.class);
        // 反射构建对象
        object = constructor.newInstance("张三");
    } catch (InstantiationException | IllegalAccessException
            | IllegalArgumentException | InvocationTargetException
            | NoSuchMethodException | SecurityException e) {
        // TODO Auto-generated catch block
        e.printStackTrace();
    }
    return object;
}
```

这段代码先通过 getConstructor 方法获取构造方法，其中的参数为 String.class，也就是在获取构造方法时会通过参数类型过滤。而 newInstance 方法是构建对象，"张三"为其参数，实际上等价于 object = new ReflectServiceImpl2("张三")，只是这里用反射机制来生成这个对象。

反射的优点是只要配置就可以生成对象，可以解除程序的耦合度，比较灵活。反射的缺点是运行得比较慢。但是在大部分情况下，为了提高灵活度，会降低程序的耦合度，反射在 Java 中还是会被广泛使用的，比如 Spring IoC 技术就广泛地使用了反射。

3.1.2 反射方法

本节着重介绍如何使用反射方法。在使用反射方法前要获取方法对象，得到了方法才能够去反射。以代码清单 3-1 的 ReflectServiceImpl 类为例，其方法如代码清单 3-5 所示。

代码清单 3-5：获取和反射方法

```
public Object reflectMethod() {
    Object returnObj = null;
    ReflectServiceImpl target = new ReflectServiceImpl();
    try {
        Method method = ReflectServiceImpl.
                class.getMethod("sayHello", String.class);
        returnObj = method.invoke(target, "张三");
    } catch (NoSuchMethodException | SecurityException
            | IllegalAccessException | IllegalArgumentException
            | InvocationTargetException ex) {
        ex.printStackTrace();
    }
    return returnObj;
}
```

我们来看加粗的代码，当有具体的对象 target，而不知道它是哪个类时，可以使用 target.getClass().getMethod("sayHello", String.class);代替，其中第一个参数是方法名称，第二个参数是参数类型，是一个列表，多个参数可以继续编写多个类型，这样便能获得反射的方法对象。反射方法是运用 returnObj = method.invoke(target, "张三");代码完成的，其中第一个参数为 target，就是确定用哪个对象调用方法，而"张三"是参数，这行就等同于 target.sayHello("张三");。如果存在多个参数，那么可以写成 Method.invoke(target, obj1,obj2, obj3......)，这些要根据对象的具体方法确定。

3.1.3 实例

通过实例来看看如何反射生成对象和反射调度方法。继续使用 ReflectServiceImpl 类，现在来看这样的一个调度方法，如代码清单 3-6 所示。

代码清单 3-6：反射生成对象和反射调度方法

```
public static Object reflect() {
    ReflectServiceImpl object = null;
    try {
        Constructor<ReflectServiceImpl> constructor
            = ReflectServiceImpl.class.getConstructor();
        object = constructor.newInstance();
        Method method = object.getClass().getMethod("sayHello", String.class);
        method.invoke(object, "张三");
```

```
        } catch (NoSuchMethodException | SecurityException
                | IllegalAccessException | IllegalArgumentException
                | InvocationTargetException | InstantiationException ex) {
            ex.printStackTrace();
        }
        return object;
    }
```

这样便能反射对象和方法，测试结果如下：

```
Hello 张三
```

对象在反射机制下生成后，反射了方法，这样我们完全可以通过配置来完成对象和方法的反射，大大增强了 Java 的可配置性和可扩展性，其中 Spring IoC 就是一个典型的样例。

3.2　动态代理模式和责任链模式

本节是全书的重点内容之一，请读者务必掌握好。动态代理和责任链无论在 Spring 还是在 MyBatis 中都有重要的应用，只要跟着本书的例子多写代码，反复体验，就能掌握。在分析 Spring AOP 和 MyBatis 技术原理时，我们还会不断提及它们，它们适用范围广，值得读者认真研究。

代理模式的意义在于生成一个占位（又称代理对象），来代理真实对象（又称目标对象），从而控制真实对象的访问。

先来谈谈什么是代理模式。假设有这样一个场景，你的公司是一家软件公司，你是一位软件工程师。客户带着需求去找公司显然不会直接和你谈，而是去找商务谈，此时客户会认为商务就代表公司。

让我们用一张图来表示代理模式的含义，如图 3-1 所示。

图 3-1　代理模式示意图

显然客户是通过商务去访问软件工程师的，那么商务（代理对象）的意义是什么呢？商务可以进行谈判，比如项目启动前的商务谈判，约定软件的价格、交付、进度的时间节点等，或者在项目完成后追讨应收账款等。商务也有可能在开发软件之前谈判失败，此时商务就会根据公司规则去结束和客户的合作关系，这些都不用软件工程师来处理。因此，代理的作用就是，在访问真实对象之前或者之后加入对应的逻辑，或者根据其他规则控制决定是否使用真实对象，显然在这个例子里商务控制了客户对软件工程师的访问。

经过上面的论述，我们知道商务和软件工程师是代理和被代理的关系，客户是通过商务去访问软件工程师的。此时客户就是程序中的调用者，商务就是代理对象，软件工程师就是真实对象。我们需要在调用者调用对象之前产生一个代理对象，而这个代理对象需要和真实对象建立代理关系，所以代理必须包括两个步骤：

- 建立代理对象和真实对象之间的代理关系。

- 实现代理对象的代理逻辑方法。

在 Java 中有多种动态代理技术，比如 JDK、CGLIB、Javassist、ASM，其中最常用的动态代理技术有两种：一种是 JDK 动态代理，这是 JDK 自带的功能；另一种是 CGLIB 动态代理，这是第三方提供的技术。目前，Spring 常用 JDK 和 CGLIB，而 MyBatis 还使用了 Javassist，无论哪种代理技术，它们的理念都是相似的。

在 JDK 动态代理中，必须使用接口，而 CGLIB 不需要，所以使用 CGLIB 会更简单一些。下面依次讨论这两种最常用的动态代理技术。

3.2.1　JDK 动态代理

JDK 动态代理是 java.lang.reflect.* 包提供的方式，它必须借助一个接口才能产生代理对象，所以先定义接口，如代码清单 3-7 所示。

代码清单 3-7：定义接口

```java
package com.learn.ssm.chapter3.proxy;

public interface HelloWorld {
    public void sayHelloWorld();
}
```

然后提供实现类 HelloWordImpl 来实现接口，如代码清单 3-8 所示。

代码清单 3-8：实现接口

```java
package com.learn.ssm.chapter3.proxy.impl;
import com.learn.ssm.chapter3.proxy.HelloWorld;
public class HelloWorldImpl  implements HelloWorld {
    @Override
    public void sayHelloWorld() {
        System.out.println("Hello World");
    }
}
```

这是最简单的 Java 接口和实现类的关系，此时可以开始编写动态代理的代码了。按照我们之前的分析，先要建立起代理对象和真实服务对象的关系，然后实现代理逻辑，所以一共包括两个步骤。

在 JDK 动态代理中，要实现代理逻辑类必须实现 java.lang.reflect.InvocationHandler 接口，它定义了一个 invoke 方法，并提供接口数组用于下挂代理对象，如代码清单 3-9 所示。

代码清单 3-9：动态代理绑定和代理逻辑实现

```java
package com.learn.ssm.chapter3.proxy;
/**** imports ****/
public class JdkProxyExample implements InvocationHandler {

    // 真实对象
    private Object target = null;

    /**
     * 建立代理对象和真实对象的代理关系，并返回代理对象
     * @param target 真实对象
     * @return  代理对象
```

```
    */
    public Object bind(Object target) {
        this.target = target;
        return Proxy.newProxyInstance(
            target.getClass().getClassLoader(), // 类的加载器
            target.getClass().getInterfaces(), // 声明接口
            this); // 使用当前对象实现代理逻辑
    }

    /**
     * 代理方法逻辑
     * @param proxy 代理对象
     * @param method 当前调度方法
     * @param args 当前方法参数
     * @return 代理结果返回
     * @throws Throwable 异常
     */
    @Override
    public Object invoke(Object proxy, Method method, Object[] args)
            throws Throwable {
        System.out.println("进入代理逻辑方法");
        System.out.println("在调度真实对象之前的服务");
        // 相当于调用 sayHelloWorld 方法
        Object obj = method.invoke(target, args);
        System.out.println("在调度真实对象之后的服务");
        return obj;
    }
}
```

正如我们上面谈到的，这里也分为两步。

第 1 步，建立代理对象和真实对象的关系。这里是使用 bind 方法完成的，方法里面首先用类的属性 target 保存了真实对象，然后通过如下代码建立并生成代理对象。

```
Proxy.newProxyInstance(
    target.getClass().getClassLoader(), // 类的加载器
    target.getClass().getInterfaces(), // 声明接口
    this); // 使用当前对象来实现代理逻辑
```

其中 newProxyInstance 方法包含 3 个参数。

- 第 1 个是类加载器，我们采用了 target 本身的类加载器。
- 第 2 个是把生成的动态代理对象下挂在哪些接口下，代码中使用的是 target 对象所实现的所有接口。HelloWorldImpl 对象的接口显然就是 HelloWorld，代理对象可以这样声明：`HelloWorld proxy = xxxx;`。
- 第 3 个是定义实现方法逻辑的代理类，this 表示当前对象，它必须实现 InvocationHandler 接口的 invoke 方法，该方法就是代理逻辑的实现方法。

第 2 步，实现代理逻辑的方法。invoke 方法可以实现代理逻辑，invoke 方法的 3 个参数的含义如下。

- proxy，代理对象，就是 bind 方法生成的对象。
- method，当前调度的方法。
- args，调度方法的参数。

当我们使用了代理对象调度方法后，它就会进入 invoke 方法。

```
// 相当于调用 sayHelloWorld 方法
Object obj = method.invoke(target, args);
```

这行代码相当于调度目标对象的方法，只是通过反射实现而已。

类比前面的例子，proxy 相当于商务，target 相当于软件工程师，bind 方法相当于建立商务和软件工程师代理关系的方法。而 invoke 方法就是商务逻辑，它将控制软件工程师的访问。

测试 JDK 动态代理，如代码清单 3-10 所示。

代码清单 3-10：测试 JDK 动态代理

```
public static void testJdkProxy() {
    JdkProxyExample jdk = new JdkProxyExample();
    // 绑定关系，因为挂在接口 HelloWorld 下，所以声明代理对象 HelloWorld proxy
    HelloWorld proxy = (HelloWorld)jdk.bind(new HelloWorldImpl());
    // 注意，此时 HelloWorld 对象是一个代理对象，它会进入代理的逻辑方法 invoke
    proxy.sayHelloWorld();
}
```

首先通过 bind 方法绑定代理关系，然后在代理对象调度 sayHelloWorld 方法时进入代理的逻辑，测试结果如下：

```
进入代理逻辑方法
在调度真实对象之前的服务
Hello World
在调度真实对象之后的服务
```

此时，在调度打印 Hello World 之前和之后都可以加入相关的逻辑，甚至可以不调度 Hello World 的打印。

这就是 JDK 动态代理，它是一种最常用的动态代理，十分重要，后面会以 JDK 动态代理为主讨论框架的实现。要掌握代理模式不容易，读者可以通过添加断点，一步步验证执行的步骤，就一定能够掌握好它。

3.2.2　CGLIB 动态代理

JDK 动态代理必须提供接口才能使用，在一些不能提供接口的环境中，只能采用第三方技术，比如 CGLIB 动态代理。CGLIB 动态代理的优势在于不需要提供接口，只需要一个非抽象类就能实现动态代理，我们通过 Maven 来引入它，如下：

```
<dependency>
    <groupId>cglib</groupId>
    <artifactId>cglib</artifactId>
    <version>3.3.0</version>
</dependency>
```

选取代码清单 3-1 的 ReflectServiceImpl 类作为例子，它不存在任何接口，所以没办法使用 JDK 动态代理，这里采用 CBLIB 动态代理，如代码清单 3-11 所示。

代码清单 3-11：CGLIB 动态代理

```
package com.learn.ssm.chapter3.proxy;
/**** imports ****/
public class CglibProxyExample implements MethodInterceptor {
    /**
     * 生成 CGLIB 代理对象
     * @param cls —— Class 类
     * @return Class 类的 CGLIB 代理对象
     */
    public Object getProxy(Class cls) {
        // CGLIB enhancer 增强类对象
        Enhancer enhancer = new Enhancer();
        // 设置增强类型
        enhancer.setSuperclass(cls);
        // 定义代理逻辑对象为当前对象，要求当前对象实现 MethodInterceptor 方法
        enhancer.setCallback(this);
        // 生成并返回代理对象
        return enhancer.create();
    }

    /**
     * 代理逻辑方法
     * @param proxy 代理对象
     * @param method 方法
     * @param args 方法参数
     * @param methodProxy 方法代理
     * @return 代理逻辑返回
     * @throws Throwable 异常
     */
    @Override
    public Object intercept(Object proxy, Method method,
            Object[] args, MethodProxy methodProxy)
            throws Throwable {
        System.err.println("调用真实对象前");
        // CGLIB 反射调用真实对象方法
        Object result = methodProxy.invokeSuper(proxy, args);
        System.err.println("调用真实对象后");
        return result;
    }
}
```

这里用了 CGLIB 动态代理的加强者 Enhancer，通过设置超类的方法（setSuperclass），再通过 setCallback 方法设置它的代理类。其中，参数为 this 表示当前对象，要求用这个对象实现接口 MethodInterceptor 的方法——intercept，然后返回代理对象。

此时当前类的 intercept 方法就是其代理逻辑方法，其参数内容见代码注解，我们在反射真实对象方法前后进行了打印，CGLIB 动态代理是通过如下代码完成的。

```
Object result = methodProxy.invokeSuper(proxy, args);
```

测试一下 CGLIB 动态代理，如代码清单 3-12 所示。

代码清单 3-12：测试 CGLIB 动态代理

```
public static void tesCGLIBProxy() {
    CglibProxyExample cpe = new CglibProxyExample();
```

```
ReflectServiceImpl obj
    = (ReflectServiceImpl)cpe.getProxy (ReflectServiceImpl.class);
obj.sayHello("张三");
}
```

运行这段代码，就可以打印出如下结果：

```
调用真实对象前
Hello 张三
调用真实对象后
```

掌握了 JDK 动态代理就很容易掌握 CGLIB 动态代理，因为二者是相似的。它们都是用 getProxy 方法生成代理对象，制定代理的逻辑类。而代理逻辑类要实现一个接口的一个方法，这个接口定义的方法就是代理对象的逻辑方法，它可以控制真实对象的方法。

3.2.3 拦截器

由于动态代理一般比较难理解和应用，所以程序设计者会设计一个拦截器接口供开发者使用，开发者只要知道拦截器接口的方法、含义和作用即可，无须知道动态代理的实现过程。下面使用 JDK 动态代理来展示一个拦截器的本质，为此先定义拦截器接口 Interceptor，如代码清单 3-13 所示。

代码清单 3-13：定义拦截器接口 Interceptor

```
package com.learn.ssm.chapter3.proxy.intercept;

import java.lang.reflect.Method;

public interface Interceptor {
    public boolean before(
            Object proxy, Object target, Method method, Object[] args);

    public void around(
            Object proxy, Object target, Method method, Object[] args);

    public void after(
            Object proxy, Object target, Method method, Object[] args);
}
```

这里定义了 3 个方法：before、around 和 after，分别给予这些方法如下逻辑定义。

- 3 个方法的参数为：proxy（代理对象）、target（真实对象）、method（方法）、args（运行方法）。
- before 方法返回 boolean 值，它在真实方法前调用。当返回 true 时，反射真实对象的方法；当返回 false 时，调用 around 方法。
- 在 before 方法返回 false 的情况下，调用 around 方法。
- 在反射真实对象方法或者 around 方法执行之后，调用 after 方法。

实现这个 Interceptor 的实现类——MyInterceptor，如代码清单 3-14 所示。

代码清单 3-14：MyInterceptor

```java
package com.learn.ssm.chapter3.proxy.intercept.impl;

import com.learn.ssm.chapter3.proxy.intercept.Interceptor;
import java.lang.reflect.Method;

public class MyInterceptor implements Interceptor {
    @Override
    public boolean before(
            Object proxy, Object target, Method method, Object[] args) {
        System.err.println("反射方法前逻辑");
        return false;//不反射被代理对象原有方法
    }
    @Override
    public void after(
            Object proxy, Object target, Method method, Object[] args) {
        System.err.println("反射方法后逻辑");
    }
    @Override
    public void around(
            Object proxy, Object target, Method method, Object[] args) {
        System.err.println("取代了被代理对象的方法");
    }
}
```

　　它实现了所有的 Interceptor 接口方法。如果使用 JDK 动态代理，就可以将这些方法织入对应的逻辑。以代码清单 3-7 和代码清单 3-8 的接口和实现类为例，在 JDK 动态代理中使用拦截器，如代码清单 3-15 所示。

代码清单 3-15：在 JDK 动态代理中使用拦截器

```java
package com.learn.ssm.chapter3.proxy.intercept;

/**** imports ****/
public class InterceptorJdkProxy implements InvocationHandler {

    private Object target; //真实对象
    private String interceptorClass = null;//拦截器全限定名

    public InterceptorJdkProxy(Object target, String interceptorClass) {
        this.target = target;
        this.interceptorClass = interceptorClass;
    }

    /**
     * 绑定委托对象并返回一个"代理占位"
     *
     * @param target 真实对象
     * @param interceptorClass 拦截器全限定名
     * @return 代理对象"占位"
     */
    public static Object bind(Object target, String interceptorClass) {
        //取得代理对象
        return Proxy.newProxyInstance(target.getClass().getClassLoader(),
                target.getClass().getInterfaces(),
                new InterceptorJdkProxy(target, interceptorClass));
    }
```

```java
@Override
/**
 * 通过代理对象调用方法，进入这个方法
 *
 * @param proxy  代理对象
 * @param method  方法，被调用方法
 * @param args  方法的参数
 */
public Object invoke(Object proxy, Method method, Object[] args)
    throws Throwable {
    if (interceptorClass == null) {
        //没有设置拦截器则直接反射原有方法
        return method.invoke(target, args);
    }
    Object result = null;
    //通过反射生成拦截器
    Interceptor interceptor = (Interceptor)
        Class.forName(interceptorClass).getConstructor().newInstance();
    //调用前置方法
    if (interceptor.before(proxy, target, method, args)) {
        //反射原有对象方法
        result = method.invoke(target, args);
    } else {//返回 false 执行 around 方法
        interceptor.around(proxy, target, method, args);
    }
    //调用后置方法
    interceptor.after(proxy, target, method, args);
    return result;
    }
}
```

这里有两个属性，一个是 target，它是真实对象；另一个是字符串 interceptorClass，它是一个拦截器的全限定名。解释一下这段代码的执行步骤。

第 1 步，在 bind 方法中用 JDK 动态代理绑定了一个对象，然后返回代理对象。

第 2 步，如果没有设置拦截器，则直接反射真实对象的方法，然后结束，如果设置了拦截器，则进行第 3 步。

第 3 步，通过反射生成拦截器，并准备使用它。

第 4 步，调用拦截器的 before 方法，如果返回 true，则反射原来的方法；否则运行拦截器的 around 方法。

第 5 步，调用拦截器的 after 方法。

第 6 步，返回结果。

拦截器的工作流程，如图 3-2 所示。

- 开发者只要知道拦截器的方法和作用就可以编写拦截器了，编写完成后可以设置拦截器，这样就完成了自己的任务。
- 设计者是精通 Java 的开发和设计的人员，由他们来完成动态代理的逻辑。
- 设计者只会把拦截器接口和作用展示给开发者，让动态代理的逻辑在开发者的视野中"消失"。

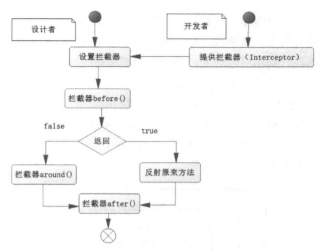

图 3-2 拦截器的工作流程

通过上面的论述，大家可以看到通过定义拦截器，可以进一步简化动态代理的使用，让开发者的代码变得更为简单，下面用代码清单 3-16 进行测试。

代码清单 3-16：测试 MyInterceptor 拦截器

```
public static void testInterceptor() {
    HelloWorld proxy = (HelloWorld) InterceptorJdkProxy.bind(
        new HelloWorldImpl(),
        "com.learn.ssm.chapter3.proxy.intercept.impl.MyInterceptor");
    proxy.sayHelloWorld();
}
```

运行这段代码，得到以下结果：

```
反射方法前逻辑
取代了被代理对象的方法
反射方法后逻辑
```

从测试的结果来看，拦截器已经生效。

3.2.4 责任链模式

3.2.3 节讨论到设计者往往会用拦截器代替动态代理，然后将拦截器的接口提供给开发者，从而降低开发难度，但是拦截器可能有多个。举个例子，一个程序员需要请假一周。如果把请假申请单看成一个对象，那么它需要经过项目经理、部门经理、人事等多个角色的审批，每个角色都有机会通过拦截对这个申请单进行审批或者修改。这个时就要提供项目经理、部门经理和人事的处理逻辑，所以需要提供 3 个拦截器，而它们之间传递的是请假申请单，流程示例如图 3-3 所示。

图 3-3 请假流程示例

当一个对象在一条链上被多个拦截器拦截处理（拦截器也可以选择不拦截处理它）时，我们把这样的设计模式称为责任链模式，它适用于一个对象在多个角色中传递的场景。还是刚才的例子，请假申请单流转到项目经理处，经理可能把申请时间由"一周"改为"5 天"，从而影响了后面的审批，后面的审批都要根据前面的结果进行。这个时候可以考虑用层层代理来实现，就是当请假申请单（target）流转到项目经理处时，使用第一个动态代理 proxy1。当它流转到部门经理处时，部门经理会得到一个在项目经理的代理 proxy1 的基础上生成的 proxy2 来处理部门经理的逻辑。当它流转到人事处时，会在 proxy2 的基础上生成 proxy3。如果还有其他角色，以此类推即可，用图 3-4 来描述拦截逻辑会更加清晰。

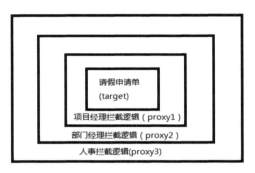

图 3-4　拦截逻辑

仍以代码清单 3-13 定义的拦截器接口为例，定义 3 个拦截器，如代码清单 3-17 所示。

代码清单 3-17：测试 MyInterceptor 拦截器

```
/*************************拦截器 1*************************/
package com.learn.ssm.chapter3.proxy.intercept.impl;
/**** imports ****/

public class Interceptor1 implements Interceptor {
    public boolean before(
            Object proxy, Object target, Method method, Object[] args) {
        System.out.println("【拦截器 1】的 before 方法");
        return true;
    }

    public void around(
            Object proxy, Object target, Method method, Object[] args) {}

    public void after(
            Object proxy, Object target, Method method, Object[] args) {
        System.out.println("【拦截器 1】的 after 方法");
    }
}


/*************************拦截器 2*************************/
package com.learn.ssm.chapter3.proxy.intercept.impl;
/**** imports ****/

public class Interceptor2 implements Interceptor {
    public boolean before(
            Object proxy, Object target, Method method, Object[] args) {
        System.out.println("【拦截器 2】的 before 方法");
```

```
            return true;
        }

    public void around
            (Object proxy, Object target, Method method, Object[] args) {}

    public void after(
            Object proxy, Object target, Method method, Object[] args) {
        System.out.println("【拦截器 2】的 after 方法");
    }
}
```

```
/***************************拦截器 3***************************/
package com.learn.ssm.chapter3.proxy.intercept.impl;
/**** imports ****/

public class Interceptor3 implements Interceptor {
    public boolean before(
            Object proxy, Object target, Method method, Object[] args) {
        System.out.println("【拦截器 3】的 before 方法");
        return true;
    }

    public void around(
            Object proxy, Object target, Method method, Object[] args) {}

    public void after(
            Object proxy, Object target, Method method, Object[] args) {
        System.out.println("【拦截器 3】的 after 方法");
    }
}
```

延续使用代码清单 3-15 的 InterceptorJdkProxy 类，测试一下这段代码，如代码清单 3-18 所示。

代码清单 3-18：测试责任链模式上的多拦截器

```
public static void testChain() {
    String packageName = "com.learn.ssm.chapter3.proxy.intercept.impl.";
    HelloWorld proxy1 = (HelloWorld) InterceptorJdkProxy.bind(
        new HelloWorldImpl(),packageName+"Interceptor1");
    HelloWorld proxy2 = (HelloWorld) InterceptorJdkProxy.bind(
        proxy1, packageName+"Interceptor2");
    HelloWorld proxy3 = (HelloWorld) InterceptorJdkProxy.bind(
        proxy2, packageName+"Interceptor3");
    proxy3.sayHelloWorld();
}
```

运行这段代码后得到以下结果，请注意观察其方法的执行顺序。

```
【拦截器 3】的 before 方法
【拦截器 2】的 before 方法
【拦截器 1】的 before 方法
Hello World
【拦截器 1】的 after 方法
【拦截器 2】的 after 方法
【拦截器 3】的 after 方法
```

在多个拦截器中，before 方法按照后加载先运行的顺序来执行，而 after 方法相反，按先加载先运行的顺序来执行。

从代码中可见，责任链模式的优点在于我们可以在传递链上加入新的拦截器，增加拦截逻辑的缺点是会增加代理和反射，而代理和反射的性能不高。

3.3　观察者模式

观察者（Observer）模式又称发布订阅模式，是对象的行为模式。观察者模式定义了一种一对多的依赖关系，让多个观察者对象同时监听被观察者的状态，当被观察者的状态发生变化时，会通知所有观察者，并让其自动更新。

其实这和我们中学学习的函数图像的概念比较接近，比如函数 $y=x^2$ 的图像，如图 3-5 所示。当 $x=1$ 时，$y=1$；当 $x=2$ 时，$y=4$；当 $x=3$ 时，$y=9$，……换句话说，y 的值是根据 x 值的变化而变化的，我们把 x 称为自变量，把 y 称为因变量。现实中这样的情况也会发生，比如监控卫星，需要根据卫星飞行的高度、纬度等因素的变化而做出不同的决策；气象部门需要监测气温和水位等，随着它们的变化来采取不同的行动。

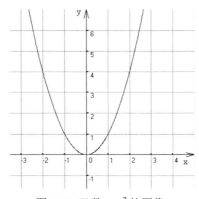

图 3-5　函数 $y=x^2$ 的图像

3.3.1　概述

在现实中，有些条件发生了变化，与之相关的行为也需要发生变化，我们可以用 if 语句来应对。举个例子，一个商家有一些产品，它和一些电商合作，每当有新产品时，就把这些产品推送给电商，该商家现在只和淘宝、京东合作，于是有这样的伪代码：

```
if (产品库有新产品) {
    推送产品到淘宝;
    推送产品到京东;
}
```

如果商家又和国美、苏宁、当当、唯品会签订合作协议，那么需要改变这段伪代码。

```
if (产品库有新产品) {
    推送产品到淘宝;
    推送产品到京东;
    推送产品到国美;
```

```
        推送产品到苏宁；
        推送产品到当当；
        推送产品到唯品会；
    }
```

按照这种方法，如果商家还与其他电商合作，那么还要继续在 if 语句里增加逻辑。如果合作的电商多达数百家，那么 if 的逻辑会异常复杂。如果推送商品给淘宝发生异常，那么需要捕捉异常，避免影响其后的电商接口，这样代码耦合就会增多，会在 if 语句里堆砌太多的代码，不利于维护，扩展困难。在现实中，对开发团队来说，可能产品库是产品团队在维护，而合作的电商是电商团队在维护，这样两个团队之间要维护同一段代码，显然会造成责任不清的问题。

而观察者模式更易于扩展，责任也更加清晰。首先，把每一个电商接口都看成一个观察者，每一个观察者都能观察到产品列表（被监听对象）。当公司发布新产品时，会发送到这个产品列表上，于是产品列表（被监听对象）发生了变化，这时就可以触发各个电商接口（观察者）发送新产品到对应的合作电商那里，观察者模式示例如图 3-6 所示。

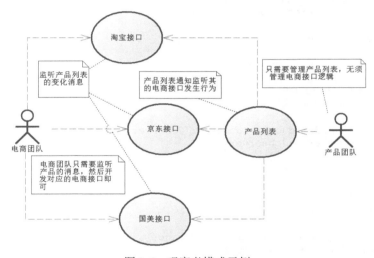

图 3-6　观察者模式示例

类似这样，一个对象（电商接口）去监听另一个对象（产品列表），当被监听对象（产品列表）发生变化时，就会触发监听对象（电商接口）一定的行为，以适应变化的逻辑模式，我们称之为观察者模式，电商接口被称为观察者或者监听者，而产品列表被称为被观察者或者被监听者。

这样的好处在于，程序不再出现 if 语句，观察者会根据被观察对象的变化而做出对应的行为，无论是淘宝、京东还是其他的电商接口，只要维护自己的逻辑，无须耦合在一起。同时责任也是明确的，产品团队只要维护产品列表，电商团队可以通过增加电商接口去监听产品列表，不会带来 if 语句导致的责任不清的情况。

3.3.2　实例

观察者模式要同时存在观察者和被观察者，其中，观察者可以是多个。在 Java 中，需要继承 java.util.Observable 类，先看被观察者——一个产品列表，如代码清单 3-19 所示。

代码清单 3-19：产品列表（被观察者）

```java
package com.learn.ssm.chapter3.observer;
/**** imports ****/

public class ProductList extends Observable {

    private List<String> productList = null;//产品列表

    private static ProductList instance;//类唯一实例

    private ProductList() {}//构建方法私有化

    /**
     * 取得唯一实例
     * @return 产品列表唯一实例
     */
    public static ProductList getInstance() {
        if (instance == null) {
            instance = new ProductList();
            instance.productList = new ArrayList<>();
        }
        return instance;
    }

    /**
     * 增加观察者（电商接口）
     * @param observer 观察者
     */
    public void addProductListObserver(Observer observer) {
        this.addObserver(observer);
    }

    /**
     * 新增产品
     * @param newProduct 新产品
     */
    public void addProudct(String newProduct) {
        productList.add(newProduct);
        System.out.println("产品列表新增了产品："+newProduct);
        this.setChanged();//设置被观察对象发生变化
        this.notifyObservers(newProduct);//通知观察者，并传递新产品
    }
}
```

这个类的基本内容和主要方法如下。

- 构建方法私有化，避免通过 new 的方式构建对象，而是通过 getInstance 方法获得产品列表单例，这里使用的是单例模式。
- addProductListObserver 可以增加一个电商接口（观察者）。
- 核心逻辑在 addProduct 方法上。在产品列表上增加了一个新的产品，然后调用 setChanged 方法。这个方法的作用是告知观察者当前被观察者发生了变化；如果没有这个方法，则无法触发观察者的行为。通过 notifyObservers 告知观察者，让它们发生相应的动作，并将新产品作为参数传递给观察者。

这时已经有了被观察者，还要编写观察者。仍以淘宝和京东为例，实现它们的电商接口。

作为观察者需要实现 java.util.Observer 接口的 update 方法，如代码清单 3-20 所示。

代码清单 3-20：电商接口（观察者）

```
/******************京东电商接口************/
package com.learn.ssm.chapter3.observer;

import java.util.Observable;
import java.util.Observer;

public class JingDongObserver implements Observer {

    @Override
    public void update(Observable o, Object product) {
        String newProduct = (String) product;
        System.out.println("发送新产品【"+newProduct+"】同步到京东商城");
    }

}

/********************淘宝电商接口***************/
package com.learn.ssm.chapter3.observer;

import java.util.Observable;
import java.util.Observer;

public class TaoBaoObserver implements Observer {

    @Override
    public void update(Observable o, Object product) {
        String newProduct = (String) product;
        System.out.println("发送新产品【"+newProduct+"】同步到淘宝商城");
    }
}
```

用代码清单 3-21 测试以上观察者和被观察者。

代码清单 3-21：测试观察者模式

```
public static void testObserver() {
    ProductList observable = ProductList.getInstance();
    TaoBaoObserver taoBaoObserver = new TaoBaoObserver();
    JingDongObserver jdObserver = new JingDongObserver();
    observable.addObserver(jdObserver);
    observable.addObserver(taoBaoObserver);
    observable.addProudct("新增产品1");
}
```

加粗的代码是对被观察者注册观察者，这样才能让观察者监控到被观察者的变化情况，运行得到下面的结果：

```
产品列表新增了产品：新增产品1
发送新产品【新增产品1】同步到淘宝商城
发送新产品【新增产品1】同步到京东商城
```

这样，在产品列表中发布新产品，就可以触发观察者们对应的行为了，不会出现 if 语句的各类问题，更利于扩展和维护。

3.4 普通工厂模式和抽象工厂模式

在大部分情况下，我们是以 new 关键字来构建对象的。拿汽车来说，我们知道它是车厂生产的，客户购买汽车只需要告诉客服需要哪种型号即可，这就是一种工厂的思维。而实际上，汽车的种类很多，例如，大巴车、轿车、救护车、越野车和卡车等，在每个种类下面还有具体的型号，一个车厂生产如此多种类的车会难以管理，需要拆分为大巴车、轿车等分工厂。但是客户不需要知道工厂是如何拆分的，他/她只要告诉客服需要什么车，客服会根据客户的需要找到对应的工厂去生产车。所以对客户来说，车厂只是一个抽象的概念，他/她大概知道有这样的一个车厂能满足他的需要，具体的分工他/她是不知道的，这便是抽象工厂的思维。

3.4.1 普通工厂模式

在程序中往往也是如此，例如，有个 IProduct 的产品接口，它下面有 5 个实现类 Product1、Product2、Product3、Product4、Product5。它们属于一个大类，可以通过一个工厂去管理它们的生成，但是由于类型不同，所以初始化有所不同。请注意这里的工厂只有一个，我们称其为普通工厂（Simple Factory），它是相对于后面的抽象工厂而言的。为了方便使用产品工厂（ProductFactory）类来构建这些产品的对象，用户可以通过产品号来确定需要哪种产品，如图 2-7 所示。

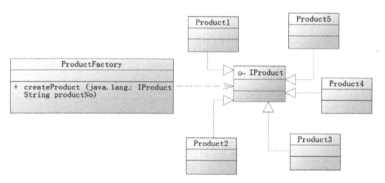

图 3-7 产品工厂模式

不同的用户可能需要不同的产品，这些产品只需要满足 IProduct 接口的定义，就能通过这个工厂生产出来，这样就有了 ProductFactory 类的伪代码：

```java
public class ProductFactory{
    public static IProduct createProduct(String productNo) {
        switch (productNo) {
            case "1": return new Product1(xxxx);
            case "2": return new Product2(xxxx);
            case "3": return new Product3(xxxx);
            case "4": return new Product4(xxxx);
            case "5": return new Product5(xxxx);
            default : throw new
                NotSupportedException("未支持此编号产品生产。");
        }
    }
}
```

程序调用者只需要通过工厂的 createProduct 方法指定产品编号（productNo），就可以得到对应的产品，而产品满足接口 IProduct 的规范，初始化简单了许多。对于产品对象的构建，可以把一些特有产品规则写入工厂类中，以便于统一管理。

3.4.2　抽象工厂模式

抽象工厂（Abstract Factory）模式可以向客户端提供一个接口，使得客户端在不必知道具体工厂的具体情况下，构建多个产品族中的产品对象。

普通工厂解决了一类对象构建问题，但是有时候对象很复杂，有几十种，又分为几个类别。如果只有一个工厂，面对如此多的产品，那么这个工厂需要实现的逻辑就太复杂了，所以我们希望把工厂分成多个，便于工厂产品规则的维护。但是设计者并不想让调用者知道具体的分厂规则，而只希望他们知道有一个逻辑上存在而实际并不存在的工厂，我们把这个工厂称为抽象工厂。这样的设计有助于对外封装和简化调用者的使用，毕竟调用者可不想知道选择具体工厂的规则，其设计理念如图 2-8 所示。

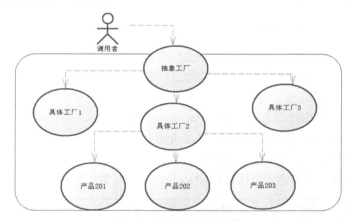

图 3-8　抽象工厂示意图

仍以车厂为例，生产商不会把轿车、大巴车、警车、吉普车、救护车等车型都放在一个车厂生产，那样会造成车厂异常复杂，导致难以管理和维护。生产商通常会把它们按种类分为轿车厂、大巴车厂、警车厂、吉普车厂等分厂，每个种类下面都有一些型号的产品。但是客户并不需要知道这些。

由上述可知，客户认为有一个能够生产各类车的车厂，它能生产所需要的产品，但是请注意这个客户"认为的车厂"是一个抽象的概念，实际上并不存在，生产商是通过具体的分厂生产车辆的，客户认为的车厂是我们说的抽象工厂，在生产商内部真实存在的分厂则称为具体工厂。为了统一，需要制定一个接口规范（命名为 IProductFactory），所有的具体工厂和抽象工厂都要实现这个接口，IProductFactory 就可以设计成：

```
public interface IProductFactory {
    public IProduct createProduct(String productNo);
}
```

这里的工厂方法 createProduct 是每一个具体工厂和抽象工厂都要实现的。现在先实现 3 个工厂类，它们要实现 IProductFactory 的 createProduct 方法，我们把 createProduct 称为工厂的具体实现方法，其伪代码如下：

```java
public class ProductFactory1 implements IProductFactory {
    public IProduct createProduct(String productNo) {
        IProduct product = xxx;// 工厂 1 生成产品对象规则，可以是一类产品的规则
        return product;
    }
}

public class ProductFactory2 implements IProductFactory {
    public IProduct createProduct(String productNo) {
        IProduct product = xxx;// 工厂 2 生成产品对象规则，可以是一类产品的规则
        return product;
    }
}

public class ProductFactory3 implements IProductFactory {
    public IProduct createProduct(String productNo) {
        IProduct product =  xxx;//工厂 3 生成产品对象规则，可以是一类产品的规则
        Return product;
    }
}
```

这里有 3 个工厂，但是不需要把这 3 个工厂全部提供给调用者，因为这样会给其造成选择困难。为此使用一个公共的工厂，这个公共的工厂就是我们说的抽象工厂，由它提供规则选择工厂，我们做如下业务约定：

- 产品编号以 1 开头的用工厂 ProductFactory1 构建对象。
- 产品编号以 2 开头的用工厂 ProductFactory2 构建对象。
- 产品编号以 3 开头的用工厂 ProductFactory3 构建对象。

依据上面的规则，来构建一个抽象 ProductFactory，其伪代码如下：

```java
public class ProductFactory implements IProductFactory {
    public static IProduct createProduct(String productNo) {
        char ch = productNo.charAt(0);
        IProductFactory factory = null;
        if (ch == '1') {
            factory = new ProductFactory1();
        } else if (ch == '2') {
            factory = new ProductFactory1();
        } else if (ch == '3') {
            factory = new ProductFactory1();
        }
        If (factory != null) {
            return factory.createProduct(productNo);
        }
        return null;
    }
}
```

通过抽象工厂的规则可以知道，只要知道产品编号（productNo），就能通过 ProductFactory 构建产品的对象了，显然在这里调用者并不需要理会 ProductFactory 是如何选择具体工厂的。对设计者来说，ProductFactory 就是一个抽象工厂，这样构建对象对调用者而言就简单多了。每一个工厂只要生产其特定的产品，规则也不会特别复杂。

3.5　建造者模式

建造者（Builder）模式属于对象的构建模式。可以将一个产品的内部表象（属性）与产品的生产过程分割开来，从而使一个建造过程生成具有不同的内部表象的产品。

3.5.1　概述

在大部分情况下，可以使用 new 关键字或者工厂模式构建对象，但是有些对象比较复杂，例如，一些旅游套票可以分为：普通成年人、退休老人、半票有座儿童、免费无座儿童、军人及其家属等，他们有不同的规定和优惠。如果通过 new 或者工厂模式来构建对象会造成不便，因为所需参数太多，对象也复杂，旅游套票示意图如图 3-9 所示。

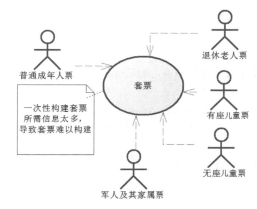

图 3-9　旅游套票示意图

为了处理这个问题，建造者模式出现了。建造者模式是一种分步构建对象的模式。仍以旅游套票为例，既然一次性构建套票对象有困难，那么就分步完成。

第 1 步，构建普通成年人票。

第 2 步，构建退休老人票。

第 3 步，构建有座儿童票。

第 4 步，构建无座儿童票。

第 5 步，构建军人及其家属票。

用一个配置类对这些步骤进行统筹，然后将所有的信息交由构建器来构建对象，如图 3-10 所示。

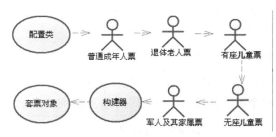

图 3-10　构建对象

这里的构建并不复杂，我们只是由配置类一次性构建一种票，步步推进，当所有的票都构建结束时，会通过构建器来构建套票对象。

3.5.2 Builder 模式实例

首先，构建一个 TicketHelper 对象，它是配置类，能帮我们一步步构建对象。如代码清单 3-22 所示。

代码清单 3-22：TicketHelper.java

```java
package com.learn.ssm.chapter3.builder;

public class TicketHelper {

    public void buildAdult(String info) {
        System.out.println("构建成年人票逻辑："+info);
    }

    public void buildChildrenForSeat(String info) {
        System.out.println("构建有座儿童票逻辑："+info);
    }

    public void buildchildrenNoSeat(String info) {
        System.out.println("构建无座儿童票逻辑："+info);
    }

    public void buildElderly(String info) {
        System.out.println("构建老年人票逻辑："+info);
    }

    public void buildSoldier(String info) {
        System.out.println("构建军人及其家属票逻辑："+info);
    }
}
```

这里只是模拟，所以用打印信息代替真实的逻辑，但这样并不会带来理解上的困难。然后，需要一个构建类——TicketBuilder，如代码清单 3-23 所示。

代码清单 3-23：TicketHelper.java

```java
package com.learn.ssm.chapter3.builder;

public class TicketBuilder {

    public static Object build(TicketHelper helper) {
        System.out.println("通过 TicketHelper 构建套票信息");
        return null;
    }
}
```

显然 build 方法很简单，它只有一个配置类的参数，通过它可以得到所有套票的信息，从而构建套票对象。有了这两个类，就可以使用代码清单 3-24 完成套票对象的构建。

代码清单 3-24：构建套票对象

```java
TicketHelper helper = new TicketHelper();
helper.buildAdult("成人票");
```

```
helper.buildChildrenForSeat("有座儿童票");
helper.buildchildrenNoSeat("无座儿童票");
helper.buildElderly("老人票");
helper.buildSoldier("军人及其家属票");
Object ticket = TicketBuilder.build(helper);
```

Builder 模式可以将一个复杂对象的构建分成若干步，通过分步构造其属性，最终把一个复杂的对象构建出来。

动态代理和责任链模式是本章乃至全书的重点，很多框架的底层都是通过它们实现的，Spring 和 MyBatis 更是如此，只有掌握好了它们，才能真正理解 Spring AOP 和 MyBatis 的底层运行原理。

设计模式比较抽象，尤其对于初学者，有时候理解起来会很困难，建议读者多动手。除工厂模式外，本章的其他代码都是可以运行的，建议读者按着本章的思路，一步步做下去，慢慢理解它们。软件是一门实践科学，只看不做的人永远学不会。

第 2 部分

互联网持久框架——MyBatis

第 **4** 章
认识 MyBatis 核心组件

本章目标

1．掌握 MyBatis 基础组件及其作用，MyBatis 的使用方法
2．掌握基础组件的生命周期及其实现方法
3．掌握入门实例

4.1 持久层的概念和 MyBatis 的特点

持久层可以将业务数据存储到磁盘，具备长期存储能力，只要磁盘不损坏（大部分的重要数据都会有相关的备份机制），在断电或者其他情况下，重新开启系统仍然可以读取这些数据。一般执行持久任务的都是数据库系统，持久层可以使用巨大的磁盘空间，也比较廉价，它的缺点是比较慢。当然，慢是相对内存来说的，在一般的系统中运行持久层是不存在问题的，比如内部管理系统。但是在互联网的秒杀场景下，互联网系统每秒都需要执行成千上万次数据操作，慢是不能接受的，极有可能导致宕机，在这样的场景下，我们考虑使用 Redis（NoSQL）处理它。我们在讲解 Redis 的时候会谈及这些内容，这是互联网技术的热点内容之一。

Java 应用程序可以通过 MyBatis 框架访问数据库，如图 4-1 所示。

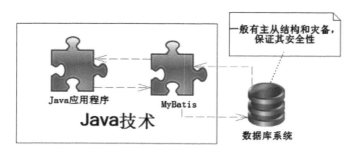

图 4-1　Java 应用程序通过 MyBatis 框架访问数据库

笔者认为 MyBatis 最大的成功有 3 点：

- 不屏蔽 SQL，意味着可以更精确地定位 SQL 语句，可以对其进行优化和改造，这有利于互联网系统性能的提高，符合互联网需要性能优化的特点。
- 提供强大、灵活的映射机制，方便 Java 开发者使用。提供动态 SQL 的功能，允许用户根据不同条件组装 SQL，这个功能远比其他工具或者 Java 编码的可读性和可维护性高，满足各种应用系统需求的同时满足了需求经常变化的互联网应用的要求。

- 在 MyBatis 中，提供了使用 Mapper 的接口编程，只需一个接口和一个 XML 就能构建映射器，进一步简化了用户的工作，使得很多框架 API 在 MyBatis 中消失，开发者能更聚焦于业务逻辑。

基于以上原因，MyBatis 成为 Java 互联网时代的首选持久框架，下面学习它的具体应用。

4.2　准备 MyBatis 环境

软件开发是一门实践课程，只有一边学习，一边实践，技术才能得到真正提高。我们需要先通过 Maven 引入 MyBatis 和 MySQL 的驱动，如下所示。

```xml
<!-- mybatis 核心包 -->
<dependency>
    <groupId>org.mybatis</groupId>
    <artifactId>mybatis</artifactId>
    <version>3.5.3</version>
</dependency>
<dependency>
    <groupId>org.javassist</groupId>
    <artifactId>javassist</artifactId>
    <version>3.24.1-GA</version>
</dependency>
<dependency>
    <groupId>cglib</groupId>
    <artifactId>cglib</artifactId>
    <version>3.2.10</version>
</dependency>
<dependency>
    <groupId>org.ow2.asm</groupId>
    <artifactId>asm</artifactId>
    <version>7.0</version>
</dependency>
<!-- 实现 slf4j 接口并整合 -->
<dependency>
    <groupId>org.slf4j</groupId>
    <artifactId>slf4j-api</artifactId>
    <version>1.7.26</version>
</dependency>
<dependency>
    <groupId>org.slf4j</groupId>
    <artifactId>slf4j-log4j12</artifactId>
    <version>1.7.26</version>
</dependency>
<dependency>
    <groupId>org.apache.logging.log4j</groupId>
    <artifactId>log4j-core</artifactId>
    <version>2.11.2</version>
</dependency>
<!-- mysql 驱动包 -->
<dependency>
    <groupId>mysql</groupId>
    <artifactId>mysql-connector-java</artifactId>
    <version>5.1.29</version>
</dependency>
```

  笔者采用的 MyBatis 是 3.5.3 版本，此外还引入了其他的包，这是 MyBatis 所需要依赖的。倘若读者想得到更多的版本信息，可以通过 GitHub 网站查看各个版本 MyBatis 的情况，同时可以看到对应的资源下载，如图 4-2 所示。

图 4-2 MyBatis 资源下载

  笔者建议把 MyBatis 对应的源码下载下来。使用 MyBatis 时，还可以在 MyBatis 官方网站阅读相关的参考手册，但是该手册只是简单地告诉读者如何使用，至于需要注意的地方和一些关键的逻辑没有涉及太多，在读者需要入门和简单使用 MyBatis 时可以参考它。

  下载 MyBatis 的包解压缩后，可以得到如图 4-3 所示的文件目录。

名称	修改日期	类型	大小
lib	2019/10/23 21:36	文件夹	
LICENSE	2017/7/10 13:16	文件	12 KB
mybatis-3.5.3	2019/10/20 19:37	Executable Jar File	1,664 KB
mybatis-3.5.3	2019/10/20 19:37	WPS PDF 文档	261 KB
NOTICE	2017/7/10 13:16	文件	4 KB

图 4-3 MyBatis 文件目录

  其中，jar 包是 MyBatis 项目封装的包，lib 文件目录下放置的是 MyBatis 所依赖的第三方包，pdf 文件是它的说明文档。这些主要是给读者参考用的，是全英文的，不喜欢英文的读者可以在 MyBatis 官方网站上查阅中文文档。

  笔者使用 Eclipse 环境进行配置，也可以使用 IDEA 或者 NetBeans 等集成开发环境（IDE）进行配置，无论什么环境都可以轻松搭建 MyBatis 应用。我们只要在 Maven 中引入 MyBatis 相关包即可，通过 Eclipse 就可以查看相关的内容了，如图 4-4 所示。

  这样便搭建好了 MyBatis 的开发环境。

```
✓ 🗁 chapter4
  › 🍩 Deployment Descriptor: Archetype Created Web Application
  ✓ 🏀 Java Resources
    🖻 src/main/java
    🖻 src/main/resources
    › 🖻 src/test/java
    ✓ 🖿 Libraries
      › 🍂 Apache Tomcat v9.0 [Apache Tomcat v9.0]
      › 🍂 JRE System Library [J2SE-1.5]
      ✓ 🍂 Maven Dependencies
        › 📄 mybatis-3.5.3.jar - C:\Users\ykzhen\.m2\repository\org\mybatis\mybatis\3.5.3
        › 📄 javassist-3.24.1-GA.jar - C:\Users\ykzhen\.m2\repository\org\javassist\javassist\3.24.1-GA
        › 📄 cglib-3.2.10.jar - C:\Users\ykzhen\.m2\repository\cglib\cglib\3.2.10
        › 📄 ant-1.10.3.jar - C:\Users\ykzhen\.m2\repository\org\apache\ant\ant\1.10.3
        › 📄 ant-launcher-1.10.3.jar - C:\Users\ykzhen\.m2\repository\org\apache\ant\ant-launcher\1.10.3
        › 📄 asm-7.0.jar - C:\Users\ykzhen\.m2\repository\org\ow2\asm\asm\7.0
        › 📄 slf4j-api-1.7.26.jar - C:\Users\ykzhen\.m2\repository\org\slf4j\slf4j-api\1.7.26
        › 📄 slf4j-log4j12-1.7.26.jar - C:\Users\ykzhen\.m2\repository\org\slf4j\slf4j-log4j12\1.7.26
        › 📄 log4j-1.2.17.jar - C:\Users\ykzhen\.m2\repository\log4j\log4j\1.2.17
        › 📄 log4j-core-2.11.2.jar - C:\Users\ykzhen\.m2\repository\org\apache\logging\log4j\log4j-core\2.11.2
        › 📄 log4j-api-2.11.2.jar - C:\Users\ykzhen\.m2\repository\org\apache\logging\log4j\log4j-api\2.11.2
        › 📄 mysql-connector-java-5.1.29.jar - C:\Users\ykzhen\.m2\repository\mysql\mysql-connector-java\5.1.29
        › 📄 junit-3.8.1.jar - C:\Users\ykzhen\.m2\repository\junit\junit\3.8.1
```

图 4-4　查看项目中引入的 MyBatis 情况

4.3　MyBatis 的核心组件

我们先来看 MyBatis 的"表面现象"——组件，并讨论它们的作用，然后讨论它们的实现原理。MyBatis 的核心组件分为 4 部分。

- SqlSessionFactoryBuilder（构造器）：根据配置或者代码生成 SqlSessionFactory，采用分步构建的 Builder 模式。
- SqlSessionFactory（工厂接口）：生成 SqlSession，使用工厂模式。
- SqlSession（会话）：既可以发送 SQL 执行返回结果，也可以获取 Mapper 的接口。在现有的技术中，一般我们会让其在业务逻辑代码中"消失"，而使用 MyBatis 提供的 SQL Mapper 接口编程技术，以提高代码的可读性和可维护性。
- SqlMapper（映射器）：MyBatis 新设计存在的组件，由 Java 接口和 XML 文件（或注解）构成，需要给出对应的 SQL 和映射规则。负责发送 SQL 去执行，并返回结果。

用一张图来表示 MyBatis 核心组件之间的关系，如图 4-5 所示。

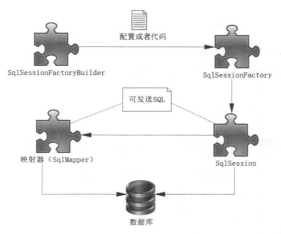

图 4-5　MyBatis 核心组件之间的关系

注意，无论是映射器（SqlMapper）还是 SqlSession 都可以发送 SQL 到数据库执行，下面我们针对这些组件进行讲解。

4.4 SqlSessionFactory

使用 MyBatis 需要使用配置或者代码构建 SqlSessionFactory（工厂接口）对象，MyBatis 提供了构造器 SqlSessionFactoryBuilder，这显然是使用了 Builder 模式，一步构建 SqlSessionFactory 对象会十分复杂。为了方便构建 SqlSessionFactory 对象，MyBatis 提供了一个配置类 org.apache.ibatis.session.Configuration 作为引导，具体的分步构建过程是在 Configuration 类里面完成的，当然它的内部会有很多内容，其中包括比较复杂的插件。

在 MyBatis 中，既可以通过读取配置的 XML 文件的形式构建 SqlSessionFactory 对象，也可以通过 Java 代码的形式构建 SqlSessionFactory 对象。笔者强烈推荐采用 XML 配置文件的形式，因为采用代码的方式在修改的时候会比较麻烦。当配置了 XML 文件或者提供代码后，MyBatis 会读取配置文件，通过 Configuration 类对象构建整个 MyBatis 的上下文。注意，SqlSessionFactory 是一个接口，在 MyBatis 中存在 SqlSessionManager 和 DefaultSqlSessionFactory 两个实现类。一般而言，MyBatis 是由 DefaultSqlSessionFactory 实现的，而 SqlSessionManager 使用在多线程的环境中，它们之间的关系如图 4-6 所示。

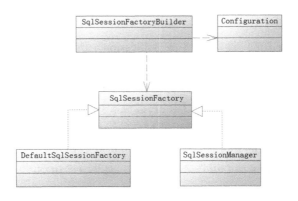

图 4-6 SqlSessionFactory 的生成

每个基于 MyBatis 的应用都是以一个 SqlSessionFactory 的实例为中心的，而 SqlSessionFactory 唯一的作用就是生产 MyBatis 的核心接口对象 SqlSession，所以它的责任是唯一的。在这样的情况下，我们应该只构建一个 SqlSessionFactory 对象，显然是一种单例模式。下面将讨论使用 XML 配置文件和 Java 代码两种形式构建 SqlSessionFactory 对象的方法。

4.4.1 使用 XML 配置文件构建 SqlSessionFactory 对象

MyBatis 中的 XML 文件分为两类：一类是基础配置文件，通常只有一个，主要是配置一些最基本的上下文参数和运行环境；另一类是映射文件，可以配置映射关系、SQL、参数等信息。这里先看一份简单的基础配置文件，我们把它命名为 mybatis-config.xml，放在工程类路径下，其内容如代码清单 4-1 所示。

代码清单 4-1：MyBatis 的基础配置文件

```xml
<?xml version="1.0" encoding="UTF-8" ?>
<!DOCTYPE configuration
  PUBLIC "-//mybatis.org//DTD Config 3.0//EN"
  "http://mybatis.org/dtd/mybatis-3-config.dtd">
<configuration>
    <typeAliases><!-- 别名 -->
        <typeAlias alias="role"
            type="com.learn.ssm.chapter4.pojo.Role" />
    </typeAliases>
    <!-- 数据库环境 -->
    <environments default="development">
        <environment id="development">
            <transactionManager type="JDBC" />
            <dataSource type="POOLED">
                <property name="driver" value="com.mysql.jdbc.Driver" />
                <property name="url"
                    value="jdbc:mysql://localhost:3306/ssm" />
                <property name="username" value="root" />
                <property name="password" value="123456" />
            </dataSource>
        </environment>
    </environments>
    <!-- 映射文件 -->
    <mappers>
        <mapper resource="com/learn/ssm/chapter4/mapper/RoleMapper.xml" />
    </mappers>
</configuration>
```

下面对 MyBatis 基础配置文件的内容进行讲解。

- <typeAlias>元素定义了一个别名 role，它代表 com.learn.ssm.chapter4.pojo.Role 类。在这样定义后，在 MyBatis 上下文中就可以使用别名代替全限定名了。
- <environment>元素描述的是数据库的情况。它里面的<transactionManager>元素是配置事务管理器，这里采用的是 MyBatis 的 JDBC 管理器方式。然后采用<dataSource>元素配置数据库，其中属性 type="POOLED"代表采用 MyBatis 内部提供的连接池方式，最后定义一些关于 JDBC 的属性信息。
- <mapper>元素代表引入的映射器，在谈到映射器时会详细讨论它。

有了基础配置文件，就可以用一段很简短的代码来构建 SqlSessionFactory 对象了，如代码清单 4-2 所示。

代码清单 4-2：通过 XML 配置文件构建 SqlSessionFactory 对象

```java
private static SqlSessionFactory createSqlSessionFactory() {
    SqlSessionFactory sqlSessionFactory = null;
    // 配置文件
    String cfgFile = "mybatis-config.xml";
    InputStream inputStream;
    try {
        // 读入配置文件
        inputStream = Resources.getResourceAsStream(cfgFile);
        // 利用配置文件构建 SqlSessionFactory 对象
        sqlSessionFactory =
            new SqlSessionFactoryBuilder().build(inputStream);
    } catch (IOException e) {
        e.printStackTrace();
    }
```

```
    return sqlSessionFactory;
}
```

先读取配置文件 mybatis-config.xml，再通过 SqlSessionFactoryBuilder 的 Builder 方法构建 SqlSessionFactory 对象。整个过程比较简单，但里面的步骤还是比较烦琐的，MyBatis 采用 Builder 模式为开发者隐藏了这些细节。这样一个 SqlSessionFactory 对象就被构建出来了。

采用 XML 配置文件构建的形式，信息在配置文件中，有利于我们日后的维护和修改，避免了重新编译代码，因此笔者推荐这种方式。

4.4.2　使用代码构建 SqlSessionFactory 对象

虽然笔者不推荐使用这种方式，但是我们还是谈谈如何使用它。通过代码来实现与 4.4.1 节相同的功能——构建 SqlSessionFactory 对象，如代码清单 4-3 所示。

代码清单 4-3：通过代码构建 SqlSessionFactory 对象

```
private static SqlSessionFactory createSqlSessionFactory2() {
    // 数据库连接池信息
    PooledDataSource dataSource = new PooledDataSource();
    dataSource.setDriver("com.mysql.jdbc.Driver");
    dataSource.setUsername("root");
    dataSource.setPassword("123456");
    dataSource.setUrl("jdbc:mysql://localhost:3306/ssm");
    dataSource.setDefaultAutoCommit(false);
    // 采用 MyBatis 的 JDBC 事务方式
    TransactionFactory transactionFactory = new JdbcTransactionFactory();
    Environment environment
        = new Environment("development", transactionFactory, dataSource);
    // 构建 Configuration 对象
    Configuration configuration = new Configuration(environment);
    // 注册一个 MyBatis 上下文别名
    configuration.getTypeAliasRegistry().registerAlias("role", Role.class);
    // 加入一个映射器
    configuration.addMapper(RoleMapper.class);
    // 使用 SqlSessionFactoryBuilder 构建 SqlSessionFactory
    SqlSessionFactory SqlSessionFactory =
    new SqlSessionFactoryBuilder().build(configuration);
    return SqlSessionFactory;
}
```

注意代码中的注释，它和通过 XML 配置文件方式实现的功能是一致的，只是方式不太一样。该方式代码冗长，如果修改系统，那么有可能需要重新编译代码才能继续，所以这不是一个很好的方式。除非有特殊的需要，比如在配置文件中配置的是加密后的数据库用户名和密码，需要我们在构建 SqlSessionFactory 对象之前将它们解密为明文的时候，才会考虑使用这样的方式。

4.5　SqlSession

在 MyBatis 中，SqlSession 是其核心接口。在 MyBatis 中有两个实现类，DefaultSqlSession 和 SqlSessionManager。DefaultSqlSession 是在单线程环境下使用的，而 SqlSessionManager 在多线程环境下使用。SqlSession 的作用类似于一个 JDBC 中的 Connection 对象，代表着一个连接

资源的启用。具体而言，它的作用有 3 个：

- 获取 Mapper 接口；
- 给数据库发送 SQL；
- 控制数据库事务。

先来掌握它的构建方法，有了 SqlSessionFactory 构建的 SqlSession 就十分简单了，如代码清单 4-4 所示。

代码清单 4-4：构建 SqlSession

```
SqlSession sqlSession = SqlSessionFactory.openSession();
```

注意，SqlSession 只是一个门面接口，它有很多方法，可以直接发送 SQL。它就好像一家软件公司的商务人员，是一个门面，而实际干活的是软件工程师。在 MyBatis 中，真正干活的是 Executor，将来我们会在讨论 MyBatis 底层实现时介绍它。

SqlSession 控制数据库事务的方法，如代码清单 4-5 所示。

代码清单 4-5：SqlSession 事务控制伪代码

```
// 定义 SqlSession
SqlSession sqlSession = null;
try {
    // 打开 SqlSession 会话
    sqlSession = SqlSessionFactory.openSession();
    // some code ....
    sqlSession.commit();// 提交事务
} catch(Exception ex) {
    sqlSession.rollback();// 回滚事务
}finally {
    // 在 finally 语句中确保资源被顺利关闭
    if (sqlSession != null) {
        sqlSession.close();
    }
}
```

这里使用 SqlSession 的 commit 方法提交事务，或者使用 rollback 方法回滚事务。因为 SqlSession 代表一个数据库的连接，使用后要及时关闭它，如果不关闭，那么数据库的连接资源很快就会被耗费光，整个系统会陷入瘫痪状态，所以用 finally 语句保证其顺利关闭。

SqlSession 获取 Mapper 接口和发送 SQL 的功能需要先实现映射器的功能，而映射器接口也可以实现发送 SQL 的功能，那么我们采取何种方式会更好一些呢？这些内容笔者会放到下一节论述。

4.6　映射器

映射器是 MyBatis 中最重要、最复杂的组件，它由一个接口和对应的 XML 文件（或注解）组成。它可以配置以下内容：

- 描述映射规则；
- 提供 SQL 语句，并配置 SQL 参数类型、返回类型、缓存刷新等信息；
- 配置缓存；

- 提供动态 SQL。

本节介绍两种实现映射器的方式——XML 文件形式和注解形式。不过在此之前，先定义一个 POJO，它十分简单，如代码清单 4-6 所示。

代码清单 4-6：定义 POJO

```
package com.learn.ssm.chapter4.pojo;

public class Role {

    private Long id;
    private String roleName;
    private String note;


/**** setters and getters ****/

}
```

MyBatis 的映射器的主要作用是将 SQL 查询到的结果映射为一个 POJO，或者将 POJO 的数据写入数据库中，并定义一些关于缓存等的重要内容。

4.6.1 用 XML 实现映射器

用 XML 定义映射器分为接口和 XML 两个部分。先定义一个映射器接口，如代码清单 4-7 所示。

代码清单 4-7：定义映射器接口

```
package com.learn.ssm.chapter4.mapper;

import com.learn.ssm.chapter4.pojo.Role;
public interface RoleMapper {
    // 定义方法,注意这里并不需要实现类
    public Role getRole(Long id);
}
```

这里让我们先回到用 XML 方式构建 SqlSession 中的配置文件，其中有这样一段代码：

```
<mapper resource="com/learn/ssm/chapter4/mapper/RoleMapper.xml" />
```

它的作用是引入一个 XML 配置文件，通过 XML 方式构建映射器，其内容如代码清单 4-8 所示。

代码清单 4-8：通过 XML 方式构建映射器

```
<?xml version="1.0" encoding="UTF-8" ?>
<!DOCTYPE mapper
  PUBLIC "-//mybatis.org//DTD Mapper 3.0//EN"
  "http://mybatis.org/dtd/mybatis-3-mapper.dtd">
<mapper namespace="com.learn.ssm.chapter4.mapper.RoleMapper">
    <!-- 定义一条SQL -->
    <select id="getRole" parameterType="long" resultType="role">
        select id, role_name as roleName, note from t_role where id = #{id}
    </select>
</mapper>
```

有了接口和 XML 映射文件，就完成了一个映射器的定义。XML 文件比较简单，我们稍微讲解一下。

- <mapper>元素中的属性 namespace 对应的是一个接口的全限定名，MyBatis 上下文可以通过它找到对应的接口。
- <select>元素表明这是一条查询语句，属性 id 标识了这条 SQL，属性 parameterType="long" 说明传递给 SQL 的是一个 long 型的参数，而 resultType="role"表示返回的是一个 role 类型的值。"role"是类 com.learn.ssm.chapter4.pojo.Role 的别名，它是通过文件 mybatis-config.xml 配置的。
- 这条 SQL 中的#{id}表示传递进去的参数。

注意，我们没有配置 SQL 执行后和 role 的对应关系，它是如何映射的呢？这里使用的是一种被称为自动映射的功能，MyBatis 在默认情况下提供自动映射功能，只要 SQL 返回的列名能和 POJO 对应起来即可。这里 SQL 返回的列名 id 和 note 是可以和之前定义的 POJO 的属性对应起来的，而表里的列 role_name 通过改写 SQL 的别名，使其成为 roleName，也是和 POJO 对应起来，此时 MyBatis 可以把 SQL 查询的结果自动映射为一个 POJO。

这里大家可以看到映射器需要的只是一个接口，而不是一个实现类。初学者可能会产生一个很大的疑问，那就是接口不是不能运行吗？是的，接口是不能直接运行的，但是 MyBatis 会运用动态代理技术使接口运行起来。入门阶段只要知道 MyBatis 会为这个接口生成一个代理对象，代理对象会处理相关的逻辑即可，将来我们讲解 MyBatis 插件时，会详细讨论这些问题。

4.6.2 用注解实现映射器

除通过 XML 方式定义映射器外，还可以通过注解方式定义映射器，它只需要一个接口就可以通过 MyBatis 的注解注入 SQL，如代码清单 4-9 所示。

代码清单 4-9：通过注解方式定义映射器

```
package com.learn.ssm.chapter4.mapper;

import org.apache.ibatis.annotations.Select;
import com.learn.ssm.chapter4.pojo.Role;
public interface RoleMapper2 {
    @Select("select id, role_name as roleName, note from t_role where id=#{id}")
    public Role getRole(Long id);
}
```

这完全等同于通过 XML 方式构建映射器。也许读者会觉得使用注解的方式比使用 XML 方式简单得多。当它和 XML 方式同时定义时，XML 方式将覆盖掉注解方式，所以 MyBatis 官方推荐使用的是 XML 方式，因此本书以 XML 方式为主讨论 MyBatis 的应用。

这里需要考虑一个问题：构建映射器是选择使用 XML 配置方式好呢？还是选择使用注解方式好呢？实际上，大部分的企业都毫不犹豫地选择了 XML 配置的方式。下面我们来讨论原因。

在工作和学习中，SQL 语句的复杂度远远超过我们现在看到的，比如下面这条。

```
select * from t_user u
left join t_user_role ur on u.id = ur.user_id
left join t_role r on ur.role_id = r.id
left join t_user_info ui on u.id = ui.user_id
left join t_female_health fh on u.id = fh.user_id
```

```
left join t_male_health mh on u.id = mh.user_id
where u.user_name like concat('%', ${userName}, '%')
and r.role_name like concat('%', ${roleName}, '%')
and u.sex = 1
and ui.head_image is not null;
```

显然，这条 SQL 语句比较复杂，如果放入注解@Select 中就会明显增加注解的内容。如果把大量的 SQL 语句放入 Java 代码中，那么代码的可读性也会下降。如果还要考虑使用动态 SQL 语句，比如当参数 userName 为空时，则不使用 u.user_name like concat('%', ${userName}, '%')作为查询条件；当 roleName 为空时，则不使用 r.role_name like concat('%', ${roleName}, '%')作为查询条件，这个注解就更加复杂了，可读性更差，很不利于日后的维护和修改。

此外，XML 可以相互引入，而注解不可以，所以在一些比较复杂的场景下，使用 XML 方式会更加灵活和方便。这就是大部分的企业都是以 XML 方式为主构建映射器的原因，本书也会以 XML 方式构建映射器。当然，在一些简单的表和应用中使用注解方式也会比较简单，只是这样的情况会比较少，不具备太高的讨论价值，基于实用原则，本书不再对注解方式进行深入讨论。

如果读者使用的是 XML 方式，那么只需要参考 mybatis-config.xml 中配置 XML 映射文件的方式。

```
<mapper resource="com/learn/ssm/chapter4/mapper/RoleMapper.xml" />
```

添加以下配置即可：

```
<mapper class="com.learn.ssm.chapter4.mapper.RoleMapper2"/>
```

如果读者使用的是代码方式，就需要使用 Configuration 对象注册这个映射器接口，比如：

```
configuration.addMapper(RoleMapper2.class);
```

4.6.3　用 SqlSession 发送 SQL

有了映射器就可以通过 SqlSession 发送 SQL 了。我们以 getRole 这条 SQL 为例看看如何发送 SQL。

```
Role role = (Role)sqlSession.
selectOne("com.learn.ssm.chapter4.mapper.RoleMapper.getRole", 1L);
```

selectOne 方法表示使用查询并且只返回一个对象，而参数是一个字符串对象和一个 Object 对象，这里对参数进行说明。

- "com.learn.ssm.chapter4.mapper.RoleMapper.getRole"：这个字符串包含了 RoleMapper.xml 配置的命名空间，还有 SQL id——getRole。
- 1L：这是一个 long 参数，long 参数是表 t_role 的主键。

字符串对象是由一个命名空间加上 SQL id 组合而成的，它完全定位了一条 SQL，这样 MyBatis 就会找到对应的 SQL。如果在 MyBatis 中只有一个 id 为 getRole 的 SQL，那么也可以简写为

```
Role role = (Role)sqlSession.selectOne("getRole", 1L);
```

这是 MyBatis 的前身 iBATIS 所留下的方式。

4.6.4　用 Mapper 接口发送 SQL

SqlSession 还可以获取 Mapper 接口，用 Mapper 接口发送 SQL，如代码清单 4-10 所示。

代码清单 4-10：用 SqlSession 获取 Mapper 接口，并发送 SQL

```
RoleMapper roleMapper = sqlSession.getMapper(RoleMapper.class);
Role role = roleMapper.getRole(1L);
```

通过 SqlSession 的 getMapper 方法获取一个 Mapper 接口，就可以调用它的方法了。因为 XML 文件或者接口注解定义的 SQL 都可以通过"类的全限定名+方法名"查找，所以 MyBatis 会启用对应接口执行 SQL，并将结果返回给调用者。

4.6.5　两种发送 SQL 的方式对比

4.6.3 节和 4.6.4 节展示了 MyBatis 的两种发送 SQL 的方式，一种用 SqlSession 直接发送，另外一种通过 SqlSession 获取 Mapper 接口再发送。笔者建议采用通过 SqlSession 获取 Mapper 接口再发送的方式，理由如下。

- 使用 Mapper 接口编程可以消除 SqlSession 带来的功能性代码，提高可读性，而用 SqlSession 发送 SQL，需要一个 SQL id 去匹配 SQL，属于功能性代码，比较晦涩难懂。使用 Mapper 接口，类似 roleMapper.getRole(1L)，是完全面向对象的语言，更能体现业务的逻辑。
- 使用 Mapper.getRole(1L)，IDE 会提示错误和校验，而使用 sqlSession.selectOne("getRole"，1L)语法，只有在运行中才能知道是否会产生错误。

目前使用 Mapper 接口编程已成为主流，尤其在 Spring 中运用 MyBatis 时，Mapper 接口的使用更为简单，所以本书使用 Mapper 接口的方式讨论 MyBatis。

4.7　生命周期

我们已经掌握了 MyBatis 组件的构建及其基本应用，但这是远远不够的，还需要讨论其生命周期。生命周期是组件的重要问题，尤其是在多线程的环境中，比如互联网应用、Socket 请求等，而 MyBatis 也常用在多线程的环境中，错误使用会造成严重的多线程并发问题，为了正确地编写 MyBatis 的应用程序，我们需要掌握 MyBatis 组件的生命周期。

所谓生命周期就是每一个对象应该存活的时间，比如一些对象用完一次后就要关闭，它们被 Java 虚拟机（JVM）销毁，以避免继续占用资源，我们会根据每一个组件的作用去确定其生命周期。

4.7.1　SqlSessionFactoryBuilder

SqlSessionFactoryBuilder 的 作 用 是 构 建 SqlSessionFactory， 构 建 成 功 后，SqlSessionFactoryBuilder 就失去了作用，所以它只能存在于构建 SqlSessionFactory 的方法中，而不能长期存在。

4.7.2 SqlSessionFactory

SqlSessionFactory 可以被认为是一个数据库连接池，它的作用是构建 SqlSession 接口对象。因为 MyBatis 的本质是 Java 对数据库的操作，所以 SqlSessionFactory 的生命周期存在于整个 MyBatis 的应用之中，一旦构建了 SqlSessionFactory，就要长期保存，直至不再使用 MyBatis 应用。可以认为，SqlSessionFactory 的生命周期等同于 MyBatis 的应用周期。

由于 SqlSessionFactory 是一个对数据库的连接池，所以它占据着数据库的连接资源。如果构建多个 SqlSessionFactory，就存在多个数据库连接池，这样不利于对数据库资源的控制，这样容易导致数据库连接过多，使得数据库资源耗光，出现系统宕机等情况。因此在一般的应用中，我们往往希望 SqlSessionFactory 作为一个单例，让它在应用中被共享。

4.7.3 SqlSession

如果 SqlSessionFactory 相当于数据库连接池，那么 SqlSession 相当于一个数据库连接（Connection 对象），用户可以在一个事务里面执行多条 SQL，然后通过它的 commit、rollback 等方法提交或者回滚事务。SqlSession 应该存活在一个业务请求中，处理完整个请求后，应该关闭这条连接，让它归还给 SqlSessionFactory，否则数据库资源很快会耗光，导致系统瘫痪，所以需要用 try...catch...finally...语句来保证其能够正确关闭以释放数据库连接资源。

4.7.4 Mapper

Mapper 是一个接口，由 SqlSession 构建，所以它的生命周期至多和 SqlSession 保持一致。尽管 Mapper 很好用，但是它的数据库连接资源也会由于 SqlSession 的关闭而消失，所以它的生命周期应该小于或等于 SqlSession 的生命周期。Mapper 代表一个请求中的业务处理，所以它应该在一个请求中，一旦处理完了相关的业务，就应该废弃它。

从 4.7.1 节到 4.7.4 节，我们讨论了 MyBatis 组件的生命周期，如图 4-7 示。

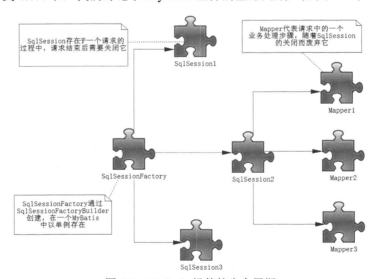

图 4-7　MyBatis 组件的生命周期

4.8 实例

论述完了 MyBatis 组件，为了使读者有更深刻的印象，我们做一个简单的实例，实例的内容主要是角色表的增、删、查、改，涉及的文件如图 4-8 所示。

```
✓ 📂 chapter4-example
  ✓ 🗁 src/main/java
    ✓ ⊞ com.learn.ssm.chapter4.dao
      > 🗄 RoleDao.java
    ✓ ⊞ com.learn.ssm.chapter4.main
      > 🗄 Chapter4Main.java
    ✓ ⊞ com.learn.ssm.chapter4.mapper
      🗄 roleMapper.xml
    ✓ ⊞ com.learn.ssm.chapter4.pojo
      > 🗄 Role.java
    ✓ ⊞ com.learn.ssm.chapter4.utils
      > 🗄 SqlSessionFactoryUtils.java
      🗄 log4j.properties
      🗄 mybatis-config.xml
  > 🗁 src/test/java
  > 🛋 JRE System Library [J2SE-1.5]
  > 🛋 Maven Dependencies
  > 🗁 src
  > 🗁 target
    🗄 pom.xml
```

图 4-8 实例文件结构

各个文件的作用在表 4-1 中列明。

表 4-1 各个文件的作用

文 件	作 用
Chapter4Main.java	程序入口，拥有 main 方法
RoleDao.java	映射器接口
RoleMapper.xml	映射器 XML 文件，描述映射关系、SQL 等内容
Role.java	POJO 对象
SqlSessionFactoryUtils.java	一个工具类，用于构建 SqlSessionFactory 和获取 SqlSession 对象
log4j.properties	日志配置文件，配置让后台记录和展示 MyBatis 的运行日志
mybatis-config.xml	MyBatis 配置文件
pom.xml 文件	Maven 配置文件

先引入 Maven 的依赖，可以参考 4.2 节的内容，再配置 log4j.properties 文件，如代码清单 4-11 所示。

代码清单 4-11：log4j.properties 文件

```
log4j.rootLogger=DEBUG , stdout
log4j.logger.org.mybatis=DEBUG
log4j.appender.stdout=org.apache.log4j.ConsoleAppender
log4j.appender.stdout.layout=org.apache.log4j.PatternLayout
log4j.appender.stdout.layout.ConversionPattern=%5p %d %C: %m%n
```

我们把它设置为 DEBUG 级别，让它能够打印处理详细的日志，以便观测 MyBatis 的运行过程。在生产中，可以把它设置为 INFO 级别。

构造一个 POJO 对象，如代码清单 4-12 所示。最终查询会映射到它上面，或者将其保存到数据库中。

代码清单 4-12：Role.java

```
package com.learn.ssm.chapter4.pojo;

public class Role {

    private Long id;
    private String roleName;
    private String note;

    /**** setters and getters ****/
}
```

采用 XML 方式构建映射器，它包含一个接口和一个 XML 文件。这里要实现增、删、查、改，所以定义一个接口，如代码清单 4-13 所示。

代码清单 4-13：RoleDao.java

```
package com.learn.ssm.chapter4.dao;
/**** imports ****/
public interface RoleDao {

    /**
     *  插入角色
     * @param role 角色对象
     * @return 影响数据库记录条数
     */
    public int insertRole(Role role);

    /**
     *  删除角色
     * @param id 角色编号
     * @return 影响数据库记录条数
     */
    public int deleteRole(Long id);

    /**
     * 更新角色
     * @param role 角色对象
     * @return 影响数据库记录条数
     */
    public int updateRole(Role role);

    /**
     * 获取角色
     * @param id 角色编号
     * @return 角色对象
     */
    public Role getRole(Long id);

    /**
     * 根据角色名称执行模糊查询
     * @param roleName 角色名称
     * @return 角色对象列表
     */
    public List<Role> findRoles(String roleName);

}
```

　　其中，insertRole 方法插入一个角色对象；deleteRole 方法删除角色对象；updateRole 方法修改一个角色对象；getRole 方法获取一个角色对象；findRoles 方法通过角色名称获得一个角色对象列表。有了这个接口，还需要提供 SQL 语句和其他声明才能使用它，为此需要提供一个 XML 映射文件，如代码清单 4-14 所示。

代码清单 4-14：增、删、查、改角色对象

```xml
<?xml version="1.0" encoding="UTF-8" ?>
<!DOCTYPE mapper PUBLIC "-//mybatis.org//DTD Mapper 3.0//EN"
  "http://mybatis.org/dtd/mybatis-3-mapper.dtd">
<mapper namespace="com.learn.ssm.chapter4.dao.RoleDao">

    <insert id="insertRole" parameterType="role">
       insert into t_role(role_name, note) values(#{roleName}, #{note})
    </insert>

    <delete id="deleteRole" parameterType="long">
       delete from t_role where id= #{id}
    </delete>

    <update id="updateRole" parameterType="role">
       update t_role set role_name = #{roleName}, note = #{note} where id= #{id}
    </update>

<select id="getRole" parameterType="long" resultType="role">
    select id, role_name as roleName, note from t_role where id = #{id}
</select>

<select id="findRoles" parameterType="string" resultType="role">
    select id, role_name as roleName, note from t_role
    where role_name like concat('%', #{roleName}, '%')
</select>
</mapper>
```

　　这是一些比较简单的 SQL 语句，insert、delete、select、update 元素代表了增、删、查、改，它们里面的元素 id 则标识了对应的 SQL 语句。parameterType 标出了参数的类型，resultType 则代表结果映射的类型。其中，insert、delete 和 update 返回的都是影响数据库记录的语句数。

　　有了它们就可以开始构建 SqlSessionFactory 了。先来完成 mybatis-config.xml 文件，如代码清单 4-15 所示。

代码清单 4-15：mybatis-config.xml

```xml
<?xml version="1.0" encoding="UTF-8" ?>
<!DOCTYPE configuration  PUBLIC "-//mybatis.org//DTD Config 3.0//EN"
  "http://mybatis.org/dtd/mybatis-3-config.dtd">
<configuration>
  <typeAliases><!-- 别名 -->
     <typeAlias alias="role" type="com.learn.ssm.chapter4.pojo.Role"/>
  </typeAliases>
<!-- 数据库环境 -->
<environments default="development">
  <environment id="development">
    <transactionManager type="JDBC"/>
    <dataSource type="POOLED">
      <property name="driver" value="com.mysql.jdbc.Driver"/>
      <property name="url" value="jdbc:mysql://localhost:3306/ssm"/>
      <property name="username" value="root"/>
```

```
        <property name="password" value="123456"/>
      </dataSource>
    </environment>
  </environments>
  <!-- 映射文件 -->
  <mappers>
    <mapper resource="com/learn/ssm/chapter4/mapper/RoleMapper.xml"/>
  </mappers>
</configuration>
```

有了 mybatis-config.xml 文件，就可以通过 SQLSessionFactoryBuilder 构建 SqlSessionFactory 了。在讲解生命周期时，我们应该清楚 SqlSessionFactory 采用单例模式构建，如代码清单 4-16 所示。

代码清单 4-16：构建 SqlSessionFactory

```java
package com.learn.ssm.chapter4.utils;

import java.io.IOException;
import java.io.InputStream;
import org.apache.ibatis.io.Resources;
import org.apache.ibatis.session.SqlSession;
import org.apache.ibatis.session.SqlSessionFactory;
import org.apache.ibatis.session.SqlSessionFactoryBuilder;

public class SqlSessionFactoryUtils {

    // 同步锁
    private final static Class<SqlSessionFactoryUtils> LOCK
        = SqlSessionFactoryUtils.class;

    // SqlSessionFactory
    private static SqlSessionFactory sqlSessionFactory = null;

    private SqlSessionFactoryUtils() {
    }

    public static SqlSessionFactory getSqlSessionFactory() {
        synchronized (LOCK) { // 同步锁，防止线程之间的多次初始化
            if (sqlSessionFactory != null) { // 非空，直接返回
                return sqlSessionFactory;
            }
            // 配置文件
            String configFile = "mybatis-config.xml";
            InputStream inputStream;
            try { // 构建 SqlSessionFactory
                inputStream = Resources.getResourceAsStream(configFile);
                sqlSessionFactory
                    = new SqlSessionFactoryBuilder().build(inputStream);
            } catch (IOException e) {
                e.printStackTrace();
                return null;
            }
            return sqlSessionFactory;
        }
    }

    // 构建 SqlSession 对象
    public static SqlSession openSqlSession() {
```

```
        // 如果 SqlSessionFactory 没有被构建，则构建它
        if (sqlSessionFactory == null) {
            getSqlSessionFactory();
        }
        // 获取 SqlSession 对象
        return sqlSessionFactory.openSession();
    }
}
```

　　构造方法中加入了关键字 private，使得其他代码不能通过 new 的方式构建它。而加入关键字 synchronized 加锁，主要是防止在多线程中多次实例化 SqlSessionFactory 对象，从而保证 SqlSessionFactory 对象的唯一性。openSqlSession 方法的作用则是构建 SqlSession 对象，返回给方法调用者。

　　这样我们就可以编写运行代码了，这里使用 Chapter4Main 完成，如代码清单 4-17 所示。

代码清单 4-17：Chapter4Main.java

```java
package com.learn.ssm.chapter4.main;

import org.apache.ibatis.session.SqlSession;
import org.apache.log4j.Logger;

import com.learn.ssm.chapter4.dao.RoleDao;
import com.learn.ssm.chapter4.pojo.Role;
import com.learn.ssm.chapter4.utils.SqlSessionFactoryUtils;

public class Chapter4Main {

    public static void main(String[] args) {
        // 日志对象
        Logger log = Logger.getLogger(Chapter4Main.class);
        SqlSession sqlSession = null;
        try {
            // 获取 SqlSession
            sqlSession = SqlSessionFactoryUtils.openSqlSession();
            // 获取映射器（RoleDao）
            RoleDao roleDao = sqlSession.getMapper (RoleDao.class);
            // 执行映射器方法，返回结果
            Role role = roleDao.getRole(1L);
            log.info(role.getRoleName());
        } finally { // 关闭 SqlSession
            if (sqlSession != null) {
                sqlSession.close();
            }
        }
    }
}
```

　　首先通过 SqlSession 获取一个 RoleMapper 接口对象，然后通过 getRole 方法获取对象，最后正确关闭 SqlSession 对象。以 Java Application 的形式运行它，于是得到如下打印日志。

```
org.apache.ibatis.logging.LogFactory: Logging initialized using 'class
org.apache.ibatis.logging.slf4j.Slf4jImpl' adapter.
org.apache.ibatis.datasource.pooled.PooledDataSource: PooledDataSource
forcefully closed/removed all connections.
org.apache.ibatis.datasource.pooled.PooledDataSource: PooledDataSource
forcefully closed/removed all connections.
```

```
org.apache.ibatis.datasource.pooled.PooledDataSource: PooledDataSource
forcefully closed/removed all connections.
org.apache.ibatis.datasource.pooled.PooledDataSource: PooledDataSource
forcefully closed/removed all connections.
org.apache.ibatis.transaction.jdbc.JdbcTransaction: Opening JDBC Connection
org.apache.ibatis.datasource.pooled.PooledDataSource: Created connection
2095490653.
org.apache.ibatis.transaction.jdbc.JdbcTransaction: Setting autocommit to false on
JDBC Connection [com.mysql.jdbc.JDBC4Connection@7ce6a65d]
org.apache.ibatis.logging.jdbc.BaseJdbcLogger: ==> Preparing: select id,
role_name as roleName, note from t_role where id = ?
org.apache.ibatis.logging.jdbc.BaseJdbcLogger: ==> Parameters: 1(Long)
org.apache.ibatis.logging.jdbc.BaseJdbcLogger: <==     Total: 1
com.learn.ssm.chapter4.main.Chapter4Main: role_name_1
org.apache.ibatis.transaction.jdbc.JdbcTransaction: Resetting autocommit to true
on JDBC Connection [com.mysql.jdbc.JDBC4Connection@7ce6a65d]
org.apache.ibatis.transaction.jdbc.JdbcTransaction: Closing JDBC Connection
[com.mysql.jdbc.JDBC4Connection@7ce6a65d]
org.apache.ibatis.datasource.pooled.PooledDataSource: Returned connection
2095490653 to pool.
```

能够打印出这些日志，是因为我们对 logj4.properties 文件进行了配置，让 MyBatis 打印了其运行过程的轨迹日志。我们可以清晰地看到日志打印出来的 SQL 语句、SQL 参数，以及返回的结果数，这样有利于监控 MyBatis 的运行过程和定位问题。

本章讲述了 MyBatis 组件，同时实现了其生命周期，但还是停留在表面现象和简单应用的学习上，后文将更详细地讲述 MyBatis 的高级应用。

第 5 章

MyBatis 配置

本章目标

1. 掌握 properties 元素的用法
2. 掌握 settings 元素的配置
3. 掌握 typeAliases 的用法
4. 重点掌握 typeHandler 在 MyBatis 中的用法
5. 了解 ObjectFactory 的作用
6. 了解 environments 的配置
7. 了解 databaseIdProvider 的用法
8. 掌握有效引入映射器的方法

5.1 概述

MyBatis 配置文件并不复杂，它所有的元素如代码清单 5-1 所示。

代码清单 5-1：MyBatis 配置文件元素

```xml
<?xml version="1.0" encoding="UTF-8"?>
<configuration> <!--配置 -->
    <properties/> <!--属性-->
    <settings/> <!--设置-->
    <typeAliases/> <!--类型命名-->
    <typeHandlers/> <!--类型处理器-->
    <objectFactory/> <!--对象工厂-->
    <plugins/> <!--插件-->
    <environments> <!--配置环境 -->
        <environment> <!--环境变量 -->
            <transactionManager/> <!--事务管理器-->
            <dataSource/> <!--数据源-->
        </environment>
    </environments>
    <databaseIdProvider/> <!--数据库厂商标识-->
    <mappers/> <!--映射器-->
</configuration>
```

注意，MyBatis 配置项的顺序不能颠倒，如果颠倒了，在 MyBatis 启动阶段就会发生异常，导致程序无法运行。

本章的任务是掌握 MyBatis 配置项的作用，其中 properties、settings、typeAliases、typeHandler、plugin、environments、mappers 是常用的内容。本章不讨论 plugin（插件）元素的使用，因为它比较复杂，我们需要掌握 MyBatis 的许多底层内容和设计后才能学习它，这些内容会安排在第 8 和第 9 章进行讲解。而 objectFactory 和 databaseIdProvider 元素不常用，基于实用原则，本书仅做一些简单的介绍。

5.2　properties 属性

properties 属性可以给系统配置一些运行参数，可以放在 XML 文件或者 properties 文件中，而不是放在 Java 编码中，这样的好处在于方便修改参数，而不会引起代码的重新编译。MyBatis 提供了 3 种使用 properties 的方式，它们是：

- property 子元素；
- properties 文件；
- 程序代码传递。

下面展开讨论。

5.2.1　property 子元素

以代码清单 4-14 为基础，使用 property 子元素改写数据库连接的相关配置，如代码清单 5-2 所示。

代码清单 5-2：使用 property 子元素定义参数

```xml
<?xml version="1.0" encoding="UTF-8" ?>
<!DOCTYPE configuration PUBLIC "-//mybatis.org//DTD Config 3.0//EN"
  "http://mybatis.org/dtd/mybatis-3-config.dtd">
<configuration>
  <properties>
      <property name="database.driver" value="com.mysql.jdbc.Driver"/>
      <property name="database.url" value="jdbc:mysql://localhost:3306/ssm"/>
      <property name="database.username" value="root"/>
      <property name="database.password" value="123456"/>
  </properties>
  <typeAliases><!-- 别名 -->
      <typeAlias alias="role" type="com.learn.ssm.chapter5.pojo.Role"/>
  </typeAliases>
  <!-- 数据库环境 -->
  <environments default="development">
    <environment id="development">
      <transactionManager type="JDBC"/>
      <dataSource type="POOLED">
        <property name="driver" value="${database.driver}"/>
        <property name="url" value="${database.url}"/>
        <property name="username" value="${database.username}"/>
        <property name="password" value="${database.password}"/>
      </dataSource>
    </environment>
  </environments>
  <!-- 映射文件 -->
  <mappers>
    <mapper resource="com/learn/ssm/chapter5/mapper/RoleMapper.xml"/>
    <mapper class="com.learn.ssm.chapter5.mapper.RoleMapper2"/>
```

```
    </mappers>
</configuration>
```

这里使用了元素<properties>下的子元素<property>定义，首先用字符串 database.username
定义数据库用户名，然后在数据库定义中引入这个已经定义好的属性参数，如
${database.username}，这样定义一次就可以到处引用了。但是如果属性参数有成百上千个，那
么使用这样的方式显然不是一个很好的选择，这个时候，可以考虑使用 properties 文件。

5.2.2　properties 文件

使用 properties 文件是比较普遍的方法，一方面这个文件十分简单，其逻辑就是键值对应，
我们可以把多个键值放在一个 properties 文件中，也可以把多个键值放在多个 properties 文件中，
以方便日后维护和修改。

仿照代码清单 5-2，构建一个文件 jdbc.properties 放到 classpath 下，如代码清单 5-3 所示。

代码清单 5-3：jdbc.properties

```
database.driver=com.mysql.jdbc.Driver
database.url=jdbc:mysql://localhost:3306/ssm
database.username=root
database.password=123456
```

有了 jdbc.properties 文件，我们就可以在配置文件中通过<properties>的属性 resource 引入
properties 文件了。

```
<properties resource="jdbc.properties">
```

当我们引入了配置文件后，就可以像${database.username}这样配置数据库的用户名了。这
样我们只要维护属性文件就可以了。

5.2.3　程序代码传递

在真实的生产环境中，数据库的用户名和密码是对开发人员和其他人员保密的。运维人员
需要把用户名和密码转换成为密文后，配置到 properties 文件中。数据库不可能使用已经加密的
字符串进行连接，此时往往需要解密才能得到真实的用户名和密码。假设系统已经提供了一个
CodeUtils.decode(str)进行解密，那么我们在构建 SqlSessionFactory 前，需要将用户名和密码解
密，然后把解密后的字符串重置到 properties 属性中，如代码清单 5-4 所示。

代码清单 5-4：解密用户名和密码后构建 SqlSessionFacotry

```
String cfgFile = "mybatis-config.xml";
InputStream inputStream;
InputStream in = Resources.getResourceAsStream("jdbc.properties");
Properties props = new Properties();
props.load(in);
String username = props.getProperty("database.username");
String password= props.getProperty("database.password");
// 解密用户名和密码，并在属性中重置
props.put("database.username", CodeUtils.decode(username));
props.put("database.password", CodeUtils.decode(password));
inputStream = Resources.getResourceAsStream(cfgFile);
```

```
// 使用程序传递的方式覆盖原有的 properties 属性参数
SqlSessionFactory = new SqlSessionFactoryBuilder().build(inputStream, props);
```

首先使用 Resources 对象读取配置文件 jdbc.properties，然后获取它原来配置的用户名和密码，解密并重置，最后使用 SqlSessionFactoryBuilder 的 build 方法，传递给多个 properties 参数。这将覆盖之前配置的密文，这样就能连接数据库了，同时保证了数据库用户名和密码的安全。

本节，我们讨论了 MyBatis 使用 properties 的 3 种方式。这 3 种方式是有优先级的，最优先的是使用程序代码传递的方式，其次是使用 properties 文件的方式，最后是使用 property 子元素的方式，MyBatis 会根据优先级来覆盖原先配置的属性值。

笔者建议采用 properties 文件的方式，因为管理它简单易行，而且可以从 XML 文件中剥离出来独立维护，如果存在需要加密的场景，我们可以参考代码清单 5-4 处理。

5.3 settings 配置

settings 是 MyBatis 中最复杂的配置，它能深刻影响 MyBatis 底层的运行，但是在大部分情况下使用默认值便可以运行，所以在一般情况下只需要修改一些常用的规则即可，比如自动映射、驼峰命名映射、级联规则、是否启动缓存、执行器（Executor）类型等。settings 配置项说明如表 5-1 所示。

表 5-1 settings 配置项说明

配 置 项	作　　用	配置选项说明	默 认 值
cacheEnabled	该配置影响所有映射器中配置缓存的全局开关	true|false	true
lazyLoadingEnabled	延迟加载的全局开关。当开启时，所有关联对象都会延迟加载。在特定关联关系中，可通过设置 fetchType 属性覆盖该项的开关状态	true|false	false
aggressiveLazyLoading	当启用时，对任意延迟属性的调用会使带有延迟加载属性的对象完整加载；反之，每种属性将按需加载	true|false	版本 3.4.1（含）之前为 true，之后为 false
multipleResultSetsEnabled	是否允许单一语句返回多结果集（需要兼容驱动）	true|false	true
useColumnLabel	使用列标签代替列名。不同的驱动会有不同的表现，具体可参考相关驱动文档或通过测试这两种不同的模式来观察所用驱动的结果	true|false	true
useGeneratedKeys	允许 JDBC 支持自动生成主键，需要驱动兼容。如果设置为 true，则强制使用自动生成主键，一些驱动不能兼容但仍可正常工作（比如 Derby）	true|false	false
autoMappingBehavior	指定 MyBatis 自动映射列到字段或属性的方式。NONE 表示取消自动映射；PARTIAL 表示只会自动映射，没有定义嵌套结果集和映射结果集。FULL 会自动映射任意复杂的结果集（无论是否嵌套）	NONE、PARTIAL、FULL	PARTIAL

续表

配　置　项	作　　用	配置选项说明	默　认　值
autoMappingUnknownColumnBehavior	指定自动映射遇到 SQL 未知字段名（或未知属性类型）时的行为。默认不处理，只有当日志级别在 WARN 或者以下时，才会显示相关日志，如果处理失败则会抛出 SqlSessionException 异常	NONE 、 WARNING 、 FAILING	NONE
defaultExecutorType	配置默认的执行器。SIMPLE 是普通的执行器；REUSE 会重用预处理语句（prepared statements）；BATCH 执行器将重用语句并执行批量更新	SIMPLE、REUSE、BATCH	SIMPLE
defaultStatementTimeout	设置超时时间，它决定驱动等待数据库响应的秒数	任何正整数	Not Set (null)
defaultFetchSize	设置数据库驱动程序默认返回的条数限制，此参数可以重新设置	任何正整数	Not Set (null)
safeRowBoundsEnabled	是否允许在语句中使用分页（RowBounds）。如果允许，则设置为 false	true|false	false
safeResultHandlerEnabled	是否允许在语句中使用分页（ResultHandler）。如果允许，则设置为 false	true | false	true
mapUnderscoreToCamelCase	是否开启自动驼峰命名规则映射，即从经典数据库列名 A_COLUMN 到经典 Java 属性名 aColumn 的类似映射	true|false	false
localCacheScope	MyBatis 利用本地缓存机制（Local Cache）防止循环引用（Circular References）和加速重复嵌套查询。默认值为 SESSION，在这种情况下会缓存一个会话中执行的所有查询。若设置值为 STATEMENT，则本地会话仅用在语句执行上，对相同 SqlSession 的不同调用不会共享数据	SESSION|STATEMENT	SESSION
jdbcTypeForNull	当没有为参数提供特定的 JDBC 类型时，为空值指定 JDBC 类型。某些驱动需要指定列的 JDBC 类型，多数情况直接用一般类型即可，比如 NULL、VARCHAR 或 OTHER	NULL、VARCHAR、OTHER	OTHER
lazyLoadTriggerMethods	指定哪个对象的方法触发一次延迟加载	—	equals、clone、hashCode、toString
defaultScriptingLanguage	指定生成 SQL 的默认语言驱动	—	org.apache.ibatis.scripting.xmltags.XMLDynamicLanguageDriver
callSettersOnNulls	指定当结果集中值为 null 时，是否调用映射对象的 setter（map 对象时为 put）方法，这对于有 Map.keySet 方法依赖或 null 值初始化时是有用的。注意，基本类型（int、boolean 等）不能设置成 null	true|false	false
logPrefix	指定 MyBatis 增加到日志名称的前缀	任何字符串	Not set

续表

配　置　项	作　　用	配置选项说明	默　认　值
logImpl	指定 MyBatis 所用日志的具体实现，未指定时将自动查找	SLF4J|LOG4J|LOG4J2|JDK_LOGGING|COMMONS_LOGGING|STDOUT_LOGGING|NO_LOGGING	Not set
proxyFactory	指定 MyBatis 构建具有延迟加载能力的对象所用到的代理工具	CGLIB|JAVASSIST	JAVASSIST (MyBatis 版本为 3.3 及以上)
vfsImpl	指定 VFS 的实现类	提供 VFS 类的全限定名，如果存在多个，则可以使用逗号分隔	Not set
useActualParamName	允许用方法参数中声明的实际名称引用参数。要使用此功能，项目必须采用 Java 8 或以上版本编译，并且加上 "parameters" 选项。（从版本 3.4.1 开始可以使用）	true|false	true

　　settings 的配置项很多，但是真正用到的不会太多，我们把常用的配置项研究清楚就可以了，比如关于缓存的 cacheEnabled，关于级联的 lazyLoadingEnabled 和 aggressiveLazyLoading，关于自动映射的 autoMappingBehavior 和 mapUnderscoreToCamelCase，关于执行器类型的 defaultExecutorType 等。这里给出一个全量的配置样例，如代码清单 5-5 所示。

代码清单 5-5：全量 settings 的配置样例

```xml
<settings>
    <setting name="cacheEnabled" value="true"/>
    <setting name="lazyLoadingEnabled" value="true"/>
    <setting name="multipleResultSetsEnabled" value="true"/>
    <setting name="useColumnLabel" value="true"/>
    <setting name="useGeneratedKeys" value="false"/>
    <setting name="autoMappingBehavior" value="PARTIAL"/>
    <setting name="autoMappingUnknownColumnBehavior" value="WARNING"/>
    <setting name="defaultExecutorType" value="SIMPLE"/>
    <setting name="defaultStatementTimeout" value="25"/>
    <setting name="defaultFetchSize" value="100"/>
    <setting name="safeRowBoundsEnabled" value="false"/>
    <setting name="mapUnderscoreToCamelCase" value="false"/>
    <setting name="localCacheScope" value="SESSION"/>
    <setting name="jdbcTypeForNull" value="OTHER"/>
    <setting name="lazyLoadTriggerMethods"
        value="equals, clone, hashCode, toString"/>
</settings>
```

5.4　typeAliases 别名

　　类的全限定名称很长，需要大量使用的时候，总写那么长的名称不方便。在 MyBatis 中允许定义一个简写来代表这个类，这就是别名，别名分为系统定义别名和自定义别名。在 MyBatis 中，别名是通过注册机 TypeAliasRegistry（org.apache.ibatis.type.TypeAliasRegistry）管理的。注意，在 MyBatis 中别名是不区分大小写的。

5.4.1　系统定义别名

在 MyBatis 的初始化过程中，系统自动初始化了一些别名，如表 5-2 所示。

表 5-2　系统自定义别名

别　　名	Java 类型	是否支持数组	别　　名	Java 类型	是否支持数组
_byte	byte	是	double	Double	是
_long	long	是	float	Float	是
_short	short	是	boolean	Boolean	是
_int	int	是	date	Date	是
_integer	int	是	decimal	BigDecimal	是
_double	double	是	bigdecimal	BigDecimal	是
_float	float	是	object	Object	是
_boolean	boolean	是	map	Map	否
string	String	是	hashmap	HashMap	否
byte	Byte	是	list	List	否
long	Long	是	arraylist	ArrayList	否
short	Short	是	collection	Collection	否
int	Integer	是	iterator	Iterator	否
integer	Integer	是	ResultSet	ResultSet	否

使用对应类型的数组型，要看其是否支持数组，如果支持，则使用别名加[]即可，比如_int 数组的别名就是_int[]。而类似 list 这样不支持数组的别名，则不能那么写。

有时候要通过代码实现注册别名，让我们看看 MyBatis 是如何初始化这些别名的。在 MyBatis 中，注册别名依靠类 TypeAliasRegistry，它的构造方法如代码清单 5-6 所示。

代码清单 5-6：TypeAliasRegistry 初始化别名

```
public TypeAliasRegistry() {
    registerAlias("string", String.class);

    registerAlias("byte", Byte.class);
    registerAlias("long", Long.class);
    ......
    registerAlias("byte[]", Byte[].class);
    registerAlias("long[]", Long[].class);
    ......
    registerAlias("map", Map.class);
    registerAlias("hashmap", HashMap.class);
    registerAlias("list", List.class);
    registerAlias("arraylist", ArrayList.class);
    registerAlias("collection", Collection.class);
    registerAlias("iterator", Iterator.class);
    registerAlias("ResultSet", ResultSet.class);
}
```

这里可以看到 MyBatis 是使用 TypeAliasRegistry 的 registerAlias 注册别名的。我们在第 4 章谈过，SessionFactory 通过配置类 Configuration 引导配置，而我们可以通过配置类 Configuration

的 getTypeAliasRegistry 方法获取 TypeAliasRegistry 类对象。这样可以通过 TypeAliasRegistry 类对象的 registerAlias 方法注册新的别名。事实上，Configuration 对象本身也对一些常用的类配置了别名，关于这些可以参考它的构造方法，如代码清单 5-7 所示。

代码清单 5-7：Configuration 配置的别名

```
//事务方式别名
typeAliasRegistry.registerAlias("JDBC", JdbcTransactionFactory.class);
typeAliasRegistry.registerAlias("MANAGED", ManagedTransactionFactory.class);
//数据源类型别名
typeAliasRegistry.registerAlias("JNDI", JndiDataSourceFactory.class);
typeAliasRegistry.registerAlias("POOLED", PooledDataSourceFactory.class);
typeAliasRegistry.registerAlias("UNPOOLED", UnpooledDataSourceFactory.class);
//缓存策略别名
typeAliasRegistry.registerAlias("PERPETUAL", PerpetualCache.class);
typeAliasRegistry.registerAlias("FIFO", FifoCache.class);
typeAliasRegistry.registerAlias("LRU", LruCache.class);
typeAliasRegistry.registerAlias("SOFT", SoftCache.class);
typeAliasRegistry.registerAlias("WEAK", WeakCache.class);
//数据库标识别名
typeAliasRegistry.registerAlias("DB_VENDOR", VendorDatabaseIdProvider.class);
//语言驱动类别名
typeAliasRegistry.registerAlias("XML", XMLLanguageDriver.class);
typeAliasRegistry.registerAlias("RAW", RawLanguageDriver.class);
//日志类别名
typeAliasRegistry.registerAlias("SLF4J", Slf4jImpl.class);
typeAliasRegistry.registerAlias("COMMONS_LOGGING",
JakartaCommonsLoggingImpl.class);
typeAliasRegistry.registerAlias("LOG4J", Log4jImpl.class);
typeAliasRegistry.registerAlias("LOG4J2", Log4j2Impl.class);
typeAliasRegistry.registerAlias("JDK_LOGGING", Jdk14LoggingImpl.class);
typeAliasRegistry.registerAlias("STDOUT_LOGGING", StdOutImpl.class);
typeAliasRegistry.registerAlias("NO_LOGGING", NoLoggingImpl.class);
//动态代理别名
typeAliasRegistry.registerAlias("CGLIB", CglibProxyFactory.class);
typeAliasRegistry.registerAlias("JAVASSIST", JavassistProxyFactory.class);
```

这些别名可以方便我们在 MyBatis 使用那些常用的类。

以上就是 MyBatis 系统定义的别名，在使用的时候不要重复命名，以免出现其他问题。

5.4.2 自定义别名

由于大型互联网系统中存在许多对象，比如有时候需要大量重复地使用用户（User）这个对象，因此 MyBatis 也提供了自定义别名的规则。我们可以通过 TypeAliasRegistry 类的 registerAlias 方法注册，也可以采用配置文件或者扫描方式自定义。

使用配置文件定义很简单：

```
<typeAliases><!-- 别名定义 -->
   <typeAlias alias="role" type="com.learn.ssm.chapter5.pojo.Role"/>
   <typeAlias alias="user" type="com.learn.ssm.chapter5.pojo.User"/>
</typeAliases>
```

这样就可以定义一个别名了。如果有很多类需要定义别名，那么用这样的方式配置可就不那么轻松了。MyBatis 还支持扫描别名。比如上面的两个类都在包 com.learn.ssm. Chapter5.pojo

之下，那么就可以定义为：

```
<typeAliases><!-- 扫描别名 -->
    <package name="com.learn.ssm.chapter5.pojo"/>
</typeAliases>
```

这样 MyBatis 将扫描这个包里面的类，将其第一个字母变为小写作为其别名，比如类 Role 的别名是 role，而 User 的别名是 user，但是请注意 MyBatis 的别名是不分大小写的。使用这样的规则，有时候会出现重名，比如 com.learn.ssm.chapter5.po.User 这个类通过<typeAlias>元素配置了别名，也添加了对包 com.learn.ssm. chapter5.pojo 的扫描，就会出现异常，这个时候可以使用 MyBatis 提供的注解@Alias("user3")进行区分，如代码清单 5-8 所示。

代码清单 5-8：扫描自定义别名

```
package com.learn.ssm.chapter5.pojo;
@Alias("user3")
public Class User {
    ......
}
```

这样就能够避免重命名的问题了。

5.5　typeHandler 类型转换器

在 JDBC 中，需要在 PreparedStatement 对象中设置那些预编译的 SQL 语句的参数。在执行 SQL 语句后，会通过 ResultSet 对象获取数据库的数据映射到 POJO 上。这样就会存在数据库类型和 Java 类型的转换关系，而这层转换关系在 MyBatis 中是通过 typeHandler 实现的。在 typeHandler 中，分为 jdbcType 和 javaType，其中 jdbcType 用于定义数据库类型，javaType 用于定义 Java 类型，typeHandler 的作用是承担 jdbcType 和 javaType 之间的相互转换，如图 5-1 所示。在很多情况下，我们并不需要配置 typeHandler、jdbcType、javaType，这是因为 MyBatis 会探测应该使用什么类型的 typeHandler 处理，但是有些场景是无法被探测到的，这个时候就需要自定义了。对于那些需要使用自定义枚举的场景，或者使用特殊数据类型的场景，MyBatis 也允许我们通过自定义 typeHandler 处理。

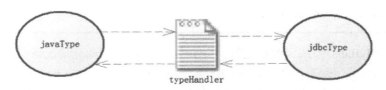

图 5-1　typeHandler 的作用

和别名一样，在 MyBatis 中存在系统定义和自定义的 typeHandler。MyBatis 会根据 javaType 和数据库的 jdbcType 决定采用哪个 typeHandler 处理这些转换规则。系统提供的 typeHandler 能满足大部分场景的要求，但是在有些情况下是不能处理的，毕竟有时候存在特殊的转换规则，比如使用 Java 枚举类。

5.5.1 系统定义的 typeHandler

MyBatis 内部定义了许多有用的 typeHandler，如表 5-3 所示。

表 5-3 系统定义的 typeHandler

类型处理器	Java 类型（javaType）	JDBC 类型（jdbcType）
BooleanTypeHandler	java.lang.Boolean, boolean	数据库兼容的 BOOLEAN
ByteTypeHandler	java.lang.Byte, byte	数据库兼容的 NUMERIC 或 BYTE
ShortTypeHandler	java.lang.Short, short	数据库兼容的 NUMERIC 或 SHORT INTEGER
IntegerTypeHandler	java.lang.Integer, int	数据库兼容的 NUMERIC 或 INTEGER
LongTypeHandler	java.lang.Long, long	数据库兼容的 NUMERIC 或 LONG INTEGER
FloatTypeHandler	java.lang.Float, float	数据库兼容的 NUMERIC 或 FLOAT
DoubleTypeHandler	java.lang.Double, double	数据库兼容的 NUMERIC 或 DOUBLE
BigDecimalTypeHandler	java.math.BigDecimal	数据库兼容的 NUMERIC 或 DECIMAL
StringTypeHandler	java.lang.String	CHAR、VARCHAR
ClobReaderTypeHandler	java.io.Reader	—
ClobTypeHandler	java.lang.String	CLOB、LONGVARCHAR
NStringTypeHandler	java.lang.String	NVARCHAR、NCHAR
NClobTypeHandler	java.lang.String	NCLOB
BlobInputStreamTypeHandler	java.io.InputStream	—
ByteArrayTypeHandler	byte[]	数据库兼容的字节流类型
BlobTypeHandler	byte[]	BLOB、LONGVARBINARY
DateTypeHandler	java.util.Date	TIMESTAMP
DateOnlyTypeHandler	java.util.Date	DATE
TimeOnlyTypeHandler	java.util.Date	TIME
SqlTimestampTypeHandler	java.sql.Timestamp	TIMESTAMP
SqlDateTypeHandler	java.sql.Date	DATE
SqlTimeTypeHandler	java.sql.Time	TIME
ObjectTypeHandler	Any	OTHER 或未指定类型
EnumTypeHandler	Enumeration Type	任何兼容 VARCHAR 的字符串类型，存储枚举的名称（而不是索引）
EnumOrdinalTypeHandler	Enumeration Type	任何兼容的 NUMERIC 或 DOUBLE 类型，存储枚举的索引（而不是名称）

这些就是 MyBatis 系统已经构建好的 typeHandler。在大部分情况下，无须显式地声明 jdbcType 和 javaType，也无须用 typeHandler 属性指定对应的 typeHandler 实现数据类型转换，因为 MyBatis 系统会自己探测。有时候需要修改一些转换规则，比如枚举类往往需要用户编写规则。

在 MyBatis 中，typeHandler 要实现接口 org.apache.ibatis.type.TypeHandler，让我们看看这个接口的定义，如代码清单 5-9 所示。

代码清单 5-9：TypeHandler.java

```
package org.apache.ibatis.type;
```

```
/**** imports ****/
public interface TypeHandler<T> {

    void setParameter(PreparedStatement ps, int i,
        T parameter, JdbcType jdbcType) throws SQLException;

    T getResult(ResultSet rs, String columnName) throws SQLException;

    T getResult(ResultSet rs, int columnIndex) throws SQLException;

    T getResult(CallableStatement cs, int columnIndex) throws SQLException;

}
```

这里说明一下它所定义的方法。

- T 是泛型，专指 javaType，比如当需要 String 的时候，实现类可以写为 implements TypeHandler<String>。
- setParameter 方法是 typeHandler 通过 PreparedStatement 对象设置 SQL 参数的时候使用的具体方法，其中，i 是参数在 SQL 的下标，parameter 是参数，jdbcType 是数据库类型。
- 3 个 getResult 的方法，它们的作用是从 JDBC 结果集中获取数据进行转换，要么使用列名（columnName），要么使用下标（columnIndex）获取数据库的数据，其中最后一个 getResult 方法是存储过程专用的。

在使用 typeHandler 前，我们需要考虑 MyBatis 自身的 typeHandler 是如何实现的。所以有必要对 MyBatis 已有的 typeHandler 进行分析，如图 5-2 所示。

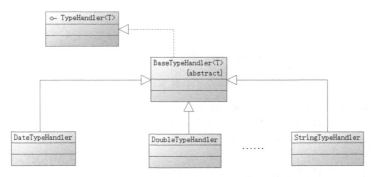

图 5-2　MyBatis 已有的 typeHandler 的类和接口设计

从图中可以看出，typeHandler 需要实现接口 TypeHandler，而 BaseTypeHandler 实现了 TypeHandler，具体的 typeHandler 继承了 BaseTypeHandler，需要注意的是，BaseTypeHandler 是个抽象类。从这里的分析可以看出，BaseTypeHandler 是 typeHandler 机制中一个通用的父类，这里有必要探索一下 BaseTypeHandler 的源码，如代码清单 5-10 所示。

代码清单 5-10：BaseTypeHandler.java

```
package org.apache.ibatis.type;

/**** imports ****/

public abstract class BaseTypeHandler<T> extends TypeReference<T>
        implements TypeHandler<T> {
```

```
......

/**** 实现 TypeHandler 接口的四个方法 ****/
@Override
public void setParameter(PreparedStatement ps,
        int i, T parameter, JdbcType jdbcType) throws SQLException {
  if (parameter == null) {
    if (jdbcType == null) {
      throw new TypeException("JDBC requires that the JdbcType must "
      + " be specified for all nullable parameters.");
    }
    try {
      ps.setNull(i, jdbcType.TYPE_CODE);
    } catch (SQLException e) {
      throw new TypeException("Error setting null for parameter #" + i
       + " with JdbcType " + jdbcType + " . "
          + "Try setting a different JdbcType for this parameter "
       + " or a different jdbcTypeForNull configuration property. "
          + "Cause: " + e, e);
    }
  } else {
    try {
      setNonNullParameter(ps, i, parameter, jdbcType);
    } catch (Exception e) {
      throw new TypeException("Error setting non null for parameter #"
       + i + " with JdbcType " + jdbcType + " . "
          + "Try setting a different JdbcType for this parameter "
       + " or a different configuration property. "
          + "Cause: " + e, e);
    }
  }
}

@Override
public T getResult(ResultSet rs, String columnName) throws SQLException {
  try {
    return getNullableResult(rs, columnName);
  } catch (Exception e) {
    throw new ResultMapException("Error attempting to get column '"
      + columnName + "' from result set. Cause: " + e, e);
  }
}

@Override
public T getResult(ResultSet rs, int columnIndex) throws SQLException {
  try {
    return getNullableResult(rs, columnIndex);
  } catch (Exception e) {
    throw new ResultMapException("Error attempting to get column #"
      + columnIndex + " from result set. Cause: " + e, e);
  }
}

@Override
public T getResult(CallableStatement cs, int columnIndex) throws SQLException
{
  try {
    return getNullableResult(cs, columnIndex);
  } catch (Exception e) {
    throw new ResultMapException("Error attempting to get column #"
      + columnIndex + " from callable statement. Cause: " + e, e);
```

```
    }
  }

// 定义对空值的处理方法
  public abstract void setNonNullParameter(PreparedStatement ps,
      int i, T parameter, JdbcType jdbcType) throws SQLException;

  public abstract T getNullableResult(ResultSet rs,
      String columnName) throws SQLException;

  public abstract T getNullableResult(ResultSet rs,
      int columnIndex) throws SQLException;

  public abstract T getNullableResult(CallableStatement cs,
      int columnIndex) throws SQLException;

}
```

BaseTypeHandler 主要对空值进行处理，空值处理包括两方面，一是 SQL 参数为空，二是数据库返回值为空。下面我们对 BaseTypeHandler 的源码进行分析。

- BaseTypeHandler 是个抽象类，它本身实现了 typeHandler 接口定义的 4 个方法，而对于空值自己又定义了 4 个抽象方法，要求子类去实现。
- getResult 方法，非空结果集是通过 BaseTypeHandler 自定义的抽象方法 getNullableResult 方法获取的。
- setParameter 方法，当参数 parameter 和 jdbcType 同时为空时，MyBatis 将抛出异常。如果能明确 jdbcType，则会进行空设置；如果参数不为空，那么它将采用 setNonNullParameter 方法设置参数。
- BaseTypeHandler 定义的 getNullableResult 方法有多个，可以通过参数看出它们是针对普通 JDBC 还是针对存储过程的。

为了更好地理解 typeHandler 机制，我们介绍一下 MyBatis 使用最多的 typeHanlder——StringTypeHandler。显然它是用于字符串转换的，其源码如代码清单 5-11 所示。

代码清单 5-11：StringTypeHanlder.java

```java
package org.apache.ibatis.type;

/**** imports ****/

public class StringTypeHandler extends BaseTypeHandler<String> {

  @Override
  public void setNonNullParameter(PreparedStatement ps,
      int i, String parameter, JdbcType jdbcType) throws SQLException {
    ps.setString(i, parameter);
  }

  @Override
  public String getNullableResult(
    ResultSet rs, String columnName) throws SQLException {
    return rs.getString(columnName);
  }

  @Override
  public String getNullableResult(ResultSet rs, int columnIndex)
```

```
        throws SQLException {
    return rs.getString(columnIndex);
    }

    @Override
    public String getNullableResult(CallableStatement cs, int columnIndex)
        throws SQLException {
      return cs.getString(columnIndex);
    }
  }
```

显然它实现了 BaseTypeHandler 的 4 个抽象方法，代码也非常简单。

在这里，我们只谈到了 MyBatis 是通过 typeHandler 将 javaType 和 jdbcType 相互转换的，实际上只有这一步是不够的，我们还需要将 typeHanlder 注册到 MyBatis 的机制中。在 MyBatis 中，采用注册机（org.apache.ibatis.type.TypeHandlerRegistry）的 register 方法注册，在它的构造方法中就可以看出端倪，如代码清单 5-12 所示。

代码清单 5-12：系统注册 typeHanlder

```
public TypeHandlerRegistry() {
    register(Boolean.class, new BooleanTypeHandler());
    register(boolean.class, new BooleanTypeHandler());
    ....
    register(byte[].class, jdbcType.BLOB, new BlobTypeHandler());
    register(byte[].class, jdbcType.LONGVARBINARY, new BlobTypeHandler());
    ....
  }
```

这样就实现了用代码的形式注册 typeHandler，而注册机（TypeHandlerRegistry）是 Configuration 配置类的一个属性，SessionFactory 是通过 Configuration 配置类来构建的。到这里就搞清楚了 typeHandler 的设计和注册方法，在大部分情况下，我们都不会使用代码注册 typeHandler，而是通过配置或者扫描注册。

5.5.2 自定义 typeHandler

在大部分场景下，MyBatis 自身的 typeHandler 就能应付，但是有时候则不够用。比如使用枚举的时候，有特殊的转化规则，这个时候需要自定义 typeHandler 处理。

从上节的分析可以看出，要定义 typeHandler，就需要实现接口 TypeHandler，或者继承 BaseTypeHandler（实际上 BaseTypeHandler 也实现了 TypeHanlder 接口）。这里仿照 StringTypeHandler 实现一个自定义的 typeHandler——MyTypeHandler，它只实现接口 TypeHandler，而不继承 BaseTypeHandler，如代码清单 5-13 所示。

代码清单 5-13：自定义 typeHandler——MyTypeHandler

```
package com.learn.ssm.chapter5.typehandler;
/**** imports ****/
public class MyTypeHandler implements TypeHandler<String> {

    Logger logger = Logger.getLogger(MyTypeHandler.class);

    public void setParameter(PreparedStatement ps, int i,
            String parameter, JdbcType jdbcType) throws SQLException {
        logger.info("设置 string 参数【" + parameter+"】");
```

```
        ps.setString(i, parameter);
    }

    public String getResult(ResultSet rs, String columnName)
            throws SQLException {
        String result = rs.getString(columnName);
        logger.info("读取 string 参数 1【" + result+"】");
        return result;
    }

    public String getResult(ResultSet rs, int columnIndex)
            throws SQLException {
        String result = rs.getString(columnIndex);
        logger.info("读取 string 参数 2【" + result+"】");
        return result;
    }

    public String getResult(CallableStatement cs, int columnIndex)
            throws SQLException {
        String result = cs.getString(columnIndex);
        logger.info("读取 string 参数 3【" + result+"】");
        return result;
    }

}
```

定义的 typeHandler 泛型为 String，显然我们要把数据库的数据类型转化为 String 型，然后实现设置参数和获取结果集的方法。但是这个时候还没有启用 typeHandler，它还需要做如代码清单 5-14 所示的配置。

代码清单 5-14：配置 typeHandler

```
<typeHandlers>
    <typeHandler jdbcType="VARCHAR" javaType="string"
        handler="com.learn.ssm.chapter5.typehandler.MyTypeHandler" />
</typeHandlers>
```

配置完成后，MyBatis 才会将我们开发的 typeHandler 注册进来。这样在 MyBatis 做数据库类型和 Java 类型转换时，当 jdbcType 为 VARCHAR，且 javaType 为 String 时，会使用 MyTypeHandler 转换。有时候还可以显式启用 typeHandler。一般来说，启用 typeHandler 有两种方式，如代码清单 5-15 所示。

代码清单 5-15：启用 typeHandler 的两种方式

```
......
<resultMap id="roleMapper" type="role">
    <result property="id" column="id" />
    <result property="roleName" column="role_name"
        jdbcType="VARCHAR" javaType="string" />
    <result property="note" column="note"
        typeHandler="com.learn.ssm.chapter5.typehandler.MyTypeHandler" />
</resultMap>

<select id="getRole" parameterType="long" resultMap="roleMapper">
    select id,
    role_name, note from t_role where id = #{id}
</select>
```

```
<select id="findRoles" parameterType="string"
    resultMap="roleMapper">
    select id, role_name, note from t_role
    where role_name like concat('%',
    #{roleName, jdbcType=VARCHAR, javaType=string}, '%')
</select>

<select id="findRoles2" parameterType="string"
    resultMap="roleMapper">
    select id, role_name, note from t_role
    where note like concat('%',
    #{note, typeHandler=com.learn.ssm.chapter5.typehandler.MyTypeHandler},
    '%')
</select>
......
```

注意使用具体 typeHandler 时，要么指定与自定义 typeHandler 一致的 jdbcType 和 javaType，要么直接使用 typeHandler 属性指定具体的实现类。当数据库返回空导致无法断定采用哪个 typeHandler 处理，又没有注册对应的 javaType 的 typeHandler 时，MyBatis 无法判断使用哪个 typeHandler 转换数据，我们可以采用以下方式确定采用哪个 typeHandler 处理，这样就不会出现异常了。运行代码查看日志结果：

```
DEBUG 2019-11-05 17:41:52,655 org.apache.ibatis.logging.jdbc.BaseJdbcLogger: ==>
Preparing: select id, role_name, note from t_role where id = ?
DEBUG 2019-11-05 17:41:52,680 org.apache.ibatis.logging.jdbc.BaseJdbcLogger: ==>
Parameters: 1(Long)
 INFO 2019-11-05 17:41:52,696 com.learn.ssm.chapter5.typehandler.MyTypeHandler: 读
取 string 参数 1【role_name_1】
 INFO 2019-11-05 17:41:52,696 com.learn.ssm.chapter5.typehandler.MyTypeHandler: 读
取 string 参数 1【note_1】
DEBUG 2019-11-05 17:41:52,696 org.apache.ibatis.logging.jdbc.BaseJdbcLogger: <==
Total: 1
1
DEBUG 2019-11-05 17:41:52,697 org.apache.ibatis.logging.jdbc.BaseJdbcLogger: ==>
Preparing: select id, role_name as roleName, note from t_role where id=?
DEBUG 2019-11-05 17:41:52,697 org.apache.ibatis.logging.jdbc.BaseJdbcLogger: ==>
Parameters: 1(Long)
 INFO 2019-11-05 17:41:52,699 com.learn.ssm.chapter5.typehandler.MyTypeHandler: 读
取 string 参数 1【role_name_1】
 INFO 2019-11-05 17:41:52,699 com.learn.ssm.chapter5.typehandler.MyTypeHandler: 读
取 string 参数 1【note_1】
DEBUG 2019-11-05 17:41:52,699 org.apache.ibatis.logging.jdbc.BaseJdbcLogger: <==
Total: 1
DEBUG 2019-11-05 17:41:52,700 org.apache.ibatis.logging.jdbc.BaseJdbcLogger: ==>
Preparing: select id, role_name, note from t_role where role_name like concat('%', ?,
'%')
 INFO 2019-11-05 17:41:52,700 com.learn.ssm.chapter5.typehandler.MyTypeHandler: 设
置 string 参数【role】
DEBUG 2019-11-05 17:41:52,700 org.apache.ibatis.logging.jdbc.BaseJdbcLogger: ==>
Parameters: role(String)
 INFO 2019-11-05 17:41:52,719 com.learn.ssm.chapter5.typehandler.MyTypeHandler: 读
取 string 参数 1【role_name_1】
 INFO 2019-11-05 17:41:52,719 com.learn.ssm.chapter5.typehandler.MyTypeHandler: 读
取 string 参数 1【note_1】
DEBUG 2019-11-05 17:41:52,719 org.apache.ibatis.logging.jdbc.BaseJdbcLogger: <==
Total: 1
```

从日志可以看出，我们自定义的 MyTypeHandler 已经启用了。

有时候枚举类型很多，系统需要自定义的 typeHandler 也很多，如果都进行单一配置会很麻烦，这个时候就可以考虑使用扫描的方式，按照代码清单 5-16 配置。

代码清单 5-16：使用扫描方式配置 typeHandler

```
<typeHandlers>
    <package name="com.learn.ssm.chapter5.typehandler"/>
</typeHandlers>
```

只是这样就没法指定 jdbcType 和 javaType 了，不过我们可以使用注解处理它们。我们在 MyTypeHandler 上添加两个注解，如代码清单 5-17 所示。

代码清单 5-17：通过注解声明 javaType 和 jdbcType

```
package com.learn.ssm.chapter5.typehandler;

/**** imports ****/
@MappedTypes(String.class)
@MappedJdbcTypes(JdbcType.VARCHAR)
public class MyTypeHandler implements TypeHandler<String> {
......
}
```

在代码中，注解@MappedTypes 声明 javaType，注解@MappedJdbcTypes 则声明 jdbcType，这样就指定了 MyTypeHandler 的数据转换类型。

5.5.3　枚举 typeHandler

在绝大多数情况下，需要自定义 typeHandler 的原因是使用了枚举。在 MyBatis 中已经定义了两个类作为枚举类型的支持，这两个类分别是 EnumOrdinalTypeHandler 和 EnumTypeHandler。

这两个 typeHandler 实用性不强，不过我们还是要了解一下它们的用法。在此之前，先来建一个性别枚举类——SexEnum，如代码清单 5-18 所示。

代码清单 5-18：性别枚举类——SexEnum

```
package com.learn.ssm.chapter5.pojo;

public enum SexEnum {
    MALE(1, "男"),
    FEMALE(0, "女");

    private int id;
    private String name;

    /**** setters and getters ****/

    public static SexEnum getSexById(int id) {
        for (SexEnum sex : SexEnum.values()) {
            if (sex.getId() == id) {
                return sex;
            }
        }
        return null;
    }
}
```

为了使用这个关于性别的枚举，我们以附录 A 的数据模型中的用户表为例。在讨论它们之前先构建一个用户 POJO，如代码清单 5-19 所示。

代码清单 5-19：用户 POJO

```java
package com.learn.ssm.chapter5.pojo;

public class User {
private Long id;
private String userName;
private String password;
private SexEnum sex;
private String mobile;
private String tel;
private String email;
private String note;
    /** setters and getters **/
}
```

1. EnumOrdinalTypeHandler

EnumOrdinalTypeHandler 是 MyBatis 根据枚举数组下标索引的方式匹配的，也是 MyBatis 在自动映射下默认使用的转换类，它要求数据库返回一个整数作为其下标，然后根据下标找到对应的枚举类型。根据这条规则，可以构建一个 UserMapper.xml 作为测试的例子，如代码清单 5-20 所示。

代码清单 5-20：使用 EnumOrdinalTypeHandler

```xml
<?xml version="1.0" encoding="UTF-8" ?>
<!DOCTYPE mapper
  PUBLIC "-//mybatis.org//DTD Mapper 3.0//EN"
  "http://mybatis.org/dtd/mybatis-3-mapper.dtd">
<mapper namespace="com.learn.ssm.chapter5.mapper.UserMapper">
  <resultMap id="userMapper" type="user">
    <result property="id" column="id" />
    <result property="userName" column="user_name" />
    <result property="password" column="password" />
    <result property="sex" column="sex"
      typeHandler="org.apache.ibatis.type.EnumOrdinalTypeHandler"/>
    <result property="mobile" column="mobile" />
    <result property="tel" column="tel" />
    <result property="email" column="email" />
    <result property="note" column="note" />
  </resultMap>
  <select id="getUser" resultMap="userMapper" parameterType="long">
    select id, user_name, password, sex, mobile, tel, email, note from t_user
    where id = #{id}
  </select>
</mapper>
```

插入一条数据，执行的 SQL 语句如下：

```sql
insert into `t_user` (`id`, `user_name`, `password`, `sex`, `mobile`, `tel`, `email`,
`note`) values(1, 'zhangsan', '123456', '1', '13699988874', '0755-88888888',
'zhangsan@163.com', 'note.......')
```

这样，sex 字段就在数据库里被设置为 1，按照枚举的下标它代表男性，使用代码清单 5-21

测试。

代码清单 5-21：测试 EnumOrdinalTypeHandler

```
sqlSession = sqlSessionFactory.openSession();
UserMapper userMapper = sqlSession.getMapper(UserMapper.class);
User user = userMapper.getUser(1L);
System.out.println(user.getSex().getName());
```

这样便得到日志：

```
DEBUG 2019-11-06 22:07:49,807 org.apache.ibatis.transaction.jdbc.JdbcTransaction:
Opening JDBC Connection
DEBUG 2019-11-06 22:07:50,004
org.apache.ibatis.datasource.pooled.PooledDataSource: Created connection
1920467934.
DEBUG 2019-11-06 22:07:50,005 org.apache.ibatis.transaction.jdbc.JdbcTransaction:
Setting autocommit to false on JDBC Connection
[com.mysql.jdbc.JDBC4Connection@727803de]
DEBUG 2019-11-06 22:07:50,008 org.apache.ibatis.logging.jdbc.BaseJdbcLogger: ==>
Preparing: select id, user_name, password, sex, mobile, tel, email, note from t_user
where id = ?
DEBUG 2019-11-06 22:07:50,033 org.apache.ibatis.logging.jdbc.BaseJdbcLogger: ==>
Parameters: 1(Long)
DEBUG 2019-11-06 22:07:50,049 org.apache.ibatis.logging.jdbc.BaseJdbcLogger: <==
Total: 1
男
```

显然，此时使用了枚举下标进行数据转换。

2. EnumTypeHandler

EnumTypeHandler 会通过枚举名称转化为对应的枚举，比如当数据库返回的字符串为
"MALE"时，它就会通过代码 Enum.valueOf(SexEnum.class, "MALE")进行转换。为了测试
EnumTypeHandler 的转换，我们把数据库的 sex 字段修改为字符型（varchar（10）），并把 sex=1
的数据修改为 FEMALE，于是可以执行以下 SQL 语句。

```
alter table t_user modify sex varchar(10);
update t_user set sex = 'FEMALE' where sex = 1;
```

使用 EnumTypeHandler 修改 UserMaper.xml，如代码清单 5-22 所示。

代码清单 5-22：使用 EnumTypeHandler 修改 UserMaper.xml

```xml
<?xml version="1.0" encoding="UTF-8" ?>
<!DOCTYPE mapper
  PUBLIC "-//mybatis.org//DTD Mapper 3.0//EN"
  "http://mybatis.org/dtd/mybatis-3-mapper.dtd">
<mapper namespace="com.learn.ssm.chapter5.mapper.UserMapper">
<resultMap id="userMapper" type="user">
    <result property="id" column="id" />
    <result property="userName" column="user_name" />
    <result property="password" column="password" />
    <result property="sex" column="sex"
        typeHandler="org.apache.ibatis.type.EnumTypeHandler"/>
    <result property="mobile" column="mobile" />
    <result property="tel" column="tel" />
    <result property="email" column="email" />
```

```
    <result property="note" column="note" />
</resultMap>
<select id="getUser" resultMap="userMapper" parameterType="long">
  select id, user_name, password, sex, mobile, tel, email, note from t_user
    where id = #{id}
</select>
</mapper>
```

再次执行代码清单 5-21，就可以看到运行结果了。

3. 自定义枚举 typeHandler

我们已经讨论了 MyBatis 内部提供的两种关于枚举转换的 typeHandler，但是它们有很大的局限性，更多的时候我们希望使用自定义的 typeHandler。执行下面的 SQL 语句，把数据库的 sex 字段修改为整数型。

```
update t_user set sex='0' where sex = 'FEMALE';
update t_user set sex='1' where sex = 'MALE';
alter table t_user modify sex int(10);
```

此时，按 SexEnum 的定义，sex=1 为男性，sex=0 为女性。为了满足这个规则，我们自定义性别 typeHandler——SexEnumTypeHandler，如代码清单 5-23 所示。

代码清单 5-23：SexEnumTypeHandler

```java
package com.learn.ssm.chapter5.typehandler;

/**** imports ****/
// 指定javaType
@MappedTypes(SexEnum.class)
// 指定jdbcType
@MappedJdbcTypes(JdbcType.INTEGER)
public class SexEnumTypeHandler extends BaseTypeHandler<SexEnum> {

// 设置参数方法
@Override
public void setNonNullParameter(PreparedStatement ps,
        int i, SexEnum sex, JdbcType jdbcType)
        throws SQLException {
    ps.setInt(i, sex.getId());
}

/*********** 读取参数方法 ***********/
@Override
public SexEnum getNullableResult(
        ResultSet rs, String columnName) throws SQLException {
    int id = rs.getInt(columnName);
    return SexEnum.getSexById(id);
}

@Override
public SexEnum getNullableResult(
        ResultSet rs, int columnIndex) throws SQLException {
    int id = rs.getInt(columnIndex);
    return SexEnum.getSexById(id);
}

@Override
```

```
public SexEnum getNullableResult(
        CallableStatement cs, int columnIndex) throws SQLException {
    int id = cs.getInt(columnIndex);
    return SexEnum.getSexById(id);
}

}
```

这个类继承了 BaseTypeHandler，并且指定了泛型为 SexEnum，实现了抽象类 BaseTypeHandler 定义的 4 个抽象方法。此时将代码清单 5-22 的中加粗配置删除，无须再配置 typeHandler，运行程序就可以得到我们想要的结果。之所以无须配置，是因为我们定义的 SexEnumTypeHandler 已经通过注解@MappedTypes 和@MappedJdbcTypes 分别指定了具体的 javaType 和 jdbcType，这样 MyBatis 就会自动检测类型，然后自行匹配，最终找到 SexEnumTypeHandler 进行数据转换了。

5.5.4　文件操作

MyBatis 也支持数据库的 Blob 字段，它提供了 BlobTypeHandler，为了支持更多的场景，它还提供了 ByteArrayTypeHandler，只是不太常用，这里为读者展示 BlobTypeHandler 的使用方法。首先构建一个表。

```
create table t_file(
id int(12) not null auto_increment,
content blob not null,
primary key(id)
);
```

加粗的代码使用了 Blob 字段，用于存入文件。然后构建一个 POJO，用于处理这个表，如代码清单 5-24 所示。

代码清单 5-24：构建 POJO

```
package com.learn.ssm.chapter5.pojo;

public class TestFile {
    long id;
    byte[] content;

    /**** setters and getters ****/
}
```

这里需要把 content 属性和数据库的 Blob 字段转换，可以使用 MyBatis 自带的 typeHandler ——BlobTypeHandler，如代码清单 5-25 所示。

代码清单 5-25：使用 BlobTypeHandler 转换

```
<?xml version="1.0" encoding="UTF-8" ?>
<!DOCTYPE mapper
  PUBLIC "-//mybatis.org//DTD Mapper 3.0//EN"
  "http://mybatis.org/dtd/mybatis-3-mapper.dtd">
<mapper namespace="com.learn.ssm.chapter5.mapper.FileMapper">
    <resultMap type="com.learn.ssm.chapter5.pojo.TestFile" id="file">
        <id column="id" property="id"/>
        <id column="content" property="content"
```

```
        typeHandler="org.apache.ibatis.type.BlobTypeHandler"/>
    </resultMap>

    <select id="getFile" parameterType="long" resultMap="file">
        select id, content from t_file where id = #{id}
    </select>

    <insert id="insertFile"
            parameterType="com.learn.ssm.chapter5.pojo.TestFile">
        insert into t_file(content) values(#{content})
    </insert>
</mapper>
```

实际上，不加入加粗代码的 typeHandler 属性，MyBatis 也能检测得到，并使用合适的 typeHandler 转换。

在现实中，一次性将大量数据加载到 JVM 中，会给服务器带来很大压力，所以在更多的时候，应该考虑使用文件流的形式。这个时候只要把 POJO 的属性 content 修改为 InputStream 即可。如果没有 typeHandler 声明，系统就会探测并使用 BlobInputStreamTypeHandler 为用户转换结果，这个时候需要把加粗代码的 typeHandler 修改为 org.apache.ibatis. type.BlobInputStreamTypeHandler。

因为在数据库字段使用 Blob 类型会性能不佳，所以在大型互联网的网站上并不常用，因此本节只是简单介绍。更多的时候，笔者建议读者采用文件服务器的形式，通过更为高速的文件系统操作，这是搭建高效服务器需要注意的地方。

5.6   对象工厂

MyBatis 会使用对象工厂（ObjectFactory）构建结果集实例。在默认情况下，MyBatis 会使用其定义的对象工厂——DefaultObjectFactory（org.apache.ibatis. reflection.factory. DefaultObjectFactory）完成对应的工作。

MyBatis 允许注册自定义的 ObjectFactory。如果自定义，则需要实现接口 org.apache.ibatis.reflection.factory.ObjectFactory，并给予配置。在大部分情况下，不需要自定义返回规则，因为这些比较复杂而且容易出错。在更多的情况下，我们会考虑继承系统已经实现好的 DefaultObjectFactory，通过一定的改写完成我们所需要的工作，如代码清单 5-26 所示。

代码清单 5-26：自定义 ObjectFactory

```
package com.learn.ssm.chapter5.object.factory;
/**** imports ****/
public class MyObjectFactory extends DefaultObjectFactory {
    private static final long serialVersionUID = -8855122346740914948L;

    Logger log = Logger.getLogger(MyObjectFactory.class);

    private Object temp = null;

    public void setProperties(Properties properties) {
        super.setProperties(properties);
        log.info("初始化参数:【" + properties.toString() + "】");
    }
```

```
// 方法1
@Override
public <T> T create(Class<T> type, List<Class<?>> constructorArgTypes,
        List<Object> constructorArgs) {
    T result = super.create(type, constructorArgTypes, constructorArgs);
    log.info("构建对象: " + result.toString());
    temp = result;
    return result;
}

// 方法2
@Override
public <T> T create(Class<T> type) {
    T result = super.create(type);
    log.info("构建对象: " + result.toString());
    log.info("是否和上次构建的是同一个对象:【" + (temp == result) + "】");
    return result;
}

@Override
public <T> boolean isCollection(Class<T> type) {
    return super.isCollection(type);
}
}
```

对它进行配置，如代码清单 5-27 所示。

代码清单 5-27：配置 MyObjectFactory

```
<objectFactory
    type="com.learn.ssm.chapter5.object.factory.MyObjectFactory">
    <property name="prop1" value="value1" />
</objectFactory>
```

这样 MyBatis 就会采用配置的 MyObjectFactory 生成结果集对象，采用下面的代码进行测试。

```
sqlSession = MyBatisUtil.getSqlSession();
RoleMapper roleMapper = sqlSession.getMapper(RoleMapper.class);
Role role = roleMapper.getRole(1);
System.err.println(role.getRoleName());
```

当配置了 log4j.properties 文件时，能看到这样一个输出日志。

```
DEBUG 2019-11-12 14:08:43,278 org.apache.ibatis.logging.jdbc.BaseJdbcLogger: ==>
Preparing: select id, role_name as roleName, note from t_role where 1=1 and id = ?
DEBUG 2019-11-12 14:08:43,303 org.apache.ibatis.logging.jdbc.BaseJdbcLogger: ==>
Parameters: 1(Long)
 INFO 2019-11-12 14:08:43,316
com.learn.ssm.chapter5.object.factory.MyObjectFactory: 构建对象:【]
 INFO 2019-11-12 14:08:43,316
com.learn.ssm.chapter5.object.factory.MyObjectFactory: 构建对象:【]
 INFO 2019-11-12 14:08:43,316
com.learn.ssm.chapter5.object.factory.MyObjectFactory: 是否和上次构建的是同一个对象:
【true】
 INFO 2019-11-12 14:08:43,317
com.learn.ssm.chapter5.object.factory.MyObjectFactory: 构建对象:
com.learn.ssm.chapter5.pojo.Role@3c153a1
 INFO 2019-11-12 14:08:43,317
com.learn.ssm.chapter5.object.factory.MyObjectFactory: 构建对象:
```

```
com.learn.ssm.chapter5.pojo.Role@3c153a1
 INFO 2019-11-12 14:08:43,317
com.learn.ssm.chapter5.object.factory.MyObjectFactory: 是否和上次构建的是同一个对象：
【true】
 INFO 2019-11-12 14:08:43,319 com.learn.ssm.chapter5.typehandler.MyTypeHandler: 读
取 string 参数 1【role_name_1】
 INFO 2019-11-12 14:08:43,319 com.learn.ssm.chapter5.typehandler.MyTypeHandler: 读
取 string 参数 1【note_1】
DEBUG 2019-11-12 14:08:43,319 org.apache.ibatis.logging.jdbc.BaseJdbcLogger: <==
Total: 1
role_name_1
```

如果通过添加断点调试一步步跟进，就可以发现 MyBatis 构建了一个 List 对象和一个 Role 对象。它会先调用方法 1，然后调用方法 2，只是最后生成了同一个对象，所以在写入的判断中，始终返回的是 true。因为返回的是一个 Role 对象，所以最后它会适配为一个 Role 对象，这就是它的工作过程。

5.7 插件

插件是 MyBatis 中最强大和灵活的组件，也是最复杂、最难以使用的组件，而且它十分危险，因为它将覆盖 MyBatis 底层对象的核心方法和属性。如果操作不当，将产生严重后果，甚至摧毁 MyBatis 框架。所以在研究插件之前，要清楚掌握 MyBatis 底层的构成和运行原理，否则难以安全高效地使用它，在后面的章节我们会去探索它的奥妙。

5.8 运行环境

在 MyBatis 中，运行环境（environments）的主要作用是配置数据库信息，它可以配置多个数据库。当然，在一般情况下配置其中的一个就可以了。它包含两个可配置的元素：事务管理器（transactionManager）和数据源（dataSource）。在实际工作中，大部分情况下会采用 Spring 对数据源和数据库的事务进行管理，这些我们都会在后面的章节讲解，本节暂时只探讨 MyBatis 数据库的实现。

为了让大家对运行环境有初步的认知，这里给出我们之前使用过的运行环境配置，如代码清单 5-28 所示。

代码清单 5-28：运行环境配置

```xml
<!-- 数据库环境 -->
<environments default="development">
    <environment id="development">
        <transactionManager type="JDBC" />
        <dataSource type="POOLED">
            <property name="driver" value="${database.driver}" />
            <property name="url" value="${database.url}" />
            <property name="username" value="${database.username}" />
            <property name="password" value="${database.password}" />
        </dataSource>
    </environment>
</environments>
```

由于可以配置多个 environment 元素，所以可以配置多个数据库，而通过 environment 的 default 属性可以配置默认的数据源，它和某个 environment 的属性 id 匹配。每一个 environment 元素又包含两个元素，分别是 transactionManager 和 dataSource，其中，transactionManager 配置事务管理器，dataSource 则配置数据源连接信息。

5.8.1　事务管理器

在 MyBatis 中，事务管理器（transactionManager）提供了两个实现类，它需要实现接口 Transaction（org.apache.ibatis.transaction.Transaction），Transaction 的定义如代码清单 5-29 所示。

代码清单 5-29：Transaction 定义

```
package org.apache.ibatis.transaction;

/**** imports ****/
public interface Transaction {
    // 获取数据库连接
    Connection getConnection() throws SQLException;

    // 提交事务
    void commit() throws SQLException;

    // 回滚事务
    void rollback() throws SQLException;

    // 关闭事务
    void close() throws SQLException;

    // 获取超时时间限制
    Integer getTimeout() throws SQLException;

}
```

从方法可知，它主要的工作是提交（commit）、回滚（rollback）和关闭（close）数据库的事务。MyBatis 为 Transaction 提供了两个实现类，分别是 JdbcTransaction 和 ManagedTransaction，其关系如图 5-3 所示。

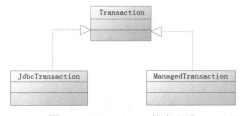

图 5-3　Transaction 的实现类

它对应着 JdbcTransactionFactory 和 ManagedTransactionFactory 两种工厂，这两种工厂都可以实现 TransactionFactory 接口，通过它们可以生成对应的 Transaction 对象。于是我们可以选择把事务管理器配置成以下两种方式中的一种。

```
<transactionManager type="JDBC"/>
<transactionManager type="MANAGED"/>
```

这里进行简要说明。

- **JDBC**：使用 JdbcTransactionFactory 生成的 JdbcTransaction 对象实现事物管理。它以 JDBC 的方式对数据库的提交和回滚进行操作。
- **MANAGED**：使用 ManagedTransactionFactory 生成的 ManagedTransaction 对象实现事物管理。它提交和回滚方法时把事务交给容器处理。在默认情况下，它会关闭连接，然而一些容器并不希望这样，因此需要将 closeConnection 属性设置为 false 来阻止它默认的关闭行为。

当不想采用 MyBatis 的规则时，也可以使用用户自己的事务管理器，同样只需要实现接口 TransactionFactory，然后对其进行配置就可以了，比如：

```
<transactionManager
type="com.learn.ssm.chapter5.transaction.MyTransactionFactory"/>
```

然后就可以实现一个自定义事务工厂——MyTransactionFactory，如代码清单 5-30 所示。

代码清单 5-30：自定义事务工厂

```
package com.learn.ssm.chapter5.transaction;

/**** imports ****/

public class MyTransactionFactory implements TransactionFactory {

    // 设置属性
    public void setProperties(Properties props) {
    }

    // 构建连接
    public Transaction newTransaction(Connection conn) {
        return new MyTransaction(conn);
    }

    // 构建带自定义配置的连接
    public Transaction newTransaction(DataSource dataSource,
            TransactionIsolationLevel level, boolean autoCommit) {
        return new MyTransaction(dataSource, level, autoCommit);
    }

}
```

此类实现了 TransactionFactory 定义的工厂方法，还需要事务实现类 MyTransaction，实现 Transaction 接口，如代码清单 5-31 所示。

代码清单 5-31：自定义事务类

```
package com.learn.ssm.chapter5.transaction;
/**** imports ****/
public class MyTransaction extends JdbcTransaction implements Transaction {

    public MyTransaction(DataSource ds,
            TransactionIsolationLevel desiredLevel, boolean desiredAutoCommit) {
        super(ds, desiredLevel, desiredAutoCommit);
    }

    public MyTransaction(Connection connection) {
```

```
        super(connection);
    }

    @Override
    public Connection getConnection() throws SQLException {
        return super.getConnection();
    }

    @Override
    public void commit() throws SQLException {
        super.commit();
    }

    @Override
    public void rollback() throws SQLException {
        super.rollback();
    }

    @Override
    public void close() throws SQLException {
        super.close();
    }

    @Override
    public Integer getTimeout() throws SQLException {
        return super.getTimeout();
    }

}
```

这样就能够通过自定义事务规则，满足特殊的需要了。

5.8.2　数据源环境

数据源环境（environment）的主要作用是配置数据库。在 MyBatis 中，数据源对象（DataSource）在 MyBatis 中可以通过其提供的 PooledDataSourceFactory、UnpooledDataSourceFactory 和 JndiDataSourceFactory 三个数据源工厂类生成。其中，PooledDataSourceFactory 和 UnpooledDataSourceFactory 可以产生 PooledDataSource、UnpooledDataSource 类对象，而 JndiDataSourceFactory 则会根据 JNDI 的信息去获取外部容器实现的数据源对象。这三个工厂类都会通过 getDataSource 方法构建一个 DataSource 接口对象。它们的关系如图 5-4 所示。

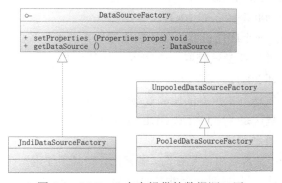

图 5-4　MyBatis 自身提供的数据源工厂

在 MyBatis 中存在三种数据源，可以按照下面形式中的一种进行配置。

```
<dataSource type="UNPOOLED">
<dataSource type="POOLED">
<dataSource type="JNDI">
```

再讲解一下这三种数据源的特点及其相关属性。

1. UNPOOLED

UNPOOLED 采用非数据库池的管理方式，每次请求都会打开一个新的数据库连接，所以构建比较慢。在一些对性能没有很高要求的场合可以使用它。对有些不在乎是否使用连接池的数据库，它也是一个比较理想的选择。UNPOOLED 类型的数据源可以配置以下几种属性。

- Driver：数据库驱动名，比如 MySQL 的 com.mysql.jdbc.Driver。
- url：连接数据库的 URL。
- username：用户名。
- password：密码。
- defaultTransactionIsolationLevel：默认的连接事务隔离级别，关于隔离级别，我们会在后面的章节讨论。

给数据库驱动传递属性也是一个可选项，注意属性的前缀为 "driver."，例如 driver.encoding=UTF8。它会通过 DriverManager.getConnection(url,driverProperties)方法传递值为 UTF8 的 encoding 属性给数据库驱动。

2. POOLED

数据源 POOLED 利用"池"的概念管理多个 JDBC 的连接（Connection），它一开始会在池内初始化一些连接对象，以便在请求时可以直接拿来用，无须再建立和验证，省去了构建新的连接实例所必需的初始化和认证时间。它还可以设置最大连接数，避免过多的连接导致系统出现瓶颈。

除 UNPOOLED 下的属性外，还有更多属性用来配置 POOLED 的数据源。

- poolMaximumActiveConnections：在任意时间都存活（也就是可以直接使用，不需要初始化和认证），连接数量默认值为 10。
- poolMaximumIdleConnections：任意时间可能存在的空闲连接数。
- poolMaximumCheckoutTime：在被强制返回之前，池中连接被检出（checked out）的时间，默认值为 20000 毫秒（即 20s）。
- poolTimeToWait：一个底层设置，如果获取连接花费相当长的时间，那么它会给连接池打印状态日志，并重新尝试获取一个连接（避免在误配置的情况下一直失败），默认值为 20000 毫秒（即 20s）。
- poolPingQuery：发送到数据库的侦测查询，用来检验连接是否处在正常工作状态中，并准备接受请求。默认是 "NO PING QUERY SET"，这会导致多数数据库驱动失败时带有一个恰当的错误消息。
- poolPingEnabled：是否启用侦测查询。若开启，则必须使用一个可执行的 SQL 语句设置 poolPingQuery 属性（最好是一个非常快的 SQL），默认值为 false。

- poolPingConnectionsNotUsedFor：配置 poolPingQuery 的使用频度。可以设置成匹配具体的数据库连接超时时间，以避免不必要的侦测，默认值为 0（即所有连接每一时刻都被侦测——仅当 poolPingEnabled 为 true 时适用）。

3. JNDI

数据源 JNDI 的实现是为了在 EJB 或应用服务器这类容器中使用，容器可以集中或在外部配置数据源，然后将其引用到本地工程中。这种数据源配置只需要两个属性。

- initial_context：用来在 InitialContext 中寻找上下文（即 initialContext.lookup(initial_context)）。initial_context 是个可选属性，如果忽略，那么 data_source 属性将会直接从 InitialContext 中寻找。
- data_source：引用数据源实例位置上下文的路径。当提供 initial_context 配置时，data_source 会在其返回的上下文中查找；当没有提供 initial_context 时，data_source 直接在 InitialContext 中查找。

与其他数据源配置类似，它可以通过添加前缀"env."直接把属性传递给初始上下文（InitialContext）。比如 env.encoding=UTF8，它会在初始上下文实例化时向它的构造方法传递值为 UTF8 的 encoding 属性。

MyBatis 也支持第三方数据源，例如使用 DBCP 数据源，需要提供一个自定义的 DataSourceFactory。不过在此之前需要在 Maven 中引入对 DBCP 数据源的依赖，如下所示：

```
<!-- 引入 DBCP 数据源 -->
<dependency>
    <groupId>org.apache.commons</groupId>
    <artifactId>commons-dbcp2</artifactId>
    <version>2.7.0</version>
</dependency>
```

接着就要实现一个自定义的数据源工厂了，如代码清单 5-32 所示。

代码清单 5-32：自定义数据源工厂

```
package com.learn.ssm.chapter5.datasource;
/**** imports ****/
public class DbcpDataSourceFactory implements DataSourceFactory {

    private Properties props = null;

    // 设置配置项
    public void setProperties(Properties props) {
        this.props = props;
    }

    public DataSource getDataSource() {
        DataSource dataSource = null;
        try {
            // 构建数据源
            dataSource = BasicDataSourceFactory.createDataSource(props);
        } catch (Exception ex) {
            ex.printStackTrace();
        }
        return dataSource;
```

```
    }
}
```

有了这个数据源工厂，我们还需要通过配置启用它，在 mybatis-config.xml 中加入如下配置：

```
<dataSource
    type="com.learn.ssm.chapter5.datasource.DbcpDataSourceFactory">
    <property name="driver" value="${database.driver}" />
    <property name="url" value="${database.url}" />
    <property name="username" value="${database.username}" />
    <property name="password" value="${database.password}" />
</dataSource>
```

这样，MyBatis 就会采用配置的数据源工厂来生成数据源了，也就是我们自定义数据源的方式成功了。

5.9 databaseIdProvider

databaseIdProvider（数据库厂商标识）元素支持多种不同厂商的数据库，虽然这个元素并不常用，但是在一些公司中却十分有用。有些软件公司需要给不同的客户提供系统，使用何种数据库往往由客户决定。举个例子，软件公司默认使用 MySQL 数据库，而客户只打算使用 Oracle，那就麻烦了。虽然在移植性方面，MyBatis 不如 Hibernate，但是它也提供了 databaseIdProvider 元素进行支持，下面学习如何使用它。

5.9.1 使用系统默认的 databaseIdProvider

下面以 Oracle 和 MySQL 两种数据库作为基础进行介绍。使用 databaseIdProvider 要配置一些属性，如代码清单 5-33 所示。

代码清单 5-33：配置 databaseIdProvider 属性

```
<databaseIdProvider type="DB_VENDOR">
    <property name="Oracle" value="oracle" />
    <property name="MySQL" value="mysql" />
    <property name="DB2" value="db2" />
</databaseIdProvider>
```

property 元素的属性 name 是数据库的名称，如果不确定如何填写，那么可以使用 JDBC 构建其数据库连接对象 Connection，通过代码 connection.getMetaData().getDatabase ProductName() 获取。属性 value 是它的一个别名，在 MyBatis 里可以通过这个别名标识一条 SQL 语句适用于何种数据库。改造映射器的 SQL 语句，如代码清单 5-34 所示。

代码清单 5-34：标识 SQL 语句适用于何种数据库

```
<select id="getRole" parameterType="long" resultType="role"
        databaseId="oracle">
    select id, role_name as roleName, note from t_role where id = #{id}
</select>
<select id="getRole" parameterType="long" resultType="role"
        databaseId="mysql">
    select id, role_name as roleName, note from t_role
where 1=1 and id = #{id}
```

```
</select>
```

两条 SQL 语句的属性 databaseId 分别是 Oracle 和 MySQL。当属性为 MySQL 时，我们加入了 1=1 的条件。为了能够测试，我们修改 jdbc.properties 文件，如代码清单 5-35 所示。

代码清单 5-35：jdbc.properties 配置数据库

```
#### MySQL configuration ####
database.driver=com.mysql.jdbc.Driver
database.url=jdbc:mysql://localhost:3306/ssm
database.username=root
database.password=123456

#### Oracle configuration ####
#database.driver=oracle.jdbc.OracleDriver
#database.url=jdbc:oracle:thin:@localhost:1521:chapter5
#database.username=mydba
#database.password=123456
```

当测试 MySQL 时，在代码中注释掉关于 Oralce 的配置。如果需要测试 Oracle，则取消 Oralce 配置的注释，再注释掉 MySQL 的配置就可以了。

测试 MySQL，得到打印日志：

```
org.apache.ibatis.transaction.jdbc.JdbcTransaction: Setting autocommit to false on
JDBC Connection [632587706, URL=jdbc:mysql://localhost:3306/ssm,
UserName=root@localhost, MySQL Connector Java]
org.apache.ibatis.logging.jdbc.BaseJdbcLogger: ==> Preparing: select id,
role_name as roleName, note from t_role where 1=1 and id = ?
org.apache.ibatis.logging.jdbc.BaseJdbcLogger: ==> Parameters: 1(Long)
```

注意加粗的日志中的数据库连接和打印出来的 SQL 片段："1=1"，这显然是使用标识为 "mysql" 的 SQL 语句查询的。当切换为 Oracle 时，它的打印日志就变为：

```
org.apache.ibatis.transaction.jdbc.JdbcTransaction: Setting autocommit to false on
JDBC Connection [2109798150, URL=jdbc:oracle:thin:@localhost:1521:chapter5,
UserName=MYDBA, Oracle JDBC driver]
org.apache.ibatis.logging.jdbc.BaseJdbcLogger: ==> Preparing: select id,
role_name as roleName, note from t_role where id = ?
org.apache.ibatis.logging.jdbc.BaseJdbcLogger: ==> Parameters: 1(Long)
```

从加粗的日志可以看出，这条 SQL 语句变成了标识为 Oracle 的 SQL 语句。通过这样的机制 MyBatis 就可以支持多个数据库厂商的数据库了。

如果有 databaseId 标识和没有 databaseId 标识的 SQL 同时存在会怎么样呢？下面我们使用 MySQL 数据库，修改映射器里的 SQL，如代码清单 5-36 所示。

代码清单 5-36：存在和不存在 databaseId 标识的 SQL 语句

```
<select id="getRole" parameterType="long" resultType="role"
    databaseId="oracle">
  select id, role_name as roleName, note from t_role where id = #{id}
</select>
<select id="getRole" parameterType="long" resultType="role">
  select id, role_name as roleName, note from t_role
where 1=1 and id = #{id}
</select>
```

运行后会得到日志：

```
org.apache.ibatis.transaction.jdbc.JdbcTransaction: Setting autocommit to false on
JDBC Connection [632587706, URL=jdbc:mysql://localhost:3306/ssm,
UserName=root@localhost, MySQL Connector Java]
org.apache.ibatis.logging.jdbc.BaseJdbcLogger: ==> Preparing: select id,
role_name as roleName, note from t_role where 1=1 and id = ?
org.apache.ibatis.logging.jdbc.BaseJdbcLogger: ==> Parameters: 1(Long)
```

测试找不到对应 databaseId 的 SQL 的请求，这里将 databaseId 配置为 db2：

```
<select id="getRole" parameterType="long"
    resultType="role" databaseId="oracle">
      select id, role_name as roleName, note from t_role where id = #{id}
</select>
<select id="getRole" parameterType="long"
    resultType="role" databaseId="db2">
select id, role_name as roleName, note from t_role where 1=1 and  id = #{id}
</select>
```

运行代码后，得到异常日志：

```
Exception in thread "main" org.apache.ibatis.binding.BindingException: Invalid
bound statement (not found): com.learn.ssm.chapter5.mapper.RoleMapper.getRole
at
org.apache.ibatis.binding.MapperMethod$SqlCommand.<init>(MapperMethod.java:235)
at org.apache.ibatis.binding.MapperMethod.<init>(MapperMethod.java:53)
at
org.apache.ibatis.binding.MapperProxy.lambda$cachedMapperMethod$0(MapperProxy.j
ava:98)
at java.util.concurrent.ConcurrentHashMap.computeIfAbsent(Unknown Source)
at org.apache.ibatis.binding.MapperProxy.cachedMapperMethod(MapperProxy.java:97)
at org.apache.ibatis.binding.MapperProxy.invoke(MapperProxy.java:92)
at com.sun.proxy.$Proxy6.getRole(Unknown Source)
at
com.learn.ssm.chapter5.main.Chapter5Main.testDatabaseIdProvider(Chapter5Main.ja
va:40)
at com.learn.ssm.chapter5.main.Chapter5Main.main(Chapter5Main.java:30)
```

显然，MyBatis 无法找到匹配的 SQL 和 RoleMapper 接口方法，抛出了异常。

通过上面的实践，可以知道 MyBatis 支持多数据库，需要配置 databaseIdProvidertype 的属性。当 databaseIdProvidertype 属性被配置时，系统会优先选取 databaseId 和数据库一致的 SQL；如果没有匹配成功，则选取没有 databaseId 的 SQL，可以把它当作默认值；倘若最后还是匹配失败，那么就会抛出异常，表明没有可匹配的 SQL。

5.9.2 不使用系统规则

5.9.1 节使用了 MyBatis 的默认规则，MyBatis 也可以使用自定义的规则，只是它必须实现 MyBatis 提供的接口 DatabaseIdProvider。下面我们举例说明自定义 DatabaseIdProvider 规则，如代码清单 5-37 所示。

代码清单 5-37：自定义 DatabaseIdProvider 规则

```
package com.learn.ssm.chapter5.datasource;
/**** imports ****/
```

```java
public class MyDatabaseIdProvider implements DatabaseIdProvider {

    private static final String DATEBASE_TYPE_DB2 = "DB2";
    private static final String DATEBASE_TYPE_MYSQL = "MySQL";
    private static final String DATEBASE_TYPE_ORACLE = "Oralce";

    private Logger log = Logger.getLogger(MyDatabaseIdProvider.class);

    public void setProperties(Properties props) {
        log.info(props);
    }

    public String getDatabaseId(DataSource dataSource) throws SQLException {
        Connection connection = dataSource.getConnection();
        // 获取数据库厂商名称
        String dbProductName = connection.getMetaData().getDatabaseProductName();
        // DB2
        if (MyDatabaseIdProvider.DATEBASE_TYPE_DB2.equals(dbProductName)) {
            return "db2";
        } else if (MyDatabaseIdProvider.DATEBASE_TYPE_MYSQL
                .equals(dbProductName)) { // MySQL
            return "mysql";
        } else if (MyDatabaseIdProvider.DATEBASE_TYPE_ORACLE
                .equals(dbProductName)) { // Oralce
            return "oracle";
        } else {
            return null;
        }
    }
}
```

简单论述一下，setProperties 方法可以读取配置的参数；getDatabaseId 方法则是需要完成的逻辑，例如，如果判断是 MySQL 数据库，则返回 "mysql"， MyBatis 就会拿这个返回值去匹配配置了 databaseId 的 SQL 语句，找到对应的 SQL。为了启用 MyDatabaseIdProvider，需要对它进行配置。

```xml
<databaseIdProvider
type="com.learn.ssm.chapter5.datasource.MyDatabaseIdProvider">
    <property name="msg" value="自定义 DatabaseIdProvider"/>
</databaseIdProvider >
```

使用代码清单 5-36 配置的 SQL，运行后可以得到如下日志。

```
INFO 2019-11-12 11:41:05,024
com.learn.ssm.chapter5.datasource.MyDatabaseIdProvider: {msg=自定义
DatabaseIdProvider}
......
DEBUG 2019-11-12 11:41:05,400 org.apache.ibatis.transaction.jdbc.JdbcTransaction:
Setting autocommit to false on JDBC Connection [1439337960,
URL=jdbc:mysql://localhost:3306/ssm, UserName=root@localhost, MySQL Connector
Java]
DEBUG 2019-11-12 11:41:05,406 org.apache.ibatis.logging.jdbc.BaseJdbcLogger: ==>
Preparing: select id, role_name as roleName, note from t_role where 1=1 and id = ?
DEBUG 2019-11-12 11:41:05,428 org.apache.ibatis.logging.jdbc.BaseJdbcLogger: ==>
Parameters: 1(Long)
......
DEBUG 2019-11-12 11:41:05,449 org.apache.ibatis.logging.jdbc.BaseJdbcLogger: <==
```

```
Total: 1
```

显然，setProperties 方法读取了配置，然后依据规则找到了对应 MySQL 的 SQL 语句。

5.10 引入映射器的方法

映射器是 MyBatis 最复杂和最重要的组件，本节只讨论如何引入它，而有关它的参数类型、动态 SQL、定义 SQL 和缓存等功能会在第 6 章讨论。

映射器定义命名空间（namespace）的方法，命名空间对应的是一个接口的全路径，而不是实现类。

先定义接口，如代码清单 5-38 所示。

代码清单 5-38：定义 Mapper 接口

```
package com.learn.ssm.chapter5.mapper;
......
public interface RoleMapper {
public Role getRole(Long id);
}
```

再给出 XML 文件，如代码清单 5-39 所示。

代码清单 5-39：定义 Mapper 映射规则和 SQL 语句

```
<?xml version="1.0" encoding="UTF-8" ?>
<!DOCTYPE mapper
  PUBLIC "-//mybatis.org//DTD Mapper 3.0//EN"
  "http://mybatis.org/dtd/mybatis-3-mapper.dtd">
<mapper namespace="com.learn.ssm.chapter5.mapper.RoleMapper">
    <select id="getRole" parameterType="long"
    resultType="com.learn.ssm.chapter5.pojo.Role">
     select id, role_name as roleName, note from t_role
       where id = #{id}
    </select>
</mapper>
```

引入映射器的方法很多，下面分别举例说明。

1．用文件路径引入映射器，如代码清单 5-40 所示。

代码清单 5-40：用文件路径引入映射器

```
<mappers>
    <mapper resource="com/learn/ssm/chapter5/mapper/RoleMapper.xml" />
</mappers>
```

2．用包名引入映射器，如代码清单 5-41 所示。

代码清单 5-41：用包名引入映射器

```
<mappers>
    <package name="com.learn.ssm.chapter5.mapper"/>
</mappers>
```

3. 用类注册引入映射器，如代码清单 5-42 所示。

代码清单 5-42：用类注册引入映射器

```
<mappers>
    <mapper class="com.learn.ssm.chapter5.mapper.UserMapper"/>
    <mapper class="com.learn.ssm.chapter5.mapper.RoleMapper"/>
</mapper>
```

4. 通过远程文件引入映射器，如代码清单 5-43 所示。

代码清单 5-43：通过远程文件引入映射器

```
<mappers>
  <mapper
   url="file:///var/mappers/com/learn/ssm/chapter5/mapper/roleMapper.xml" />
  <mapper
   url="file:///var/mappers/com/learn/ssm/chapter5/mapper/RoleMapper.xml" />
</mappers>
```

我们可以根据项目的需要，通过上述方法引入映射器。

第 **6** 章

映射器

本章目标

1. 掌握 select、insert、delete 和 update 元素的使用方法
2. 掌握传递参数的各种方法和指定返回参数类型
3. 掌握 resultMap 的使用方法
4. 掌握一对一、一对多、N+1 问题等级联技术
5. 掌握一级和二级缓存的使用方法
6. 掌握调用存储过程的方法

映射器是 MyBatis 最复杂和最重要的组件。它由一个接口加上 XML 文件（或者注解）组成。在映射器中可以配置参数、各类 SQL 语句、存储过程、缓存、级联等复杂的内容，并且通过简易的映射规则将数据库的数据映射到指定的 POJO 或者其他对象上。使用 MyBatis 的映射器还能有效消除 JDBC 底层的代码，简化开发。

在 MyBatis 应用程序开发中，映射器开发的工作量大约占全部工作量的 80%。在 MyBatis 中映射器的配置顶级元素不多（可参见表 6-1），但是里面的一些细节，比如缓存、级联、#和$字符的替换、参数、存储过程、映射规则等需要我们进一步学习。因为存储过程特殊，级联复杂（实际上级联是 resultMap 的一部分），所以笔者会用一节的篇幅去论述。

MyBatis 的映射器也可以使用注解完成，但是它在企业应用不广，原因主要包括 3 个：其一，面对复杂 SQL，尤其是长 SQL，注解会显得很无力；其二，注解的可读性较差，尤其是对于那些需要复杂配置的 SQL；其三，在功能上，注解丢失了 XML 上下文相互引用的功能。基于实际企业的需求，本书不讨论用注解的方式实现映射器，只讨论 XML 的实现方式。

6.1 概述

映射器的可配置元素，如表 6-1 所示。

表 6-1　映射器的可配置元素

元素名称	描　　述	备　　注
select	查询语句，最常用、最复杂的元素之一	可以自定义参数，返回结果集等
insert	插入语句	执行后返回一个整数，代表插入的条数
update	更新语句	执行后返回一个整数，代表更新的条数
delete	删除语句	执行后返回一个整数，代表删除的条数

续表

元素名称	描　　述	备　　注
~~parameterMap~~	定义参数映射关系	即将被删除的元素，不建议大家使用，本书也不再讨论
sql	允许定义一部分 SQL 语句，然后在各个地方引用它	例如，一张表列名，一次定义，可以在多个 SQL 语句中引用
resultMap	描述如何从数据库结果集中加载对象，它是最复杂、最强大的元素	提供映射规则
cache	给定命名空间的缓存配置	—
cache-ref	其他命名空间缓存配置的引用	—

　　parameterMap 是 MyBatis 官方不推荐使用的元素，意味着将来会被删除，所以本书也不讨论这个元素的使用，这样就剩下 8 个元素需要进一步探讨，接下来我们一起学习它们。

6.2　select 元素——查询语句

　　在映射器中 select 元素代表 SQL 的 select 语句，用于查询。在 SQL 中，select 语句是使用频率最高的语句，因此在 MyBatis 中 select 元素也是使用频率最高的元素，也就意味着强大和复杂。先来看看 select 元素的属性，如表 6-2 所示。

表 6-2　select 元素的属性

属　　性	说　　明	备　　注
id	它和 Mapper 的命名空间组合起来是唯一的，供 MyBatis 调用	如果命名空间和 id 结合起来不唯一，那么 MyBatis 将抛出异常
parameterType	可以给出类的全命名，也可以给出别名，但是别名必须是 MyBatis 内部定义或者自定义的	可以选择 Java Bean、Map 等简单的参数类型传递给 SQL
~~parameterMap~~	即将废弃的元素，我们不再讨论它	—
resultType	定义类的全路径，在允许自动匹配的情况下，结果集将通过 Java Bean 的规范映射； 或定义为 int、double、float、map 等参数； 也可以使用别名，但是要符合别名规范，且不能和 resultMap 同时使用	常用的参数之一，比如统计总条数时可以把它的值设置为 int
resultMap	它是映射集的引用，将执行强大的映射功能。可以使用 resultType 和 resultMap 其中的一个，resultMap 能提供自定义映射规则	MyBatis 最复杂的元素，可以配置映射规则、级联、typeHandler 等
flushCache	它的作用是在调用 SQL 后，是否要求 MyBatis 清空之前查询本地缓存和二级缓存	取值为布尔值，true/false。默认值为 false
useCache	启动二级缓存的开关，是否要求 MyBatis 将此次结果缓存	取值为布尔值，true/false。默认值为 true
timeout	设置超时参数，超时时将抛出异常，单位为秒	默认值是数据库厂商提供的 JDBC 驱动所设置的秒数
fetchSize	获取记录的总条数设定	默认值是数据库厂商提供的 JDBC 驱动所设置的条数

续表

属　　性	说　　明	备　　注
statementType	告诉 MyBatis 使用哪个 JDBC 的 Statement 工作，取值为 STATEMENT(Statement)、PREPARED(PreparedStatement)、CALLABLE(CallableStatement)	默认值为 PREPARED
resultSetType	对 JDBC 的 resultSet 接口而言,它的值包括 FORWARD_ONLY（游标允许向前访问）、SCROLL_SENSITIVE（双向滚动，但不及时更新，并不在 resultSet 中反映修改过的数据）、SCROLL_INSENSITIVE（双向滚动，并及时跟踪数据库的更新，以便更改 resultSet 中的数据）	默认值是数据库厂商提供的 JDBC 驱动所设置的
databaseId	它的使用请参考 5.9 节	提供多种数据库的支持
resultOrdered	这个设置仅适用于嵌套结果 select 语句。如果为 true，则表示假设包含了嵌套结果集或是分组了，当返回一个主结果行时，就不能引用前面结果集了。这就确保了在获取嵌套的结果集时不会导致内存不够用	取值为布尔值，true/false。默认值为 false
resultSets	适合于多个结果集的情况,它将列出执行 SQL 后每个结果集的名称，每个名称之间用逗号分隔	很少使用，也不推荐使用

在实际工作中用得最多的是 id、parameterType、resultType、resultMap，如果要设置缓存，还会使用到 flushCache、useCache，其他的都是不常用的功能。所以这里主要讨论 id、parameterType、resultType、resultMap 及它们的映射规则，而 flushCache、useCache 会放到缓存中讨论。

6.2.1　简单的 select 元素的应用

掌握 select 元素的应用，先学习一个最简单的例子：统计用户表中同一个姓氏的用户数量，如代码清单 6-1 所示。

代码清单 6-1：简单的 select 元素应用

```
<select id="countUserByFirstName" parameterType="string" resultType="int">
    select count(*) total from t_user
    where user_name like concat(#{firstName}, '%')
</select>
```

例子虽然简单，但是我们还是论述一下它的内容：

* id 配合 Mapper 的全限定名，联合成为一个唯一的标识（在不考虑数据库厂商标识的前提下），用于标识这条 SQL。
* parameterType 表示这条 SQL 接受的参数类型，可以是 MyBatis 系统定义或者自定义的别名，比如 int、string、float 等，也可以是类的全限定名，比如 com.learn.ssm.chapter6.pojo.User。
* resultType 表示这条 SQL 返回的结果类型，与 parameterType 一样，可以是系统定义或者自定义的别名，也可以是类的全限定名。
* #{firstName}是这条 SQL 接收的参数。

只有这条 SQL 还不够，我们还需要给接口添加一个方法定义，比如这条 SQL 可以这样定义：

```
public Integer countUserByFirstName(String firstName);
```

这个例子只是让我们认识 select 元素的基础属性及用法，未来我们遇到的问题要比这条 SQL 复杂得多。

6.2.2　自动映射和驼峰映射

MyBatis 提供了自动映射功能，在默认情况下自动映射功能是开启的，使用它的好处在于能有效减少大量的映射配置，从而减少工作量。我们将以附录 A 里面的角色表（t_role）为例讨论。

在 MyBatis 的配置文件的 setttings 元素中有 autoMappingBehavior 和 mapUnderscoreToCamelCase 两个可以配置的选项，它们是控制自动映射和驼峰映射的开关。一般来说，自动映射会使用得多一些，因为可以通过 SQL 别名机制处理一些细节，比较灵活，而驼峰映射要求比较严苛，所以在实际中应用不算太广。

配置自动映射的 autoMappingBehavior 选项的取值范围是：

- NONE，不进行自动映射。
- PARTIAL，默认值，只对没有嵌套的结果集自动映射。
- FULL，对所有的结果集自动映射，包括嵌套结果集。

在一般情况下，使用默认的 PARTIAL 级别就可以了。为了实现自动映射，首先要给出 POJO——Role，如代码清单 6-2 所示。

代码清单 6-2：Role POJO 定义

```
package com.learn.ssm.chapter6.pojo;

import org.apache.ibatis.type.Alias;

@Alias("role") // 别名
public class Role {

    private Long id;
    private String roleName;
    private String note;
    /**** setters and getters ****/
}
```

这是一个十分简单的 POJO，它定义了 3 个属性及其 setter 和 getter 方法。如果编写的 SQL 列名和属性名保持一致，它就会形成自动映射，比如通过角色编号（id）获取角色的信息，如代码清单 6-3 所示。

代码清单 6-3：自动映射——通过角色编号获取角色的信息

```
<select id="getRole" parameterType="long" resultType="role">
    select id, role_name as roleName, note from t_role where id = #{id}
</select>
```

原来的列名 role_name 被别名 roleName 代替了，和 POJO 上的属性名称保持一致，这样

MyBatis 就能将查询结果集和 POJO 的属性一一对应，自动完成映射了，无须再进行任何配置，明显减少了开发工作量。

如果系统都严格按照驼峰命名法（比如，数据库字段为 role_name，POJO 属性名为 roleName；又如数据库字段名为 user_name，POJO 属性名为 userName），那么只要在配置项把 mapUnderscoreToCamelCase 设置为 true 即可。如果这样做，代码清单 6-3 的 SQL 语句就可以改写成

```
select id, role_name, note from t_role where id = #{id}
```

MyBatis 会严格按照驼峰命名的方式自动映射，只是这样会要求数据字段和 POJO 的属性名严格对应，降低了灵活性，这也是在实际工作中需要考虑的问题。

自动映射和驼峰映射都建立在 SQL 列名和 POJO 属性名的映射关系上，在现实中会更加复杂，比如可能有些字段有主表和从表关联的级联，又如 typeHandler 的转换规则复杂，此时 resultType 元素无法满足这些需求。如果需要更为强大的映射规则，则需要考虑使用 resultMap，它是 MyBatis 中最复杂的元素，后面会详细讨论它的用法。

6.2.3 传递多个参数

在 6.2.2 节的例子中，大多只有一个参数传递，而在实际情况中可以有多个参数，比如订单可以通过订单编号查询，也可以根据订单名称、日期或者价格等参数查询，为此要研究一下传递多个参数的场景。假设通过角色名称（role_name）和备注（note）对角色进行模糊查询，这样就有两个参数了，下面开始探讨它们。

1．使用 Map 接口传递参数

在 MyBatis 中允许 Map 接口通过键值对传递多个参数，把接口方法定义为

```
public List<Role> findRolesByMap(Map<String, Object> parameterMap);
```

此时，传递给映射器的是一个 Map 对象，使用它在 SQL 中设置对应的参数，如代码清单 6-4 所示。

代码清单 6-4：使用 Map 接口传递多个参数

```
<select id="findRolesByMap" parameterType="map" resultType="role">
select id, role_name as roleName, note from t_role
where role_name like concat('%', #{roleName}, '%')
and note like concat('%', #{note}, '%')
</select>
```

注意，对于参数 roleName 和 note，要求是 Map 对象的键，也就是需要按代码清单 6-5 的方法传递参数。

代码清单 6-5：设置 Map 参数

```
// 获取映射器（RoleDao）
RoleDao roleDao = sqlSession.getMapper(RoleDao.class);
Map<String, Object> parameterMap = new HashMap<>();
parameterMap.put("roleName", "1");
parameterMap.put("note", "1");
// 执行映射器方法，返回结果
```

```
List<Role> roleList = roleDao.findRolesByMap(parameterMap);
```

SQL 中的参数标识将被这里设置的参数取代，这样就能够运行了。严格来说，Map 几乎适用于所有场景，但是我们用得不多。原因有两个：第一，Map 是一个键值对应的集合，使用者要通过阅读它的键，才能明了其作用；第二，使用 Map 不能限定其传递的数据类型，因此业务性质不强，可读性差，使用者要读懂代码才能知道需要传递什么参数给它，所以不推荐用这种方式传递多个参数。

2. 使用注解传递多个参数

使用 Map 接口传递多个参数的弊病是可读性差。为此 MyBatis 为开发者提供了一个注解 @Param（org.apache.ibatis.annotations.Param），可以通过它定义映射器的参数名称，使用它可以得到更好的可读性，把接口方法定义为

```
public List<Role> findRolesByAnnotation(
    @Param("roleName") String roleName, @Param("note") String note);
```

此时代码的可读性大大提高了，使用者能明确参数 roleName 是角色名称，而 note 是备注，这个时候需要修改映射文件的代码，如代码清单 6-6 所示。

代码清单 6-6：使用注解@Param 传递多个参数

```
<select id="findRolesByAnnotation" resultType="role">
select id, role_name as roleName, note from t_role
where role_name like concat('%', #{roleName}, '%')
and note like concat('%', #{note}, '%')
</select>
```

注意，此时并不需要给出 parameterType 的属性，让 MyBatis 自动探索便可以了，关于参数底层的规则会在第 8 章进行讨论，这里先掌握用法即可。

通过改写使可读性大大提高，但是这会带来一个麻烦——如果 SQL 很复杂，拥有大于 10个参数，那么接口方法的参数个数就多了，使用起来很不容易。不过不必担心，MyBatis 还提供通过 Java Bean 传递多个参数的方式。

3. 通过 Java Bean 传递多个参数

先定义一个参数的 POJO——RoleParams，如代码清单 6-7 所示。

代码清单 6-7：定义传递的参数 Bean——RoleParams

```
package com.learn.ssm.chapter6.params;

public class RoleParams {
    private String roleName;
    private String note;
    /**setter and getter**/
}
```

此时把接口方法定义为

```
public List<Role> findRolesByBean(RoleParams roleParam);
```

Java Bean 的属性 roleName 代表角色名称，而 note 代表备注，在 XML 中添加代码清单 6-8。

代码清单 6-8：使用 Java Bean 传递多个参数

```
<select id="findRolesByBean" resultType="role"
    parameterType="com.learn.ssm.chapter6.params.RoleParams">
  select id, role_name as roleName, note from t_role
  where role_name like concat('%', #{roleName}, '%')
  and note like concat('%', #{note}, '%')
</select>
```

这里的配置 parameterType 指向了查询参数 Bean（RoleParams），接着可以通过以下代码进行查询。

```
// 获取 SqlSession
sqlSession = SqlSessionFactoryUtils.openSqlSession();
// 获取映射器（RoleDao）
RoleDao roleDao = sqlSession.getMapper(RoleDao.class);
RoleParams roleParams = new RoleParams();
roleParams.setNote("1");
roleParams.setRoleName("1");
List<Role> roleList = roleDao.findRolesByBean(roleParams);
```

4. 混合使用

在某些情况下可能需要混合使用几种方法来传递参数。举个例子，查询一个角色，可以通过角色名称和备注进行查询，与此同时需要支持分页，而分页的 POJO 实现如代码清单 6-9 所示。

代码清单 6-9：分页 POJO

```
package com.learn.ssm.chapter6.params;

public class PageParams {
   private int start ;
   private int limit;
   /**** setters and getters ****/
}
```

这个时候接口设计如下：

```
public List<Role> findByMix(@Param("params") RoleParams roleParams,
    @Param("page") PageParams PageParam);
```

这样不仅是可行的，也是合理的，当然，MyBatis 也为此做了支持，在映射文件添加如代码清单 6-10 所示代码。

代码清单 6-10：混合参数的使用

```
<select id="findByMix" resultType="role">
  select id, role_name as roleName, note from t_role
  where role_name like
  concat('%', #{params.roleName}, '%')
  and note like concat('%', #{params.note}, '%')
  limit #{page.start}, #{page.limit}
</select>
```

这样就能使用混合参数了，其中 MyBatis 对 params 和 page 这类 Java Bean 参数提供 EL（中间语言）支持，为编程带来了很多的便利。

本节描述了 4 种传递多个参数的方法，对各种方法加以点评和总结，以利于我们在实际操作中的应用。

- 使用 Map 接口传递参数导致了业务可读性的丧失，后续扩展和维护困难，在实际的应用中应该果断放弃这种方式。
- 使用注解@Param 传递多个参数，受到参数个数（n）的影响。当 $n \leqslant 5$ 时，这是最佳的传参方式，它比用 Java Bean 更好，因为它更加直观；当 $n > 5$ 时，多个参数将给调用带来困难，此时不推荐使用它。
- 当参数多于 5 个时，建议使用 Java Bean 方式。
- 在使用混合参数时，要明确业务的区分和参数的合理性。

6.2.4　使用 resultMap 映射结果集

自动映射和驼峰映射规则比较简单，但是无法定义更多的属性，比如枚举需要的 typeHandler，还有数据的级联等。为了支持复杂的映射，select 元素还提供了 resultMap 属性。定义 resultMap 属性，如代码清单 6-11 所示。

代码清单 6-11：使用 resultMap 作为映射结果集

```
<resultMap id="roleMap" type="role" >
    <id property="id" column="id"/>
    <result property="roleName" column="role_name"/>
    <result property="note" column="note"/>
</resultMap>
<select id="getRoleUseResultMap" parameterType="long" resultMap="roleMap">
    select id, role_name, note from t_role where id = #{id}
</select>
```

以上代码的含义如下。

- resultMap 元素定义了一个 roleMap，它的属性 id 代表它的标识，type 代表使用哪个类作为其映射的类，可以是别名或者全限定名，role 是 com.learn.ssm.chapter6. pojo.Role 的别名。
- 它的子元素 id 代表 resultMap 的主键，result 元素则配置包含的属性，id 和 result 元素的属性 property 代表 POJO 的属性名称，而 column 代表 SQL 的列名。这样就把 POJO 的属性和 SQL 的列名对应起来了，比如例子中 POJO 的属性 roleName，就用 SQL 的列名 role_name 建立映射关系。
- 在 select 元素中的属性 resultMap 指定了具体的 resultMap 作为其映射规则。

6.2.5　分页参数 RowBounds

MyBatis 不仅支持分页，还内置了一个专门处理分页的类——RowBounds。RowBounds 源码如代码清单 6-12 所示。

代码清单 6-12：RowBounds 源码

```
package org.apache.ibatis.session;

public class RowBounds {

    public static final int NO_ROW_OFFSET = 0;
```

```
public static final int NO_ROW_LIMIT = Integer.MAX_VALUE;
public static final RowBounds DEFAULT = new RowBounds();

private final int offset;
private final int limit;

public RowBounds() {
  this.offset = NO_ROW_OFFSET;
  this.limit = NO_ROW_LIMIT;
}

public RowBounds(int offset, int limit) {
  this.offset = offset;
  this.limit = limit;
}

public int getOffset() {
  return offset;
}

public int getLimit() {
  return limit;
}

}
```

offset 属性是偏移量，即从第几行开始读取记录，limit 是限制条数，从源码可知，它们的默认值分别为 0 和 Java 的最大整数（2147483647）。使用它十分简单，只要给接口增加一个 RowBounds 参数即可。

```
public List<Role> findByRowBounds(@Param("roleName") String rolename,
        @Param("note") String note, RowBounds rowBounds);
```

有了接口，就要提供 SQL 和映射规则了，在映射文件中添加对应的代码，如代码清单 6-13 所示。

代码清单 6-13：映射文件不需要 RowBounds 的内容

```
<select id="findByRowBounds" resultType="role">
    select id, role_name as roleName, note from t_role
    where role_name like
    concat('%', #{roleName}, '%')
    and note like concat('%', #{note}, '%')
</select>
```

注意，代码清单 6-13 中没有任何关于 RowBounds 参数的信息，它是 MyBatis 的自身系统提供的参数，会自动识别和启用它，据此进行分页。这样就可以使用代码清单 6-14 测试 RowBounds 参数了。

代码清单 6-14：测试 RowBounds

```
// 日志对象
Logger log = Logger.getLogger(Chapter6Main.class);
SqlSession sqlSession = null;
try {
  // 获取 SqlSession
  sqlSession = SqlSessionFactoryUtils.openSqlSession();
```

```
    // 获取映射器（RoleDao）
    RoleDao roleDao = sqlSession.getMapper(RoleDao.class);
    List<Role> roleList = roleDao.findByRowBounds("role", "note", new RowBounds(0,
20));
    log.info(roleList.size());
} finally { // 关闭 SqlSession
    if (sqlSession != null) {
        sqlSession.close();
    }
}
```

运行代码就可以限定查询返回至多 20 条记录的结果，而这里要注意 RowBounds 分页运用的场景，一般来说只适合做少量数据的分页。因为在 MyBatis 中，RowBounds 分页的原理是在执行 SQL 的查询后，按照偏移量和限制条数返回查询结果，所以对于大量的数据查询，它的性能并不佳，此时可以通过分页插件去处理，详情可参考本书第 9 章的内容。

6.3　insert 元素——插入语句

6.3.1　概述

执行 select 的基础是插入数据，在数据库中插入数据依赖于 insert 语句。相对于 select 语句，insert 语句就简单多了，在 MyBatis 中 insert 语句可以配置以下属性，如表 6-3 所示。

表 6-3　insert 语句的属性

属　性	描　述	备　注
id	SQL 编号，用于标识这条 SQL 语句	命名空间 +id+databaseId 唯一，否则 MyBatis 会抛出异常
parameterType	参数类型，同 select 元素	和 select 一样，可以是单个参数或者多个参数
parameterMap	参数的 map，即将废弃	本书不讨论它
flushCache	是否刷新缓存，可以配置 true/false，当其为 true 时，插入时会刷新一级和二级缓存，否则不刷新	默认值为 true
timeout	超时时间，单位为秒	
statementType	STATEMENT、PREPARED 或 CALLABLE 中的一个。这会让 MyBatis 分别使用 Statement、PreparedStatement（预编译）或 CallableStatement（存储过程）	默认值为 PREPARED
useGenerated Keys	是否启用 JDBC 的 getGeneratedKeys 方法取出由数据库内部生成的主键。（比如 MySQL 和 SQL Server 这样的数据库表的自增主键）	默认值为 false
keyProperty	（仅对 insert 和 update 有用）唯一标记一个属性，MyBatis 会通过 getGeneratedKeys 的返回值，或者通过 insert 语句的 selectKey 子元素设置它的键值。如果是复合主键，要把每一个名称用逗号（,）隔开	默认值为 unset，不能和 keyColumn 连用
keyColumn	（仅对 insert 和 update 有用）通过生成的键值设置表中的列名，这个设置仅在某些数据库（如 PostgreSQL）中是必须的，当主键列不是表中的第一列时需要设置。如果是复合主键，则需要把每一个名称用逗号（,）隔开	不能和 keyProperty 连用
databaseId	参见本书的 5.9 节	—

MyBatis 在执行完一条 insert 语句后，会返回一个整数表示其影响记录数。

6.3.2 简单的 insert 语句的应用

写一条 SQL 语句插入角色，这是一条最简单的插入语句，如代码清单 6-15 所示。

代码清单 6-15：插入角色

```
<insert id="insertRole" parameterType="role" >
    insert into t_role(role_name, note) values(#{roleName}, #{note})
</insert>
```

分析一下这段代码。

- id 标识出这条 SQL 语句，结合命名空间让 MyBatis 能够找到它。
- parameterType 代表传入的参数类型，可以是别名，也可以是全限定名。

没有配置的属性将采用默认值，这样就完成了一个插入角色的 SQL，执行它之后会返回一个整数来表示影响记录数。

6.3.3 主键回填

代码清单 6-15 展示了最简单的插入语句，但是它并没有插入 id 列，因为 MySQL 中的表采用了自增主键，MySQL 数据库会为该记录生成对应的主键。有时候在程序中可能需要使用这个主键，用以关联其他业务，因此在插入记录后将其返回给程序还是很有必要的，比如新增用户时，首先会插入用户表的记录，然后插入用户和角色关系表，插入用户时如果没有办法取到用户的主键，就没有办法插入用户和角色关系表，因此在这个时候要拿到对应的主键，以便后面的操作，MyBatis 提供了这样的功能。

JDBC 中的 Statement 对象在执行插入的 SQL 后，可以通过 getGeneratedKeys 方法获得数据库生成的主键（需要数据库驱动支持），这样便能实现获取主键的功能。在 insert 语句中有一个开关属性 useGeneratedKeys，用来控制是否打开这个功能，它的默认值为 false。当打开了这个开关后，还要配置其属性 keyProperty 或 keyColumn，告诉系统把生成的主键放入 POJO 的对应属性中，如果存在多个主键，就要用逗号（,）将它们分隔。

在代码清单 6-15 的基础上修改，让程序返回主键，如代码清单 6-16 所示。

代码清单 6-16：返回主键

```
<insert id="insertRole" parameterType="role"
    useGeneratedKeys="true" keyProperty="id">
    insert into t_role(role_name, note) values(#{roleName}, #{note})
</insert>
```

useGeneratedKeys 配置为 true 代表采用 JDBC 的 Statement 对象的 getGeneratedKeys 方法返回主键，而 keyProperty 代表用哪个 POJO 的属性匹配这个主键，这里是 id，说明它会用数据库生成的主键赋值给这个 POJO 的属性 id。笔者使用了断点的方式测试主键回填的结果，如图 6-1 所示。

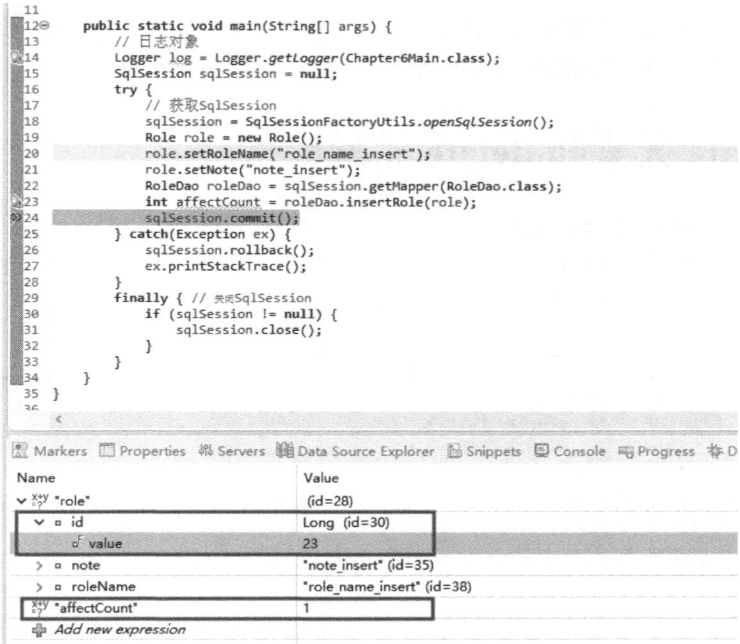

图 6-1　测试主键回填的结果

从图 6-1 中可以看出，代码中设置了断点，在断点前并没有给 role 对象的 id 属性赋值，而在执行 insertRole 方法后，通过监控 role 对象，可以发现 MyBatis 给这个对象的 id 赋了值，拿到这个值，可以在业务代码中执行下一步的关联和操作。而该 insert 语句执行后返回的值为 1，这便是它的影响记录条数。

6.3.4　自定义主键

有时候主键可能依赖于某些规则，比如取消角色表（t_role）的 id 的递增规则，将其规则修改为：

- 当角色表记录为空时，id 设置为 1；
- 当角色表记录不为空时，id 设置为当前 id 加 3。

对于这样需要特殊规则主键的场景，MyBatis 也提供了支持，它主要依赖 selectKey 元素对其进行支持，允许自定义键值的生成规则。下面用代码清单 6-17 自定义主键的规则。

代码清单 6-17：使用自定义主键

```
<insert id="insertRole2" parameterType="role" >
  <selectKey keyProperty="id" resultType="long" order="BEFORE">
    select if (max(id) = null, 1, max(id) + 3)  from t_role
  </selectKey>
  insert into t_role(id, role_name, note) values(#{id}, #{roleName},
  #{note})
</insert>
```

我们先看代码中的 selectKey 元素，它的 keyProperty 指定了采用哪个属性作为 POJO 的主键，resultType 告诉 MyBatis 将返回一个 long 型的结果集，而 order 设置为 BEFORE，说明它将于当前定义的 SQL 前执行。这样就可以自定义主键的规则，可见 MyBatis 十分灵活。这里的 order

配置为 BEFORE，说明它会在插入数据前生成主键的 SQL。如果有一些特殊需要，可以把它设置为 AFTER，比如在一些插入语句内部可能有嵌入索引调用，这样它就会在插入语句之后执行了。

6.4　update 元素和 delete 元素

因为 update 元素和 delete 元素比较简单，所以把它们放在一起论述。它们和 insert 的属性差不多，执行完也会返回一个整数，用以标识该 SQL 语句影响了数据库的记录行数。先来看看更新和删除角色表记录，如代码清单 6-18 所示。

代码清单 6-18：更新和删除角色表记录

```xml
<delete id="deleteRole" parameterType="long">
   delete from t_role where id= #{id}
</delete>

<update id="updateRole" parameterType="role">
   update t_role
   set role_name = #{roleName}, note = #{note}
   where id= #{id}
</update>
```

我们遇到的场景大部分是类似这样的，比较简单，MyBatis 会返回一个整数，标识对应的 SQL 执行后影响了多少条数据库表里的记录。至于参数可以参考 select 元素的参数规则，在 MyBatis 中它们的规则是通用的。

6.5　sql 元素

sql 元素可以定义一条 SQL 语句的一部分，方便后面的 SQL 语句引用它，其中最典型的是表的列名。在通常情况下，要在 select、insert 等语句中反复编写表的列名，对于那些字段较多的表更是如此，而在 MyBatis 中，只需要使用 sql 元素编写一次，便能在其他元素中引用了。

sql 元素的使用，如代码清单 6-19 所示。

代码清单 6-19：sql 元素的使用

```xml
<mapper namespace="com.learn.ssm.chapter5.mapper.RoleMapper">
   <resultMap id="roleMap" type="role">
      <id property="id" column="id" />
      <result property="roleName" column="role_name" />
      <result property="note" column="note" />
   </resultMap>

   <!-- 定义 SQL 通用片段 -->
   <sql id="roleCols">
      id, role_name, note
   </sql>

   <!-- 引用1 -->
   <select id="getRole" parameterType="long" resultMap="roleMap">
      select <include refid="roleCols"/> from t_role where id = #{id}
   </select>

   <!-- 引用2 -->
```

```
<insert id="insertRole" parameterType="role" >
    <selectKey keyProperty="id" resultType="long"
      order="BEFORE" statementType="PREPARED">
        select if (max(id) = null, 1, max(id) + 3) from t_role
    </selectKey>
    insert into t_role(<include refid="roleCols"/>)
    values(#{id}, #{roleName},#{note})
</insert>
</mapper>
```

注意加粗的代码，这里通过 sql 元素进行了定义，可以通过 include 元素引入到各条 SQL 语
句中。这样的代码，在字段多的数据库表中可以重复使用，从而减少对其列名的重复编写。

sql 元素还支持变量传递，如代码清单 6-20 所示。

代码清单 6-20：传递变量给 sql 元素

```
<sql id="roleCols">
    ${alias}.id, ${alias}.role_name, ${alias}.note
</sql>

<select id="getRole" parameterType="long" resultMap="roleMap">
    select
    <include refid="roleCols">
        <property name="alias" value="r"/>
    </include>
    from t_role r where id = #{id}
</select>
```

代码的 include 元素中定义了一个 "alias" 的变量，其值是 SQL 中表 t_role 的别名 "r"，sql
元素可以通过 EL 引用这个变量。

6.6　参数

6.6.1　概述

6.2.3 节讨论了传递多个参数，而 5.5 节讨论了 typeHandler 的用法，这些都是参数的内容，
如果读者忘记了它们的用法请复习对应的章节。当一些数据库字段返回 null，而 MyBatis 系统
又检测不到使用哪个 jdbcType 处理时，会发生异常，这个时候执行对应的 typeHandler，MyBatis
就知道采取哪个 typeHandler 处理了，例如：

```
insert into t_role(id, role_name, note) values(#{id},
  #{roleName, typeHandler=org.apache.ibatis.type.StringTypeHandler},#{note})
```

而事实上，在大部分情况下都不需要这样编写，因为 MyBatis 会根据 javaType 和 jdbcType
检测使用哪个 typeHandler。如果 roleName 是一个没有注册的类型，就会发生异常，这是因为
MyBatis 无法找到对应的 typeHandler 转换数据类型。此时可以自定义 typeHandler，通过类似的
办法指定，就不会抛出异常了。在一些数据库返回 null，可能抛出异常的情况下，也可以指定
对应的 jdbcType，从而让 MyBatis 能够检测到使用哪个 typeHandler 转换，以避免空指针异常，
比如对于代码：

```
#{age,javaType=int,jdbcType=NUMERIC,typeHandler=MyTypeHandler}
```

MyBatis 也提供了一些对控制数值的精度支持，类似以下代码：

```
#{width,javaType=double,jdbcType=NUMERIC,numericScale=2}
```

这样 MyBatis 就会控制其精度，只保留两位有效数字了。

6.6.2 存储过程参数支持

MyBatis 也支持存储过程，在存储过程中存在输入（IN）、输出（OUT）和输入输出（INOUT）3 种类型的参数。输入参数是外界需要传递给存储过程的；输出参数是存储过程经过处理后返回的；输入输出参数一方面需要外界可以传递给它，另一方面在存储过程执行后也会回填这个参数，返回给调用者。

MyBatis 提供对存储过程的良好支持，对于简单的输出参数（比如 INT、VARCHAR、DECIMAL）可以使用 POJO 通过映射完成。有时候存储过程会返回一些游标（CURSOR），而 MyBatis 也支持存储过程的 CURSOR，不过这里只关注参数的定义，下面通过例子进行讲解：

```
#{id, mode=IN}
#{roleName, mode=OUT}
#{note, mode=INOUT}
```

其中，mode 属性的 3 个配置选项对应 3 种存储过程的参数类型。

- IN：输入参数。
- OUT：输出参数。
- INOUT：输入输出参数。

6.6.3 特殊字符串的替换和处理（#和$）

在现实中，一些因素会造成 SQL 查询的列名发生变化，比如产品类型为大米，查询的列名是重量，而产品类型为灯具，查询的列名是数量，这时候需要构建动态列名。对于表格也是这样，为了减缓数据库表的压力，有些企业会将一张很大的数据库表按年份拆分，比如购买记录表（t_purchase_records）。现实中记录比较多，为了方便，按年份拆分为 t_purchase_records_2018、t_purchase_records_2019 和 t_purchase_records_2020 等，这时往往需要构建动态表名。在 MyBatis 中，构建动态列名常常要传递类似于字符串的 columns=" col1, col2, col3... " 给 SQL，让其组装成为 SQL 语句。如果不想被 MyBatis 像处理普通参数一样把它设为 " col1, col2, col3... "，则可以写成 select ${columns} from t_tablename，这样 MyBatis 就不再转译 columns，也就不再把它当作 SQL 参数设置，而变为直出，这条 SQL 语句就会变为 select col1, col2, col3... from t_tablename。

只是这样是对 SQL 而言是不安全的，MyBatis 提供灵活性的同时，需要自己控制参数，以保证 SQL 运转的正确性和安全性。

6.7 resultMap 元素

resultMap 的作用是定义映射规则、更新级联、定制类型转化器等。resultMap 主要定义一个结果集的映射关系，也就是 SQL 到 POJO 的映射关系，它也支持级联等特性。只是 MyBatis

现有的版本只支持 resultMap 查询，不支持更新或者保存，更不必说级联的更新、删除和修改了。

6.7.1　resultMap 元素的构成

resultMap 元素的子元素，如代码清单 6-21 所示。

代码清单 6-21：resultMap 元素的子元素

```
<resultMap>
    <constructor>
        <idArg/>
        <arg/>
    </constructor>
    <id/>
    <result/>
    <association/>
    <collection/>
    <discriminator>
        <case/>
    </discriminator>
</resultMap>
```

其中，constructor 元素用于配置构造方法，因为一个 POJO 可能不存在没有参数的构造方法，这时候可以使用 constructor 元素配置。假设角色类 RoleBean 不存在没有参数的构造方法，它的构造方法声明为 public RoleBean(Integer id, String roleName)，那么需要配置结果集，如代码清单 6-22 所示。

代码清单 6-22：resultMap 配置使用构造方法

```
<resultMap ......>
    <constructor >
        <idArg column="id" javaType="int"/>
        <arg column="role_name" javaType="string"/>
    </constructor>
......
</resultMap>
```

这样 MyBatis 就会使用对应的构造方法构造 POJO 对象了。

在 resultMap 的配置中，id 元素表示配置主键，允许配置多个主键，这些主键被称为联合主键。result 元素配置 POJO 到 SQL 列名的映射关系。Result 等元素的属性如表 6-4 所示。

表 6-4　id、result、idArg 和 arg 元素的属性

属性名称	说　　明	备　　注
property	指定 POJO 属性名。如果 POJO 的属性匹配的是存在的且与给定 SQL 列名（column 元素）相同，MyBatis 就会映射到 POJO 上	可以使用导航式的字段，比如访问一个学生对象（Student）需要访问学生证（selfcard）的发证日期（issueDate），那么可以写成 selfcard.issueDate
column	指定 SQL 的列名	—
javaType	配置 Java 的类型	可以是类完全限定名或者 MyBatis 上下文的别名
jdbcType	配置数据库类型	这是一个 JDBC 的类型，MyBatis 已经做了限定，支持大部分常用的数据库类型
typeHandler	类型处理器	允许用特定的类型处理器（typeHandler）覆盖 MyBatis 默认的处理器，通过它可以自定义类型转换规则

此外，在 resultMap 中存在 association、collection 和 discriminator 这些元素，这些元素是用于级联的，相对来说比较复杂，所以笔者打算另立章节进行探讨。在 MyBatis 中，执行查询 SQL 后，会将查询结果映射到 Map 或者 POJO 上，依据的规则可以是自动映射或者 resultMap，其中 resultMap 是最灵活的，它允许我们通过上述元素进行自定义，下面我们分别讨论这些内容。

6.7.2　使用 Map 存储结果集

严格来说，任何 select 语句都可以使用 Map 存储。这里通过代码清单 6-23 举例。

代码清单 6-23：使用 map 作为存储结果

```
<select id="findColorByNote" parameterType="string" resultType="map">
    select id, color, note from t_color where note like concat('%', #{note}, '%')
</select>
```

这里的结果集配置为 resultType="map"，其中，"map" 是 Map 的别名，也就是将返回结果存放到 Map 中。虽然使用 Map 原则上可以匹配所有结果集，但是使用 Map 接口就意味着可读性的下降，因为使用 Map 时需要进一步了解 Map 键值的构成和数据类型，这无疑会给使用者带来更大的困扰，因此这不是一种推荐的方式，更多时候推荐使用 POJO 存储结果集。

6.7.3　使用 POJO 存储结果集

使用 Map 存储结果集就意味着可读性的丧失，为了避免这个问题，在大部分情况下，笔者强烈推荐使用 POJO 存储结果集。如果 POJO 的规则比较简单，则可以考虑使用自动映射的方式，这样只需要通过 resultType 指定具体的 POJO 即可，可以避免过多的规则配置；如果 POJO 需要特殊的转换规则，那么可以考虑使用 resultMap 的机制，下面通过代码清单 6-24 配置一个 resultMap。

代码清单 6-24：配置 resultMap

```
<resultMap id="roleResultMap" type="com.learn.chapter6.pojo.Role">
    <id property="id" column="id" />
    <result property="roleName" column="role_name"/>
    <result property="note" column="note"/>
</resultMap>
```

resultMap 元素的属性 id 代表这个 resultMap 的标识，type 代表需要映射的 POJO，这里配置的是全限定名，当然也可以使用 MyBatis 定义好的类的别名。

在映射关系中，id 元素表示这个对象的主键，property 代表 POJO 的属性名称，column 表示数据库 SQL 的列名，于是 POJO 就和数据库 SQL 的结果一一对应起来了。在映射文件中的 select 元素里做如代码清单 6-25 所示的配置，便可以使用 resultMap 了。

代码清单 6-25：使用定义好的 resultMap

```
<select parameterType= "long "id="getRole" resultMap = "roleResultMap" >
    select id, role_name, note from t_role where id =#{id }
</select>
```

代码通过 resultMap = "roleResultMap" 来指定映射配置,而 SQL 语句的列名和 roleResultMap 的 column 是一一对应的，使用 XML 配置 resultMap ，还可以配置 typeHandler、javaType 和 jdbcType 等内容，只是这些不是必需的，因为 MyBatis 会自动探测具体的 typeHandler。这里需要指出的是，一旦用户配置了 resultMap 属性，就不能再配置 resultType 属性了。

6.8　级联

级联是 resultMap 中的配置，它比较复杂，因此用一节的篇幅来讨论它。

级联是一个数据库实体的概念。比如角色需要用户与之对应，这样就有角色用户表，一个角色可能有多个用户，这就是一对多的级联；除此之外，还有一对一的级联，比如身份证信息和公民是一对一的关系。在 MyBatis 中还有一种被称为鉴别器的级联，它是一种可以选择具体实现类的级联，比如要查找雇员及其体检表的信息，但是雇员有性别之分，性别不同，其体检表的项目也会不同，男性体检表可能有前列腺的项目，而女性体检表可能有子宫的项目，那么体检表就应该分为男性和女性两种，这样就需要根据雇员性别来区分关联了。

级联不是必需的，级联的好处是获取关联数据十分便捷，但是级联过多会增加系统的复杂度，同时降低系统的性能，所以当级联的层级超过 3 层时，笔者建议就不要考虑使用级联了，因为这样会造成多个对象的关联，导致对象之间的耦合、复杂和难以维护，在实际使用过程中，要根据实际情况判断是否需要使用级联。

6.8.1　MyBatis 中的级联

MyBatis 中的级联分为 3 种。

- 鉴别器（discriminator）：根据某些条件决定采用具体实现类级联的方案，比如根据性别区分体检表。
- 一对一（association）：指两个事物是一个对应一个的关系，比如学生证和学生就是一对一的级联；在企业中，雇员和工牌表也是一对一的级联。
- 一对多（collection）：指一个事物可以对应多个事物的关系，比如班主任和学生就是一对多的级联。

注意，MyBatis 没有多对多级联，这是因为多对多级联比较复杂，使用困难，而且可以通过两个一对多级联代替。

为了更好地阐述级联，先给出一个雇员级联模型，如图 6-2 所示。

下面分析雇员级联模型。

- 该模型以雇员表为中心。
- 雇员表和工牌表是一对一的级联关系。
- 雇员表和雇员任务表是一对多的级联关系。
- 雇员任务表和任务表是一对一的级联关系。
- 每个雇员都有一个体检表，根据雇员表性别字段取值不同，会有不同的关联表。

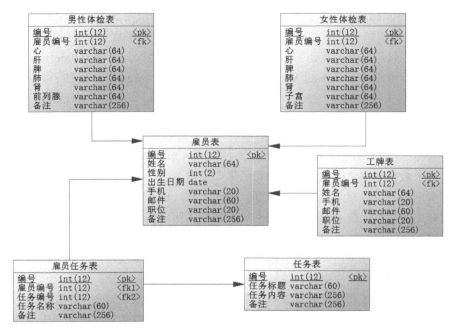

图 6-2 雇员级联模型

据此给出级联模型建表 SQL，如代码清单 6-26 所示。

代码清单 6-26：级联模型建表 SQL

```
DROP TABLE IF EXISTS t_female_health_form;
DROP TABLE IF EXISTS t_male_health_form;
DROP TABLE IF EXISTS t_task;
DROP TABLE IF EXISTS t_work_card;
DROP TABLE IF EXISTS t_employee_task;
DROP TABLE IF EXISTS t_employee;

/*==============================================================*/
/* Table: t_employee                                            */
/*==============================================================*/
CREATE TABLE t_employee
(
  id              INT(12) NOT NULL AUTO_INCREMENT,
  real_name        VARCHAR(60) NOT NULL,
  sex             INT(2) NOT NULL COMMENT '1-男，2-女',
  birthday         DATE NOT NULL,
  mobile          VARCHAR(20) NOT NULL,
  email           VARCHAR(60) NOT NULL,
  POSITION         VARCHAR(20) NOT NULL,
  note            VARCHAR(256),
  PRIMARY KEY (id)
);


/*==============================================================*/
/* Table: t_employee_task                                       */
/*==============================================================*/
CREATE TABLE t_employee_task
(
  id              INT(12) NOT NULL,
  emp_id           INT(12) NOT NULL,
```

```
   task_id            INT(12) NOT NULL,
   task_name          VARCHAR(60) NOT NULL,
   note               VARCHAR(256),
   PRIMARY KEY (id)
);


/*==============================================================*/
/* Table: t_female_health_form                                  */
/*==============================================================*/
CREATE TABLE t_female_health_form
(
   id                 INT(12) NOT NULL AUTO_INCREMENT,
   emp_id             INT(12) NOT NULL,
   heart              VARCHAR(64) NOT NULL,
   liver              VARCHAR(64) NOT NULL,
   spleen             VARCHAR(64) NOT NULL,
   lung               VARCHAR(64) NOT NULL,
   kidney             VARCHAR(64) NOT NULL,
   uterus             VARCHAR(64) NOT NULL,
   note               VARCHAR(256),
   PRIMARY KEY (id)
);


/*==============================================================*/
/* Table: t_male_health_form                                    */
/*==============================================================*/
CREATE TABLE t_male_health_form
(
   id                 INT(12) NOT NULL AUTO_INCREMENT,
   emp_id             INT(12) NOT NULL,
   heart              VARCHAR(64) NOT NULL,
   liver              VARCHAR(64) NOT NULL,
   spleen             VARCHAR(64) NOT NULL,
   lung               VARCHAR(64) NOT NULL,
   kidney             VARCHAR(64) NOT NULL,
   prostate           VARCHAR(64) NOT NULL,
   note               VARCHAR(256),
   PRIMARY KEY (id)
);


/*==============================================================*/
/* Table: t_task                                                */
/*==============================================================*/
CREATE TABLE t_task
(
   id                 INT(12) NOT NULL,
   title              VARCHAR(60) NOT NULL,
   context            VARCHAR(256) NOT NULL,
   note               VARCHAR(256),
   PRIMARY KEY (id)
);


/*==============================================================*/
/* Table: t_work_card                                           */
/*==============================================================*/
CREATE TABLE t_work_card
(
   id                 INT(12) NOT NULL AUTO_INCREMENT,
   emp_id             INT(12) NOT NULL,
   real_name          VARCHAR(60) NOT NULL,
   department         VARCHAR(20) NOT NULL,
```

```
mobile              VARCHAR(20) NOT NULL,
POSITION            VARCHAR(30) NOT NULL,
note                VARCHAR(256),
PRIMARY KEY (id)
);


/** FOREIGN KEY **/
ALTER TABLE t_employee_task ADD CONSTRAINT FK_Reference_4 FOREIGN KEY (emp_id)
    REFERENCES t_employee (id) ON DELETE RESTRICT ON UPDATE RESTRICT;
ALTER TABLE t_employee_task ADD CONSTRAINT FK_Reference_8 FOREIGN KEY (task_id)
    REFERENCES t_task (id) ON DELETE RESTRICT ON UPDATE RESTRICT;
ALTER TABLE t_female_health_form ADD CONSTRAINT FK_Reference_5 FOREIGN KEY (emp_id)
    REFERENCES t_employee (id) ON DELETE RESTRICT ON UPDATE RESTRICT;
ALTER TABLE t_male_health_form ADD CONSTRAINT FK_Reference_6 FOREIGN KEY (emp_id)
    REFERENCES t_employee (id) ON DELETE RESTRICT ON UPDATE RESTRICT;
ALTER TABLE t_work_card ADD CONSTRAINT FK_Reference_7 FOREIGN KEY (emp_id)
    REFERENCES t_employee (id) ON DELETE RESTRICT ON UPDATE RESTRICT;
```

6.8.2 建立 POJO

根据设计模型建立对应的 POJO。由于男性和女性的体检表有多个字段重复，所以可以先设计一个父类，再通过继承的方式完成 POJO，体检表 POJO 的设计类图如图 6-3 所示。

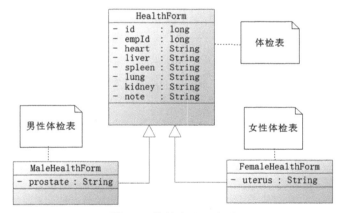

图 6-3　体检表设计类图

图 6-3 中 MaleHealthForm 和 FemaleHealthForm 都是 HealthForm 的子类，由此可得 3 个关于体检表的 POJO，如代码清单 6-27 所示。

代码清单 6-27：体检表的 POJO

```
/**** 体检表父类 ****/
package com.learn.ssm.chapter6.pojo;

public abstract class HealthForm {
    private Long id;
    private Long empId;
    private String heart;
    private String liver;
    private String spleen;
    private String lung;
    private String kidney;
    private String note;
```

```
    /**** setters and getters ****/
}


/**** 男性体检表 ****/
package com.learn.ssm.chapter6.pojo;

public class MaleHealthForm extends HealthForm {
    private String prostate;

    /**** setters and getters ****/
}

/**** 女性体检表 ****/
package com.learn.ssm.chapter6.pojo;

public class FemaleHealthForm extends HealthForm {
    private String uterus;

    /**** setters and getters ****/
}
```

通过上面的讨论，大家可以知道此关联关系所对应的级联是 MyBatis 鉴别器。接下来设计雇员表、工牌表和任务表的 POJO，它们是以雇员表为核心的。工牌表和任务表的 POJO 如代码清单 6-28 所示。

代码清单 6-28：工牌表和任务表的 POJO

```
/**** 工牌表 ****/
package com.learn.ssm.chapter6.pojo;

public class WorkCard {
    private Long id;
    private Long empId;
    private String realName;
    private String department;
    private String mobile;
    private String position;
    private String note;
    /**** setters and getters ****/
}


/***********任务表************/
package com.learn.ssm.chapter6.pojo;

public class Task {
    private Long id;
    private String title;
    private String context;
    private String note;
    /**** setters and getters ****/
}
```

还剩雇员表和雇员任务表，它们之间有一定的关联。我们先从雇员任务表入手，雇员任务表是通过任务编号（task_id）和任务一对一关联的，这样就可以得到雇员任务表的 POJO，如代码清单 6-29 所示。

代码清单 6-29：雇员任务表的 POJO

```
package com.learn.ssm.chapter6.pojo;

public class EmployeeTask {
    private Long id;
    private Long empId;
    private Task task = null;
    private String taskName;
    private String note;
    /******* setter and getter *******/
}
```

　　属性 task 是一个 Task 类对象，由它关联任务信息。在模型中，雇员表是最关键的，雇员根据性别分为男雇员和女雇员，他们会有不同的体检表，但是无论男、女都是雇员，所以先建立一个雇员类（Employee）。它有两个子类：男雇员（MaleEmployee）和女雇员（FemaleEmployee）。在 MyBatis 中，这就是一个鉴别器的关系，通过雇员类的性别（sex）字段决定使用哪个子类（MaleEmployee 或者 FemaleEmployee）初始化对象（Employee）。它与工牌表是一对一的关联关系，与雇员任务表是一对多的关联关系，这样就可以得到 3 个类，如代码清单 6-30 所示。

代码清单 6-30：雇员类实现

```
/**********雇员父类**********/
package com.learn.ssm.chapter6.pojo;
/**** imports ****/
public class Employee {
    private Long id;
    private String realName;
    private SexEnum sex = null;
    private Date birthday;
    private String mobile;
    private String email;
    private String position;
    private String note;
    // 工牌表一对一级联
    private WorkCard workCard;
    // 雇员任务表，一对多级联
    private List<EmployeeTask> emplyeeTaskList = null;
    /********setter and getter********/
}

/**********男雇员类**********/
package com.learn.ssm.chapter6.pojo;

public class MaleEmployee extends Employee {

    private MaleHealthForm maleHealthForm = null;

    /********setter and getter********/
}

/**********女雇员类**********/
package com.learn.ssm.chapter6.pojo;

public class FemaleEmployee extends Employee {

    private FemaleHealthForm femaleHealthForm = null;
```

```
    /********setter and getter********/
}
```

MaleEmployee 和 FemaleEmployee 都继承了 Employee 类，有着不同的体检表。Employee 类通过 employeeTaskList 属性存放多个雇员任务，是一对多关联关系；workCard 属性则存放工牌信息，是一对一关联关系。通过这样就完成了所有 POJO 的设计。

6.8.3　配置映射文件

配置映射文件是级联的核心内容，Mapper 的接口（DAO 层）就不在书里给出了，因为根据映射文件编写接口定义十分简单。我们从最简单的内容入手，最简单的内容无非是那些关联最少的 POJO。根据图 6-2，4 个 POJO 中的 Task 和 WorkCard 是相对独立的，所以它们的映射文件相对简单，和普通的 Mapper 没有什么不同，如代码清单 6-31 所示。

代码清单 6-31：TaskMapper.xml 和 WorkCardMappers.xml

```xml
<!--************TaskMapper.xml************-->
<?xml version="1.0" encoding="UTF-8" ?>
<!DOCTYPE mapper
  PUBLIC "-//mybatis.org//DTD Mapper 3.0//EN"
  "http://mybatis.org/dtd/mybatis-3-mapper.dtd">
<mapper namespace="com.learn.ssm.chapter6.dao.TaskDao">
    <select id="getTask" parameterType="long"
        resultType="com.learn.ssm.chapter6.pojo.Task">
      select id, title, context, note from t_task where id = #{id}
    </select>
</mapper>

<!--************WorkCardMapper.xml************-->
<?xml version="1.0" encoding="UTF-8" ?>
<!DOCTYPE mapper
  PUBLIC "-//mybatis.org//DTD Mapper 3.0//EN"
  "http://mybatis.org/dtd/mybatis-3-mapper.dtd">
<mapper namespace="com.learn.ssm.chapter6.dao.WorkCardDao">
    <select id="getWorkCardByEmpId" parameterType="long"
        resultType="com.learn.ssm.chapter6.pojo.WorkCard">
      SELECT id, emp_id as empId, real_name as realName,
      department, mobile, position, note FROM t_work_card
      where emp_id = #{empId}
    </select>
</mapper>
```

这样就完成了两张表的映射文件。雇员任务表通过任务编号（task_id）和任务表关联，是一对一的关联关系，在 MyBatis 中使用 association 元素关联，雇员任务表一对一级联如代码清单 6-32 所示。

代码清单 6-32：雇员任务表一对一级联

```xml
<?xml version="1.0" encoding="UTF-8" ?>
<!DOCTYPE mapper
  PUBLIC "-//mybatis.org//DTD Mapper 3.0//EN"
  "http://mybatis.org/dtd/mybatis-3-mapper.dtd">
<mapper namespace="com.learn.ssm.chapter6.dao.EmployeeTaskDao">

    <resultMap type="com.learn.ssm.chapter6.pojo.EmployeeTask"
id="EmployeeTaskMap">
```

```
        <id column="id" property="id"/>
        <result column="emp_id" property="empId"/>
        <result column="task_name" property="taskName"/>
        <result column="note" property="note"/>
        <!--
            一对一级联查询
            property:  配置 POJO 属性
            column:    配置关联字段
            select:    配置查询接口全限定名和方法名
         -->
        <association property="task" column="task_id"
            select="com.learn.ssm.chapter6.dao.TaskDao.getTask"/>
    </resultMap>

    <select id="getEmployeeTaskByEmpId" resultMap="EmployeeTaskMap">
        select id, emp_id, task_name, task_id, note from t_employee_task
        where emp_id = #{empId}
    </select>
</mapper>
```

注意加粗的代码，association 元素代表一对一级联的开始；property 属性代表映射到 POJO 属性上；select 配置是命名空间+SQL id 的形式，这样便可以指向对应 Mapper 的 SQL，MyBatis 就会通过对应的 SQL 将数据查询回来；column 代表 SQL 的列，也就是关联字段，它会以参数的形式传递给 select 属性指定的 SQL，如果有多个参数，则需要用逗号隔开。

再研究一下体检表，它能拆分为男性雇员体检表和女性雇员体检表，所以有两个简单的映射器，如代码清单 6-33 所示。

代码清单 6-33：MaleHealthFormMapper.xml 和 FemaleHealthFormMapper.xml

```
<!--########MaleHealthFormMapper.xml###########-->
<?xml version="1.0" encoding="UTF-8" ?>
<!DOCTYPE mapper
  PUBLIC "-//mybatis.org//DTD Mapper 3.0//EN"
  "http://mybatis.org/dtd/mybatis-3-mapper.dtd">
<mapper namespace="com.learn.ssm.chapter6.dao.MaleHealthFormDao">
    <select id="getMaleHealthForm" parameterType="long"
        resultType="com.learn.ssm.chapter6.pojo.MaleHealthForm">
        select id, emp_id as empId, heart, liver, spleen,
        lung, kidney, prostate, note from
        t_male_health_form where emp_id = #{id}
    </select>
</mapper>

<!--########FemaleHealthFormMapper.xml###########-->
<?xml version="1.0" encoding="UTF-8" ?>
<!DOCTYPE mapper
  PUBLIC "-//mybatis.org//DTD Mapper 3.0//EN"
  "http://mybatis.org/dtd/mybatis-3-mapper.dtd">
<mapper namespace="com.learn.ssm.chapter6.dao.FemaleHealthFormDao">
    <select id="getFemaleHealthForm" parameterType="long"
        resultType="com.learn.ssm.chapter6.pojo.FemaleHealthForm">
        select id, emp_id as empId, heart, liver,
        spleen, lung, kidney, uterus, note from
        t_female_health_form where emp_id = #{id}
    </select>
</mapper>
```

这两个映射器主要通过雇员编号找到对应体检表的记录，为雇员提供查询体检表的 SQL。

以代码清单 6-31 到代码清单 6-33 为基础，我们来编写雇员的映射关系，如代码清单 6-34 所示。

代码清单 6-34：雇员的映射关系

```xml
<?xml version="1.0" encoding="UTF-8" ?>
<!DOCTYPE mapper
  PUBLIC "-//mybatis.org//DTD Mapper 3.0//EN"
  "http://mybatis.org/dtd/mybatis-3-mapper.dtd">
<mapper namespace="com.learn.ssm.chapter6.dao.EmployeeDao">
<resultMap type="com.learn.ssm.chapter6.pojo.Employee"
    id="employee">
    <id column="id" property="id" />
    <result column="real_name" property="realName" />
    <result column="sex" property="sex"
        typeHandler="com.learn.ssm.chapter6.typeHandler.SexTypeHandler" />
    <result column="birthday" property="birthday" />
    <result column="mobile" property="mobile" />
    <result column="email" property="email" />
    <result column="position" property="position" />
    <result column="note" property="note" />
    <association property="workCard" column="id"
        select="com.learn.ssm.chapter6.dao.WorkCardDao.getWorkCardByEmpId" />
    <collection property="employeeTaskList" column="id"
select="com.learn.ssm.chapter6.dao.EmployeeTaskDao.getEmployeeTaskByEmpId" />
    <discriminator javaType="long" column="sex">
        <case value="1" resultMap="maleHealthFormMapper" />
        <case value="2" resultMap="femaleHealthFormMapper" />
    </discriminator>
</resultMap>

<resultMap type="com.learn.ssm.chapter6.pojo.FemaleEmployee"
    id="femaleHealthFormMapper" extends="employee">
    <association property="femaleHealthForm" column="id"

select="com.learn.ssm.chapter6.dao.FemaleHealthFormDao.getFemaleHealthForm" />
</resultMap>

<resultMap type="com.learn.ssm.chapter6.pojo.MaleEmployee"
    id="maleHealthFormMapper" extends="employee">
    <association property="maleHealthForm" column="id"
        select="com.learn.ssm.chapter6.dao.MaleHealthFormDao.getMaleHealthForm"
/>
</resultMap>

<select id="getEmployee" parameterType="long"
    resultMap="employee">
    select
    id, real_name as realName, sex, birthday, mobile,
    email, position,
    note from t_employee where id = #{id}
</select>
</mapper>
```

注意加粗的代码，下面分析 association 元素、collection 元素和 discriminator 元素。

- association 元素：对工牌进行一对一级联，这个在雇员任务表中已经分析过了。
- collection 元素：一对多级联，其 select 属性通过配置全限定接口名和方法指向 SQL，以 column 制定的 SQL 字段为参数进行传递，将结果返回给雇员 POJO 的属性

employeeTaskList。

- discriminator 元素：鉴别器，它的属性 column 代表使用哪个字段进行鉴别，这里是 sex，而它的子元素 case 用于区分，类似于 Java 的 switch...case...语句。resultMap 属性表示采用哪个 ResultMap 映射，比如 sex=1，表示使用 maleHealthFormMapper 映射。

对于体检表，id 为 employee 的 resultMap，被 maleHealthFormMapper 和 femaleHealthFormMapper 继承，这里通过它们的 extends 属性配置继承。从类的关系来看，它们也是这样的继承关系，maleHealthFormMapper 和 femaleHealthFormMapper 都会通过 association 元素指定对应的关联字段和 SQL。这样所有的 POJO 都有了关联，可以测试级联，如代码清单 6-35 所示。

代码清单 6-35：测试级联

```java
public static void testGetEmployee() {
    SqlSession sqlSession = null;
    try {
        sqlSession = SqlSessionFactoryUtils.openSqlSession();
        EmployeeDao employeeMapper = sqlSession.getMapper(EmployeeDao.class);
        Employee employee = employeeMapper.getEmployee(1L);
        System.out.println("打印雇员名称:"
            + employee.getWorkCard().getPosition());
    } catch(Exception ex) {
        ex.printStackTrace();
    } finally {
        if (sqlSession != null) {
            sqlSession.close();
        }
    }
}
```

运行这段测试代码可以得到以下日志：

```
DEBUG 2019-11-18 22:41:43,545 org.apache.ibatis.transaction.jdbc.JdbcTransaction:
Setting autocommit to false on JDBC Connection
[com.mysql.jdbc.JDBC4Connection@4d1b0d2a]
DEBUG 2019-11-18 22:41:43,545 org.apache.ibatis.logging.jdbc.BaseJdbcLogger: ==>
Preparing: select id, real_name as realName, sex, birthday, mobile, email, position,
note from t_employee where id = ?
DEBUG 2019-11-18 22:41:43,561 org.apache.ibatis.logging.jdbc.BaseJdbcLogger: ==>
Parameters: 1(Long)
DEBUG 2019-11-18 22:41:43,592 org.apache.ibatis.logging.jdbc.BaseJdbcLogger: ====>
Preparing: select id, emp_id as empId, heart, liver, spleen, lung, kidney, prostate,
note from t_male_health_form where emp_id = ?
DEBUG 2019-11-18 22:41:43,592 org.apache.ibatis.logging.jdbc.BaseJdbcLogger: ====>
Parameters: 1(Long)
DEBUG 2019-11-18 22:41:43,601 org.apache.ibatis.logging.jdbc.BaseJdbcLogger: <====
Total: 1
DEBUG 2019-11-18 22:41:43,602 org.apache.ibatis.logging.jdbc.BaseJdbcLogger: ====>
Preparing: SELECT id, emp_id as empId, real_name as realName, department, mobile,
position, note FROM t_work_card where emp_id = ?
DEBUG 2019-11-18 22:41:43,602 org.apache.ibatis.logging.jdbc.BaseJdbcLogger: ====>
Parameters: 1(Long)
DEBUG 2019-11-18 22:41:43,602 org.apache.ibatis.logging.jdbc.BaseJdbcLogger: <====
Total: 1
DEBUG 2019-11-18 22:41:43,602 org.apache.ibatis.logging.jdbc.BaseJdbcLogger: ====>
Preparing: select id, emp_id, task_name, task_id, note from t_employee_task where
emp_id = ?
```

```
DEBUG 2019-11-18 22:41:43,602 org.apache.ibatis.logging.jdbc.BaseJdbcLogger: ====>
Parameters: 1(Integer)
DEBUG 2019-11-18 22:41:43,602 org.apache.ibatis.logging.jdbc.BaseJdbcLogger:
======>  Preparing: select id, title, context, note from t_task where id = ?
DEBUG 2019-11-18 22:41:43,602 org.apache.ibatis.logging.jdbc.BaseJdbcLogger:
======> Parameters: 1(Long)
DEBUG 2019-11-18 22:41:43,602 org.apache.ibatis.logging.jdbc.BaseJdbcLogger:
<======     Total: 1
DEBUG 2019-11-18 22:41:43,602 org.apache.ibatis.logging.jdbc.BaseJdbcLogger: <====
Total: 1
DEBUG 2019-11-18 22:41:43,602 org.apache.ibatis.logging.jdbc.BaseJdbcLogger: <==
Total: 1
打印雇员名称:职员
```

从日志中可以看到，所有的级联都成功了，但是这也存在一定的问题，这便是下节需要论述的 N+1 问题。

6.8.4　N+1 问题

从上面的级联日志可以看到所有的级联都成功了，但是这样会引发性能问题，比如一位雇员管理者，只想看到雇员信息和雇员任务信息，那么体检表和工牌表的信息就是多余的。如果像上面那样取出所有属性，就会使数据库多执行几条毫无意义的 SQL 语句。如果需要在雇员信息系统里加入一个关联信息，那么它在默认情况下会执行 SQL 取出数据，而真实的需求只要完成雇员表和雇员任务表的级联就可以了，不需要把所有信息都加载进来，执行毫无用处的 SQL 会导致数据库资源的损耗和系统性能的下降。

假设现在有 N 个关联关系完成了级联，那么只要再加入一个关联关系，就变成了 N+1 个级联，当取出对象时，与之关联的数据也会被取出，这样会造成很大的资源浪费，这就是 N+1 问题。这样的场景，在追求高性能的互联网系统，往往是不被允许的。

为了应对 N+1 问题，MyBatis 提供了延迟加载功能，即在一开始获取雇员信息和雇员任务信息时，并不将工牌表、体检表、任务表的信息取出，而只将雇员表信息和雇员任务表的信息取出。当通过雇员 POJO 访问工牌信息、体检表和任务表的信息时才通过对应的 SQL 取出，下面讨论 MyBatis 延迟加载的技术内容。

6.8.5　延迟加载

MyBatis 支持延迟加载，在 MyBatis 的 settings 配置中存在两个元素可以配置级联，如表 6-5 所示。

表 6-5　延迟加载的配置项

配　置　项	作　　用	配置选项说明	默　认　值
lazyLoadingEnabled	延迟加载的全局开关。当开启时，所有关联对象都会延迟加载。在特定关联关系中，可通过设置 fetchType 属性覆盖该项的开关状态	true|false	false
aggressiveLazyLoading	当启用时，对任意延迟属性的调用会使带有延迟加载属性的对象被完整加载；反之，每种属性按需加载	true|false	版本 3.4.1（含）之前为 true，之后为 false

lazyLoadingEnabled 是一个开关，决定开不开启延迟加载，默认值为 false，即不开启延迟

加载。在上面的例子中，当我们什么都没有配置时，它会把全部信息都加载进来，所以当获取雇员信息时，所有的信息都被加载进来。注意，aggressiveLazyLoading 的默认值，从 3.4.2 版本开始变为 false，之前一直为 true。

```
<settings>
    <setting name="lazyLoadingEnabled" value="true"/>
    <setting name="aggressiveLazyLoading" value="true"/>
</settings>
```

修改这两个配置项：

本书的 MyBatis 版本是 3.5.3，在不修改级联代码的情况下，在代码清单 6-35 上加入断点进行调试，结果如图 6-4 所示。

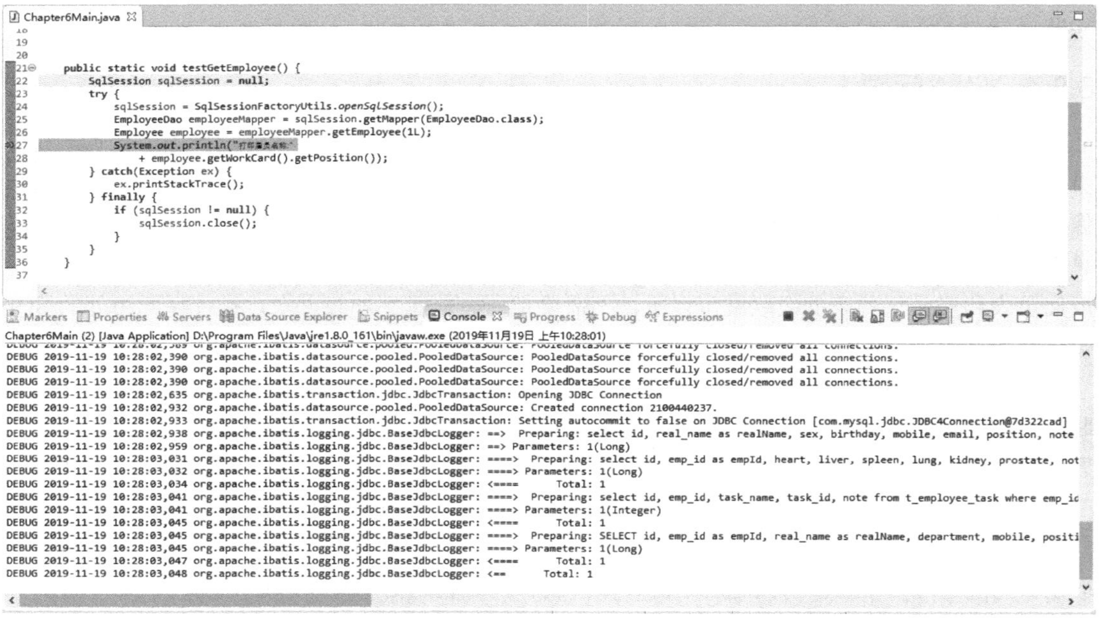

图 6-4　调试结果

运行到断点代码时，日志会打出：

```
DEBUG 2019-11-19 11:04:47,220 org.apache.ibatis.transaction.jdbc.JdbcTransaction:
Setting autocommit to false on JDBC Connection
[com.mysql.jdbc.JDBC4Connection@7d322cad]
#### 雇员表 ####
DEBUG 2019-11-19 11:04:47,226 org.apache.ibatis.logging.jdbc.BaseJdbcLogger: ==>
Preparing: select id, real_name as realName, sex, birthday, mobile, email, position,
note from t_employee where id = ?
DEBUG 2019-11-19 11:04:47,250 org.apache.ibatis.logging.jdbc.BaseJdbcLogger: ==>
Parameters: 1(Long)
#### 体检表 ####
DEBUG 2019-11-19 11:04:47,338 org.apache.ibatis.logging.jdbc.BaseJdbcLogger: ====>
Preparing: select id, emp_id as empId, heart, liver, spleen, lung, kidney, prostate,
note from t_male_health_form where emp_id = ?
DEBUG 2019-11-19 11:04:47,338 org.apache.ibatis.logging.jdbc.BaseJdbcLogger: ====>
Parameters: 1(Long)
DEBUG 2019-11-19 11:04:47,341 org.apache.ibatis.logging.jdbc.BaseJdbcLogger: <====
```

```
Total: 1
DEBUG 2019-11-19 11:04:47,346 org.apache.ibatis.logging.jdbc.BaseJdbcLogger: <==
Total: 1
```

日志中的注释是笔者加的，为的是方便读者分析日志。从日志可以看出，当运行到断点处时，只取出雇员表和体检表信息，按着跳过断点，日志还会打出：

```
#### 雇员任务表 ####
DEBUG 2019-11-19 11:06:49,052 org.apache.ibatis.logging.jdbc.BaseJdbcLogger: ==>
Preparing: SELECT id, emp_id as empId, real_name as realName, department, mobile,
position, note FROM t_work_card where emp_id = ?
DEBUG 2019-11-19 11:06:49,053 org.apache.ibatis.logging.jdbc.BaseJdbcLogger: ==>
Parameters: 1(Long)
DEBUG 2019-11-19 11:06:49,055 org.apache.ibatis.logging.jdbc.BaseJdbcLogger: <==
Total: 1
#### 工牌表 ####
DEBUG 2019-11-19 11:06:49,055 org.apache.ibatis.logging.jdbc.BaseJdbcLogger: ==>
Preparing: select id, emp_id, task_name, task_id, note from t_employee_task where
emp_id = ?
DEBUG 2019-11-19 11:06:49,056 org.apache.ibatis.logging.jdbc.BaseJdbcLogger: ==>
Parameters: 1(Integer)
DEBUG 2019-11-19 11:06:49,060 org.apache.ibatis.logging.jdbc.BaseJdbcLogger: <==
Total: 1
打印雇员名称：职员
```

这里可以看到雇员表、体检表的信息被最先取出，接着获取工牌表的信息（employee.getWorkCard()），同时获取雇员任务表的信息。为什么同时获取雇员任务表的信息呢？这里有什么规律可循呢？这是我们需要考虑的问题，为此先从雇员级联层级开始分析，如图 6-5 所示。

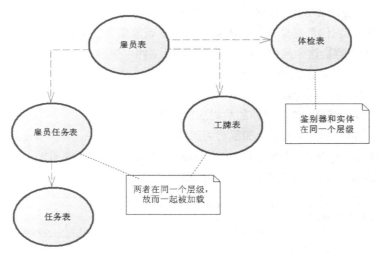

图 6-5　雇员级联层级关系

从图 6-5 可以知道，aggressiveLazyLoading 配置是一个层级开关，当设置为 true 时，它是一个开启了层级开关的延迟加载，所以在实践中看到了同一层级的工牌表和雇员任务表同时被加载。下面将它修改为 false：

```
<settings>
   <setting name="lazyLoadingEnabled" value="true"/>
   <setting name="aggressiveLazyLoading" value="false"/>
</settings>
```

再调试同样的代码运行到断点，它会先打出日志：

```
#### 雇员任务表 ####
DEBUG 2019-11-19 14:48:37,537 org.apache.ibatis.logging.jdbc.BaseJdbcLogger: ==>
Preparing: select id, real_name as realName, sex, birthday, mobile, email, position,
note from t_employee where id = ?
DEBUG 2019-11-19 14:48:37,563 org.apache.ibatis.logging.jdbc.BaseJdbcLogger: ==>
Parameters: 1(Long)
DEBUG 2019-11-19 14:48:37,653 org.apache.ibatis.logging.jdbc.BaseJdbcLogger: <==
Total: 1
```

显然它会先取出雇员表信息，这时再放行通过断点，它就会接着打出日志：

```
#### 工牌表 ####
DEBUG 2019-11-19 14:49:54,866 org.apache.ibatis.logging.jdbc.BaseJdbcLogger: ==>
Preparing: SELECT id, emp_id as empId, real_name as realName, department, mobile,
position, note FROM t_work_card where emp_id = ?
DEBUG 2019-11-19 14:49:54,866 org.apache.ibatis.logging.jdbc.BaseJdbcLogger: ==>
Parameters: 1(Long)
DEBUG 2019-11-19 14:49:54,871 org.apache.ibatis.logging.jdbc.BaseJdbcLogger: <==
Total: 1
打印雇员名称:职员
```

从日志中可以看到，这个时候打印出了工牌表的信息，而其他内容都进行了延迟加载，层级加载已经失效。

配置 lazyLoadingEnabled 可以决定是否开启延迟加载，配置 aggressiveLazyLoading 则控制是否采用层级加载，它们都是全局性的配置，不能精确地满足我们的需求——只加载工牌表和任务表的信息。为了解决这个问题，在 MyBatis 映射文件中使用 fetchType 属性，它允许我们自定义自动加载。fetchType 出现在级联元素（association、collection，注意，discriminator 没有这个属性可配置）中，它有两个值：

- eager，获得当前 POJO 后立即加载对应的数据；
- lazy，获得当前 POJO 后延迟加载对应的数据。

在保证 lazyLoadingEnabled=true 和 aggressiveLazyLoading=false 的前提下，对雇员的 Mapper 配置文件中的雇员属性、雇员任务进行如下修改：

```
<collection property="employeeTaskList" column="id"
   fetchType="eager"
  select="com.learn.ssm.chapter6.dao.EmployeeTaskDao.getEmployeeTaskByEmpId" />
```

调试，运行到断点处，打印日志：

```
#### 雇员任务表 ####
DEBUG 2019-11-19 15:00:46,559 org.apache.ibatis.logging.jdbc.BaseJdbcLogger: ==>
Preparing: select id, real_name as realName, sex, birthday, mobile, email, position,
note from t_employee where id = ?
DEBUG 2019-11-19 15:00:46,584 org.apache.ibatis.logging.jdbc.BaseJdbcLogger: ==>
```

```
Parameters: 1(Long)
#### 雇员任务表 ####
DEBUG 2019-11-19 15:00:46,675 org.apache.ibatis.logging.jdbc.BaseJdbcLogger: ====>
Preparing: select id, emp_id, task_name, task_id, note from t_employee_task where
emp_id = ?
DEBUG 2019-11-19 15:00:46,676 org.apache.ibatis.logging.jdbc.BaseJdbcLogger: ====>
Parameters: 1(Integer)
DEBUG 2019-11-19 15:00:46,683 org.apache.ibatis.logging.jdbc.BaseJdbcLogger: <====
Total: 1
DEBUG 2019-11-19 15:00:46,684 org.apache.ibatis.logging.jdbc.BaseJdbcLogger: <==
Total: 1
```

这个时候已经按照我们的要求加载了雇员基础信息和雇员任务的数据，这里的 fetchType
属性会覆盖全局配置项 lazyLoadingEnabled 和 aggressiveLazyLoading 的配置。放行通过断点后，
就可以看到打印工牌的 SQL 了，这里就不再展示了。

6.8.6　另一种级联

MyBatis 还提供了另一种级联方式，它是在 SQL 表连接的基础上进行设计的，先定义一条
SQL 查询和映射规则，如代码清单 6-36 所示。

代码清单 6-36：使用另一种级联

```xml
<select id="getEmployee2" parameterType="long" resultMap="employee2">
    select emp.id, emp.real_name, emp.sex, emp.birthday,
    emp.mobile, emp.email, emp.position, emp.note,
    et.id as et_id, et.task_id as et_task_id,
et.task_name as et_task_name, et.note as et_note,
    if (emp.sex = 1, mhf.id, fhf.id) as h_id,
    if (emp.sex = 1, mhf.heart, fhf.heart) as h_heart,
    if (emp.sex = 1, mhf.liver, fhf.liver) as h_liver,
    if (emp.sex = 1, mhf.spleen, fhf.spleen) as h_spleen,
    if (emp.sex = 1, mhf.lung, fhf.lung) as h_lung,
    if (emp.sex = 1, mhf.kidney, fhf.kidney) as h_kidney,
    if (emp.sex = 1, mhf.note, fhf.note) as h_note,
    mhf.prostate as h_prostate, fhf.uterus as h_uterus,
    wc.id wc_id, wc.real_name wc_real_name, wc.department wc_department,
    wc.mobile wc_mobile, wc.position wc_position, wc.note as wc_note,
    t.id as t_id, t.title as t_title, t.context as t_context, t.note as t_note
    from t_employee emp
    left join t_employee_task et on emp.id = et.emp_id
    left join t_female_health_form fhf on emp.id = fhf.emp_id
    left join t_male_health_form mhf on emp.id = mhf.emp_id
    left join t_work_card wc on emp.id = wc.emp_id
    left join t_task t on et.task_id = t.id
    where emp.id = #{id}
</select>
```

这里的 SQL 通过 left join 语句，将一个雇员模型所有的信息都关联起来，这样便可以通过
一条 SQL 语句将所有信息都查询出来。对于列名，笔者做了别名的处理，而在 MyBatis 中允许
对这样的 SQL 进行配置，来完成级联，也就是要配置代码清单 6-36 中的 resultMap——
employee2，如代码清单 6-37 所示。

代码清单 6-37：对复杂 SQL 的级联配置

```xml
<resultMap id="employee2"
    type="com.learn.ssm.chapter6.pojo.Employee">
```

```
        <id column="id" property="id" />
        <result column="real_name" property="realName" />
        <result column="sex" property="sex"
            typeHandler="com.learn.ssm.chapter6.typeHandler.SexTypeHandler" />
        <result column="birthday" property="birthday" />
        <result column="mobile" property="mobile" />
        <result column="email" property="email" />
        <result column="position" property="position" />
        <association property="workCard"
            javaType="com.learn.ssm.chapter6.pojo.WorkCard" column="id">
            <id column="wc_id" property="id" />
            <result column="id" property="empId" />
            <result column="wc_real_name" property="realName" />
            <result column="wc_department" property="department" />
            <result column="wc_mobile" property="mobile" />
            <result column="wc_position" property="position" />
            <result column="wc_note" property="note" />
        </association>
        <collection property="employeeTaskList"
            ofType="com.learn.ssm.chapter6.pojo.EmployeeTask" column="id">
            <id column="et_id" property="id" />
            <result column="id" property="empId" />
            <result column="task_name" property="taskName" />
            <result column="note" property="note" />
            <association property="task"
                javaType="com.learn.ssm.chapter6.pojo.Task" column="et_task_id">
                <id column="t_id" property="id" />
                <result column="t_title" property="title" />
                <result column="t_context" property="context" />
                <result column="t_note" property="note" />
            </association>
        </collection>
        <discriminator javaType="int" column="sex">
            <case value="1" resultMap="maleHealthFormMapper2" />
            <case value="2" resultMap="femaleHealthFormMapper2" />
        </discriminator>
    </resultMap>


    <resultMap type="com.learn.ssm.chapter6.pojo.MaleEmployee"
        id="maleHealthFormMapper2" extends="employee2">
        <association property="maleHealthForm" column="id"
            javaType="com.learn.ssm.chapter6.pojo.MaleHealthForm">
            <id column="h_id" property="id" />
            <result column="h_heart" property="heart" />
            <result column="h_liver" property="liver" />
            <result column="h_spleen" property="spleen" />
            <result column="h_lung" property="lung" />
            <result column="h_kidney" property="kidney" />
            <result column="h_prostate" property="prostate" />
            <result column="h_note" property="note" />
        </association>
    </resultMap>

    <resultMap type="com.learn.ssm.chapter6.pojo.FemaleEmployee"
        id="femaleHealthFormMapper2" extends="employee">
        <association property="femaleHealthForm" column="id"
            javaType="com.learn.ssm.chapter6.pojo.FemaleHealthForm">
            <id column="h_id" property="id" />
            <result column="h_heart" property="heart" />
            <result column="h_liver" property="liver" />
```

```
            <result column="h_spleen" property="spleen" />
            <result column="h_lung" property="lung" />
            <result column="h_kidney" property="kidney" />
            <result column="h_uterus" property="uterus" />
            <result column="h_note" property="note" />
        </association>
    </resultMap>
```

注意加粗的代码，它们是进行级联的关键代码，也是由前面章节中的内容演变而来的，这里再论述一下这个过程。

- 每一个级联元素（association、discriminator、collection）中属性 id 的配置和 POJO 实体配置的 id 一一对应，形成级联，比如上述 SQL 的列 et_task_id 和 Task 实体的 id 是对应的，这是级联的关键。
- 在级联元素中，association 是通过 javaType 的定义声明实体映射的，而 collection 是使用 ofType 声明的。
- discriminator 元素定义使用何种 resultMap 进行级联，这是鉴别器的级联，这里通过 sex 列进行判定。

这样可以完全消除 $N+1$ 问题，但是也会引发其他问题：首先，SQL 会比较复杂；其次，所需要的配置比之前复杂得多；最后，一次性将所有的数据取出会造成内存的浪费。这样复杂的 SQL，也会给日后的维护工作带来一定的困难，所以使用代码清单 6-36 和 6-37 进行级联的方式是值得商榷的。这样的级联，一般用于那些比较简单且关联不多的场景，读者要结合实际情况使用。

6.8.7　多对多级联

在现实情况中，有一种多对多级联，而在程序中，多对多级联往往会被拆分为两个一对多级联来处理。

在现实情况中有许多用户，用户又归属于一些角色，这样一个用户可以对应多个角色；而一个角色又可以由多个用户担当。这个时候用户和角色以一张用户角色表建立关联关系，这样用户和角色就是多对多的关系，其关系如图 6-6 所示。

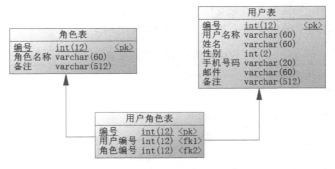

图 6-6　用户和角色的关系

在实际情况中，多对多的级联是相当复杂的，更多的情况下会拆分为两个一对多的级联，也就是一个角色对应多个用户和一个用户对应多个角色，这样可以设计用户和角色的 POJO，如代码清单 6-38 所示。

代码清单 6-38：用户和角色 POJO

```java
/**
 *    角色 POJO
 **/
package com.learn.ssm.chapter6.pojo;

import java.util.List;

public class Role {
    private Long id;
    private String roleName;
    private String note;
    // 关联用户信息 ，一对多级联
    private List<User> userList;

    /**** setters and setters ****/
}

/***
 *    用户 POJO
 **/
package com.learn.ssm.chapter6.pojo;

import java.util.List;

import com.learn.ssm.chapter6.enumeration.SexEnum;

public class User {
    private Long id;
    private String userName;
    private String realName;
    private SexEnum sex;
    private String moble;
    private String email;
    private String note;
    //关联角色一对多级联
    private List<Role> roleList;
    /**** setters and setters ****/
}
```

两个 POJO 的 List 类型的属性是专门做一对多级联用的，在 MyBatis 中使用 collection 元素完成。为此需要编写两个映射文件，如代码清单 6-39 所示。

代码清单 6-39：多对多级联

```xml
<!-------------角色--------------->
<?xml version="1.0" encoding="UTF-8" ?>
<!DOCTYPE mapper
  PUBLIC "-//mybatis.org//DTD Mapper 3.0//EN"
  "http://mybatis.org/dtd/mybatis-3-mapper.dtd">
<mapper namespace="com.learn.ssm.chapter6.dao.RoleDao">
    <resultMap type="com.learn.ssm.chapter6.pojo.Role"
        id="roleMapper">
        <id column="id" property="id" />
        <result column="role_name" property="roleName" />
        <result column="note" property="note" />
        <collection property="userList" column="id"
            fetchType="lazy"
            select="com.learn.ssm.chapter6.dao.UserDao.findUsersByRoleId" />
```

```
        </resultMap>

        <select id="getRole" parameterType="long" resultMap="roleMapper">
            select id, role_name, note from t_role where id = #{id}
        </select>

        <select id="findRolesByUserId" parameterType="long"
            resultMap="roleMapper">
            select r.id, r.role_name, r.note from t_role r, t_user_role ur
            where r.id = ur.role_id and ur.user_id = #{userId}
        </select>
</mapper>

<!-------------用户--------------->
<?xml version="1.0" encoding="UTF-8" ?>
<!DOCTYPE mapper
  PUBLIC "-//mybatis.org//DTD Mapper 3.0//EN"
  "http://mybatis.org/dtd/mybatis-3-mapper.dtd">
<mapper namespace="com.learn.ssm.chapter6.dao.UserDao">
    <resultMap type="com.learn.ssm.chapter6.pojo.User"
            id="userMapper">
        <id column="id" property="id" />
        <result column="user_name" property="userName" />
        <result column="real_name" property="realName" />
        <result column="sex" property="sex"
            typeHandler="com.learn.ssm.chapter6.typeHandler.SexTypeHandler" />
        <result column="mobile" property="moble" />
        <result column="email" property="email" />
        <result column="position" property="position" />
        <result column="note" property="note" />
        <collection property="roleList" column="id"
            fetchType="lazy"
            select="com.learn.ssm.chapter6.dao.RoleDao.findRolesByUserId" />
    </resultMap>
    <select id="getUser" parameterType="long" resultMap="userMapper">
        select id, user_name, real_name, sex, moble, email, note from t_user where
        id =#{id}
    </select>
    <select id="findUsersByRoleId" parameterType="long"
        resultMap="userMapper">
        select u.id, u.user_name, u.real_name,
        u.sex, u.moble, u.email, u.note
        from t_user u , t_user_role ur
        where u.id = ur.user_id and ur.role_id =#{roleId}
    </select>
</mapper>
```

这里是使用 collection 元素关联的，但是把 fetchType 设置为了 lazy，这样能够延迟加载，可以使用代码清单 6-40 测试。

代码清单 6-40：测试多对多级联

```
public static void testUserRole() {
    SqlSession sqlSession = null;
    try {
        sqlSession = SqlSessionFactoryUtils.openSqlSession();
        RoleDao roleDao = sqlSession.getMapper(RoleDao.class);
        Role role = roleDao.getRole(1L);
        role.getUserList();
        UserDao userDao = sqlSession.getMapper(UserDao.class);
```

```
        userDao.getUser(1L);
    } catch(Exception ex) {
        ex.printStackTrace();
    } finally {
        if (sqlSession != null) {
            sqlSession.close();
        }
    }
}
```

运行这段程序，就可以看到日志：

```
DEBUG 2019-11-19 23:00:54,325 org.apache.ibatis.transaction.jdbc.JdbcTransaction:
Setting autocommit to false on JDBC Connection
[com.mysql.jdbc.JDBC4Connection@df27fae]
DEBUG 2019-11-19 23:00:54,340 org.apache.ibatis.logging.jdbc.BaseJdbcLogger: ==>
Preparing: select id, role_name, note from t_role where id = ?
DEBUG 2019-11-19 23:00:54,387 org.apache.ibatis.logging.jdbc.BaseJdbcLogger: ==>
Parameters: 1(Long)
DEBUG 2019-11-19 23:00:54,434 org.apache.ibatis.logging.jdbc.BaseJdbcLogger: <==
Total: 1
DEBUG 2019-11-19 23:00:54,434 org.apache.ibatis.logging.jdbc.BaseJdbcLogger: ==>
Preparing: select u.id, u.user_name, u.real_name, u.sex, u.moble, u.email, u.note
from t_user u , t_user_role ur where u.id = ur.user_id and ur.role_id =?
DEBUG 2019-11-19 23:00:54,434 org.apache.ibatis.logging.jdbc.BaseJdbcLogger: ==>
Parameters: 1(Long)
DEBUG 2019-11-19 23:00:54,450 org.apache.ibatis.logging.jdbc.BaseJdbcLogger: <==
Total: 1
DEBUG 2019-11-19 23:00:54,454 org.apache.ibatis.logging.jdbc.BaseJdbcLogger: ==>
Preparing: select id, user_name, real_name, sex, moble, email, note from t_user where
id =?
DEBUG 2019-11-19 23:00:54,454 org.apache.ibatis.logging.jdbc.BaseJdbcLogger: ==>
Parameters: 1(Long)
DEBUG 2019-11-19 23:00:54,455 org.apache.ibatis.logging.jdbc.BaseJdbcLogger: <==
Total: 1
```

日志中共有 3 条 SQL 语句被执行，因为调用了 getUserList 获取用户信息，所以才有第 2 条 SQL 语句。这里把映射器中的关联属性 fetchType 设置为 lazy，不会立即加载数据，避免一些用不到的 SQL 被执行，只有调用了对应的方法才会加载数据。

6.9 缓存

在 MyBatis 中允许使用缓存，缓存一般都放置在可高速读/写的存储器上，比如服务器的内存，它能够有效提高系统的性能。数据库在大部分场景下从磁盘上的索引数据，从硬件的角度分析，索引磁盘是一个较为缓慢的过程，读取内存或者高速缓存处理器的速度是读取磁盘速度的几十倍到上百倍，但是内存和高速缓存处理器的空间有限，所以一般只会把那些常用且命中率高的数据缓存起来，以便将来使用，而不缓存那些不常用或命中率低的数据，这些数据最后还是要在磁盘内查找，并不能有效提高性能。

MyBatis 分为一级缓存和二级缓存，也可以配置关于缓存的设置。

6.9.1　一级缓存和二级缓存

一级缓存是在 SqlSession 上的缓存，二级缓存是在 SqlSessionFactory 上的缓存。在默认情况下，也就是在没有任何配置的情况下，MyBatis 系统会开启一级缓存，这个缓存不需要 POJO 对象可序列化（实现 java.io.Serializable 接口）。

在没有任何配置的情况下，测试一级缓存，如代码清单 6-41 所示。

代码清单 6-41：测试一级缓存

```java
public static void testLevelOneCache() {
    SqlSession sqlSession = null;
    Logger logger = Logger.getLogger(Chapter6Main.class);
    try {
        sqlSession = SqlSessionFactoryUtils.openSqlSession();
        RoleDao roleDao = sqlSession.getMapper(RoleDao.class);
        Role role = roleDao.getRole(1L);
        logger.info("再获取一次 POJO......");
        Role role2 = roleDao.getRole(1L);
    } catch(Exception e) {
        logger.info(e.getMessage(), e);
    } finally {
        if (sqlSession != null) {
            sqlSession.close();
        }
    }
}
```

代码中获取了两次 id 为 1 的角色，运行这段代码可以看到对应的日志，如下：

```
DEBUG 2019-11-20 15:15:27,448
org.apache.ibatis.datasource.pooled.PooledDataSource: Created connection
233996206.
DEBUG 2019-11-20 15:15:27,448 org.apache.ibatis.transaction.jdbc.JdbcTransaction:
Setting autocommit to false on JDBC Connection
[com.mysql.jdbc.JDBC4Connection@df27fae]
DEBUG 2019-11-20 15:15:27,458 org.apache.ibatis.logging.jdbc.BaseJdbcLogger: ==>
Preparing: select id, role_name, note from t_role where id = ?
DEBUG 2019-11-20 15:15:27,478 org.apache.ibatis.logging.jdbc.BaseJdbcLogger: ==>
Parameters: 1(Long)
DEBUG 2019-11-20 15:15:27,528 org.apache.ibatis.logging.jdbc.BaseJdbcLogger: <==
Total: 1
 INFO 2019-11-20 15:15:27,528 com.learn.ssm.chapter6.main.Chapter6Main: 再获取一次
POJO......
DEBUG 2019-11-20 15:15:27,528 org.apache.ibatis.transaction.jdbc.JdbcTransaction:
Resetting autocommit to true on JDBC Connection
[com.mysql.jdbc.JDBC4Connection@df27fae]
DEBUG 2019-11-20 15:15:27,528 org.apache.ibatis.transaction.jdbc.JdbcTransaction:
Closing JDBC Connection [com.mysql.jdbc.JDBC4Connection@df27fae]
DEBUG 2019-11-20 15:15:27,528
org.apache.ibatis.datasource.pooled.PooledDataSource: Returned connection
233996206 to pool.
```

可以看到，虽然代码对同一对象进行了两次获取，但是实际上只有一条 SQL 语句被执行，其原因是代码使用了同一个 SqlSession 对象获取数据。当一个 SqlSession 第一次通过 SQL 和参数获取对象后，它会将结果缓存起来，如果下次的 SQL 和参数都没有发生变化，并且缓存没有超时或者声明需要刷新时，它就会从缓存中获取数据，而不再通过 SQL 获取了。

如果我们希望两次都通过 SQL 来获取 POJO，那么可以使用代码清单 6-42。

代码清单 6-42：通过不同 SqlSession 获取对象

```java
public static void testLevelTwoCache() {
    SqlSession sqlSession = null;
    SqlSession sqlSession2 = null;
    Logger logger = Logger.getLogger(Chapter6Main.class);
    try {
        sqlSession = SqlSessionFactoryUtils.openSqlSession();
        sqlSession2 = SqlSessionFactoryUtils.openSqlSession();
        RoleDao roleDao = sqlSession.getMapper(RoleDao.class);
        Role role = roleDao.getRole(1L);
        logger.info("同一 SqlSession 再获取一次 POJO......");
        Role role1 = roleDao.getRole(1L);
        // 需要提交，只有对于一级缓存，MyBatis 才会缓存对象到 SqlSessionFactory 层面
        sqlSession.commit();
        logger.info("不同 sqlSession 再获取一次 POJO......");
        RoleDao roleDao2 = sqlSession2.getMapper(RoleDao.class);
        Role role2 = roleDao2.getRole(1L);
        // 需要提交，MyBatis 缓存对象到 SqlSessionFactory 层面
        sqlSession2.commit();
    } catch(Exception e) {
        logger.info(e.getMessage(), e);
    } finally {
        if (sqlSession != null) {
            sqlSession.close();
        }
        if (sqlSession2 != null) {
            sqlSession.close();
        }
    }
}
```

注意到这里加粗的 commit 方法的使用，在 MyBatis 中如果不进行 commit，那么是不会有一级缓存存在的。运行这段代码，可以看到日志：

```
DEBUG 2019-11-20 15:38:44,866
org.apache.ibatis.datasource.pooled.PooledDataSource: Created connection
233996206.
DEBUG 2019-11-20 15:38:44,866 org.apache.ibatis.transaction.jdbc.JdbcTransaction:
Setting autocommit to false on JDBC Connection
[com.mysql.jdbc.JDBC4Connection@df27fae]
DEBUG 2019-11-20 15:38:44,866 org.apache.ibatis.logging.jdbc.BaseJdbcLogger: ==>
Preparing: select id, role_name, note from t_role where id = ?
DEBUG 2019-11-20 15:38:44,886 org.apache.ibatis.logging.jdbc.BaseJdbcLogger: ==>
Parameters: 1(Long)
DEBUG 2019-11-20 15:38:44,961 org.apache.ibatis.logging.jdbc.BaseJdbcLogger: <==
Total: 1
 INFO 2019-11-20 15:38:44,961 com.learn.ssm.chapter6.main.Chapter6Main: 同一
SqlSession 再获取一次 POJO......
 INFO 2019-11-20 15:38:44,961 com.learn.ssm.chapter6.main.Chapter6Main: 不同
sqlSession 再获取一次 POJO......
DEBUG 2019-11-20 15:38:44,961 org.apache.ibatis.transaction.jdbc.JdbcTransaction:
Opening JDBC Connection
DEBUG 2019-11-20 15:38:44,966
org.apache.ibatis.datasource.pooled.PooledDataSource: Created connection
459848100.
DEBUG 2019-11-20 15:38:44,966 org.apache.ibatis.transaction.jdbc.JdbcTransaction:
```

```
Setting autocommit to false on JDBC Connection
[com.mysql.jdbc.JDBC4Connection@1b68b9a4]
DEBUG 2019-11-20 15:38:44,966 org.apache.ibatis.logging.jdbc.BaseJdbcLogger: ==>
Preparing: select id, role_name, note from t_role where id = ?
DEBUG 2019-11-20 15:38:44,966 org.apache.ibatis.logging.jdbc.BaseJdbcLogger: ==>
Parameters: 1(Long)
DEBUG 2019-11-20 15:38:44,966 org.apache.ibatis.logging.jdbc.BaseJdbcLogger: <==
Total: 1
```

SQL 被执行了两次，这说明了一级缓存是在 SqlSession 层面的，对于不同的 SqlSession 对象是不能共享的。为了使 SqlSession 对象之间共享相同的缓存，有时候需要开启二级缓存，开启二级缓存很简单，只需在映射文件（RoleMapper.xml）中加入代码：

```
<cache/>
```

这个时候 MyBatis 会序列化和反序列化对应的 POJO，因此要求 POJO 是一个可序列化的对象，它必须实现 java.io.Serializable 接口。对角色类（Role）POJO 进行缓存，需要它实现 Serializable 接口：

```
package com.learn.ssm.chapter6.pojo;

import java.io.Serializable;
import java.util.List;

// 实现 Serializable 接口
public class Role implements Serializable {
    // 序列化版本 ID
    public static final long serialVersionUID = 598736524547906734L;
    ......
}
```

如果 Role 类没有实现 java.io.Serializable 接口，那么 MyBatis 会抛出异常，导致程序运行错误。在映射文件中配置了<cache/>后，测试一下代码清单 6-37 中的代码，可以得到日志：

```
DEBUG 2019-11-20 15:46:44,490 org.apache.ibatis.transaction.jdbc.JdbcTransaction:
Setting autocommit to false on JDBC Connection
[com.mysql.jdbc.JDBC4Connection@6dde5c8c]
DEBUG 2019-11-20 15:46:44,495 org.apache.ibatis.logging.jdbc.BaseJdbcLogger: ==>
Preparing: select id, role_name, note from t_role where id = ?
DEBUG 2019-11-20 15:46:44,535 org.apache.ibatis.logging.jdbc.BaseJdbcLogger: ==>
Parameters: 1(Long)
DEBUG 2019-11-20 15:46:44,590 org.apache.ibatis.logging.jdbc.BaseJdbcLogger: <==
Total: 1
 INFO 2019-11-20 15:46:44,590 com.learn.ssm.chapter6.main.Chapter6Main: 同一
SqlSession 再获取一次 POJO......
DEBUG 2019-11-20 15:46:44,590 org.apache.ibatis.cache.decorators.LoggingCache:
Cache Hit Ratio [com.learn.ssm.chapter6.dao.RoleDao]: 0.0
 INFO 2019-11-20 15:46:44,605 com.learn.ssm.chapter6.main.Chapter6Main: 不同
sqlSession 再获取一次 POJO......
DEBUG 2019-11-20 15:46:44,605 org.apache.ibatis.cache.decorators.LoggingCache:
Cache Hit Ratio [com.learn.ssm.chapter6.dao.RoleDao]: 0.3333333333333333
```

从日志中可以看到，不同的 SqlSession 在获取同一条记录时，都只发送过一次 SQL。因为这个时候 MyBatis 将其保存在 SqlSessionFactory 层面，可以提供给各个 SqlSession 使用，只是

它需要一个序列化和反序列化的过程，所以对应的 POJO 需要实现 Serializable 接口。

6.9.2 缓存配置项、自定义和引用

为了测试一级缓存，6.9.1 节只配置了 cache 元素，加入这个元素后，MyBatis 会将对应的命名空间内所有 select 元素的 SQL 查询结果缓存，而其中的 insert、delete 和 update 语句在操作时会刷新缓存。

缓存要明确 cache 元素的配置项，如表 6-6 所示。

表 6-6   cache 元素的配置项

属　　性	说　　明	取　　值	备　　注
blocking	是否使用阻塞性缓存，在读/写时它会加入 JNI 的锁进行操作	true|false，默认值 false	可保证读/写安全性，但加锁后性能不佳
readOnly	缓存内容是否只读	true|false，默认值 false	如果为只读，则不会因为多个线程读/写造成不一致
eviction	缓存策略，分为： LRU 最近最少使用的：移除最长时间不被使用的对象； FIFO 先进先出：按对象进入缓存的顺序移除它们； SOFT 软引用：移除基于垃圾回收器状态和软引用规则的对象； WEAK 弱引用：更积极移除基于垃圾收集器状态和弱引用规则的对象	默 认 值 是 LRU	—
flushInterval	这是一个整数，它以毫秒为单位，比如 1 分钟刷新一次，则配置为 60000。默认为 null，也就是没有刷新时间，只有当执行 update、insert 和 delete 语句时才会刷新缓存	正整数	超过整数后缓存失效，不再读取缓存，而是执行 SQL 取回数据
type	自定义缓存类。要求实现接口 org.apache.ibatis.cache.Cache	用于自定义缓存类	—
size	缓存对象个数	正整数，默认值是 1 024	—

从表 6-6 中可以知道，可以使用自定义的缓存，只是实现类需要实现 MyBatis 的接口 org.apache.ibatis.cache.Cache，Cache 接口如代码清单 6-43 所示。

代码清单 6-43：Cache 接口

```
package org.apache.ibatis.cache;

import java.util.concurrent.locks.ReadWriteLock;

public interface Cache {

    // 获取编号
    String getId();

    // 根据 key，存储对象到缓存中
    void putObject(Object key, Object value);

    // 根据 key 获取对应的缓存
    Object getObject(Object key);

    // 根据 key 删除对应的缓存
```

```
    Object removeObject(Object key);

    // 清空缓存实例
    void clear();

    // 获取缓存大小
    int getSize();

    // 读写锁
    default ReadWriteLock getReadWriteLock() {
        return null;
    }
}
```

在实际情况中，我们可以使用 Redis、MongoDB 或者其他常用的缓存，假设存在一个 Redis 的缓存实现类 com.learn.ssm.chapter6.cache.RedisCache，那么可以这样配置它：

```
<cache type="com.learn.ssm.chapter6.cache.RedisCache">
    <property name="host" value="localhost"/>
</cache>
```

这样配置后，MyBatis 会启用缓存，同时调用 setHost(String host)方法，去设置配置的内容。

上面的配置是通用的，有时候也可以对一些语句进行自定义。比如对于一些查询，并不想要它们进行任何缓存，这个时候可以通过配置改变它们：

```
<select ... flushCache="false" useCache="true"/>
<insert ... flushCache="true"/>
<update ... flushCache="true"/>
<delete ... flushCache="true"/>
```

以上是默认的配置，我们可以根据需要去修改它们。这里需要注意两个属性。

- **flushCache**：代表是否刷新缓存，flushCache 属性对于 select、insert、update 和 delete 元素都是有效的，它对于 select 元素的默认值为 false，对于其他元素的默认值为 true。
- **useCache**：该属性是 select 特有的，代表是否需要使用缓存。

这些都在一个映射器内配置，比如 RoleMapper.xml，其他的映射器不能使用，如果其他的映射器需要使用同样的配置，可以引用缓存的配置：

```
<cache-ref namespace="com.learn.ssm.chapter6.dao.RoleDao"/>
```

这样就可以引用对应映射器的 cache 元素的配置了。

6.10 存储过程

与 Hibernate 不同的是，MyBatis 还完全支持存储过程，本节开始介绍存储过程。

在讲解之前，我们需要对存储过程有一个基本的认识。存储过程是数据库的一个概念，它是数据库预先编译好，放在数据库内存中的一个程序片段，所以具备性能高，可重复使用的特性。它定义了 3 种类型的参数：输入参数、输出参数和输入输出参数。

- **输入参数**：是外界给的存储过程参数，在 Java 互联网中，是互联网系统给它的参数。
- **输出参数**：是存储过程经过计算返回给程序的结果参数。

- **输入输出参数**：是一开始作为参数传递给存储过程，而存储过程修改后将其返回的参数，比如商品的库存。

对于返回结果来说，一些常用的简易类型，比如整形、字符型 OUT 或者 INOUT 参数是 Java 程序比较好处理的，存储过程还可能返回游标类型的参数，这需要我们进行特别处理，不过在 MyBatis 中，这些都可以轻松完成。

6.10.1 IN 和 OUT 参数存储过程

我们首先讨论 IN 和 OUT 参数的基本用法，这里使用的是 Oracle 数据库，它对存储过程有着较好的支持，下面定义一个场景。

根据角色名称模糊查询其总数，把总数和查询日期返回给调用者。构建一个简单的存储过程，在 Oracle 的命令行输入构建存储过程的 SQL 语句，其内容如代码清单 6-44 所示。

代码清单 6-44：IN 和 OUT 参数存储过程

```
create or replace
PROCEDURE count_role(
    p_role_name in varchar,     /* 角色名称，输入参数 */
    count_total out int,        /* 总条数，输出参数  */
    exec_date out date          /* 查询日期，输出参数 */
)
IS
BEGIN
    select count(*) into count_total from t_role
    where role_name like '%' ||p_role_name || '%' ;

    select sysdate into exec_date from dual;
end;
```

这样在 Oracle 中就构建了这个存储过程。为了使用它，要设计一个 POJO——PdCountRoleParams，如代码清单 6-45 所示。

代码清单 6-45：PdCountRoleParams

```
package com.learn.ssm.chapter6.param;

import java.util.Date;

public class PdCountRoleParams {
    private String roleName;
    private int total;
    private Date execDate;

    /**** setter and getter ****/
}
```

roleName 对应输入参数，total、execDate 对应输出参数，这样存储过程的输入参数和输出参数就和对象一一对应了。下面我们通过映射文件声明存储过程的调用，如代码清单 6-46 所示。

代码清单 6-46：通过映射文件声明存储过程的调用

```
<select id="countRole" statementType="CALLABLE"
    parameterType="com.learn.ssm.chapter6.param.PdCountRoleParams">
    {call count_role(
        #{roleName, mode=IN, jdbcType=VARCHAR},
```

```
        #{total, mode=OUT, jdbcType=INTEGER},
        #{execDate, mode=OUT, jdbcType=DATE}
    )}
</select>
```

解释一下这段代码的内容。

- 指定 select 元素的属性 statemetType 为 CALLABLE，说明它将使用存储过程，如果不这样声明，那么这段代码在运行时将抛出异常。
- 定义了 parameterType 为 PdCountRoleParams 参数。
- 在调度存储过程中放入参数对应的属性，并且在属性上通过 mode 设置了其输入或者输出参数，指定对应的 jdbcType，这样 MyBatis 就会使用对应的 typeHandler 处理对应的类型转换。

下面我们再编写一段代码测试这个方法，如代码清单 6-47 所示。

代码清单 6-47：测试存储过程接口的调用

```
public static void testPd() {
    PdCountRoleParams params = new PdCountRoleParams();
    SqlSession sqlSession = null;
    try {
        Logger logger = Logger.getLogger(Chapter6Main.class);
        sqlSession = SqlSessionFactoryUtils.openSqlSession();
        RoleDao roleDao = sqlSession.getMapper(RoleDao.class);
        params.setRoleName("role_name");
        roleDao.countRole(params);
        logger.info(params.getTotal());
        logger.info(params.getExecDate());
    } catch(Exception e) {
        e.printStackTrace();
    } finally {
        if (sqlSession != null) {
            sqlSession.close();
        }
    }
}
```

通过模糊查询 "role_name" 字符串测试存储过程，日志如下：

```
DEBUG 2019-11-20 20:00:31,367 org.apache.ibatis.transaction.jdbc.JdbcTransaction:
Setting autocommit to false on JDBC Connection
[oracle.jdbc.driver.T4CConnection@27c6e487]
DEBUG 2019-11-20 20:00:31,373 org.apache.ibatis.logging.jdbc.BaseJdbcLogger: ==>
Preparing: {call count_role( ?, ?, ? )}
DEBUG 2019-11-20 20:00:31,517 org.apache.ibatis.logging.jdbc.BaseJdbcLogger: ==>
Parameters: role_name(String)
 INFO 2019-11-20 20:00:31,522 com.learn.ssm.chapter6.main.Chapter6Main: 3
 INFO 2019-11-20 20:00:31,522 com.learn.ssm.chapter6.main.Chapter6Main: Wed Nov 20
20:00:31 CST 2019
```

从日志中可以看到，MyBatis 回填了存储过程返回的数据，这样就可以使用 MyBatis 调用存储过程了。

6.10.2 游标的使用

在实际应用中，除了使用简易的输入输出参数，有时候也可能使用游标，MyBatis 也对存储过程的游标提供了支持。如果把 jdbcType 声明为 CURSOR，那么它会使用 ResultSet 对象处理返回游标结果，这个时候如果给游标配置了映射关系（resultMap），MyBatis 就可以把游标返回的数据集映射成为 POJO。

这里依旧使用 Oracle 数据库，我们假设有这样的需求：根据角色名称（role_name）模糊查询角色表的数据，要求支持分页查询，于是存在 start 和 end 两个分页参数。为了知道是否存在下一页，还会要求查询出总数（total），于是便存在这样的一个存储过程，如代码清单 6-48 所示。

代码清单 6-48：在存储过程中使用游标

```
create or replace procedure find_role(
   p_role_name in varchar, /* 角色名称，输入参数*/
   p_start in int, /* 记录偏移量，输入参数*/
   p_end in int,    /* 记录结束偏移量，输入参数*/
   r_count out int, /* 总条数，输出参数 */
   ref_cur out sys_refcursor /* 角色信息，游标，输出参数 */
) AS
BEGIN
   select count(*) into r_count from t_role
   where role_name like '%' ||p_role_name|| '%' ;
   open ref_cur for
      select id, role_name, note from
        (SELECT id, role_name, note, rownum as row1 FROM t_role a
          where a.role_name like '%' ||p_role_name|| '%' and rownum <=p_end)
        where row1> p_start;
end find_role;
```

p_role_name 是输入参数角色名称，而 p_start 和 p_end 是两个分页输入参数，r_count 是计算总数的输出参数，ref_cur 是一个游标，它将记录当前页详细的角色信息。为了使用这个过程，先定制一个 POJO——PdFindRoleParams，如代码清单 6-49 所示。

代码清单 6-49：定义存储游标的 POJO

```
package com.learn.ssm.chapter6.param;

import java.util.List;
import com.learn.ssm.chapter6.pojo.Role;

public class PdFindRoleParams {
   private String roleName;
   private int start;
   private int end;
   private int total;
   private List<Role> roleList;
   /**** setters and getters ****/
}
```

显然，参数和存储过程声明的输入输出参数是一一对应的，而游标是由 roleList 存储的，这里需要在映射文件中声明依照何种映射规则转换为 POJO，为此在映射文件中添加对应的功能，如代码清单 6-50 所示。

代码清单 6-50：游标映射器

```xml
<!-- 配置映射规则——resultMap -->
<resultMap type="role" id="roleMap2">
    <id property="id" column="id"/>
    <result property="roleName" column="role_name"/>
    <result property="note" column="note"/>
</resultMap>

<!-- 存储过程调用 -->
<select id="findRole" statementType="CALLABLE"
        parameterType="com.learn.ssm.chapter6.param.PdFindRoleParams">
    {call find_role(
        #{roleName, mode=IN, jdbcType=VARCHAR},
        #{start, mode=IN, jdbcType=INTEGER},
        #{end, mode=IN, jdbcType=INTEGER},
        #{total, mode=OUT, jdbcType=INTEGER},
        #{roleList,mode=OUT,jdbcType=CURSOR,
            javaType=ResultSet,resultMap=roleMap2}
    )}
</select>
```

首先定义 resultMap 元素，它主要提供映射规则。在存储过程的调用中，对于 roleList，定义了 jdbcType 为 CURSOR，这样就会使用 ResultSet 对象处理结果。为了使 ResultSet 对象能够映射为 POJO，把 roleMap2 设置为 resultMap，这样 MyBatis 就会采用配置的映射规则将其映射为 POJO 了。我们使用代码清单 6-51 测试。

代码清单 6-51：测试带游标的存储过程

```java
public static void testPdCursor() {
    PdFindRoleParams params = new PdFindRoleParams();
    SqlSession sqlSession = null;
    try {
        Logger logger = Logger.getLogger(Chapter6Main.class);
        sqlSession = SqlSessionFactoryUtils.openSqlSession();
        RoleDao roleDao = sqlSession.getMapper(RoleDao.class);
        params.setRoleName("role_name");
        params.setStart(0);
        params.setEnd(100);
        roleDao.findRole(params);
        logger.info(params.getRoleList().size());
        logger.info(params.getTotal());
    }catch(Exception ex) {
        ex.printStackTrace();
    }finally {
        if (sqlSession != null) {
            sqlSession.close();
        }
    }
}
```

运行它可以看到这样的日志：

```
DEBUG 2019-11-20 20:17:30,371 org.apache.ibatis.transaction.jdbc.JdbcTransaction:
Setting autocommit to false on JDBC Connection
[oracle.jdbc.driver.T4CConnection@27c6e487]
DEBUG 2019-11-20 20:17:30,375 org.apache.ibatis.logging.jdbc.BaseJdbcLogger: ==>
Preparing: {call find_role( ?, ?, ?, ?, ? )}
```

```
DEBUG 2019-11-20 20:17:30,521 org.apache.ibatis.logging.jdbc.BaseJdbcLogger: ==>
Parameters: role_name(String), 0(Integer), 100(Integer)
 INFO 2019-11-20 20:17:30,541 com.learn.ssm.chapter6.main.Chapter6Main: 3
 INFO 2019-11-20 20:17:30,541 com.learn.ssm.chapter6.main.Chapter6Main: 3
```

显然，存储过程调用成功了，结果也返回了，这样就可以在 MyBatis 中使用游标了。

第 **7** 章
动态 SQL

本章目标

1．掌握 MyBatis 动态 SQL 的基本使用方法
2．掌握 MyBatis 动态 SQL 的基本元素 if、set、where、bind、foreach 等的用法
3．掌握 MyBatis 动态 SQL 的条件判断方法

如果使用 JDBC 或者类似 Hibernate 的其他框架，很多时候要根据需要拼装 SQL，这是一个相当麻烦的事情。某些查询需要许多条件，比如查询角色需要角色名称或者备注等信息，但是，当不输入名称时，使用名称作为查询条件就不合适了。使用其他框架通常需要大量的 Java 代码进行判断，可读性比较差，MyBatis 提供对 SQL 语句的动态组装能力，使用 XML 的几个简单的元素，便能完成动态 SQL 的功能。大量的判断都可以在 MyBatis 的映射 XML 里面配置，从而实现许多需要大量代码才能实现的功能，大大减少了代码量，这体现了 MyBatis 的灵活、高度可配置性和可维护性。MyBatis 也可以在注解中配置 SQL，但是由于注解配置功能受限，而且对于复杂的 SQL 而言，其可读性很差，所以较少使用，本书不对它们进行介绍。

7.1　概述

MyBatis 的动态 SQL 包括以下几种元素，如表 7-1 所示。

表 7-1　动态 SQL 的元素

元　素	作　用	备　注
if	判断语句	单条件分支判断
choose（when，otherwise）	相当于 Java 中的 switch 和 case 语句	多条件分支判断
trim（where，set）	辅助元素，用于处理特定的 SQL 拼装问题，比如去掉多余的 and、or 等	用于处理 SQL 拼装的问题
foreach	循环语句	在 SQL 的 in 语句中常用

动态 SQL 实际使用的元素并不多，但是它们带来了灵活性，在减少许多工作量的同时，很大程度上提高了程序的可读性和可维护性。下面讨论这些动态 SQL 元素的用法。

7.2　if 元素

if 元素是最常用的判断语句，相当于 Java 中的 if 语句，它常常与 test 属性联合使用。if 元

素十分简单，在使用时，先进行简单的场景描述，然后根据角色名称（roleName）查找角色，角色名称是一个选填条件，当不填写时，就不要用它作为查询条件。这是在查询中常见的场景之一，if 元素提供了很简单的实现方法，如代码清单 7-1 所示。

代码清单 7-1：使用 if 元素构建动态 SQL

```
<select id="findRoles" parameterType="string" resultType="role">
    select id, role_name, note from t_role where 1=1
    <if test="roleName != null and roleName !=''">
        and role_name like concat('%', #{roleName}, '%')
    </if>
</select>
```

当参数 roleName 被传递进映射器时，如果参数不为空，则构造对 roleName 的模糊查询，否则不构造这个条件。这样的场景在实际工作中十分常见，通过 MyBatis 的 if 元素节省了许多拼接 SQL 的工作，集中在 XML 里面维护。

7.3　choose、when 和 otherwise 元素

代码清单 7-1 相当于 Java 语言中的 if 语句，二者取其一。有时候，我们还需要有 3 种甚至是更多的选择，也就是类似 switch...case...default...功能的语句。在映射器的动态语句中，choose、when、otherwise3 个元素承担了这个功能。假设有这样一个场景。

- 如果角色编号（roleNo）不为空，则只用角色编号作为条件查询。
- 如果角色编号为空，而角色名称不为空，则用角色名称作为条件进行模糊查询。
- 如果角色编号和角色名称都为空，则要求角色备注不为空。

这个场景也许有点不切实际，但是没关系，这里主要讨论如何使用动态元素来实现它，如代码清单 7-2 所示。

代码清单 7-2：使用 choose、when 和 otherwise 元素

```
<select id="findRoles2" parameterType="role" resultType="role">
    select id, role_name, note from t_role
    where 1=1
    <choose>
        <when test="id != null and id !=''">
            AND id = #{id}
        </when>
        <when test="roleName != null and roleName !=''">
            AND role_name like concat('%', #{roleName}, '%')
        </when>
        <otherwise>
            AND note is not null
        </otherwise>
    </choose>
</select>
```

在代码清单 7-2 中使用了 choose、when 和 otherwise 元素，这样 MyBatis 就会根据参数的设置进行判断来动态组装 SQL，以满足不同业务的要求。这远比 Hibernate 和 JDBC 等要清晰和明确得多，显然代码的可读性和可维护性大大提高了。

7.4　trim、where 和 set 元素

细心的读者会发现 7.3 节的 SQL 语句上的动态元素的 SQL 中都加入了一个条件"1=1"，如果没有加入这个条件，那么可能变为这样一条错误的 SQL 语句：

```
select id, role_name, note from t_role
    where and role_name like concat('%', #{roleName}, '%')
```

显然，这会报出关于 SQL 的语法异常。而加入了条件"1=1"又显得相当奇怪，我们可以用 where 元素去处理 SQL 以达到预期效果，如代码清单 7-3 所示。

代码清单 7-3：使用 where 元素

```
<select id="findRoles3" parameterType="role" resultType="role">
    select id, role_name, note from t_role
    <where>
        <if test="roleName != null and roleName !=''">
            role_name like concat('%', #{roleName}, '%')
        </if>
        <if test="note != null and note !=''">
            and note like concat('%', #{note}, '%')
        </if>
    </where>
</select>
```

只有当 where 元素里面的条件成立时，才会加入"and"这个 SQL 关键字到组装的 SQL 里面，否则就不加入。

有时候要去掉的是一些特殊的 SQL 语法，比如常见的 and、or。而使用 trim 元素也可以达到预期效果，如代码清单 7-4 所示。

代码清单 7-4：使用 trim 元素

```
<select id="findRoles4" parameterType="string" resultType="role">
    select id, role_name, note from t_role
    <trim prefix="where" prefixOverrides="and">
        <if test="roleName != null and roleName !=''">
            and role_name like concat('%', #{roleName}, '%')
        </if>
    </trim>
</select>
```

稍微解释一下，trim 元素意味着要去掉一些特殊的字符串，prefix 代表语句的前缀，prefixOverrides 代表需要去掉的字符串。上面的写法与 where 基本是等效的。

在 Hibernate 中常常因为要更新某一对象而发送所有的字段给持久对象，但现实中的场景只需要更新某一个字段。如果发送所有的属性去更新，那么对网络带宽消耗较大。性能最佳的办法是把主键和更新字段的值传递给 SQL 更新。

例如角色表有一个主键两个字段，如果一个一个字段去更新，那么需要写两条 SQL 语句，如果有多个字段呢？显然不算很方便。在 Hibernate 中更新是把全部字段发送给 SQL，来避免发送多条 SQL 的问题，这会使不需要更新的字段也被发送给 SQL，显然比较冗余。

在 MyBatis 中，可以使用 set 元素来避免这个问题，比如要更新一个角色的数据，如代码清单 7-5 所示。

代码清单 7-5：使用 set 元素

```
<update id="updateRole" parameterType="role">
  update t_role
  <set>
    <if test="roleName != null and roleName !=''">
      role_name = #{roleName},
    </if>
    <if test="note != null and note != ''">
      note = #{note}
    </if>
  </set>
  where id = #{id}
</update>
```

当 set 元素遇到了多余的逗号时，会把对应的逗号去掉，如果让我们自己完成这些工作是不是挺麻烦呢？当我们只想更新备注时，只需要传递备注信息和角色编号即可，不需要再传递角色名称。MyBatis 会根据参数的规则进行动态 SQL 组装，这样便能满足要求，从而避免全部字段更新的问题。

我们也可以把它转变为对应的 trim 元素，可以参考上面的例子进行改造，得到类似下面的代码：

```
<trim prefix="SET" suffixOverrides=",">...</trim>
```

7.5   foreach 元素

Foreach 元素是一个循环语句，它的作用是遍历集合，它能够很好地支持数组和 List、Set 接口的集合，对此提供遍历功能。它往往用于 SQL 中的 in 关键字。

在数据库中，经常需要根据编号找到对应的数据，比如角色。有一个 List<String> 的角色编号的集合 idList，可以使用 foreach 元素找到这个集合中的角色的详细信息，如代码清单 7-6 所示。

代码清单 7-6：使用 foreach 元素

```
<select id="findRoleByIds" resultType="role">
  select id, role_name, note from t_role where id in
  <foreach item="id" index="index" collection="idList"
    open="(" separator="," close=")">
    #{id}
  </foreach>
</select>
```

这里需要解释这段代码的内容：
- collection 配置的 roleNoList 是传递进来的参数名称，它可以是数组、List、Set 等集合。
- item 配置的是循环中当前的集合成员名称。
- index 配置的是当前集合成员在集合的位置下标。
- open 和 close 配置的是将这些集合成员包装起来的符号。
- separator 是各个元素的间隔符。

在 SQL 中常常用到 in 语句，但是对于有大量数据的 in 语句要特别注意，因为它会消耗大量的性能。此外，还有一些数据库的 SQL 对执行的 SQL 长度有限制，使用它们时要预估集合对象的长度，避免出现不必要的问题。

7.6 用 test 的属性判断字符串

test 用于条件判断语句，它在 MyBatis 中使用广泛。test 的作用相当于判断真假，在大部分场景中，它都是用以判断空和非空的。有时候我们需要判断字符串、数字和枚举等，所以十分有必要讨论一下它的用法。通过对 if 元素的介绍，我们可以知道如何判断非空，但是如果用 if 语句判断字符串呢？下面用代码清单 7-7 进行测试。

代码清单 7-7：测试 test 属性判断

```
<select id="getRoleTest" parameterType="string" resultType="role">
select id, role_name, note from t_role
<if test=" type == 'Y'.toString()">
    where 1=1
</if>
</select>
```

如果把 type 参数赋值为"Y"传递给 SQL，就可以发现 MyBatis 加入了条件"where 1=1"。换句话说，这条语句判定成功了，所以对于字符串的判断，可以通过加入 toString()的方法进行比较。它还可以判断数值型的参数。对于枚举类型的参数来说，需要根据上下文决定使用何种 typeHandler，如果读者忘记了 typeHandler 的内容，可以参考第 5 章。

7.7 bind 元素

bind 元素的作用是通过 OGNL 表达式自定义一个上下文变量，以便在其他地方引用该变量。在进行模糊查询时，如果使用 MySQL 数据库，那么用到的常常是 concat 函数，需要将"%"和参数做字符串连接。如果使用 Oracle 数据库，则用连接符号"||"，这样 SQL 需要提供两种实现形式。但是有了 bind 元素，就不必使用数据库的语言，只需使用 MyBatis 的动态 SQL 即可完成。

比如，要按角色名称进行模糊查询，可以使用 bind 元素把映射文件写成代码清单 7-8 的形式：

代码清单 7-8：使用 bind 元素改写映射文件

```
<select id="findRoles5" parameterType="string" resultType="role">
    <bind name="pattern" value="'%' + _parameter + '%'" />
    select id, role_name as roleName, note FROM t_role
    where role_name like #{pattern}
</select>
```

这里的"_parameter"代表传递进来的参数，它和通配符（%）连接后被赋给了变量"pattern"，然后就可以在 select 语句中使用这个变量进行模糊查询了。无论是 MySQL 还是 Oracle，都可以使用这样的语句，提高代码的可移植性。

因为 MyBatis 支持多个参数，所以这里还需要使用多个 bind 元素的用法。定义接口方法，如代码清单 7-9 所示。

代码清单 7-9：使用 bind 元素传递多个参数接口声明

```
/**
 * 查询角色
 *
 * @param roleName 角色名称
 * @param note     备注
 * @return 符合条件的角色
 */
public List<Role> findRoles6(
    @Param("roleName") String roleName, @Param("note") String note);
```

这个接口定义了两个参数，在映射文件中可以通过这两个参数定义两个新的变量，将变量放置到模糊查询的参数中，如代码清单 7-10 所示。

代码清单 7-10：使用 bind 元素绑定多个参数

```
<select id="findRoles6" resultType="role">
    <bind name="pattern_roleName" value="'%' + roleName + '%'" />
    <bind name="pattern_note" value="'%' + note + '%'" />
    SELECT id, role_name as roleName, note FROM t_role
    where role_name like #{pattern_roleName}
    and note like #{pattern_note}
</select>
```

这里绑定了两个新的变量：pattern_roleName 和 pattern_note，这样就可以在 SQL 中使用它们了。

第 **8** 章

MyBatis 的解析和运行原理

本章目标

1．了解 MyBatis 解析配置文件的大致过程
2．掌握 MyBatis 底层映射保存的数据结构（MappedStatement、SqlSource 和 BoundSql）及其内容
3．了解 MyBatis Mapper 的运行原理
4．掌握 SqlSession 的运行原理
5．掌握 SqlSession 下四大对象的设计原理和具体方法的作用

我们已经详细分析了 MyBatis 的各种使用方法，在第 5 章简要介绍了 MyBatis 的插件，它是最强大的组件，允许修改 MyBatis 底层配置，但是强大的同时意味着危险，操作不当，就有可能引发其他错误。为了避免这些错误，我们有必要学习 MyBatis 的解析和运行原理。

本章有一定难度，它讲述的是 MyBatis 底层的设计和实现原理。对 Java 初学者来说，本章甚至是难以理解的，所以更加适合对 Java 有一定经验，且参与过设计的人员阅读，当然，初学者通过仔细阅读和反复推敲也一定会有很大的收获。如果读者只要简单使用 MyBatis，并不打算使用插件增强框架的功能，那么请跳过本章和下一章。因为 MyBatis 的主要使用方法在前面各章都已经论述过了，熟悉它们，读者就可以应对大部分的 MyBatis 使用场景。

设计和架构人员还需要理解 MyBatis 内部的解析和运行原理才能开发出自己的插件并解决一些更深层次的问题。本章所谈的原理只涉及基本的框架和核心代码，不会面面俱到，本章会聚焦在 MyBatis 框架的设计和核心代码的实现上，一些无关的细节将被适当忽略，需要研究相关内容的读者请阅读相关的资料。

MyBatis 的运行过程分为两大步：第 1 步，读取配置文件缓存到 Configuration 对象，用以构建 SqlSessionFactory；第 2 步，SqlSession 的执行过程。相对来说，SqlSessionFactory 的构建比较容易理解，而 SqlSession 的执行过程就不是那么简单了，它包括许多复杂的技术。读者需要先掌握反射技术和动态代理技术，这是揭示 MyBatis 底层构架的基础，不熟悉这两种技术的读者，需要翻阅第 3 章关于反射和动态代理（尤其是 JDK 动态代理）的内容。本章的每一节都是层层递进的，读者要按顺序学习实践，否则很容易迷失在过程中。

当掌握了 MyBatis 的运行原理后，就可以知道 MyBatis 是怎么运行的，这将为第 9 章学习 MyBatis 插件技术奠定坚实的基础。本章也会带领读者阅读与分析一些关键源码，掌握源码中的技巧、设计和开发模式对开发者也是大有裨益的。

8.1 构建 SqlSessionFactory 过程

SqlSessionFactory 是 MyBatis 的核心类之一，其最重要的功能是构建 MyBatis 的核心接口 SqlSession。之前我们主要通过配置文件构建 SqlSessionFactory 对象。MyBatis 是一个复杂的系统，一次性构建需要太多的参数，比较复杂，因此 MyBatis 采用了 Builder 模式构建 SqlSessionFactory，在实际中可以通过 SqlSessionFactoryBuilder 构建，分为两步。

- 第 1 步：通过 org.apache.ibatis.builder.xml.XMLConfigBuilder 解析配置的 XML 文件，读出所配置的内容，并将读取的内容存入 org.apache.ibatis.session.Configuration 类对象中。Configuration 采用的是单例模式，几乎所有的 MyBatis 配置内容都会存放在这个单例对象中，以便后续将这些内容读出。

- 第 2 步：使用 Confinguration 对象构建 SqlSessionFactory。MyBatis 中的 SqlSessionFactory 是一个接口，而不是一个实现类，为此 MyBatis 提供了一个默认的实现类 org.apache.ibatis.session.defaults.DefaultSqlSessionFactory。在大部分情况下，用户没有必要自己构建新的 SqlSessionFactory 实现类。

这种构建的方式是一种 Builder 模式，对于复杂的对象，使用构造参数很难实现。这时使用一个类（比如 Configuration）作为引导，一步步地构建所需的内容，然后通过它去构建最终的对象（比如 SqlSessionFacotry），这样每一步都会很清晰，这种设计模式值得读者学习，并且在工作中使用。

为了加强对这一步的认识，笔者节选了 XMLConfigBuilder 中的一段源码，如代码清单 8-1 所示。

代码清单 8-1：用 XMLConfigBuilder 解析 XML 的源码

```
package org.apache.ibatis.builder.xml;

/**** imports ****/
public class XMLConfigBuilder extends BaseBuilder {
    ......

    private void parseConfiguration(XNode root) {
        try {
            //issue #117 read properties first
            propertiesElement(root.evalNode("properties"));
            Properties settings
                = settingsAsProperties(root.evalNode("settings"));
            loadCustomVfs(settings);
            loadCustomLogImpl(settings);
            typeAliasesElement(root.evalNode("typeAliases"));
            pluginElement(root.evalNode("plugins"));
            objectFactoryElement(root.evalNode("objectFactory"));
            objectWrapperFactoryElement(
                root.evalNode("objectWrapperFactory"));
            reflectorFactoryElement(root.evalNode("reflectorFactory"));
            settingsElement(settings);
            // read it after objectFactory and objectWrapperFactory issue #631
            environmentsElement(root.evalNode("environments"));
            databaseIdProviderElement(root.evalNode("databaseIdProvider"));
            typeHandlerElement(root.evalNode("typeHandlers"));
            mapperElement(root.evalNode("mappers"));
        } catch (Exception e) {
```

```
        throw new BuilderException(
            "Error parsing SQL Mapper Configuration. Cause: " + e, e);
    }
  }

  ......

}
```

从源码中可以看到，它是通过一步步解析 MyBatis 配置文件的内容得到对应的信息的，而这些信息正是我们前面谈到的内容。考虑到篇幅和效果，这里笔者并不打算深度讲解元素解析，只节选一部分进行分析，所以只将 typeHandlers 解析的方法加粗，并对其进行更深一步的讨论，以揭示 MyBatis 的解析过程。

配置的 typeHandler 都会被注册到注册机（typeHandlerRegistry 对象）中，如果读者继续追踪源码，那么可以知道它的构建是放在 XMLConfigBuilder 的父类 BaseBuilder 中的，BaseBuilder 类的源码如代码清单 8-2 所示。

代码清单 8-2：BaseBuilder 关于 typeHandler 的代码

```
package org.apache.ibatis.builder;
/**** imports ****/
public abstract class BaseBuilder {
   // 配置类
   protected final Configuration configuration;
   // 别名注册机
   protected final TypeAliasRegistry typeAliasRegistry;
   // typeHandler 注册机
   protected final TypeHandlerRegistry typeHandlerRegistry;

   public BaseBuilder(Configuration configuration) {
      this.configuration = configuration;
      this.typeAliasRegistry = this.configuration.getTypeAliasRegistry();
      // 将配置的 typeHandler 注册到注册机中
      this.typeHandlerRegistry
        = this.configuration.getTypeHandlerRegistry();
   }

   ......

}
```

从源码可以知道，typeHandlerRegistry 对象实际就是 Configuration 单例的一个属性，所以可以通过 Configuration 单例得到 typeHandlerRegistry 对象，进而通过解析配置类获取开发者配置注册的 typeHandler。

至此我们了解了 MyBatis 是如何注册 typeHandler 的，它也是用类似的方法注册其他配置内容的。

8.1.1　构建 Configuration

在 SqlSessionFactory 的构建中，Configuration 是最重要的，它的作用如下。

- 保存配置文件中的内容，包括基础配置的 XML 和映射器 XML（或注解）。
- 初始化一些基础配置，比如 MyBatis 的别名等，一些重要的类对象（比如插件、映射器、Object 工厂、typeHandlers 对象等）。

- 提供单例，为后续构建 SessionFactory 服务提供配置的参数。
- 执行一些重要对象的初始化方法。

显然，Confinguration 不会是一个很简单的类，MyBatis 的配置信息都来自此。有兴趣的读者可以像分析 typeHandler 那样分析源码，你会发现，几乎所有的配置都可以在这里找到踪影。Confinguration 通过 XMLConfigBuilder 构建，它会读出所有 XML 配置的信息，然后把它们解析并保存在 Configuration 单例中。它会做如下内容的初始化。

- Properties（全局参数）
- typeAliases（别名）
- Plugins（插件）
- objectFactory（对象工厂）
- objectWrapperFactory（对象包装工厂）
- reflectionFactory（反射工厂）
- Settings（环境设置）
- Environments（数据库环境）
- databaseIdProvider（数据库标识）
- typeHandlers（类型转换器）
- Mappers（映射器）

它们都会以类似 typeHandler 注册的方式被存放到 Configuration 单例中，以便未来将其取出。这里最重要的内容是映射器，由于在插件中需要频繁访问它，因此它是本章中最为重要的内容之一，它也是 MyBatis 底层的基础，理解它将有利于理解 MyBatis 的底层运行原理，下一节我们会详细介绍它。

8.1.2 构建映射器的内部组成

由于插件需要频繁访问映射器的内部组成，因此很有必要单独研究一下映射器的内部组成，在使用插件前务必先掌握好本节内容，本节是本章的重点内容之一，也是 MyBatis 底层的基础内容之一。当 XMLConfigBuilder 解析 XML 时，会将每一个 SQL 和其配置的内容都保存起来，那么它是怎么保存的呢？

一般在 MyBatis 中一条 SQL 语句和与它相关的配置信息由 3 个部分组成，它们分别是 MappedStatement、SqlSource 和 BoundSql。

- MappedStatement 的作用是保存一个映射器节点（select|insert|delete|update）的内容。它是一个类，包括许多我们配置的 SQL、SQL 的 id、缓存信息、resultMap、parameterType、resultType、languageDriver 等重要内容。它还有一个重要的属性——sqlSource。MyBatis 通过读取它来获得某条 SQL 语句配置的所有信息。
- SqlSource 是提供 BoundSql 对象的地方，它是 MappedStatement 的一个属性。注意，它是一个接口，而不是一个实现类。对它而言有以下几个重要的实现类：DynamicSqlSource、ProviderSqlSource、RawSqlSource、StaticSqlSource。它的作用是根据上下文和参数解析生成需要的 SQL，比如第 7 章的动态 SQL 是采取了 DynamicSqlSource 配合参数解析后得到的，这个接口只定义了一个接口方法——getBoundSql(parameterObject)，使用它就可以得到一个 BoundSql 对象。

- BoundSql 是一个结果对象，也就是 SqlSource 通过对 SQL 和参数的联合解析得到的 SQL，BoundSql 就是 SQL 绑定参数的地方，它有 3 个常用的属性：sql、parameterObject 和 parameterMappings，稍后我们会讨论它。

这些类在 MyBatis 插件的应用中常常会使用到。虽然解析的过程比较复杂，但是在大部分情况下，并不需要理会解析和组装 SQL 的规则，这是因为大部分的插件只要做很小的变化就可以了，无须对它们进行大幅度修改，大幅度修改会导致大量的底层被重写。本章主要关注 BoundSql 对象，通过它便可以得到要执行的 SQL 和参数，通过 SQL 和参数可以增强 MyBatis 底层的功能。

有了上述分析，先来看看映射器的内部组成，如图 8-1 所示。

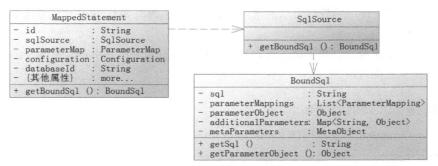

图 8-1 映射器的内部组成

注意，这里只列举了主要的属性和方法。MappedStatement 对象涉及的东西较多，一般我们不去修改它，因为容易产生不必要的错误。SqlSource 是一个接口，它的主要作用是根据参数和其他的规则组装 SQL（包括第 7 章的动态 SQL），这些都是很复杂的东西，好在 MyBatis 本身已经实现了它们，一般不需要去修改。最终的参数和 SQL 都反映在 BoundSql 类对象上，在插件中往往需要得到它，才可以得到当前运行的 SQL 和参数，从而对运行过程做出必要的修改，满足特殊的需求，这便是 MyBatis 插件提供的功能，这里的论述对 MyBatis 插件的开发是至关重要的。

由图 8-1 可知，BoundSql 会提供 3 个主要的属性：parameterMappings、parameterObject 和 sql。

（1）parameterObject 为参数本身，可以传递简单对象、POJO 或者 Map、@Param 注解的参数，它在插件中相当常用，我们有必要讨论它的一些规则。

- 传递基本数据的类型，包括 int、String、float、double 等。当传递 int 类型时，MyBatis 会把参数变为 Integer 对象传递，类似的 long、String、float、double 类型也是如此。
- 传递 POJO 或者 Map，parameterObject 就是传入的 POJO 或者 Map。
- 传递多个参数，如果没有@Param 注解，那么 MyBatis 会把 parameterObject 变为一个 Map<String,Object> 对象，其键值的关系是按顺序规划的，类似于 {"1":p1，"2":p2,"3":p3……,"param1":p1,"param2":p2,"param3":p3……}这样的形式，所以在编写时可以使用#{param1}或者#{1}引用第一个参数。
- 使用@Param 注解，MyBatis 会把 parameterObject 也变为一个 Map<String, Object>对象，

类似于没有@Param 注解，只是把其数字的键值置换成@Param 注解键值。比如注解
@Param（"key1"）String p1、@Param（"key2"）int p2 和@Param（"key3"）Role p3，那
么 parameterObject 对象就是一个 Map<String, Object>，它的键值包含
{"key1":p1,"key2":p2,"key3":p3,"param1":p1,"param2": p2,"param3":p3}。

（2）parameterMappings 是一个 List，它的每一个元素都是 ParameterMapping 对象。对象会
描述参数，参数包括属性名称、表达式、javaType、jdbcType、typeHandler 等重要信息，一般不
需要改变它。通过它可以实现参数和 SQL 的结合，以便 PreparedStatement 能够通过它找到
parameterObject 对象的属性设置参数，使得程序能准确运行。

（3）sql 属性是书写在映射器里面的一条被 SqlSource 解析后的 SQL 语句。在大部分情况下
无须修改它，只是在使用插件时可以根据需要进行改写，改写 SQL 将是一件危险的事情，需要
考虑周全。

这些内容都很重要，如果不能掌握，那么会在插件开发中举步维艰，有需要的读者可以打
开源码通过调试加深理解。

8.1.3 构建 SqlSessionFactory

有了 Configuration 对象，构建 SqlSessionFactory 是很简单的，如下：

```
sqlSessionFactory
    = new SqlSessionFactoryBuilder().build(inputStream);
```

这句代码就构建了 SqlSessionFactory，而方法是 SqlSessionFactoryBuilder 的 build 方法，为
此我们再研究一下这个方法，其源码如下：

```
package org.apache.ibatis.session;
/**** imports ****/
public class SqlSessionFactoryBuilder {
   ......

   public SqlSessionFactory build(InputStream inputStream) {
      return build(inputStream, null, null);
   }

   ......

   public SqlSessionFactory build(InputStream inputStream,
         String environment, Properties properties) {
      try {
         // 解析 XML 配置文件
         XMLConfigBuilder parser
            = new XMLConfigBuilder(inputStream, environment, properties);
         // parser.parse()生成 Configuration 对象，用来构建 SqlSessionFactory
         return build(parser.parse());
      } catch (Exception e) {
         throw ExceptionFactory
            .wrapException("Error building SqlSession.", e);
      } finally {
         ErrorContext.instance().reset();
         try {
            inputStream.close();
         } catch (IOException e) {
```

```
            // Intentionally ignore. Prefer previous error.
        }
      }
    }
    ......
  }
```

从加粗的代码中可以知道，MyBatis 会根据文件流生成 Configuration 对象，进而构建 SqlSessionFactory 对象。显然，真正的难点在于构建 Configuration 对象，所以我们关注的重点实际应该是 Configuration 对象，而不是 SqlSessionFactory 对象。

8.2 SqlSession 运行过程

SqlSession 的运行过程是本章的重点和难点，也是整个 MyBatis 机制中最难理解的部分，要掌握它，读者需要先理解第 3 章关于反射技术和动态代理的内容，尤其是 JDK 动态代理。有了 SqlSessionFactory 对象就可以轻易得到 SqlSession。SqlSession 也是一个接口，使用它并不复杂。它给出了查询、插入、更新、删除的方法，在旧版的 MyBatis 或 iBATIS 中会常常使用这些接口方法，在新版的 MyBatis 中建议使用 Mapper。无论如何，这些都是理解 MyBatis 底层运行的核心内容。

8.2.1 映射器的动态代理

在前面章节的代码中，我们可以频繁地看到这样获取映射器（Mapper）接口的代码：

```
RoleDao roleDao = sqlSession.getMapper(RoleDao.class);
```

先看看 MyBatis 的源码是如何实现 getMapper 方法的，如代码清单 8-3 所示。

代码清单 8-3：getMapper 方法

```
package org.apache.ibatis.session.defaults;
/**** imports ****/
public class DefaultSqlSession implements SqlSession {

  ......

  @Override
  public <T> T getMapper(Class<T> type) {
    return configuration.getMapper(type, this);
  }

  ......

}
```

显然，它运用到了 Configuration 对象的 getMapper 方法获取对应的接口对象，让我们追踪这个方法：

```
@Override
public <T> T getMapper(Class<T> type) {
  return configuration.getMapper(type, this);
}
```

它又运用了映射器的注册器 MapperRegistry 来获取对应的接口对象，于是我们再追踪它的源码，如代码清单 8-4 所示。

代码清单 8-4：MapperRegistry 源码

```java
package org.apache.ibatis.binding;

/**** imports ****/
public class MapperRegistry {
    ......

    @SuppressWarnings("unchecked")
    public <T> T getMapper(Class<T> type, SqlSession sqlSession) {
        final MapperProxyFactory<T> mapperProxyFactory
            = (MapperProxyFactory<T>) knownMappers.get(type);
        if (mapperProxyFactory == null) {
            throw new BindingException(
                "Type " + type + " is not known to the MapperRegistry.");
        }
        try {
            return mapperProxyFactory.newInstance(sqlSession);
        } catch (Exception e) {
            throw new BindingException("Error getting mapper instance. Cause: "
                + e, e);
        }
    }

    ......
}
```

首先它判断是否是已经注册过的 Mapper，如果不是则会抛出异常信息。如果是则会启用 MapperProxyFactory 生成一个代理实例，为此再追踪加粗代码的实现，如代码清单 8-5 所示。

代码清单 8-5：通过 MapperProxyFactory 生成代理对象

```java
package org.apache.ibatis.binding;

/**** imports ****/
public class MapperProxyFactory<T> {

    // Mapper 接口
    private final Class<T> mapperInterface;
    // 缓存方法
    private final Map<Method, MapperMethod> methodCache
        = new ConcurrentHashMap<>();

    public MapperProxyFactory(Class<T> mapperInterface) {
        this.mapperInterface = mapperInterface;
    }

    public Class<T> getMapperInterface() {
        return mapperInterface;
    }

    public Map<Method, MapperMethod> getMethodCache() {
        return methodCache;
    }

    // 构建代理对象
    @SuppressWarnings("unchecked")
```

```
    protected T newInstance(MapperProxy<T> mapperProxy) {
        return (T) Proxy.newProxyInstance(mapperInterface.getClassLoader(),
            new Class[] { mapperInterface }, mapperProxy);
    }

    // 构建代理对象
    public T newInstance(SqlSession sqlSession) {
        final MapperProxy<T> mapperProxy // methodCache 会缓存方法
            = new MapperProxy<>(sqlSession, mapperInterface, methodCache);
        return newInstance(mapperProxy);
    }

}
```

注意加粗的代码，Mapper 映射通过动态代理实现，从 newInstance(SqlSession)方法中，可以看出它也可以从缓存（methodCache）中获取方法逻辑，从而提高性能。这里可以看到动态代理对接口的绑定，它的作用是生成动态代理对象（占位），而代理的方法则被放到了 MapperProxy 类中。为此需要再探讨一下 MapperProxy 的源码，如代码清单 8-6 所示。

代码清单 8-6：MapperProxy.java 源码

```
package org.apache.ibatis.binding;
/**** imports ****/
public class MapperProxy<T> implements InvocationHandler, Serializable {
    ......

    @Override
    public Object invoke(Object proxy, Method method, Object[] args)
        throws Throwable {
        try {
            // 如果对象声明为类而非接口，就执行方法
            if (Object.class.equals(method.getDeclaringClass())) {
                return method.invoke(this, args);
            } else if (method.isDefault()) { // Java 8 之后的默认方法
                // Java 8 的默认接口方法
                if (privateLookupInMethod == null) {
                    return invokeDefaultMethodJava8(proxy, method, args);
                } else { // Java 9 之后的私有方法
                    return invokeDefaultMethodJava9(proxy, method, args);
                }
            }
        } catch (Throwable t) {
            throw ExceptionUtil.unwrapThrowable(t);
        }
        // 获取缓存的方法逻辑
        final MapperMethod mapperMethod = cachedMapperMethod(method);
        // 执行方法
        return mapperMethod.execute(sqlSession, args);
    }

    ......
}
```

可以看到这里的 invoke 方法逻辑。如果 Mapper 是一个 JDK 动态代理对象，它就会运行到 invoke 方法里面。invoke 首先判断 Mapper 是否是一个类，如果我们使用的 Mapper 是一个接口而不是类，那么显然会判定失败。然后判定 Mapper 是否是 Java 8 后的默认（default）接口方法，

如果是就对 Java 8 和 Java 9 进行版本区分，接下来，按相应版本执行方法。如果上述的情况都不是，就会从缓存中 MapperMethod 对象，它是通过 cachedMapperMethod 方法获取的。最后执行 execute 方法，把 SqlSession 和当前运行的参数传递进去。这样我们的关注点就到了 execute 方法，其源码如代码清单 8-7 所示。

代码清单 8-7：MapperMethod 的 execute 方法源码

```java
package org.apache.ibatis.binding;

/**** imports ****/
public class MapperMethod {

    ......

    public Object execute(SqlSession sqlSession, Object[] args) {
        Object result;
        switch (command.getType()) {
            case INSERT: { // insert 语句
                Object param = method.convertArgsToSqlCommandParam(args);
                result = rowCountResult(
                    sqlSession.insert(command.getName(), param));
                break;
            }
            case UPDATE: { // update 语句
                Object param = method.convertArgsToSqlCommandParam(args);
                result = rowCountResult(
                    sqlSession.update(command.getName(), param));
                break;
            }
            case DELETE: { // delete 语句
                Object param = method.convertArgsToSqlCommandParam(args);
                result = rowCountResult(sqlSession.delete(
                    command.getName(), param));
                break;
            }
            case SELECT: // select 语句
                if (method.returnsVoid() && method.hasResultHandler()) {
                    executeWithResultHandler(sqlSession, args);
                    result = null;
                } else if (method.returnsMany()) {
                    // 这里的方法很多，我们主要看这个 executeForMany 方法
                    result = executeForMany(sqlSession, args);
                } else if (method.returnsMap()) {
                    result = executeForMap(sqlSession, args);
                } else if (method.returnsCursor()) {
                    result = executeForCursor(sqlSession, args);
                } else {
                    Object param = method.convertArgsToSqlCommandParam(args);
                    result = sqlSession.selectOne(command.getName(), param);
                    if (method.returnsOptional()
                            && (result == null ||
                            !method.getReturnType().equals(result.getClass()))) {
                        result = Optional.ofNullable(result);
                    }
                }
                break;
            case FLUSH:
                result = sqlSession.flushStatements();
                break;
```

```
                default:
                    throw new BindingException(
                        "Unknown execution method for: " + command.getName());
            }
            if (result == null && method.getReturnType().isPrimitive()
                && !method.returnsVoid()) {
                throw new BindingException("Mapper method '" + command.getName()
                + "' attempted to return null from"
                + " a method with a primitive return type ("
                + method.getReturnType() + ").");
            }
            return result;
        }

        ......

        private <E> Object executeForMany(SqlSession sqlSession, Object[] args) {
            List<E> result;
            Object param = method.convertArgsToSqlCommandParam(args);
            if (method.hasRowBounds()) {
                RowBounds rowBounds = method.extractRowBounds(args);
                result = sqlSession.selectList(command.getName(), param, rowBounds);
            } else {
                result = sqlSession.selectList(command.getName(), param);
            }
            // issue #510 Collections & arrays support
            if (!method.getReturnType().isAssignableFrom(result.getClass())) {
                if (method.getReturnType().isArray()) {
                    return convertToArray(result);
                } else {
                    return convertToDeclaredCollection(
                        sqlSession.getConfiguration(), result);
                }
            }
            return result;
        }

        ......
    }
```

加粗的代码 MapperMethod 类采用命令模式运行，根据我们映射文件配置的 INSERT、UPDATE、DELETE 或者 SELECT 等跳转到各种方法中，这里只讨论 executeForMany 方法，因为这些方法都是大同小异的。实际上，源码就是通过 SqlSession 对象运行对象的 SQL 而已，其他的增、删、查、改也是类似的。

至此，相信大家已经知道 MyBatis 为什么只用 Mapper 接口便能运行了，因为 Mapper 的 XML 文件的命名空间对应的是这个接口的全限定名，而方法就是对应 SQL 的 id，这样 MyBatis 就可以根据全路径和方法名，将其和代理对象绑定起来。通过动态代理技术，让这个接口运行起来。在逻辑中采用命令模式，最后再使用 SqlSession 接口的方法使得它能够执行对应的 SQL。有了这层封装，就可以采用接口编程，这样的编程更为简单明了。

8.2.2　SqlSession 运行原理

从上述分析可以看出映射器接口实际就是动态代理对象，它会进入 MapperMethod 的 execute 方法，经过简单地判断进入 SqlSession 的 delete、update、insert、select 等方法，那么这些方法如何执行呢？这是我们需要讨论的内容，也是正确开发插件必须掌握的内容。

通过类的全限定名和方法名字就可以匹配到配置的 SQL，但是这并不是我们这节需要关心的细节，我们所要关注的是它底层的运行原理。实际上，SqlSession 是通过 Executor、StatementHandler、ParameterHandler 和 ResultSetHandler 完成数据库操作和结果返回的，在本书中我们把它们简称为**四大对象**。

- **Executor**：执行器。由它调度 StatementHandler、ParameterHandler、ResultSetHandler 等执行对应的 SQL，其中 StatementHandler 是最重要的。
- **StatementHandler**：数据库会话器。相当于 JDBC 的 Statement（PreparedStatement）执行操作，它是四大对象的核心，起到承上启下的作用，许多重要的插件都是通过拦截它实现的。
- **ParameterHandler**：SQL 参数的参数处理器。
- **ResultSetHandler**：结果集处理器。对 SQL 返回的结果集（ResultSet）进行处理返回，它相当复杂，好在我们不常用它。

下面依次分析这四大对象的生成和运作原理。

1. Executor

Executor 是一个执行器。SqlSession 其实是一个门面，真正干活的是执行器，它是一个执行 Java 和数据库交互的对象，所以它十分重要。MyBatis 中有 3 种类型的执行器，我们可以在 MyBatis 的配置文件中进行选择，具体请看 5.3 节中关于 settings 元素中 defaultExecutorType 属性的说明。

- SIMPLE——简易执行器，默认的执行器类型，它没有什么特别的地方。
- REUSE——它是一种能够执行重用预处理语句的执行器。
- BATCH——执行器重用语句和批量更新，批量专用的执行器。

执行器提供了查询（query）方法、更新（update）方法和相关的事务方法，这些和其他框架并无不同。先看看 MyBatis 是如何构建 Executor 的，这段代码在 Configuration 类当中，如代码清单 8-8 所示。

代码清单 8-8：Executor 的构建

```
// 默认类型为 SIMPLE
protected ExecutorType defaultExecutorType = ExecutorType.SIMPLE;

// 无类型构建 Executor，采用默认值
public Executor newExecutor(Transaction transaction) {
    return newExecutor(transaction, defaultExecutorType);
}

// 构建 Executor
public Executor newExecutor(Transaction transaction, ExecutorType executorType) {
    executorType = executorType == null ? defaultExecutorType : executorType;
    executorType = executorType == null ? ExecutorType.SIMPLE : executorType;
    Executor executor;
    // 区分类型构建 Executor
    if (ExecutorType.BATCH == executorType) {
        executor = new BatchExecutor(this, transaction);
    } else if (ExecutorType.REUSE == executorType) {
        executor = new ReuseExecutor(this, transaction);
```

```
    } else {
      executor = new SimpleExecutor(this, transaction);
    }
    // 是否启用 MyBatis 缓存
    if (cacheEnabled) {
      // 使用缓存机制包装 Executor
      executor = new CachingExecutor(executor);
    }
    // 织入插件拦截 Executor
    executor = (Executor) interceptorChain.pluginAll(executor);
    // 返回
    return executor;
}
```

MyBatis 将根据配置类型确定需要构建哪一种 Executor，如果启用缓存，那么还会用 CachingExecutor 对 Executor 进行包装。最后在方法返回结果前，我们还可以看到这样的一段代码：

```
// 织入插件拦截 Executor
executor = (Executor) interceptorChain.pluginAll(executor);
```

这就是织入 MyBatis 的插件的代码，它将会构建一层层的动态代理对象拦截 Executor 的执行。我们可以在调度真实的 Executor 方法前后执行插件的代码，这就是 MyBatis 插件的原理。这里暂时不再讨论插件的问题，而是先看看 Executor 具体方法的实现，我们以 SIMPLE 执行器（SimpleExecutor）的 doQuery 方法为例进行讲解，如代码清单 8-9 所示。

代码清单 8-9：SimpleExecutor 的 doQuery 方法源码分析

```
@Override
public <E> List<E> doQuery(MappedStatement ms,
      Object parameter, RowBounds rowBounds,
      ResultHandler resultHandler, BoundSql boundSql) throws SQLException {
  Statement stmt = null;
  try {
    Configuration configuration = ms.getConfiguration();
    // 构建 StatementHandler 对象
    StatementHandler handler
      = configuration.newStatementHandler(
          wrapper, ms, parameter, rowBounds, resultHandler, boundSql);
    // 预编译 SQL
    stmt = prepareStatement(handler, ms.getStatementLog());
    // 执行查询
    return handler.query(stmt, resultHandler);
  } finally { // 关闭 Statement 对象
    closeStatement(stmt);
  }
}

// 设置 SQL 参数
private Statement prepareStatement(
    StatementHandler handler, Log statementLog) throws SQLException {
  Statement stmt;
  Connection connection = getConnection(statementLog);
  // 设置超时时间
  stmt = handler.prepare(connection, transaction.getTimeout());
  // StatementHandler 设置 SQL 参数
```

```
        handler.parameterize(stmt);
        return stmt;
}
```

显然，MyBatis 根据 Configuration 构建 StatementHandler，然后使用 prepareStatement 方法，对 SQL 编译和参数进行初始化。其实现过程如下：

- 使用 StatementHandler 的 prepare 方法进行预编译和基础的设置；
- 使用 StatementHandler 的 parameterize 方法设置参数；
- 使用 StatementHandler 的 query 方法，把 ResultHandler 传递进去，使用它组织结果返回给调用者完成一次查询。

这样焦点又转移到了 StatementHandler 对象上，它是我们关注的核心内容。

2. StatementHandler

StatementHandler（数据库会话器）是专门处理数据库会话的。MyBatis 构建 StatementHandler 的方法也在类 Configuration 内，我们探索一下该方法的源码，如代码清单 8-10 所示。

代码清单 8-10：构建 StatementHander 对象

```
public StatementHandler newStatementHandler(
        Executor executor, MappedStatement mappedStatement,
        Object parameterObject, RowBounds rowBounds,
        ResultHandler resultHandler, BoundSql boundSql) {
    // 使用 RoutingStatementHandler 实例化 StatementHandler 接口
    StatementHandler statementHandler
        = new RoutingStatementHandler(executor, mappedStatement,
            parameterObject, rowBounds, resultHandler, boundSql);
    // 织入 MyBatis 插件
    statementHandler =
        (StatementHandler) interceptorChain.pluginAll(statementHandler);
    return statementHandler;
}
```

很显然，构建的真实对象是一个 RoutingStatementHandler 对象，它实现了接口 StatementHandler。和 Executor 一样，用代理对象做一层层封装。

RoutingStatementHandler 不是真实的服务对象，它通过组合模式根据类型找到对应的具体 StatementHandler 来执行逻辑。在 MyBatis 中，与 Executor 一样，RoutingStatementHandler 分为 3 种：SimpleStatementHandler、PreparedStatementHandler 和 CallableStatementHandler。它们对应 JDBC 的 Statement、PreparedStatement（预编译处理）和 CallableStatement（存储过程处理）。

在初始化 RoutingStatementHandler 对象时，它会根据上下文环境决定构建哪个具体的 StatementHandler 对象实例，这里可以参考 RoutingStatementHandler 的构造方法，如代码清单 8-11 所示。

代码清单 8-11：RoutingStatementHandler 的构造方法

```
public class RoutingStatementHandler implements StatementHandler {
    // 中间代理
    private final StatementHandler delegate;
    // 构造方法
    public RoutingStatementHandler(
            Executor executor, MappedStatement ms, Object parameter,
            RowBounds rowBounds,
```

```
          ResultHandler resultHandler, BoundSql boundSql) {
    // 判定类型，依照类型构建 StatementHandler 对象
    switch (ms.getStatementType()) {
        case STATEMENT: // 普通
            delegate = new SimpleStatementHandler(
                executor, ms, parameter, rowBounds, resultHandler, boundSql);
            break;
        case PREPARED: // 预编译
            delegate = new PreparedStatementHandler(
                executor, ms, parameter, rowBounds, resultHandler, boundSql);
            break;
        case CALLABLE: // 存储过程
            delegate = new CallableStatementHandler(
                executor, ms, parameter, rowBounds, resultHandler, boundSql);
            break;
        default: // 异常
            throw new ExecutorException("Unknown statement type: "
                + ms.getStatementType());
    }
  }
  ......
}
```

RoutingStatementHandler 中定义了一个对象的代理——delegate ，是一个 StatementHandler 接口对象，然后构造方法根据类型构建对应的 StatementHandler 对象。delegate 的作用是给 3 个不同的 StatementHandler 接口实现类提供一个统一且简易的代理，便于外部使用。

我们以最常用的 PreparedStatementHandler 为例，看看 MyBatis 是怎么执行查询的。从上述源码可以看出，Executor 执行查询时会调用 StatementHandler 的 prepare、parameterize 和 query 方法，其中 PreparedStatementHandler 的 prepare 方法来自它的父类——BaseStatementHandler，其源码如代码清单 8-12 所示。

代码清单 8-12：prepare 方法

```
public abstract class BaseStatementHandler implements StatementHandler {
    ......
    @Override
    public Statement prepare(Connection connection, Integer transactionTimeout)
        throws SQLException {
      ErrorContext.instance().sql(boundSql.getSql());
      Statement statement = null;
      try {
        // 实例化 Statement，比如设置主键，存储过程的游标
        statement = instantiateStatement(connection);
        // 设置超时
        setStatementTimeout(statement, transactionTimeout);
        // 限定获取的记录数
        setFetchSize(statement);
        return statement;
      } catch (SQLException e) {
        closeStatement(statement);
        throw e;
      } catch (Exception e) {
        closeStatement(statement);
        throw new ExecutorException(
            "Error preparing statement. Cause: " + e, e);
      }
    }
```

```
      ......
   }
```

instantiateStatement 方法对 SQL 进行了预编译，然后做一些基础配置，比如超时、游标和获取的最大记录数的设置。做完这步，Executor 中会调用 StatementHandler 的 parameterize 方法设置参数，如代码清单 8-13 所示。

代码清单 8-13：StatementHandler 设置参数（PreparedStatementHandler 源码节选）

```java
// 参数处理器（ParameterHandler）
protected final ParameterHandler parameterHandler;

......

@Override
public void parameterize(Statement statement) throws SQLException {
   parameterHandler.setParameters((PreparedStatement) statement);
}
```

代码中设置参数是通过调用 ParameterHandler 完成的，我们下节再来讨论具体是如何实现的，这里先看查询的 query 方法，它将执行 SQL 并返回结果，如代码清单 8-14 所示。

代码清单 8-14： query 方法执行的结果（PreparedStatementHandler 源码节选）

```java
public class PreparedStatementHandler extends BaseStatementHandler {
   ......

   // 结果集处理器
   protected final ResultSetHandler resultSetHandler;

   @Override
   public <E> List<E> query(Statement statement, ResultHandler resultHandler)
         throws SQLException {
      PreparedStatement ps = (PreparedStatement) statement;
      // 执行 SQL
      ps.execute();
      // 使用 ResultHandler 封装查询结果返回
      return resultSetHandler.handleResultSets(ps);
   }

   ......
}
```

在执行前，参数和 SQL 都被 prepare 方法预编译，参数在 parameterize 方法中已经进行了设置，所以只要执行 SQL，再返回结果就可以了。执行之后我们看到了 ResultSetHandler 对结果的封装和返回。

到这里，我们可以看到查询 SQL 的执行过程如下。

- Executor 调用 StatementHandler 的 prepare 方法预编译 SQL，同时设置一些基本的运行参数。
- Executor 调用 StatementHandler 的 parameterize 方法启用 ParameterHandler 设置参数，完成预编译。
- 如果是查询，那么 MyBatis 会使用 ResultSetHandler 封装结果返回给调用者。

至此，MyBatis 执行 SQL 的流程就比较清晰了，很多东西都已经豁然开朗。

3. ParameterHandler

MyBatis 是通过 ParameterHandler 对预编译语句进行参数设置的，它的作用是完成对预编译参数的设置，它的接口定义如代码清单 8-15 所示。

代码清单 8-15：ParameterHandler 接口定义

```java
package org.apache.ibatis.executor.parameter;
/**** imports ****/
public interface ParameterHandler {
    // 获取参数
    Object getParameterObject();

    // 预编译 SQL 参数
    void setParameters(PreparedStatement ps) throws SQLException;
}
```

对此接口定义的方法做一下说明：

- getParameterObject 方法的作用是返回 SQL 参数对象。
- setParameters 方法的作用是设置预编译 SQL 语句的参数。

MyBatis 为 ParameterHandler 提供了一个实现类 DefaultParameterHandler 的 setParameters 方法的实现，如代码清单 8-16 所示。

代码清单 8-16：setParameters 方法源码（PreparedStatementHandler 源码节选）

```java
@Override
public void setParameters(PreparedStatement ps) {
    ErrorContext.instance().activity("setting parameters")
        .object(mappedStatement.getParameterMap().getId());
    List<ParameterMapping> parameterMappings
        = boundSql.getParameterMappings();
    if (parameterMappings != null) {
        for (int i = 0; i < parameterMappings.size(); i++) { // 遍历参数
            ParameterMapping parameterMapping = parameterMappings.get(i);
            if (parameterMapping.getMode() != ParameterMode.OUT) {
                Object value;
                String propertyName = parameterMapping.getProperty();

                // issue #448 ask first for additional params
                // 附加参数处理，比如分页参数 BoundSql
                if (boundSql.hasAdditionalParameter(propertyName)) {
                    value = boundSql.getAdditionalParameter(propertyName);
                } else if (parameterObject == null) { // 参数为空
                    value = null;

                }
                // 判断是否配置了 typeHandler
                else if (typeHandlerRegistry
                        .hasTypeHandler(parameterObject.getClass())) {
                    value = parameterObject;
                } else { // 通过工具类 MetaObject 绑定参数
                    MetaObject metaObject
                        = configuration.newMetaObject(parameterObject);
                    value = metaObject.getValue(propertyName);
                }
                // typeHandler
                TypeHandler typeHandler = parameterMapping.getTypeHandler();
                JdbcType jdbcType = parameterMapping.getJdbcType();
```

```
        if (value == null && jdbcType == null) {
            jdbcType = configuration.getJdbcTypeForNull();
        }
        try {
            // 通过 typeHandler 设置参数
            typeHandler.setParameter(ps, i + 1, value, jdbcType);
        } catch (TypeException | SQLException e) {
            throw new TypeException(
                "Could not set parameters for mapping: "
                    + parameterMapping + ". Cause: " + e, e);
        }
      }
    }
  }
}
```

从代码中可以看到设置 SQL 的参数是从 parameterObject 对象中获取的，然后使用 typeHandler 转换参数，这里的 typeHandler 可以是参数配置的，也可以是 MyBatis 根据 jdbcType 和 javaType 自己推断出来的。在第 5 章，我们知道了多个 typeHandler 可以是 MyBatis 系统定义 好的，也可以是用户自定义的，只要把它们注册在 Configuration 的注册机里，需要时就可以直 接拿来用了，MyBatis 就是通过这样完成 SQL 参数预编译的。

4. ResultSetHandler

ResultSetHandler 是组装结果集返回的处理器，ResultSetHandler 的接口定义，如代码清单 8-17 所示。

代码清单 8-17：ResultSetHandler 接口源码

```
package org.apache.ibatis.executor.resultset;
/**** imports ****/
public interface ResultSetHandler {
    // 处理查询结果
    <E> List<E> handleResultSets(Statement stmt) throws SQLException;

// 处理存储过程游标结果
    <E> Cursor<E> handleCursorResultSets(Statement stmt) throws SQLException;

    // 处理存储过程输出参数
    void handleOutputParameters(CallableStatement cs) throws SQLException;

}
```

其中，handleCursorResultSets 方法是处理存储过程游标的，而 handleOutputParameters 方法 是处理存储过程输出参数的，暂时不必管它们。重点看一下 handleResultSets 方法，它是包装 结果集的。MyBatis 提供了一个 DefaultResultSetHandler 的实现类，在默认情况下结果集都是通 过这个类进行处理的。这个类实现有些复杂，因为它涉及使用 JAVASSIST（或者 CGLIB）实现 延迟加载，然后通过 typeHandler 和 ObjectFactory 组装结果返回。由于在实际工作中，需要改 变它的几率并不高，加上它比较复杂，因此就不再深入讨论它的原理了。

到这里大家对 SqlSession 通过 Mapper 进行查询的原理应该有一个比较清晰的认识了，而通 过 SqlSession 接口的查询、更新等方法也是类似的。至此，我们已经明白了 MyBatis 底层 SqlSession 的工作原理，这是学习插件运行的基础。

SqlSession 的运行原理十分重要，它是正确编写插件的基础，这里对一次查询或者更新进行总结，以加深读者对 MyBatis 内部运行原理的印象，SqlSession 内部运行原理如图 8-2 所示。

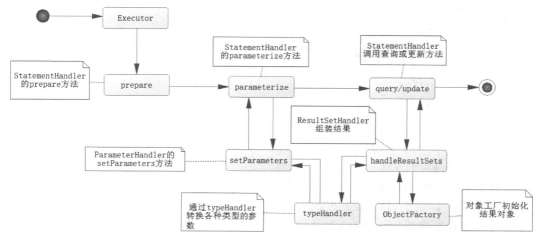

图 8-2　SqlSession 内部运行原理

SqlSession 是通过 Executor 调度 StatementHandler 运行的，所以 StatementHandler 是我们关注的核心内容。而 StatementHandler 包括三个方法。

- prepared 方法：预编译 SQL。
- parameterize 方法：设置 SQL 参数。
- query/update 方法：执行 SQL。

其中，parameterize 方法是 ParameterHandler 设置的，而具体的参数的转换是 typeHandler 处理的。query/update 方法通过 ResultSetHandler 封装，如果是 update 语句，则返回整数，否则通过 typeHandler 处理结果类型，然后用 ObjectFactory 提供的规则组装对象，返回给调用者。这便是 SqlSession 执行的过程，我们也清楚了四大对象是如何协作的，同时更好地理解了 typeHandler 和 ObjectFactory 在 MyBatis 中的应用。

第 **9** 章

插件

本章目标

1. 掌握插件接口的设计
2. 掌握插件初始化的过程
3. 重点掌握插件的代理和反射设计
4. 掌握插件工具类 MetaObject 的使用
5. 掌握插件的开发过程
6. 开发分页插件

第 8 章讨论了 Sqlsession 的四大对象（Executor、StatementHandler、ParameterHandler 和 ResultSetHandler，注意本书中谈到的四大对象就特指它们）的运行过程，在 Configuration 对象的构建方法里，MyBatis 用责任链封装它们。换句话说，在四大对象调度时插入代码执行一些特殊的要求，这便是 MyBatis 的插件技术。

使用插件就意味着修改 MyBatis 的底层封装，它给予我们灵活性的同时，给了我们毁灭 MyBatis 框架的可能性，操作不慎有可能摧毁 MyBatis 框架，只有掌握了 MyBatis 的四大对象的协作过程和插件的实现原理，才能构建出安全高效的插件，所以在第 8 章的基础上，我们在本章详细讨论插件的设计和使用。

万事开头难，我们从插件的基本概念开始讲解。再次提醒大家，插件很危险，能不使用尽量不要使用，不得不使用时请慎重使用。

9.1 插件接口

在 MyBatis 中使用插件，就必须实现接口（Interceptor），所以需要先理解它的定义和各个方法的作用。这里先看它的源码，如代码清单 9-1 所示。

代码清单 9-1：插件接口源码

```
package org.apache.ibatis.plugin;

import java.util.Properties;

public interface Interceptor {

    // 拦截逻辑，参数 invocation 为回调器
    Object intercept(Invocation invocation) throws Throwable;
```

```
    // 生成代理对象
    default Object plugin(Object target) {
        return Plugin.wrap(target, this);
    }

    // 设置初始化参数，默认为空实现
    default void setProperties(Properties properties) {
        // NOP
    }

}
```

在接口中，定义了 3 个方法，下面先阐述一下各个方法的作用。

- **intercept 方法**：它将直接覆盖拦截对象原有的方法，因此它是插件的核心方法。intercept 里面有个参数 Invocation 对象，通过它可以反射调度原来对象的方法，我们稍后会讨论它的设计和使用。

- **plugin 方法**：它的作用是给被拦截对象（参数 target）生成一个代理对象，并将代理对象返回。在 MyBatis 中提供了类 org.apache.ibatis.plugin.Plugin 的 wrap 静态方法（static）生成代理对象，一般情况下都使用这个静态方法生成代理对象，这里的接口默认方法也是这样做的，所以除非必要不要重写这个方法。当然也可以通过自定义实现，此时需要特别小心。

- **setProperties 方法**：允许在 MyBatis 配置文件中通过 plugin 元素配置所需参数，该方法在插件初始化时就被调用了一次，把插件对象存到配置中，以便后面取出。接口定义的默认方法为空实现。

这些方法组成了插件的骨架，由设计者告知骨架中方法的作用，并且屏蔽当中复杂的逻辑，这样的方法值得我们学习。

9.2 插件的初始化

插件的初始化是在 MyBatis 初始化时完成的，通过 XMLConfigBuilder 中的代码便可知道，如代码清单 9-2 所示。

代码清单 9-2：插件初始化

```
private void pluginElement(XNode parent) throws Exception {
    if (parent != null) {
        // 遍历插件元素配置
        for (XNode child : parent.getChildren()) {
            // 解析配置元素
            String interceptor = child.getStringAttribute("interceptor");
            Properties properties = child.getChildrenAsProperties();
            // 构建插件实例
            Interceptor interceptorInstance =
                (Interceptor) resolveClass(interceptor)
                    .getDeclaredConstructor().newInstance();
            // 调用插件接口定义的 setProperties 方法，设置配置参数
            interceptorInstance.setProperties(properties);
            // 把当前插件放入责任链中
            configuration.addInterceptor(interceptorInstance);
```

```
                }
            }
        }
```

在解析配置文件时，在 MyBatis 的上下文初始化过程中，该实例读入插件节点和配置的参数，同时使用反射技术生成对应的插件实例，然后调用插件中的 setProperties 方法设置参数，将插件实例保存到配置对象中，以便读取和使用它。插件的实例对象是一开始就被初始化的，而不是被用到时才初始化，当我们使用它时，直接拿出来就可以了，这样有助于其性能的提高。从最后一句代码中可以看到，插件最后被保存到 Configuration 对象中，我们再来看看插件在 Configuration 对象中是如何被保存的，如代码清单 9-3 所示。

代码清单 9-3：将插件放入责任链中（Configuration.java）

```
// 插件责任链
protected final InterceptorChain interceptorChain = new InterceptorChain();

......

// 添加插件
public void addInterceptor(Interceptor interceptor) {
    // 放入责任链中
    interceptorChain.addInterceptor(interceptor);
}
```

interceptorChain 在 Configuration 里面是一个属性，它可以存放多个插件。它里面有个 addInterceptor 方法，如代码清单 9-4 所示。

代码清单 9-4：将插件放入责任链中（Configuration.java）

```
package org.apache.ibatis.plugin;

/**** imports ****/

public class InterceptorChain {
    // List 对象，用于存放插件
    private final List<Interceptor> interceptors = new ArrayList<>();

    ......
    // 添加插件
    public void addInterceptor(Interceptor interceptor) {
        interceptors.add(interceptor);
    }
}
```

显然，完成初始化的插件被保存在这个 List 对象里面等待被取出使用。

9.3　插件的代理和反射设计

插件用的是责任链模式，不熟悉责任链的读者可以参考本书 3.2.4 节关于责任链模式的讲解，MyBatis 的责任链是由 interceptorChain 定义的，在第 8 章 MyBatis 构建执行器（Executor）时用到过如下代码：

```
executor = (Executor) interceptorChain.pluginAll(executor);
```

不妨看看 pluginAll 方法是如何实现的，如代码清单 9-5 所示。

代码清单 9-5：InterceptorChain 中的 pluginAll 方法

```
// List 对象，用于存放插件
private final List<Interceptor> interceptors = new ArrayList<>();

public Object pluginAll(Object target) {
    // 遍历插件责任链
    for (Interceptor interceptor : interceptors) {
        // 生成带来对象，拦截插件对象
      target = interceptor.plugin(target);
    }
    return target;
}
```

代码中 interceptors 存放的是插件列表，pluginAll 方法的参数 target 是目标对象，它是四大对象中的一个。如果存在插件，那么将目标对象传递给第一个插件的 plugin 方法，然后返回一个代理，再将第一个代理对象传递给第二个插件的 plugin 方法，返回第一个代理对象的代理……以此类推，有多少个插件就生成多少个代理对象，每一个插件都可以拦截到目标对象，这样就可以在目标对象运行前后通过插件织入自己的逻辑了。其实读者只要认真阅读 MyBatis 的源码，就可以发现 MyBatis 的四大对象也是这样处理的。

自己编写代理类工作量很大，为此 MyBatis 中提供了一个常用的工具类，用来生成代理对象，它便是 Plugin 类，在代码清单 9-1 中也可以看到它的使用。Plugin 类实现了 InvocationHandler 接口，采用的是 JDK 的动态代理，这个类的两个方法十分重要，如代码清单 9-6 所示。

代码清单 9-6：MyBatis 提供生成代理对象的 Plugin 类

```
package org.apache.ibatis.plugin;
/**** imports ****/
public class Plugin implements InvocationHandler {
    // 被拦截对象（四大对象中的一个）
    private final Object target;
    // 插件对象
    private final Interceptor interceptor;
    // 签名 Map
    private final Map<Class<?>, Set<Method>> signatureMap;

    ......


    // 构建代理对象，为织入插件逻辑奠定基础
    public static Object wrap(Object target, Interceptor interceptor) {
        Map<Class<?>, Set<Method>> signatureMap = getSignatureMap(interceptor);
        Class<?> type = target.getClass();
        // 在签名下过滤接口
        Class<?>[] interfaces = getAllInterfaces(type, signatureMap);
        if (interfaces.length > 0) { // 存在接口
            // 构建代理对象，并指定代理逻辑为当前类的 invoke 方法
            return Proxy.newProxyInstance(
                type.getClassLoader(),
                interfaces,
                new Plugin(target, interceptor, signatureMap));
        }
        return target;
```

```
    }

    // 代理逻辑方法
    @Override
    public Object invoke(Object proxy, Method method, Object[] args)
        throws Throwable {
        try {
            // 判定签名方法
            Set<Method> methods = signatureMap.get(method.getDeclaringClass());
            if (methods != null && methods.contains(method)) {
                // 反射目标对象（被代理对象）方法
                return interceptor.intercept(
                    new Invocation(target, method, args)); // ①
            }
            // 反射目标对象（被代理对象）方法
            return method.invoke(target, args);
        } catch (Exception e) {
            throw ExceptionUtil.unwrapThrowable(e);
        }
    }

    ......
}
```

我们看到它使用 JDK 动态代理技术实现了 InvocationHandler 接口，其中，静态 wrap 方法生成这个对象的动态代理对象。

再看 invoke 方法。如果使用 Plugin 类为插件生成代理对象，代理对象在调用方法时就会进入 invoke 方法。在 invoke 方法中，如果存在签名的拦截方法，插件的 intercept 方法就会在这里调用，然后返回结果。如果不存在签名方法，就直接反射调度要执行的方法。

加粗的代码①把目标对象（target）、反射方法（method）及其参数（args）都传递给了 Invocation 类的构造方法，用以生成一个 Invocation 类对象，Invocation 类中有一个 proceed 方法，如代码清单 9-7 所示。

代码清单 9-7：Invocation 源码

```
package org.apache.ibatis.plugin;

import java.lang.reflect.InvocationTargetException;
import java.lang.reflect.Method;

public class Invocation {

    private final Object target; // 目标对象
    private final Method method; // 方法
    private final Object[] args; // 参数

    // 构造方法
    public Invocation(Object target, Method method, Object[] args) {
        this.target = target;
        this.method = method;
        this.args = args;
    }

    /**** getter方法 ****/

    public Object proceed()
```

```
        throws InvocationTargetException, IllegalAccessException {
    // 反射目标对象的方法
    return method.invoke(target, args);
    }

}
```

从源码可以知道，proceed 方法是通过反射的方式调度目标对象的真实方法的。假设有 n 个插件，第一个插件传递的参数是四大对象本身，然后调用一次 wrap 方法产生第一个代理对象，这里的反射就是四大对象的真实方法。如果有第二个插件，那么它会将第一个代理对象传递给 wrap 方法，生成第二个代理对象，这里的反射指第一个代理对象的 invoke 方法，以此类推直至最后一个代理对象。如果每一个代理对象都会调用 proceed 方法，那么最后四大对象的方法也会被调用，只是它会从最后一个代理对象的 invoke 方法运行到第一个代理对象的 invoke 方法，直至四大对象的真实方法。

注意使用多个插件的情况，它是按照什么样的顺序执行的呢？由于使用了责任链模式，所以这里需要分两层来谈，而分层的依据是被拦截对象（四大对象中的一个）的方法，我们需要分在它之前和之后来谈。在调用被拦截对象真实方法之前，由于是先从最后一个插件开始执行的，所以先执行最后一个代理插件 proceed 方法之前的代码，然后执行前一个插件 proceed 方法之前的代码，以此类推直至到非代理对象（四大对象中的一个）真实方法被调用。当执行被拦截对象方法后，就会依次开始执行第一个插件 proceed 方法后的代码、第二个插件 proceed 方法后的代码……直到最后一个插件 proceed 方法后的代码，其顺序原理可以参考 3.2.4 节的内容。

在大部分情况下，使用 MyBatis 的 Plugin 类生成代理对象已经足够，如果需要自己写规则，且不用这个类生成代理对象的方式，那么开发者必须慎之又慎，因为它将覆盖 MyBatis 的底层方法。

9.4 常用的工具类——MetaObject

在编写插件之前我们要学习一个 MyBatis 的工具类——MetaObject，它可以有效读取或者修改一些重要对象的属性。在 MyBatis 中，四大对象提供的 public 设置参数的方法很少，难以通过其自身得到相关的属性信息，但是有了 MetaObject 这个工具类就可以通过它来读取或者修改这些重要对象的属性。在 MyBatis 插件中它是一个十分常用的工具类。

工具类 MetaObject 有 3 个方法。

- **MetaObject forObject(Object object,ObjectFactory objectFactory,ObjectWrapperFactory objectWrapperFactory)** 方法：用于包装对象，以便读写对象的属性。这个方法已经不再使用了，而是用 MyBatis 提供的 SystemMetaObject.forObject(Object obj)。
- **Object getValue(String name)** 方法：用于获取对象属性值，支持 OGNL。
- **void setValue(String name,Object value)** 方法：用于修改对象属性值，支持 OGNL。

MyBatis 对象，四大对象大量使用了这个类进行包装，因此可以通过它读取四大对象的属性值，也可以给一些属性重新赋值从而满足我们的需要。

例如，拦截 StatementHandler 对象可以通过 MetaObject 提供的 getValue 方法获取当前执行的 SQL 及其参数，然后通过 MetaObject 的 setValue 方法修改参数值，只是在此之前要通过

SystemMetaObject.forObject(statementHandler)将 StatementHandler 对象绑定为一个 MetaObject 对象，如代码清单 9-8 所示。

代码清单 9-8：在插件下修改运行参数

```
StatementHandler statementHandler = (StatementHandler) invocation.getTarget();
// 通过 MetaObject 绑定对象
MetaObject metaStatementHandler
    = SystemMetaObject.forObject(statementHandler);

/* 分离代理对象链（目标类可能被多个插件拦截，
 从而形成多次代理，通过循环可以分离出最原始的目标类） */
while (metaStatementHandler.hasGetter("h")) {
    Object object = metaStatementHandler.getValue("h");
    metaStatementHandler = SystemMetaObject.forObject(object);
}

// 获取当前调用的 SQL
String sql = (String) metaStatementHandler
    .getValue ("delegate.boundSql.sql"); // ①
/*
* 判断 SQL 是否是 select 语句，如果不是 select 语句，则不需要处理。
* 如果是，则修改它，最多返回 1000 行，这里用的是 MySQL 数据库，
* 其他数据库要改写成其他的形式 */
if (sql != null && sql.toLowerCase().trim().indexOf("select") == 0) {
    //通过 SQL 重写来实现，这里起了一个奇怪的别名，避免与表名重复
    sql = "select * from (" + sql + ") $_$limit_$table_ limit 1000";
    metaStatementHandler.setValue("delegate.boundSql.sql", sql); // ②
}
```

从第 8 章可以知道，拦截的 StatementHandler 实际是 RoutingStatementHandler 对象，它的 delegate 属性才是真实服务的 StatementHandler，真实的 StatementHandler 有一个属性 boundSql，它下面又有一个属性 sql，所以才有了代码①处路径"delegate.boundSql.sql"的写法。通过这个路径可以获取或者修改对应运行时的 SQL，比如代码②处就是进行改写，通过这样，就可以限制所有查询的 SQL 都只能至多返回 1000 行记录。

由此可见，我们必须掌握 8.1.2 节关于映射器的内部构成，才能准确地在插件中使用这个类，来获取或改变 MyBatis 内部对象的一些重要的属性值，这对编写插件是非常重要的。

9.5 插件开发过程和实例

有了对插件的理解，再学习插件的运用就简单多了。例如，开发一个互联网项目需要限制每一条 SQL 语句返回数据的行数。限制的行数需要是个可配置的参数，业务可以根据自己的需要去配置。这样很有必要，因为大型互联网系统一旦同时传输大量数据就很容易造成卡顿或者网络传输问题，在 MyBatis 中可以通过插件修改 SQL 控制它。

9.5.1 确定需要拦截的签名

MyBatis 允许拦截四大对象中的任意一个对象，而通过 Plugin 源码，我们也看到了需要先注册签名才能使用插件。在所有工作之前要确定需要拦截的对象，才能进一步确定需要配置什么样的签名，进而完成拦截的方法逻辑。

1．确定需要拦截的对象

首先要根据插件功能来确定需要拦截什么对象，在 MyBatis 的插件机制里面，只可以拦截四大对象，因此我们需要先了解四大对象的作用。

- **Executor**：它的方法包含执行 SQL 的全过程，包括组装参数、组装结果集返回和执行 SQL 过程，因此方法粒度较大，定位不到细节，一般不对其进行拦截。根据是否启动缓存参数，决定是否使用 CachingExecutor 进行封装，这是拦截执行器时需要我们注意的地方。
- **StatementHandler**：将执行 SQL 的过程分解为数个方法，我们可以拦截其中的方法进行一定的改造（最常用的是插件），并按自己的需要织入对应的逻辑。
- **ParameterHandler**：它主要是执行 SQL 的参数组装，拦截它并重写可以修改组装参数规则。
- **ResultSetHandler**：它的作用是执行结果的组装，拦截它可修改组装结果的规则。

这里要拦截的是 StatementHandler 对象，因为我们需要在预编译 SQL 之前修改 SQL，并设置限制参数，这样才能使得结果返回数量被限制。

2．拦截方法和参数

当确定了拦截对象后，接下来就要确定拦截的方法及方法的参数了，这些都是在理解了 MyBatis 四大对象运行原理的基础上才能确定的。

查询的过程是通过 Executor 调度 StatementHandler 完成的。调度 StatementHandler 的 prepare 方法预编译 SQL，于是要拦截的方法便是 prepare 了，在此之前重新编写 SQL。先看看 StatementHandler 接口的定义，如代码清单 9-9 所示。

代码清单 9-9：StatementHandler 接口的定义

```java
package org.apache.ibatis.executor.statement;
/**** imports ****/
public interface StatementHandler {

    // 预编译 SQL
    Statement prepare(Connection connection, Integer transactionTimeout)
        throws SQLException;

    // 设置参数
    void parameterize(Statement statement)
        throws SQLException;

    // 批量
    void batch(Statement statement)
        throws SQLException;

    // 更新
    int update(Statement statement)
        throws SQLException;

    // 查询
    <E> List<E> query(Statement statement, ResultHandler resultHandler)
        throws SQLException;

    // 存储过程游标查询
```

```
<E> Cursor<E> queryCursor(Statement statement)
        throws SQLException;
// 获取 BoundSql
BoundSql getBoundSql();

// 获取参数处理器
ParameterHandler getParameterHandler();

}
```

以上的任何方法都可以拦截。对于 prepare 方法有两个参数，分别是 Connection 对象和一个超时整数，因此按代码清单 9-10 的方法来设计拦截器。

代码清单 9-10：确定插件签名

```
package com.learn.ssm.chapter9.plugin;
/**** imports ****/
@Intercepts({
@Signature(type = StatementHandler.class, // 拦截对象
    method = "prepare",  // 拦截方法
    args = { Connection.class, Integer.class } // 拦截方法参数
) })
public class MyPlugin implements Interceptor {
    ......
}
```

其中，注解@Intercepts 标注它是一个拦截器；注解@Signature 是注册拦截器签名的地方，只有签名满足条件才会拦截；type 是拦截对象类型，可以是四大对象中的一个，这里是 StatementHandler；method 代表要被拦截的对象的某一种接口方法；args 则表示该方法的参数，要根据拦截对象的方法参数设置。

9.5.2　实现拦截方法

有了上面的原理分析，我们来看一个最简单的插件实现方法，如代码清单 9-11 所示，详细的分析都已经在代码中注释，请认真阅读。

代码清单 9-11：实现插件拦截方法

```
package com.learn.ssm.chapter9.plugin;

import java.sql.Connection;
import java.util.Properties;
import org.apache.ibatis.executor.statement.StatementHandler;
import org.apache.ibatis.plugin.Interceptor;
import org.apache.ibatis.plugin.Intercepts;
import org.apache.ibatis.plugin.Invocation;
import org.apache.ibatis.plugin.Plugin;
import org.apache.ibatis.plugin.Signature;
import org.apache.ibatis.reflection.MetaObject;
import org.apache.ibatis.reflection.SystemMetaObject;
import org.apache.log4j.Logger;

@Intercepts({
    @Signature(type = StatementHandler.class, // 拦截对象
        method = "prepare",  // 拦截方法
        args = { Connection.class, Integer.class } // 拦截方法参数
```

```java
) })
public class MyPlugin implements Interceptor {

    private Logger log = Logger.getLogger(MyPlugin.class);
    private Properties props = null;

    /**
     *  插件方法，它将代替 StatementHandler 的 prepare 方法
     *
     * @param invocation 入参
     * @return 返回预编译后的 PreparedStatement.
     * @throws Throwable 异常
     */
    @Override
    public Object intercept(Invocation invocation) throws Throwable {
        StatementHandler statementHandler
            = (StatementHandler) invocation.getTarget();
        // 进行绑定
        MetaObject metaStatementHandler
            = SystemMetaObject.forObject(statementHandler);
        Object object = null;
        /*
         * 分离代理对象链（目标类可能被多个拦截器 [插件] 拦截，
         * 从而形成多次代理，通过循环可以分离出最原始的目标类）
         */
        while (metaStatementHandler.hasGetter("h")) {
            object = metaStatementHandler.getValue("h");
            metaStatementHandler = SystemMetaObject.forObject(object);
        }
        statementHandler = (StatementHandler) object;
        String sql
            = (String) metaStatementHandler.getValue("delegate.boundSql.sql");
        Long parameterObject = (Long) metaStatementHandler
                .getValue("delegate.boundSql.parameterObject");
        log.info("执行的 SQL：【" + sql + "】");
        log.info("参数：【" + parameterObject + "】");
        log.info("before ......");
        /* 如果当前代理的是一个非代理对象，
         * 它就会调用真实拦截对象的方法
         * 如果不是，它就会调度下个插件代理对象的 invoke 方法 */
        Object obj = invocation.proceed();
        log.info("after ......");
        return obj;
    }

    /**
     * 生成代理对象
     *
     * @param target 被拦截对象
     * @return 代理对象
     */
    @Override
    public Object plugin(Object target) {
        // 采用系统默认的 Plugin.wrap 方法生成
        return Plugin.wrap(target, this);
    }

    /**
     * 设置参数，当 MyBatis 初始化时，就会生成插件实例，并且调用这个方法
```

```
    *
    * @param props 配置参数
    */
@Override
public void setProperties(Properties props) {
    this.props = props;
    log.info("dbType = " + this.props.get("dbType"));
}
}
```

这个插件从代理对象中分离出拦截对象，因为被拦截对象是通过层层代理封装的，所以这里使用了循环进行层层分离。分离出来后，再通过工具类 MetaObject 获取要执行的 SQL 和参数，并且在反射方法之前和之后分别打印 before 和 after，这就意味着可以在方法前或方法后执行特殊的代码，以满足特殊要求。具体的逻辑已经在代码中的注释中进行了说明，请自行参考。需要指出，plugin 方法是可以删去的，因为在代码清单 9-1 中，接口定义的时候已经为我们提供了默认的实现方法，这里为了兼顾旧版本，笔者将其展示出来，并说明了它的作用。

9.5.3 配置和运行

插件要在 MyBatis 配置文件里配置才能使用，如代码清单 9-12 所示。请注意 plugins 元素在 MyBaits 配置文件中的顺序，配错了顺序系统就会报错。

代码清单 9-12：配置插件

```xml
<plugins>
    <plugin interceptor="com.learn.ssm.chapter9.plugin.MyPlugin">
        <property name="dbType" value="mysql" />
    </plugin>
</plugins>
```

这个时候，我们使用 MyBatis 执行一条 SQL 语句：

```xml
<select id="getRole" parameterType="long" resultType="role">
    select id, role_name as roleName, note from t_role where id = #{id}
</select>
```

将日志级别修改为 DEBUG，于是可以得到类似这样的日志：

```
 INFO 2019-11-30 14:16:06,971 com.learn.ssm.chapter9.plugin.MyPlugin: dbType =
mysql # ①
......
DEBUG 2019-11-30 14:16:07,121 org.apache.ibatis.transaction.jdbc.JdbcTransaction:
Opening JDBC Connection
DEBUG 2019-11-30 14:16:07,321
org.apache.ibatis.datasource.pooled.PooledDataSource: Created connection
99451533.
DEBUG 2019-11-30 14:16:07,321 org.apache.ibatis.transaction.jdbc.JdbcTransaction:
Setting autocommit to false on JDBC Connection
[com.mysql.jdbc.JDBC4Connection@5ed828d]
 INFO 2019-11-30 14:16:07,326 com.learn.ssm.chapter9.plugin.MyPlugin: 执行的 SQL:
【select id, role_name as roleName, note from t_role where id = ?】
 INFO 2019-11-30 14:16:07,326 com.learn.ssm.chapter9.plugin.MyPlugin: 参数:【1】
 INFO 2019-11-30 14:16:07,326 com.learn.ssm.chapter9.plugin.MyPlugin: before ......
# ②
DEBUG 2019-11-30 14:16:07,326 org.apache.ibatis.logging.jdbc.BaseJdbcLogger: ==>
```

```
Preparing: select id, role_name as roleName, note from t_role where id = ?
 INFO 2019-11-30 14:16:07,346 com.learn.ssm.chapter9.plugin.MyPlugin: after ......
# ③
DEBUG 2019-11-30 14:16:07,351 org.apache.ibatis.logging.jdbc.BaseJdbcLogger: ==>
Parameters: 1(Long)
DEBUG 2019-11-30 14:16:07,366 org.apache.ibatis.logging.jdbc.BaseJdbcLogger: <==
Total: 1
 INFO 2019-11-30 14:16:07,366 com.learn.ssm.chapter9.main.Chapter9Main:
role_name_1
```

注意日志①处，它最先被打印出来，这是因为插件的 setProperties 方法在 MyBatis 系统初始化时就已经执行了。再看日志②和③处，它们之间正是预编译 SQL，也就是 StatementHandler 的 prepare 方法的执行。从插件中打印的日志信息来看，我们编写和配置的插件已经织入成功了。

9.5.4　插件实例——分页插件

互联网网站的用户数量可能是几十万到上百万，如果没有分页，在高并发的情况下，传输如此多的数据，会造成网络瓶颈，导致整个服务站的性能低下，因此查询数据库分页必不可少。为了更好地掌握插件的原理，本节将完成一个分页插件实例。

在 MyBatis 中存在一个 RowBounds 用于分页，但它是基于第一次查询结果的再分页，也就是先让 SQL 查询出所有的记录，然后分页，显然性能不高。当然也可以使用两条 SQL 语句，一条用于当前页查询，另一条用于查询记录总数，但是如果每一个查询都如此，就会增加工作量。查询 SQL 往往存在一定规律，查询的 SQL 通过加入分页参数，可以查询当前页，查询的 SQL 也可以通过改造变为统计总数的 SQL。

MyBatis 分页插件的实现方式有很多种，下面笔者将讲述自己的实现方式。为了扩展性，定义一个分页参数的 POJO，通过它可以设置分页的各种参数，如代码清单 9-13 所示。

代码清单 9-13：定义分页参数 POJO

```
package com.learn.ssm.chapter9.param;

public class PageParams {
    // 当前页码
    private Integer page;
    // 每页限制条数
    private Integer pageSize;
    // 是否启动插件，如果不启动，则不分页
    private Boolean useFlag;
    // 是否检测页码的有效性，如果为true，则当页码大于最大页数时抛出异常
    private Boolean checkFlag;
    // 是否清除最后一个order by后面的语句
    private Boolean cleanOrderBy;
    // 总条数，插件会回填这个值
    private Integer total;
    // 总页数，插件会回填这个值
    private Integer totalPage;

    /**** setters and getters ****/
}
```

这里注释得比较清晰，需要强调的是，**total** 和 **totalPage** 这两个属性是插件需要回填的内容，这样当使用者使用这个分页 POJO 传递分页信息时，也可以通过这个分页 POJO 得到记录总数

和分页总数。

在 MyBatis 中可以传递单个参数，也可以传递多个参数，或者使用 Map。有了这些规律，定义只要满足下列条件之一，就可以启用分页参数（PageParams）。

- 传递单个 PageParams 或者其子对象。
- Map 中存在一个值为 PageParams 或者其子对象的参数。
- 在 MyBatis 中传递多个参数，但其中之一为 PageParams 或者其子对象。
- 传递单个 POJO 参数，这个 POJO 有一个属性为 PageParams 或者其子对象，且提供了 setter 和 getter 方法。

显然在这些条件下，使用插件的分页参数就十分简单了。我们要在分页插件中获取参数，并分离出这个分页参数。在 8.1.2 节对 BoundSql 的描述中，有对参数规则的描述，通过这些规则就可以分离出参数。

为了在编译 SQL 之前修改 SQL，且增加分页参数并计算出查询总条数。依据 MyBatis 运行原理，我们选择拦截 StatementHandler 的 prepare 方法，拦截方法签名，如代码清单 9-14 所示。

代码清单 9-14：拦截方法签名

```
@Intercepts({
    // 签名
    @Signature(
        type = StatementHandler.class, // 拦截对象
        method = "prepare",  // 拦截方法
        args = { Connection.class, Integer.class } // 方法参数
    )
})
```

在插件中有 3 个方法需要自己完成，其中的 plugin 方法，我们可以不再实现它，因为 MyBatis 的接口 Interceptor 已经提供了默认的实现方法，它使用了 Plugin 的 wrap 方法生成代理对象。当 PageParams 的 useFlag 属性为 false 时，也就是禁用此分页参数时，没有必要生成代理对象，毕竟使用代理会造成性能下降。setProperties 方法一方面给 PageParams 属性定义了默认值，另一方面，它可以接受来自 MyBatis 配置文件的 plugins 标签的配置参数，以满足不同项目的需要。setProperties 方法的实现也不是太难，如代码清单 9-15 所示。

代码清单 9-15：setProperties 方法

```
package com.learn.ssm.chapter9.plugin;

/**** imports ****/

@Intercepts({
    // 签名
    @Signature(
        type = StatementHandler.class, // 拦截对象
        method = "prepare",  // 拦截方法
        args = { Connection.class, Integer.class } // 方法参数
    )
})
public class PagePlugin implements Interceptor {
    /**
     * 插件默认参数，可配置默认值.
     */
```

```
private Integer defaultPage; // 默认页码
private Integer defaultPageSize;// 默认每页条数
private Boolean defaultUseFlag; // 默认是否启用插件
private Boolean defaultCheckFlag; // 默认是否检测页码参数
private Boolean defaultCleanOrderBy; // 默认是否清除最后一个 order by 后的语句

/**
 * 设置插件配置参数。
 *
 * @param props
 *               配置参数
 */
@Override
public void setProperties(Properties props) {
    // 从配置中获取参数
    String strDefaultPage // 默认页码
        = props.getProperty("default.page", "1");
    String strDefaultPageSize // 每页大小
        = props.getProperty("default.pageSize", "50");
    String strDefaultUseFlag // 是否启用分页参数
        = props.getProperty("default.useFlag", "false");
    String strDefaultCheckFlag // 是否检查页码正确性
        = props.getProperty("default.checkFlag", "false");
    String StringDefaultCleanOrderBy // 是否清除 order by 语句
        = props.getProperty("default.cleanOrderBy", "false");
    // 设置默认参数
    this.defaultPage = Integer.parseInt(strDefaultPage);
    this.defaultPageSize = Integer.parseInt(strDefaultPageSize);
    this.defaultUseFlag = Boolean.parseBoolean(strDefaultUseFlag);
    this.defaultCheckFlag = Boolean.parseBoolean(strDefaultCheckFlag);
    this.defaultCleanOrderBy
        = Boolean.parseBoolean(StringDefaultCleanOrderBy);
}
......
}
```

这里只是完成了代码清单 9-1 中接口定义的 setProperties 方法，而 plugin 方法则使用了默认方法。但是我们还没有实现插件的核心方法——intercept，所以后续的任务就是讨论它了。setProperties 方法用于给插件设置默认值，这些默认值可以通过配置文件改变，这样就方便使用者自定义参数了。

intercept 方法的实现有点难，不过没有关系，我们先给出实现代码，如代码清单 9-16 所示。

代码清单 9-16：实现 intercept 的方法

```
@Override
public Object intercept(Invocation invocation) throws Throwable {
    // 分离到真实拦截对象
    StatementHandler stmtHandler
        = (StatementHandler) getUnProxyObject(invocation.getTarget());
    // 绑定 MetaObject 工具类
    MetaObject metaStatementHandler
        = SystemMetaObject.forObject(stmtHandler);
    // 分离出即将要执行的 SQL 语句
    String sql
        = (String) metaStatementHandler.getValue("delegate.boundSql.sql");
    // 如果不是查询 SQL，则不分页放行
    if (!checkSelect(sql)) {
```

```
            return invocation.proceed();
        }
        BoundSql boundSql
            = (BoundSql) metaStatementHandler.getValue("delegate.boundSql");
        // 分离出参数
        Object parameterObject = boundSql.getParameterObject();
        // 判断是否存在分页参数
        PageParams pageParams = getPageParamsForParamObj(parameterObject);
         // 无法获取分页参数，不进行分页
        if (pageParams == null) {
            return invocation.proceed();
        }

        // 获取配置中是否启用分页功能
        Boolean useFlag = pageParams.getUseFlag() == null ?
            this.defaultUseFlag : pageParams.getUseFlag();
        if (!useFlag) { // 不使用分页插件
            return invocation.proceed();
        }
        // 获取相关分页参数
        Integer pageNum = pageParams.getPage() == null ?
            defaultPage : pageParams.getPage();
        Integer pageSize = pageParams.getPageSize() == null ?
            defaultPageSize : pageParams.getPageSize();
        Boolean checkFlag = pageParams.getCheckFlag() == null ?
            defaultCheckFlag : pageParams.getCheckFlag();
        Boolean cleanOrderBy = pageParams.getCleanOrderBy() == null ?
            defaultCleanOrderBy : pageParams.getCleanOrderBy();
        // 计算总条数
        int total
            = getTotal(invocation, metaStatementHandler, boundSql, cleanOrderBy);
        // 回填总条数到分页参数
        pageParams.setTotal(total);
        // 计算总页数
        int totalPage = total % pageSize == 0 ?
            total / pageSize : total / pageSize + 1;
        // 回填总页数到分页参数
        pageParams.setTotalPage(totalPage);
        // 检查当前页码的有效性
        checkPage(checkFlag, pageNum, totalPage);
        // 修改 SQL
        return preparedSQL(
            invocation, metaStatementHandler, boundSql, pageNum, pageSize);
    }
```

这里给出了大概的逻辑，也给出了清晰的注释，其中加粗的方法是后面需要详细讨论的。我们从责任链中分离出最原始的 StatementHandler 对象，使用的方法是 getUnProxyObject，如代码清单 9-17 所示。

代码清单 9-17：getUnProxyObject 方法

```
/**
 * 从代理对象中分离出真实对象
 *
 * @param ivt --Invocation 入参
 * @return 非代理 StatementHandler 对象
 */
private Object getUnProxyObject(Object target) {
```

```
MetaObject metaStatementHandler = SystemMetaObject.forObject(target);
/*
 * 分离代理对象链(目标类可能被多个拦截器拦截,
 * 从而形成多次代理, 通过循环可以分离出最原始的目标类)
 */
Object object = null;
// 可以分离出最原始的目标类
while (metaStatementHandler.hasGetter("h")) {
    object = metaStatementHandler.getValue("h");
    metaStatementHandler = SystemMetaObject.forObject(object);
}

if (object == null) {
    return target;
}
return object;
}
```

通过这个方法,可以把 JDK 动态代理责任链上原始的 StatementHandler 对象分离出来,然后在 intercept 方法中将 StatementHandler 对象通过工具类 MetaObject 绑定,这样就可以为后续通过它分离出当前执行的 SQL 和参数做准备了。在默认的情况下,插件是拦截所有类型 SQL 的,而分页是不需要拦截非查询(select)语句的,所以需要一个判断是否是查询语句的方法 checkSelect,如代码清单 9-18 所示。

代码清单 9-18:判断是否是查询语句

```
/**
 * 判断是否是查询 SQL 语句
 *
 * @param sql --当前执行 SQL
 * @return 是否是查询语句
 */
private boolean checkSelect(String sql) {
    String trimSql = sql.trim();
    int idx = trimSql.toLowerCase().indexOf("select");
    return idx == 0;
}
```

一旦判定当前 SQL 不是查询语句,intercept 方法中就不再拦截,而是直接推动责任链前进。如果当前 SQL 是查询语句,则拦截它,进入下一步——分离出分页参数 PageParams,如代码清单 9-19 所示。

代码清单 9-19:分离出分页参数

```
/**
 * * 分离出分页参数
 * @param parameterObject 执行参数
 * @return 分页参数
 * @throws Exception
 */
public PageParams getPageParamsForParamObj(Object parameterObject)
        throws Exception {
    PageParams pageParams = null;
    if (parameterObject == null) {
        return null;
    }
```

```
    // 处理 map 参数，多个匿名参数和@Param 注解参数，都是 map
    if (parameterObject instanceof Map) {
        @SuppressWarnings("unchecked")
        Map<String, Object> paramMap = (Map<String, Object>) parameterObject;
        Set<String> keySet = paramMap.keySet();
        Iterator<String> iterator = keySet.iterator();
        while (iterator.hasNext()) {
            String key = iterator.next();
            Object value = paramMap.get(key);
            if (value instanceof PageParams) {
                return (PageParams) value;
            }
        }
    } else if (parameterObject instanceof PageParams) { // 参数是或者继承 PageParams
        return (PageParams) parameterObject;
    } else { // 从 POJO 属性尝试读取分页参数
        Field[] fields = parameterObject.getClass().getDeclaredFields();
        // 尝试从 POJO 中获得类型为 PageParams 的属性
        for (Field field : fields) {
            if (field.getType() == PageParams.class) {
                PropertyDescriptor pd
                    = new PropertyDescriptor(
                        field.getName(), parameterObject.getClass());
                Method method = pd.getReadMethod();
                return (PageParams) method.invoke(parameterObject);
            }
        }
    }
    return pageParams;
}
```

这个分离分页参数的方法规则是依据 8.1.2 节的内容而来的。通过这个方法可以分离出分页参数，一旦分离失败，则返回 null，intercept 方法直接推动责任链前进结束方法。如果不为 null，则会分析这个分页参数，一旦这个参数配置了不启用插件，也会直接推动责任链前进结束方法。而分页参数可能填值，也可能不填值，如果不填值，则使用默认的配置，否则使用填值的内容。

计算出这条 SQL 语句能返回多少条记录，是插件的难点之一。首先，修改为总数的 SQL。其次，要为总数 SQL 设置参数，如代码清单 9-20 所示。

代码清单 9-20：计算 SQL 所能查询记录的总条数

```
/**
 * 获取总条数
 *
 * @param ivt - Invocation 入参
 * @param metaStatementHandler - statementHandler
 * @param boundSql 包装 SQL
 * @param cleanOrderBy 是否清除 order by 语句
 * @return sql 查询总数
 * @throws Throwable 异常
 */
private int getTotal(Invocation ivt, MetaObject metaStatementHandler,
        BoundSql boundSql, Boolean cleanOrderBy) throws Throwable {
    String mappedStatementPath = "delegate.mappedStatement";
    // 获取当前的 mappedStatement
    MappedStatement mappedStatement = (MappedStatement)
```

```
        metaStatementHandler.getValue(mappedStatementPath);
    // 配置对象
    Configuration cfg = mappedStatement.getConfiguration();
    // 当前需要执行的 SQL
    String sql
        = (String) metaStatementHandler.getValue("delegate.boundSql.sql");
    // 去掉最后的 order by 语句
    if (cleanOrderBy) {
        sql = this.cleanOrderByForSql(sql);
    }
    // 改写为统计总数的 SQL
    String countSql = "select count(*) as total from (" + sql + ") $_paging";
    // 获取拦截方法参数，根据插件签名，知道是 Connection 对象
    Connection connection = (Connection) ivt.getArgs()[0];
    PreparedStatement ps = null;
    int total = 0;
    try {
        // 预编译统计总数 SQL
        ps = connection.prepareStatement(countSql);

        // 构建统计总数 BoundSql
        BoundSql countBoundSql = new BoundSql(cfg, countSql,
            boundSql.getParameterMappings(), boundSql.getParameterObject());
        // 构建 MyBatis 的 ParameterHandler 用来设置总数 SQL 的参数
        ParameterHandler handler = new DefaultParameterHandler(mappedStatement,
            boundSql.getParameterObject(), countBoundSql);
        // 设置总数 SQL 参数
        handler.setParameters(ps);
        // 执行查询
        ResultSet rs = ps.executeQuery();
        while (rs.next()) {
            total = rs.getInt("total");
        }
    } finally {
        // 这里不能关闭 Connection，否则后续的 SQL 无法继续
        if (ps != null) {
            ps.close();
        }
    }
    return total;
}
```

首先，从 BoundSql 中分离出 SQL，通过分页参数判断是否需要去掉 order by 语句，如果要去掉，则删除，因为它会影响 SQL 的执行性能。然后，通过 StatementHandler 的 prepare 方法的参数（第一个是 Connection 对象，第二个是超时整数）获取数据库连接资源，使用 JDBC 的方法得到总条数，这里的难点是如何给总数 SQL 预编译参数。笔者修改了总数 SQL，但是 where 条件的参数和原有 SQL 的参数规则并没有改变。通过第 8 章的运行原理我们知道，SQL 参数是通过 ParameterHandler 设置的。在这里，我们使用总数的 SQL 构建了 BoundSql 和 ParameterHandler 对象，通过总数的 ParameterHandler 对象设置总数 SQL 的参数，这样就能执行总数 SQL，求出这条 SQL 所能查询出的总数后，将其返回。

求出了总数，就可以通过每页条数的限制求出总页数，并与总数一起回填到分页参数中。接下来判断当前页码是否合法，这里需要判断一个分页参数的属性——checkFlag，当它为 true 时，才会去判断，如代码清单 9-21 所示。

代码清单 9-21：判断当前页码的合法性

```
/**
 * 检查当前页码的有效性
 * @param checkFlag 检测标志
 * @param pageNum    当前页码
 * @param pageTotal 最大页码
 * @throws Throwable
 */
private void checkPage(Boolean checkFlag, Integer pageNum, Integer pageTotal)
        throws Throwable {
    if (checkFlag) {
        // 检查页码page 是否合法
        if (pageNum > pageTotal) {
            String msg = "查询失败，查询页码【" + pageNum + "】"
                    + "大于总页数【" + pageTotal + "】! ";
            throw new Exception(msg);
        }
    }
}
```

代码相对比较简单。首先通过分页参数中的 **checkFlag** 判断是否需要检查页码的有效性。当参数 checkFlag 为 true 时，如果当前页大于总页数，则抛出异常，程序不再继续，否则继续查询当前页。当参数 checkFlag 为 false 时，不再检测页码的合法性。

查询当前页需要修改原有的 SQL，并且加入 SQL 的分页参数，这样就很容易查询到分页数据，如代码清单 9-22 所示。

代码清单 9-22：修改当前 SQL 为分页 SQL，并预编译

```
/**
 * 预编译改写后的 SQL，并设置分页参数
 *
 * @param invocation 入参
 * @param metaStatementHandler MetaObject 绑定的 StatementHandler
 * @param boundSql boundSql 对象
 * @param pageNum 当前页
 * @param pageSize 最大页
 * @throws IllegalAccessException 异常
 * @throws InvocationTargetException 异常
 */
private Object preparedSQL(Invocation invocation,
        MetaObject metaStatementHandler, BoundSql boundSql,
        int pageNum, int pageSize) throws Exception {
    // 获取当前需要执行的 SQL
    String sql = boundSql.getSql();
    String newSql = "select * from (" + sql + ") $_paging_table limit ?, ?";
    // 修改当前需要执行的 SQL
    metaStatementHandler.setValue("delegate.boundSql.sql", newSql);
    /*
     * 推动责任链执行，相当于 StatementHandler 执行了 prepared()方法，
     * 这个时候，就剩下两个分页参数没有被设置
     */
    Object statementObj = invocation.proceed();
    // 设置两个分页参数
    this.preparePageDataParams(
            (PreparedStatement) statementObj, pageNum, pageSize);
    return statementObj;
```

```
    }

    /**
     * 使用 PreparedStatement 预编译两个分页参数,
     * 如果数据库的规则不一样,则改写设置的参数规则
     *
     * @throws SQLException
     * @throws NotSupportedException
     *
     */
    private void preparePageDataParams(PreparedStatement ps,
            int pageNum, int pageSize) throws Exception {
        /*
         * prepared()方法编译 SQL,由于 MyBatis 上下文没有分页参数的信息,
         * 所以这里需要设置这两个参数,获取需要设置的参数个数,
         * 由于参数是最后的两个,所以很容易得到其位置
         */
        int idx = ps.getParameterMetaData().getParameterCount();
        // 最后两个是分页参数
        ps.setInt(idx - 1, (pageNum - 1) * pageSize);// 开始行
        ps.setInt(idx, pageSize); // 限制条数
    }
```

先取出原有的 SQL,再改写为分页 SQL。分页 SQL 存在两个新的参数,第一个是偏移量,第二个是限制条数。注意,这两个参数在分页 SQL 最后的两个位置上,推动了责任链的执行,实际上就是调用了 StatementHandler 的 prepare 方法,这个方法的作用是预编译 SQL 的参数。我们添加了两个分页参数,调用了 StatementHandler 的 prepare 方法,并没有把这两个分页参数预编译在内,这就需要 preparePageDataParams 方法来完成这个任务了。在执行完 preparedSQL 方法后,就完成了查询总条数、总页数和分页 SQL 的编译,也就完成了整个过程。最后返回已经编译好的 PreparedStatement 对象,这样就设定了这个分页插件的逻辑。

为了使用这个分页插件,需要在 MyBatis 的配置文件中进行配置,如代码清单 9-23 所示。

代码清单 9-23:配置分页插件

```xml
<plugins>
    <plugin interceptor="com.learn.ssm.chapter9.plugin.PagePlugin">
        <!-- 默认页码 -->
        <property name="default.page" value="1" />
        <!-- 默认每页条数 -->
        <property name="default.pageSize" value="20" />
        <!-- 是否启动分页插件功能 -->
        <property name="default.useFlag" value="true" />
        <!-- 是否检查页码有效性,如果无效,则抛出异常 -->
        <property name="default.checkFlag" value="false" />
        <!-- 针对哪些含有 order by 的 SQL,
            是否去掉最后一个 order by 以后的 SQL 语句,提高性能 -->
        <property name="default.cleanOrderBy" value="false" />
    </plugin>
</plugins>
```

这样就可以在 MyBatis 中使用这个插件了。下面对一条在 MyBatis 中的 SQL 语句进行测试。

```xml
<select id="findRolesByPage" parameterType="string" resultType="role">
    select id, role_name as roleName, note from t_role
    where role_name like concat('%', #{roleName}, '%')
```

```
</select>
```

测试代码，如代码清单 9-24 所示。

代码清单 9-24：测试分页插件

```
// 日志
Logger log = Logger.getLogger(Chapter9Main.class);
SqlSession sqlSession = null;
try {
    // 获取 SqlSession
    sqlSession = SqlSessionFactoryUtils.openSqlSession();
    // 获取映射器（RoleDao）
    RoleDao roleDao = sqlSession.getMapper(RoleDao.class);
    PageParams pageParams = new PageParams();
    pageParams.setPage(2);
    pageParams.setPageSize(10);
    List <Role> roleList = roleDao.findRolesByPage(pageParams, "role_name_");
    log.info(roleList.size());
} finally { // 关闭 SqlSession
    if (sqlSession != null) {
        sqlSession.close();
    }
}
```

运行这段测试代码，可以看到这样的日志：

```
DEBUG 2019-12-01 22:41:18,756 org.apache.ibatis.transaction.jdbc.JdbcTransaction:
Opening JDBC Connection
DEBUG 2019-12-01 22:41:18,962
org.apache.ibatis.datasource.pooled.PooledDataSource: Created connection
2011986105.
DEBUG 2019-12-01 22:41:18,962 org.apache.ibatis.transaction.jdbc.JdbcTransaction:
Setting autocommit to false on JDBC Connection
[com.mysql.jdbc.JDBC4Connection@77ec78b9]
DEBUG 2019-12-01 22:41:18,971 org.apache.ibatis.logging.jdbc.BaseJdbcLogger: ==>
Preparing: select count(*) as total from (select id, role_name as roleName, note
from t_role where role_name like concat('%', ?, '%')) $_paging
DEBUG 2019-12-01 22:41:18,996 org.apache.ibatis.logging.jdbc.BaseJdbcLogger: ==>
Parameters: role_name_(String)
DEBUG 2019-12-01 22:41:19,001 org.apache.ibatis.logging.jdbc.BaseJdbcLogger: <==
Total: 1
DEBUG 2019-12-01 22:41:19,006 org.apache.ibatis.logging.jdbc.BaseJdbcLogger: ==>
Preparing: select * from (select id, role_name as roleName, note from t_role where
role_name like concat('%', ?, '%')) $_paging_table limit ?, ?
DEBUG 2019-12-01 22:41:19,006 org.apache.ibatis.logging.jdbc.BaseJdbcLogger: ==>
Parameters: 10(Integer), 10(Integer), role_name_(String)
DEBUG 2019-12-01 22:41:19,011 org.apache.ibatis.logging.jdbc.BaseJdbcLogger: <==
Total: 10
 INFO 2019-12-01 22:41:19,011 com.learn.ssm.chapter9.main.Chapter9Main: 10
DEBUG 2019-12-01 22:41:19,011 org.apache.ibatis.transaction.jdbc.JdbcTransaction:
Resetting autocommit to true on JDBC Connection
[com.mysql.jdbc.JDBC4Connection@77ec78b9]}
```

从加粗的日志中可以看到改写后的总数 SQL 和分页 SQL，以及被设置进去的分页参数，这表示分页参数已经工作了，但是看不到总条数和总页数。为了解决这个问题，笔者加入了断点调试。从图 9-2 中可以看到，总条数和总页数都已经被存放在分页参数中，因此使用这个插件就能通过一条 SQL 语句完成分页功能，从而给程序带来了便利。

分页插件是 MyBatis 最常用的插件，也是最为经典的插件，上面的例子需要对 MyBatis 运行原理及其内部实现有深入的理解才能完成。

```java
13  public class Chapter9Main {
14
15⊝     public static void main(String[] args) {
16          // 日志对象
17          Logger log = Logger.getLogger(Chapter9Main.class);
18          SqlSession sqlSession = null;
19          try {
20              // 获取SqlSession
21              sqlSession = SqlSessionFactoryUtils.openSqlSession();
22              // 获取映射器（RoleDao）
23              RoleDao roleDao = sqlSession.getMapper(RoleDao.class);
24              PageParams pageParams = new PageParams();
25              pageParams.setPage(2);
26              pageParams.setPageSize(10);
27              List <Role> roleList = roleDao.findRolesByPage(pageParams, "role_name_");
28              log.info(roleList.size());
29          } finally { // 关闭SqlSession
30              if (sqlSession != null) {
31                  sqlSession.close();
32              }
33          }
34      }
35  }
36
```

Name	Value
ᐳ ˣʸᵛ "roleList"	(id=27)
ᐯ ˣʸᵛ "pageParams"	(id=46)
▫ checkFlag	null
▫ cleanOrderBy	null
ᐳ ▫ page	Integer (id=55)
ᐳ ▫ pageSize	Integer (id=59)
ᐯ ▫ total	Integer (id=60)
ᵈᶠ value	21
ᐯ ▫ totalPage	Integer (id=61)
ᵈᶠ value	3
▫ useFlag	null
➕ Add new expression	

图 9-2　断点调试监控回填的分页参数信息

本章讲述了 MyBatis 最强大的，也是最危险的组件——插件，相信对 Java 初学者是极具挑战的。在结束本章前，笔者需要指出使用插件的 6 点注意事项。

- 插件是 MyBatis 最强大的组件，也是最危险的组件，能不用尽量少用它，如果要使用它需要特别小心。
- 插件生成的是层层代理对象的责任链模式，通过反射方法运行，性能不高，所以减少插件就能减少代理，从而提高系统性能。
- 插件的基础是 SqlSession 的四大对象和它们的协作，需要对四大对象的方法有较深入的理解，才能明确拦截什么对象、拦截什么方法及其参数，从而确定插件的签名，所以对应的源码是需要自己去研究的。
- 在插件中往往需要读取和修改 MyBatis 映射器中的对象属性，需要熟练掌握 8.1.2 节中关于 MyBatis 映射器内部组成的内容。
- 插件的代码编写要考虑全面，特别是当多个插件层层代理时，注意其执行顺序，还要保证前后逻辑的正确性。
- 所有插件都应该尽量少改动 MyBatis 底层内容，以减少错误发生的可能性。

第 3 部分

Spring 基础

第 **10** 章
Spring IoC 的概念

本章目标

1. 了解 Spring 的历史和发展概况
2. 掌握 Spring IoC 容器的功能和常用方法
3. 掌握 Spring IoC 的实现过程
4. 掌握 Spring Bean 的生命周期

从本章开始，我们学习 Spring 框架，Spring 框架可以说是 Java 世界最为成功的框架，在企业实际应用中，大部分的企业架构都基于 Spring 框架。它的成功来自理念，而不是技术，它最为核心的理念是 IoC（控制反转）和 AOP（面向切面编程），其中 IoC 是 Spring 的基础，而 AOP 则是其重要的功能，最为典型的当属数据库事务的使用。应该说 Spring 框架已经融入了 Java EE 开发的各个领域，目前没有任何书籍能描述 Spring 在 JavaEE 的所有应用，所以笔者只能介绍 Spring 的理念和思想以及那些最常用的应用。在此之前，让我们先来了解一下 Spring 框架的历史和作用。

10.1 Spring 概述

Spring 从 2004 年发布第一个版本至今已经十多年了。Spring 的出现是因为当时 SUN 公司 EJB 的失败，尤其是在 EJB2 的时代，EJB2 需要许多配置文件，还需要配合很多抽象概念才能运用。虽然 EJB3 解决了配置方面的冗余问题，但是对于 Java EE 开发来说，更为致命的是 EJB 对 EJB 容器的依赖，也就是 EJB 只能运行在 EJB 容器中。EJB 容器的笨重，给一些企业应用带来了困难，企业更喜欢轻量级、容易开发和测试的环境。而在 EJB 开发中，需要选择 EJB 容器（比如 WildFly、WebSphere、Glassfish、WebLogic 等），然后通过这些 EJB 容器发布 Bean，应用则可以通过 EJB 容器获得对应的 Bean 接口调用 EJB。

这一方式存在两方面的问题。首先，它比较缓慢，从容器中得到 Bean 需要执行大量的远程调用、反射、代理、序列化和反序列化等复杂步骤，对开发者的理解能力是一大挑战。其次，它对 EJB 容器依赖比较重，难以达到快速开发和测试的目的，测试人员需要部署和跟踪 EJB 容器。所以，EJB2 和 EJB3 都在短暂的繁荣后迅速走向了没落。

EJB 的没落造就了 Spring 的兴起。在 Spring 中，一切 Java 类都是资源，而资源都是 Bean，容纳这些 Bean 的是 Spring 提供的 IoC 容器，所以 Spring 是一种基于 Bean 的编程。Spring 是由一位澳大利亚的工程师——Rod Johnson（看学历应该说他是一位音乐专家，因为他是音乐博士学位）提出的，它深刻地改变了 Java 开发世界，迅速地使 Spring 取代 EJB 成为实际的开发标准。那么 Spring 做到了什么呢？Rod Johnson 当初的描述如下（节选自 Rod Johnson 于 2002 年出版的《expert one-on-one J2EE Development without EJB》，当时的 Java EE 按 Sun 公司的标准命名被称为 J2EE）：

```
We believe that:
J2EE should be easier to use.
It is best to program to interfaces , rather than classes.Spring reduces the complexity
cost of using interfaces to zero.
JavaBean offers a great way of configuring applications.
OO design is more important than any implemention technology ,such as J2EE.
Checked exceptions are overused in java. A platform should not force you to catch
exceptions you are unlikely to recover from.
Testability is essential and a platform such as spring should help make your code
easier to test.
We aim that:
Spring should be a pleasure to use.
Your application codes should not depend on spring apis.
Spring should not compete with good exsiting solutions, but should foster integration.
```

针对 Rod Johnson 的观点，笔者做一些简要的解释和分析。

- 这段话中谈及的 J2EE 更容易使用是针对 EJB 而言的，因为 EJB 容器十分复杂，难以使用，当使用 EJB2 时需要很多配置文件。
- 基于接口的编程是一种理念，强调 OOD 的设计理念比技术实现更重要，因为实现可以多样化，但是如果没有一个好的设计理念，代码可读性就会变差，从而导致后期难以开发、维护和扩展。
- 与此同时，他指出当时 Java 开发的通病——大量使用 try...catch...finally...语句，大量的数据库操作都需要用 try...catch...finally...语句控制业务逻辑，往往被大部分程序员滥用，导致代码非常复杂，而 Spring 将改造这点。
- 由于使用 EJB 需要从 EJB 容器中获得接口，所以测试人员只能不断地部署和配置。对于测试来说，有时候一个对象比较复杂，它往往由其他对象作为属性组成，比如一套餐具，由碟子、碗、筷子、勺子和杯子组成，测试人员需要自己构建碟子、碗、筷子、勺子和杯子，才能测试这套餐具，这显然存在很大的弊病，因为如何构建对象是开发人员熟悉的，而不是测试人员熟悉的，让测试人员编写代码案例，显然工作量不小，此外，测试人员没有必要了解 EJB 容器的理念。
- 在当时的 Java 技术中，很多框架都是侵入性的，也就是必须使用当前框架所提供的类库，才能实现功能，这样会造成应用对框架的依赖。
- Spring 技术不是为了取代现有技术（当时的 Struts1、Hibernate、EJB、JDO 等），而是提供更好的整合模板使它们能够被整合到 Spring 上来。

同时，Rod Johnson 指出了 Spring 的一些优势。首先，它是一个程序员乐于使用的框架。其次，它不依赖于 Spring 所提供的 API，也就是无侵入性或者低侵入性，如果 Java 应用使用了 Spring 框架，那么有一天需要离开 Spring 时依旧可以运用，这使得 Spring 更加灵活，拥有即插即拔的功能。最后，Spring 不是取代当时存在的 EJB、Hibernate、JDO 等技术，而是将这些框架和技术整合到 Spring 中，这就意味着 Spring 会给它们提供模板，简化它们的开发。

基于这些理念，Spring 提供了以下策略。

- 对于 POJO 的潜力开发，提供轻量级和低侵入的编程，可以通过配置（XML、注解等）扩展 POJO 的功能，通过依赖注入的理念扩展功能，建议通过接口编程，强调 OOD 的开发模式理念，降低系统耦合度，提高系统可读性和可扩展性。
- 提供切面编程，尤其是对企业的核心应用——数据库事务，通过切面消除了以前复杂的 try...catch...finally...代码结构，使得开发人员能够把精力更加集中于业务开发而不是技术本身，也避免了 try...catch...finally...语句的滥用。
- 为了整合各个框架和技术的应用，Spring 提供了模板类，通过模板可以整合各个框架和技术，比如支持 Hibernate 开发的 HibernateTemplate、支持 MyBatis 开发的 SqlSessionTemplate、支持 Redis 开发的 RedisTemplate 等，这样就把各种企业用到的技术框架整合到 Spring 中，提供了统一的模板，从而使得各种技术用起来更简单。

针对上面的论述，作为初学者一开始可能在理解上存在很多困难，不过可以暂不深究，先了解 Spring 的作用，有个大概的印象，笔者将在后面详细阐述它们，到时读者就会理解它们。

10.2 Spring IoC 概述

IoC（Inversion of Control，**控制反转**）是一个比较抽象的概念，对于初学者不好理解，我们举例说明。在实际生活中，人们要用到一样东西时，基本想法是使用最简便的方法得到，比如，想喝杯橙汁，在没有饮品店的日子里，最直接的做法是，买果汁机、橙子、准备开水。请注意，这是"主动"制造的过程，也就是需要自己制造一杯橙汁。然而现在，饮品店盛行，已经没有必要自己榨橙汁了。想喝橙汁时，第一个想法是找到饮品店的联系方式，通过电话、微信和外卖软件等渠道描述自己的需求、地址和联系方式等，下订单等待，过会儿就会有人送上橙汁了。请注意，这个时候人们并没有"主动"制造橙汁，也就是橙汁是由饮品店制造的，而不是自己，但是也完全满足了要求。

上面举了一个很简单的例子，但是这个例子却包含了控制反转的思想——我们所需要的东西是通过别人来创建的，而我们只需要进行描述就可以得到这个东西了。但是人的思维惯性是主动地创建对象，这点经常会困扰 Spring 的初学者，事实上，在 Spring 中对象的创建和获取都是依靠描述，再通过 Spring IoC 容器完成的，是被动的，这点是大家需要注意的地方，一定要克服主动创建的思维惯性。

我们再回到实际开发工作中，来讨论控制反转的好处。企业的系统往往是依靠一个团队开发的，而团队由许多开发者组成。假设你在一个电商网站负责开发工作，你熟悉商品的交易流程，但是对财务却不怎么熟悉，而团队中有些成员对于财务十分熟悉，在交易的过程中，商品交易流程需要调度财务的相关接口，才能得以实现，那么你的期望应该是：

- 熟悉财务流程的成员开发对应的接口和实现。
- 接口逻辑尽量简单，内部复杂的业务并不需要自己去了解，只要通过简单的调用就能使用。
- 通过简单的描述就能获取这个接口实例。

如图 10-1 所示。

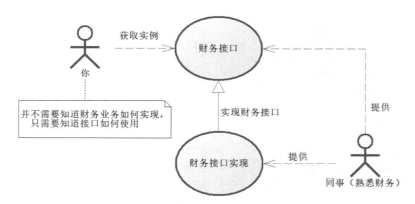

图 10-1　控制反转例子——财务接口

其实这完全可以和橙汁的例子进行类比，橙汁就等同于财务接口，而熟悉财务的同事就等同于饮品店，描述的橙汁要求、联系方式和地址，就等同于获取财务接口实例的描述。瞧，现实生活中的例子与程序开发那么相似。注意，财务接口对象的创建不是你的行为，而是财务开发同事的行为，但是也完全满足你的要求，而在潜意识里你会觉得对象应该由自己主动创建，事实上这并不是你真实的需要，也许你对某一领域并不精通，这个时候可以把创建对象的主动权转交给别人，这就是控制反转的概念。从另一个角度来说，财务开发者也不了解交易系统的细则，他们同样希望由你开发交易接口。

为了更好地阐述上面的抽象描述，我们用 Java 代码的形式模拟主动创建和被动创建的过程。在这个过程中，暂时不讨论实现，而只是讨论 IoC 的思想。

10.2.1　主动创建对象

如果需要橙汁，就需要橙子、开水、糖，这些是原料，而搅拌机是工具。如果需要主动制造果汁，就要对此创建对应的对象——JuiceMaker 和 Blender，如代码清单 10-1 所示。

代码清单 10-1：搅拌机和果汁生成器

```
/****搅拌机****/
package com.learn.ssm.chapter10.pojo;

public class Blender {
    /**
     * 搅拌果汁
     *
     * @param water 水描述
     * @param fruit 水果描述
     * @param sugar 糖描述
     * @return 果汁
     */
    public String mix(String water, String fruit, String sugar) {
        String juice = "这是一杯由液体：" + water + "\n 水果："
            + fruit + "\n 糖量：" + sugar + "\n 组成的果汁";
        return juice;
    }
}

/**** 果汁生成器 ****/
package com.learn.ssm.chapter10.pojo;
```

```java
public class JuiceMaker {
    private Blender blender = null;// 搅拌机
    private String water;// 水描述
    private String fruit;// 水果
    private String sugar;// 糖分描述

    /**
     * 果汁生成
     */
    public String makeJuice() {
        blender = new Blender();
        return blender.mix(water, fruit, sugar);
    }

    /**** setters and getters ****/

}
```

这里是人主动制造橙汁，需要我们完成自己可能不太熟悉的工作——搅拌橙汁，比如这里的 mix 方法，这显然不是一个好的办法，对象果汁（juice）是依赖水（water）、水果（fruit）、糖（sugar）和搅拌机（blender）实现的，这个关系也需要我们自己去维护，如图 10-2 所示。

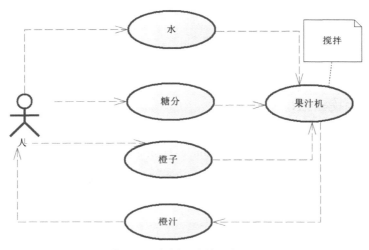

图 10-2 自制果汁的过程

在现实中，一个复杂的系统面对成百上千种情况，如果都这样维护，那么会十分复杂，更多的时候，我们并不希望了解类似制造果汁的过程，只需要获得最后的结果。这就如同果汁的例子，在现实生活中，我们更加希望通过向饮品店描述得到果汁，只想对结果进行描述，得到我们所需要的东西，而并不想知道制作的过程，这就是被动创建对象了。

10.2.2 被动创建对象

假设提供了果汁制造器（JuiceMaker2），那么只需要向其描述就可以得到果汁。饮品店给我们提供这样的一个描述（Source），如代码清单 10-2 所示。

代码清单 10-2：果汁制造机和果汁原料描述

```
/**** 果汁制造机 ****/
package com.learn.ssm.chapter10.pojo;

public class JuiceMaker2 {
    private String beverageShop = null; // 饮品店品牌
    private Source source = null; // 果汁原料描述

    public String makeJuice() {
        String juice = "这是一杯由" + beverageShop + "饮品店，提供的"
            + source.getSize() + source.getSugar() + source.getFruit();
        return juice;
    }

    /**** setters and getters ****/

}


/**** 果汁原料描述 ****/
package com.learn.ssm.chapter10.pojo;

public class Source {
    private String fruit;//类型
    private String sugar;//糖分描述
    private String size;//大小杯

    /**** setters and getters ****/

}
```

显然我们并不需要关注果汁是如何被制造出来的，系统采用 XML 对这个清单进行描述，如代码清单 10-3 所示。

代码清单 10-3：描述果汁原料

```
<bean id="source" class="com.learn.ssm.chapter10.pojo.Source">
    <property name="fruit" value="橙汁" />
    <property name="sugar" value="少糖" />
    <property name="size" value="大杯" />
</bean>
```

这里对果汁原料进行了描述，接着需要选择饮品店，假设选择的是贡茶，那么会有代码清单 10-4 的描述。

代码清单 10-4：描述果汁制造属性——订单和饮品店

```
<bean id="juiceMaker2" class="com.learn.ssm.chapter10.pojo.JuiceMaker2">
    <property name="beverageShop" value="贡茶" />
    <property name="source" ref="source" />
</bean>
```

这里将饮品店设置为贡茶，指定贡茶饮品店为我们制造果汁，果汁原料的描述则引用我们之前的定义，这样使用下面的代码就能得到一杯果汁了。

```
ClassPathXmlApplicationContext ctx
  = new ClassPathXmlApplicationContext("spring-cfg.xml");
JuiceMaker2 juiceMaker2 = (JuiceMaker2) ctx.getBean("juiceMaker2");
```

在这个过程中，果汁是由贡茶饮品店制造的，我们并不关心制造的过程，只关心如何描述果汁，选择哪个饮品店，这才是现今人们的思维习惯，这个思维也可以用于程序开发，如图 10-3 所示。

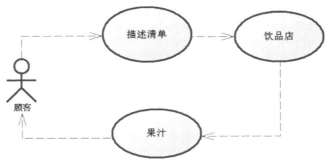

图 10-3　购买果汁

10.2.3　Spring IoC 阐述

有了上面的实例，下面我们阐述控制反转的概念：控制反转是一种通过描述（在 Spring 中可以是 XML 或者注解方式）并通过第三方（比如 IoC 容器）创建或获取特定对象的方式。

正如被动创建的果汁，是通过代码清单 10-3 和 10-4 的描述得到的。而在 Spring 中实现控制反转的是 IoC 容器，我们只是通过描述让 IoC 容器创建 Bean，并且管理 Bean。注意，JuiceMaker2 中存在一个 Source 类型的属性，这便是 Bean 之间的关系，也就是说，IoC 容器还需要管理 Bean 之间的关系。这层关系主要通过**依赖注入**（Dependency Injection，DI）实现，所谓依赖注入是一种思维方式的转变，比如 JuiceMaker2 的构建需要依赖 Source 类型的属性，而 Source 对象也被描述装配到 IoC 容器中，只要再通过描述使 JuiceMaker2 的属性指向 Source 对象，IoC 容器就会找到 Source 对象来构建 JuiceMaker2 对象了。这里的找是通过 IoC 容器去找，而寻找的信息由开发者提供，所以是"我（IoC 容器）来帮你（开发者）找到它（Bean）"。

上述的思想也可以用于编码实践，比如图 10-4 所示的例子。这里再回到图 10-1 的团队开发的例子中，当熟悉财务的同事实现了财务模块并完成了接口的开发，就可以将其开发的内容发布到 Spring IoC 的容器里，这个时候你只需要通过描述得到财务接口对象，就可以使用接口来完成对应的财务操作了。但是财务模块内部是如何工作的，它又需要依赖哪些对象，都是由熟悉财务模块的同事完成的，这些并不需要你去理解，你只需要知道它能完成对应的财务操作就可以了。同样，熟悉交易的开发者把交易模块实现和接口发布到 Spring IoC 容器中，财务开发人员就可以通过容器获取交易接口对象，进而得到交易明细，至于交易模块如何工作，又依赖哪些对象，财务人员是不需要知道的，可见 Spring IoC 容器带来了许多使用上的便利。

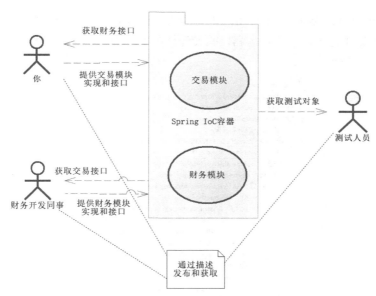

图 10-4　Spring IoC 容器的便利性

对于测试人员也一样，也许他早早把财务模块测试好了，需要测试交易模块，他并不希望非常细致地了解交易模块，只需要从 Spring IoC 容器中获取就可以了。而他的测试代码也只需要从 Spring IoC 容器获取交易模块的内容，至于内部复杂的依赖并不是他需要关注的内容，测试的复杂度降低了。

这就是一种控制反转的理念，虽然这个在理解上有一定的困难，但是它最大的好处在于降低对象之间的耦合，在一个系统中有些类，具体如何实现并不需要我们理解，只需要知道它有什么用就可以了。对象的创建和获取依靠 Spring IoC 容器，而不是开发者主动的行为，Spring IoC 容器通过开发者的描述创建和获取对象，并且实现对象之间的依赖注入。主动创建的模式，责任归于开发者，而在被动模式下，责任归于 Spring IoC 容器。基于这样的被动形式，我们就说对象被控制反转了。

基于降低开发难度，对模块解耦，同时更加有利于测试的原则，Spring IoC 理念在 Java EE 开发者中广泛应用，笔者会在下一节对 Spring IoC 容器进行进一步论述。

10.3　Spring IoC 容器

从上面的例子中，我们知道了 Spring IoC 容器的作用，它可以容纳我们所开发的各种 Bean，并且我们通过描述就可以获取或者发布 Bean 到 IoC 容器里。本节先介绍关于 Spring IoC 容器的基础知识，由于本书不是源码分析书籍，加之 Spring 源码比较复杂，所以本书以介绍一些使用频率高的知识为主，并通过类比的形式介绍其原理。

10.3.1　Spring IoC 容器的设计

Spring IoC 容器的设计主要基于 BeanFactory 和 ApplicationContext 两个接口，其中 ApplicationContext 是 BeanFactory 的子接口之一，换句话说，BeanFactory 是 Spring IoC 容器定义的底层接口，而 ApplicationContext 是其高级接口之一，对 BeanFactory 功能做了许多有用的

扩展。由于 ApplicationContext 接口功能更为强大，所以在绝大部分工作场景下，都会使用 ApplicationContext 作为 Spring IoC 容器，其设计如图 10-5 所示，图中展示的是 Spring 相关的 IoC 容器接口的主要设计。

图 10-5　Spring IoC 容器接口的设计

这是张重要的设计图，不过最重要的是两个接口，一个是底层的 BeanFactory，另一个是 ApplicationContext，下面我们会对它们做较为深入的研究。从图中我们可以看到 BeanFactory 位于设计的底层，它提供了 Spring IoC 底层的设计，它的源码如代码清单 10-5 所示。

代码清单 10-5：BeanFactory 源码

```
package org.springframework.beans.factory;

/**** imports ****/
public interface BeanFactory {

    // FACTORY BEAN 前缀
    String FACTORY_BEAN_PREFIX = "&";

    // 通过 Bean 名称获取 Bean
    Object getBean(String name) throws BeansException;

    // 通过 Bean 名称和类型获取 Bean
    <T> T getBean(String name, Class<T> requiredType) throws BeansException;

    // 通过 Bean 名称和参数获取 Bean
    Object getBean(String name, Object... args) throws BeansException;

    // 通过 Bean 类型获取 Bean
    <T> T getBean(Class<T> requiredType) throws BeansException;

    // 通过 Bean 类型和参数获取 Bean
    <T> T getBean(Class<T> requiredType, Object... args) throws BeansException;

    // 根据类型获取 Bean 的提供者（该提供者需实现 ObjectProvider 接口）
    <T> ObjectProvider<T> getBeanProvider(Class<T> requiredType);

    // 根据可解析类型获取 Bean 的提供者（该提供者需实现 ObjectProvider 接口）
    <T> ObjectProvider<T> getBeanProvider(ResolvableType requiredType);
```

```
    // 根据 Bean 名称，判定 IoC 容器是否包含对应的 Bean
    boolean containsBean(String name);

    // 根据 Bean 名称，判定是否为单例
    boolean isSingleton(String name) throws NoSuchBeanDefinitionException;

    // 根据 Bean 名称，判定是否为非单例
    boolean isPrototype(String name) throws NoSuchBeanDefinitionException;

    // 根据 Bean 名称和可解析类型判断类型是否匹配
    boolean isTypeMatch(String name, ResolvableType typeToMatch)
        throws NoSuchBeanDefinitionException;

    // 根据 Bean 名称和类型判断类型是否匹配
    boolean isTypeMatch(String name, Class<?> typeToMatch)
        throws NoSuchBeanDefinitionException;

    // 根据 Bean 名称获取 Bean 的类型
    @Nullable
    Class<?> getType(String name) throws NoSuchBeanDefinitionException;

    // 根据类型和是否允许 FactoryBean 初始化获取类型
    @Nullable
    Class<?> getType(String name, boolean allowFactoryBeanInit)
        throws NoSuchBeanDefinitionException;

    // 根据 Bean 名称获取 Bean 的别名
    String[] getAliases(String name);

}
```

这里需要解释两个基本概念：BeanFactory 和 FactoryBean，可以看到源码中的常量名称为 "FACTORY_BEAN_PREFIX"。BeanFactory 是 IoC 容器的底层接口，FactoryBean 则是为某一类型的 Bean 创建的工厂 Bean，Spring 通过它创建具体的某类对象。鉴于 BeanFactory 接口的重要性，有必要对一些常用的方法进行基本分析：

- 多个 getBean 方法用于获取配置给 Spring IoC 容器的 Bean。从参数类型看可以是字符串，也可以是 Class 类型。如果采用 Class 类型获取 Bean，则因为 Class 类型可以是 Bean 实现的接口，也可以是 Bean 继承的父类，因此有可能存在无法准确获得实例的异常，比如获取学生类，但是学生子类有男学生和女学生两类，这个时候通过学生类就无法从容器中得到实例，因为容器无法判断具体的实现类。
- isSingleton 用于判断是否是单例，如果判断为真，则表示该类在容器中是作为一个唯一单例存在的。而 isPrototype 相反，如果判断为真，则表示当开发者从容器中获取 Bean 时，容器就为开发者生成一个新的 Bean 实例。在默认情况下，Spring 会为 Bean 创建一个单例，也就是在默认情况下，isSingleton 返回 true，而 isPrototype 返回 false。
- 关于 type 的匹配，这是一个按 Java 类型匹配的方式。
- getAliases 方法是通过别名获取 Bean 的方法。

这就是 Spring IoC 底层的设计，所有关于 Spring IoC 的容器都会遵守它所定义的方法。

从图 10-5 中可以看到，为了扩展更多的功能，ApplicationContext 接口扩展了许许多多的接口，因此它的功能十分强大，而 WebApplicationContext 也扩展了它。在实际应用中常

常会使用 ApplicationContext 接口，因为 BeanFactory 的方法和功能较少，而 ApplicationContext 的方法和功能较多。具体的 ApplicationContext 的实现类会使用在某一个领域中，比如 Spring MVC 中的 GenericWebApplicationContext，就广泛使用于 Java Web 项目中。

通过 10.2 节中的果汁例子，我们来认识一个 ApplicationContext 的实现类——ClassPathXmlApplicationContext。不过在此之前需要先通过 Maven 依赖引入 Spring，如代码清单 10-6 所示。

代码清单 10-6：通过 Maven 依赖引入 Spring 包

```xml
<!-- Spring 核心包 -->
<dependency>
    <groupId>org.springframework</groupId>
    <artifactId>spring-core</artifactId>
    <version>5.2.1.RELEASE</version>
</dependency>
<!-- Spring Bean 包 -->
<dependency>
    <groupId>org.springframework</groupId>
    <artifactId>spring-beans</artifactId>
    <version>5.2.1.RELEASE</version>
</dependency>
<!-- Spring Context 包 -->
<dependency>
    <groupId>org.springframework</groupId>
    <artifactId>spring-context</artifactId>
    <version>5.2.1.RELEASE</version>
</dependency>
<!-- Spring Context 支持包 -->
<dependency>
    <groupId>org.springframework</groupId>
    <artifactId>spring-context-support</artifactId>
    <version>5.2.1.RELEASE</version>
</dependency>
<!-- Spring 表达式包 -->
<dependency>
    <groupId>org.springframework</groupId>
    <artifactId>spring-expression</artifactId>
    <version>5.2.1.RELEASE</version>
</dependency>
<!-- Spring 面向切面（AOP）包 -->
<dependency>
    <groupId>org.springframework</groupId>
    <artifactId>spring-aop</artifactId>
    <version>5.2.1.RELEASE</version>
</dependency>
```

在本书第 3 部分和第 4 部分都需要引入这些包，后续的相关章节不再说明这点。创建一个 XML 文件，如代码清单 10-7 所示。

代码清单 10-7：spring-cfg.xml

```xml
<?xml version='1.0' encoding='UTF-8' ?>
<beans xmlns="http://www.springframework.org/schema/beans"
xmlns:xsi="http://www.w3.org/2001/XMLSchema-instance"
xsi:schemaLocation="http://www.springframework.org/schema/beans
http://www.springframework.org/schema/beans/spring-beans-4.0.xsd">
```

```
<bean id="source" class="com.learn.ssm.chapter10.pojo.Source">
    <property name="fruit" value="橙汁" />
    <property name="sugar" value="少糖" />
    <property name="size" value="大杯" />
</bean>

<bean id="juiceMaker2" class="com.learn.ssm.chapter10.pojo.JuiceMaker2">
    <property name="beverageShop" value="贡茶" />
    <property name="source" ref="source" />
</bean>

</beans>
```

这个文件需要放在项目的类路径下，文件中配置了两个 Bean，这样 Spring IoC 容器在初始化的时候就能找到它们，使用 ClassPathXmlApplicationContext 作为 IoC 容器将这些 Bean 装配进来，就可以使用代码清单 10-8 验证我们的逻辑了。

代码清单 10-8：ClassPathXmlApplicationContext 初始化 Spring IoC 容器

```
// 使用 spring-cfg.xml 文件初始化 IoC 容器
ClassPathXmlApplicationContext ctx =
        new ClassPathXmlApplicationContext("spring-cfg.xml");
// 从容器中获取 Bean
JuiceMaker2 juiceMaker2 = (JuiceMaker2) ctx.getBean("juiceMaker2");
System.out.println(juiceMaker2.makeJuice());
// 销毁 IoC 容器
ctx.close();
```

这样就会使用 ApplicationContext 的实现类 ClassPathXmlApplicationContext 通过配置文件 spring-cfg.xml 初始化 Spring IoC 容器，然后开发者就可以通过 Spring IoC 容器发布或者获得所需要的 Bean 了。

10.3.2　Spring IoC 容器的初始化

本节主要介绍 Spring IoC 的初始化过程，Spring IoC 容器的创建十分复杂，使用者只需要大体了解 Spring IoC 初始化过程即可。这对于理解 Spring 的一系列行为是很有帮助的，这里需要注意的是 Bean 的定义载入与初始化在 Spring IoC 容器中是两大步骤，先定义载入再初始化。

Bean 的定义载入分为 3 步。

- Resource 定位，这步是 Spring IoC 容器根据开发者的配置，进行资源定位。在 Spring 的开发中，通过 XML 或者注解去描述资源定位是十分常见的，定位的内容是由开发者提供的。
- BeanDefinition（Bean 定义）的载入，这步是 Spring 根据开发者提供的配置获取对应的 POJO 的定义和相关配置的过程。
- BeanDefinition 的注册，这步相当于把之前载入的 BeanDefinition 向 Spring IoC 容器中注册，这样 Spring IoC 容器就可以通过这些 BeanDefinition 的内容创建 Bean 了。

做完了这 3 步，就将 BeanDefinition 注册到了 Spring IoC 容器中，但是并没有创建和初始化 Bean 的实例。在默认情况下，Spring IoC 容器会自动通过 BeanDefinition 的内容创建 Bean 实例并完成依赖注入。当然我们可以通过一个配置选项——lazy-init 去改变这步，其含义就是是否延迟初始化 Spring Bean，但是请注意这个配置选项只有在 Bean 是单例（singleton）时才有作用，在多例（pototype）中是没有作用的。在没有任何配置的情况下，它的默认值为 default，实际值为 false，也就是 Spring IoC 容器默认会自动根据 BeanDefinition 的内容初始化 Bean。如果将其设置为 true，那么只有当我们使用 Spring IoC 容器的 getBean 方法获取它时，它才会进行初始化，完成依赖注入。

10.3.3　Spring Bean 的生命周期

10.3.2 节讨论了 Spring IoC 容器初始化 Bean 的过程，Spring IoC 容器的目的是管理 Bean。Bean 是存放在 Spring IoC 容器中的，所以也会在容器中存在生命周期，它的初始化、存活和销毁也需要一个过程。对于一些需要自定义生命周期的 Bean，我们可以插入代码去改变它们的一些行为，以满足特定的需求，这就需要使用到 Spring Bean 生命周期的知识了。

生命周期主要自定义 Bean 在 Spring IoC 容器初始化和销毁的过程，通过对它的学习可以知道如何在初始化和销毁时加入自定义的方法，以满足特定的需求。图 10-6 展示了 Spring IoC 容器初始化和销毁 Bean 的过程。

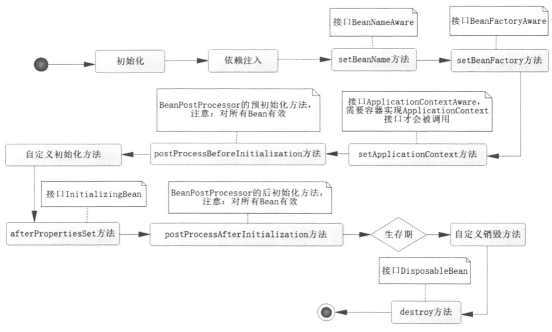

图 10-6　Bean 的生命周期

从图 10-6 中可以看到，Spring IoC 容器对 Bean 的管理还是比较复杂的，Spring IoC 容器在执行了初始化和依赖注入后，会执行一定的步骤完成初始化，通过这些步骤我们就能自定义初始化，而在 Spring IoC 容器正常关闭的时候，也会执行一定的步骤来关闭容器，释放资源。除需要了解整个生命周期的步骤外，还要知道这些生命周期的接口是针对什么而言的，首先介绍生命周期的步骤，以下的方法会依次被调用。

- 如果 Bean 实现了接口 BeanNameAware 的 setBeanName 方法，就会调用这个方法。
- 如果 Bean 实现了接口 BeanFactoryAware 的 setBeanFactory 方法，就会调用这个方法。

- 只有 Bean 实现了接口 ApplicationContextAware 的 setApplicationContext 方法，且 Spring IoC 容器也是一个 ApplicationContext 接口的实现类时，才会调用这个方法，否则不调用。
- 如果 Bean 实现了接口 BeanPostProcessor 的 postProcessBeforeInitialization 方法，就会调用这个方法。
- 如果 Bean 自定义了初始化方法，就会调用该方法。
- 如果 Bean 实现了接口 InitializingBean 的 afterPropertiesSet 方法，就会调用这个方法。
- 如果 Bean 实现了接口 BeanPostProcessor 的 postProcessAfterInitialization 方法，完成了这些调用，这个时候 Bean 就完成了初始化，那么 Bean 就生存在 Spring IoC 的容器中了，使用者就可以从中获取 Bean 的服务了。

当服务器正常关闭，或者遇到其他关闭 Spring IoC 容器的事件时，它就会调用对应的方法完成 Bean 的销毁，其步骤如下。

- 如果定义了自定义销毁方法，就会调用它。
- 如果 Bean 实现了接口 DisposableBean 的 destroy 方法，就会调用它。

注意图 10-6 中的注释文字，有些步骤是在一些条件下才会执行的，如果不注意这些，往往会发现明明实现了一些接口，但是该方法并没有被执行。比如，上面的步骤结合图 10-5 看，会发现所有的 Spring IoC 容器最低的要求都是实现 BeanFactory 接口，而非 ApplicationContext 接口，如果采用了非 ApplicationContext 子类创建 Spring IoC 容器，那么即使实现了 ApplicationContextAware 的 setApplicationContext 方法，它也不会在生命周期中被调用。

此外，还要注意这些接口是针对什么而言的，上述生命周期的接口，大部分是针对单个 Bean 而言的；BeanPostProcessor 接口针对所有 Bean 都有效，DisposableBean 接口则是针对 Spring IoC 容器本身来说的。当一个 Bean 实现了上述接口时，我们只需要在 Spring IoC 容器中定义它就可以了，Spring IoC 容器会自动识别它，并且按图 10-6 的顺序执行。为了测试 BeanPostProcessor 接口，笔者编写了一个它的实现类，如代码清单 10-9 所示。

代码清单 10-9：BeanPostProcessor 的实现类

```
package com.learn.ssm.chapter10.bean;

import org.springframework.beans.BeansException;
import org.springframework.beans.factory.config.BeanPostProcessor;

public class BeanPostProcessorImpl implements BeanPostProcessor {

@Override
public Object postProcessBeforeInitialization(
        Object bean, String beanName) throws BeansException {
    System.out.println("【" + bean.getClass().getSimpleName()
            + "】对象" + beanName + "开始实例化");
    return bean;
}

@Override
public Object postProcessAfterInitialization(
        Object bean, String beanName) throws BeansException {
    System.out.println("【" + bean.getClass().getSimpleName()
            + "】对象" + beanName + "实例化完成");
    return bean;
}
```

```
    }
```

这样一个 BeanPostProcessor 就被我们用代码实现了，请注意，它对所有的 Bean 都有效。
定义一个 DisposableBean 接口的实现类，它是一个在 Spring IoC 容器销毁时调用的 Bean，如代
码清单 10-10 所示。

代码清单 10-10：DisposableBean 实现类

```
package com.learn.ssm.chapter10.bean;

import org.springframework.beans.factory.DisposableBean;

public class DisposableBeanImpl implements DisposableBean {

@Override
public void destroy() throws Exception {
    System.out.println("调用接口 DisposableBean 的 destroy 方法");
}

    }
```

为了更好地展示生命周期的内容，将代码清单 10-2 中的 JuiceMaker2 进行修改，如代码清
单 10-11 所示。

代码清单 10-11：测试生命周期

```
package com.learn.ssm.chapter10.pojo;
/**** imports ****/
public class JuiceMaker2 implements BeanNameAware,
        BeanFactoryAware, ApplicationContextAware, InitializingBean{
private String beverageShop = null; // 饮品店品牌
private Source source = null; // 果汁原料描述

public String makeJuice() {
    String juice = "这是一杯由" + beverageShop + "饮品店，提供的"
        + source.getSize() + source.getSugar() + source.getFruit();
    return juice;
}

/**** setters and getters ****/

public void init() {
    System.out.println("【" + this.getClass().getSimpleName()
        + "】执行自定义初始化方法");
}

public void destroy() {
    System.out.println("【" + this.getClass().getSimpleName()
        + "】执行自定义销毁方法");
}


@Override
public void setBeanName(String beanName) {
    System.out.println("【" + this.getClass().getSimpleName()
        + "】调用 BeanNameAware 接口的 setBeanName 方法");
```

```
    }

    @Override
    public void setBeanFactory(BeanFactory bf) throws BeansException {
        System.out.println("【" + this.getClass().getSimpleName()
            + "】调用 BeanFactoryAware 接口的 setBeanFactory 方法");
    }

    @Override
    public void setApplicationContext(ApplicationContext ctx)
            throws BeansException {
        System.out.println("【" + this.getClass().getSimpleName()
            + "】调用 ApplicationContextAware 接口的 setApplicationContext 方法");
    }

    @Override
    public void afterPropertiesSet() throws Exception {
        System.out.println("【" + this.getClass().getSimpleName()
            + "】调用 InitializingBean 接口的 afterPropertiesSet 方法");
    }

}
```

这里的 init 方法是自定义的初始化方法，而 destroy 方法是自定义的销毁方法，这两个方法只有在配置的时候进行描述，Spring IoC 容器才能按照顺序调用它们。我们在 spring-cfg.xml 文件中使用代码清单 10-12 进行描述。

代码清单 10-12：配置各类 Bean

```
<!--BeanPostProcessor 定义 -->
<bean id="beanPostProcessor"
    class="com.learn.ssm.chapter10.bean.BeanPostProcessorImpl" />

<!--DisposableBean 定义 -->
<bean id="disposableBean"
    class="com.learn.ssm.chapter10.bean.DisposableBeanImpl" />

<bean id="source" class="com.learn.ssm.chapter10.pojo.Source">
    <property name="fruit" value="橙汁" />
    <property name="sugar" value="少糖" />
    <property name="size" value="大杯" />
</bean>

<bean id="juiceMaker2"
    class="com.learn.ssm.chapter10.pojo.JuiceMaker2" init-method="init"
    destroy-method="destroy">
    <property name="beverageShop" value="贡茶" />
    <property name="source" ref="source" />
</bean>
```

这里定义的 id 为 juiceMaker2 的 Bean，其属性 init-method 就是自定义初始化方法，而 destroy-method 为自定义销毁方法。有了这些定义，就可以使用代码清单 10-13 进行测试了。

代码清单 10-13：测试 Spring Bean 的生命周期

```
public static void testIoC() {
    // 初始化 Spring IoC 容器
    ClassPathXmlApplicationContext ctx =
```

```
          new ClassPathXmlApplicationContext("spring-cfg.xml");
   // 获取 Bean
   JuiceMaker2 juiceMaker2 = (JuiceMaker2) ctx.getBean("juiceMaker2");
   System.out.println(juiceMaker2.makeJuice());
   // 关闭 Spring IoC 容器
   ctx.close();
}
```

运行它，可以得到如下日志：

```
【DisposableBeanImpl】对象 disposableBean 开始实例化
【DisposableBeanImpl】对象 disposableBean 实例化完成
构造方法.....
【Source】对象 source 开始实例化
【Source】对象 source 实例化完成
【JuiceMaker2】调用 BeanNameAware 接口的 setBeanName 方法
【JuiceMaker2】调用 BeanFactoryAware 接口的 setBeanFactory 方法
【JuiceMaker2】调用 ApplicationContextAware 接口的 setApplicationContext 方法
【JuiceMaker2】对象 juiceMaker2 开始实例化
【JuiceMaker2】调用 InitializingBean 接口的 afterPropertiesSet 方法
【JuiceMaker2】执行自定义初始化方法
【JuiceMaker2】对象 juiceMaker2 实例化完成
这是一杯由贡茶饮品店，提供的大杯少糖橙汁
【JuiceMaker2】执行自定义销毁方法
调用接口 DisposableBean 的 destroy 方法
```

对应生命周期的方法已经被执行了，从打印出来的日志可以看到，BeanPostProcessor 针对所有的 Bean，而 DisposableBean 针对 Spring IoC 容器销毁过程，其他的接口只针对单一 Bean。这样我们就可以利用生命周期来完成一些需要自定义的初始化和销毁 Bean 的操作了。

本章的重点在于理解使用 Spring IoC 的好处和其容器的基本设计，懂得 Spring IoC 容器主要是为了管理 Bean 而服务的，需要注意掌握 BeanFactory 定义的最基础的方法，以及 Spring Bean 生命周期的用法，通过生命周期接口和方法的使用，我们可以自定义初始化和销毁 Bean 的过程。

第 **11** 章
装配 Spring Bean

本章目标

1. 掌握依赖注入和依赖查找的概念
2. 掌握如何使用 XML 装配 Bean
3. 掌握如何使用注解方式装配 Bean 及消除歧义性
4. 掌握如何使用 Profile 和条件装配 Bean
5. 掌握 Bean 的作用域
6. 了解 Spring EL 的简易使用

第 10 章讨论了 Spring IoC 的基础概念及其作用，本章将学习如何将 Bean 装配到 Spring IoC 容器中，不过在此之前需要先了解依赖注入的相关内容。

11.1　依赖注入和依赖查找

在实际环境中实现 IoC 容器的方式主要分为两大类，一类是依赖查找，通过资源定位，把对应的资源查找出来，比如通过 JNDI 找到数据源；另一类则是依赖注入，它主要是在容器内，通过类型或者名称查找资源来管理 Bean 之间的依赖关系。而 Spring 主要使用的是依赖注入。一般而言，依赖注入可以分为构造器注入和 setter 注入 2 种方式。

构造器注入和 setter 注入都是常见的方式，而其中 setter 注入是主要的方式，也是 Spring 推荐的方式。依赖查找被广泛使用在第三方的资源注入上，比如在 Web 项目中，数据源往往是通过服务器（比如 Tomcat）配置的，这个时候可以用 JNDI 的形式通过接口将它注入 Spring IoC 容器。下面对它们进行详细讲解。

11.1.1　构造器注入

构造器注入依赖于构造方法实现，而构造方法可以是有参数的或者是无参数的。在大部分情况下，我们都通过类的构造方法创建类对象，Spring 也可以采用反射的方式，通过使用构造方法完成注入，这就是构造器注入的原理。

为了让 Spring 完成对应的构造注入，我们有必要描述具体的类、构造方法并设置对应的参数，这样 Spring 就会通过对应的信息用反射的形式创建对象，比如之前我们多次谈到的角色类，现在修改为代码清单 11-1 的形式。

代码清单 11-1：构造器注入

```java
package com.learn.ssm.chapter11.pojo;

public class Role {

    private Long id;
    private String roleName;
    private String note;

    /**
     ** 无参数构造方法
     */
    public Role() {
    }

    /**
     ** 带参数的构造方法
     * @param id 角色编号
     * @param roleName 角色名称
     * @param note 备注
     */
    public Role(Long id, String roleName, String note) {
        this.id = id;
        this.roleName = roleName;
        this.note = note;
    }

    /**** setter and getter ****/
}
```

要使用带有参数的构造方法创建对象，就需要在配置文件中进行适当的配置，为了使 Spring 能够正确创建这个对象，可以像代码清单 11-2 那样去做。

代码清单 11-2：构造器配置

```xml
<bean id="role1" class="com.learn.ssm.chapter11.pojo.Role">
    <constructor-arg index="0" value="1" />
    <constructor-arg index="1" value="总经理" />
    <constructor-arg index="2" value="公司管理者" />
</bean>
```

constructor-arg 元素用于定义类构造方法的参数，其中 index 用于定义参数的位置，从 0 开始，value 则是设置值。通过这样的定义，Spring 便知道使用 Role(Long, String, String)这样的构造方法创建对象了。

这样注入比较简单，但是缺点也很明显，由于这里的参数比较少，所以可读性还是不错的，但是如果参数很多，那么这种构造方法就比较复杂了，这个时候应该考虑使用 setter 注入。

11.1.2 使用 setter 注入

setter 注入是 Spring 中最主流的注入方式，它利用 Java Bean 规范定义的 setter 方法完成注入，灵活且可读性高。它消除了使用构造器注入时出现多个参数的可读性差的问题。在代码清单 11-1 中存在一个无参数的构造方法，通过配置，Spring 也可以通过 Java 反射技术注入值，如代码清单 11-3 所示。

代码清单 11-3：配置 setter 注入

```
<bean id="role2" class="com.learn.ssm.chapter11.pojo.Role">
    <property name="id" value="2" />
    <property name="roleName" value="高级工程师" />
    <property name="note" value="重要人员" />
</bean>
```

这样 Spring 就会通过反射调用没有参数的构造方法生成对象，同时通过反射对应的 setter 方法注入配置的值。这种方式是 Spring 最为主要的依赖注入方式，在实际工作中使用最为普遍。

11.1.3　依赖查找

有些时候资源并非来自系统，而是来自外界，比如数据库连接资源完全可以在 Tomcat 下配置，然后通过 JNDI 的形式获取它。这种数据库连接资源属于开发工程外的资源，我们可以采用接口注入的形式获取它，比如在 Tomcat 中可以配置数据源。假设在 Eclipse 中配置了 Tomcat 后，就可以打开服务器的 context.xml 文件，如图 11-1 所示。

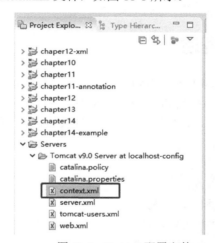

图 11-1　Tomcat 配置文件

在这个 XML 文件 context 元素中加入自己的资源，如代码清单 11-4 所示。

代码清单 11-4：配置 Tomcat 数据源

```
<?xml version="1.0" encoding="UTF-8"?>
<Context>
  <!--
    name-JNDI 名称
    url-数据库的 jdbc 连接
    username-用户名
    password-数据库密码
  -->
  <Resource name="jdbc/ssm" auth="Container"
    type="javax.sql.DataSource"
    driverClassName="com.mysql.jdbc.Driver"
    url="jdbc:mysql://localhost:3306/ssm?zeroDateTimeBehavior=convertToNull"
    username="root" password="123456" />
</Context>
```

如果已经配置了相应的数据库连接，则 Eclipse 会把数据库的驱动包复制到对应的 Tomcat 的 lib 文件夹下，否则需要自己手工将对应的驱动包复制到 Tomcat 的工作目录下，它位于 {Tomcat_Home}\lib。启动 Tomcat，这个时候数据库资源会在 Tomcat 启动时被其加载进来。

如果 Tomcat 的 Web 项目使用了 Spring，那么可以通过 Spring 的机制，用 JNDI 获取 Tomcat 启动的数据库连接池，如代码清单 11-5 所示。

代码清单 11-5：通过 JNDI 获取数据库连接资源

```
<!-- 通过 JNDI 获取的数据源，通过 Spring 的接口注入实现 -->
<bean id="dataSource"
    class="org.springframework.jndi.JndiObjectFactoryBean">
    <property name="jndiName">
        <value>java:comp/env/jdbc/ssm</value>
    </property>
</bean>
```

这样就可以在 Spring 的 IoC 容器中获得 Tomcat 管理的数据库连接池了，这就是一种接口注入的形式。

11.2　装配 Bean 概述

通过前面的学习，相信大家已经对 Spring IoC 的理念和设计有了基本的认识，本节学习如何将自己开发的 Bean 装配到 Spring IoC 容器中。在大部分场景下，我们都会使用 ApplicationContext 接口的具体实现类，因为其对应的 Spring IoC 容器功能相对强大。Spring 中提供了 3 种方法进行配置。

* 在 XML 中显式配置。
* 在 Java 的接口和类中实现配置。
* 隐式 Bean 的发现机制和自动装配原则。

在现实的工作中，这 3 种方式都会被用到，并且在学习和工作中常常混合使用，所以本书会对这 3 种方式进行详细的讨论。读者需要明确 3 种方式的适用场景，以下是笔者的建议。

（1）基于约定优于配置的原则，最优先的应该是通过隐式 Bean 的发现机制和基于自动装配的原则。这样的好处是减小程序开发者的决定权，简单又不失灵活。

（2）在没有办法使用自动装配原则的情况下应该优先考虑在 Java 接口和类中实现配置，这样的好处是避免 XML 配置的泛滥，也更为容易。这种场景典型的例子是一个父类有多个子类，比如学生类有两个子类：男学生类和女学生类，通过 IoC 容器初始化一个学生类，容器将无法知道使用哪个子类初始化，这个时候可以使用 Java 的注解配置指定。

（3）在上述方法都无法使用的情况下，可以使用 XML 进行配置，也可以使用 Java 配置文件的 new 关键字创建对象配置。在现实工作中常常用到第三方的类库，有些类并不是我们开发的，我们无法修改里面的代码，这个时候就可以通过这样的方式配置使用了。

通俗来讲，如果配置的类是开发者自身正在开发的项目，那么应该考虑以 Java 配置为主，而 Java 配置又分为自动装配和 Bean 名称配置。在没有歧义的基础上，优先使用自动装配，这样可以减少大量的 XML 配置。如果所需配置的类并不是开发者的项目开发的，那么建议使用 XML 或者 Java 配置文件的方式。

11.3　通过 XML 配置装配 Bean

上面的描述是以 XML 为主的，因为对于刚接触 Spring IoC 容器的读者来说这样会更为清晰明了，笔者是从 XML 开始讨论 Bean 的装配的，这里还是以 XML 作为装配 Bean 的开始。

使用 XML 装配 Bean 需要定义对应的 XML，这里需要引入对应的 XML 模式（XSD）文件，这些文件会定义配置 Spring Bean 的一些元素，一个简单的配置如下：

```
<?xml version='1.0' encoding='UTF-8' ?>
<beans xmlns="http://www.springframework.org/schema/beans"
xmlns:xsi="http://www.w3.org/2001/XMLSchema-instance"
xsi:schemaLocation="http://www.springframework.org/schema/beans
http://www.springframework.org/schema/beans/spring-beans-4.0.xsd">
<!--Spring Bean 配置代码-->
</beans>
```

在上述代码中引入了一个<beans>元素的定义，它是一个根元素，而 XSD 文件也被引入了，使用该文件所定义的元素可以定义对应的 Spring Bean。

11.3.1　装配简易值

一个简单的装配如代码清单 11-6 所示。

代码清单 11-6：简易 XML 装配 Bean

```
<bean id="role2" class="com.learn.ssm.chapter11.pojo.Role">
    <property name="id" value="2" />
    <property name="roleName" value="高级工程师" />
    <property name="note" value="重要人员" />
</bean>
```

解释如下。

- id 属性是 Spring 找到的 Bean 的编号，id 不是一个必需的属性，如果没有声明它，那么 Spring 将会采用"全限定名#{number}"的格式生成编号。如果只声明一个这样的类，而没有声明 id="role2"，那么 Spring 为其生成的编号就是"com.ssm.chapter9.pojo.Role#0"。当第 2 次声明没有 id 属性的 Bean 时，编号就是"com.ssm.chapter9.pojo.Role#1"，一般我们会选择自己定义 id，因为自动生成的 id 比较烦琐。
- class 属性显然是配置一个类全限定名。
- property 元素是定义类的属性，其中 name 属性定义的是属性名称，value 是其值。

这样的定义很简单，但是有时候需要注入一些自定义的类，比如上一章的果汁制造机例子，它需要定义原料信息和饮品店，于是先定义原料的信息，然后在制造机中引用原料，如代码清单 11-7 所示。

代码清单 11-7：果汁制造机的配置

```
<bean id="source" class="com.learn.ssm.chapter10.pojo.Source">
    <property name="fruit" value="橙汁" />
    <property name="sugar" value="少糖" />
    <property name="size" value="大杯" />
</bean>
```

```
<bean id="juiceMaker2"
    class="com.learn.ssm.chapter10.pojo.JuiceMaker2" >
    <property name="beverageShop" value="贡茶" />
    <property name="source" ref="source" />
</bean>
```

这里先定义了一个 id 为 source 的 Bean，然后在果汁制造机中通过 ref 属性引用对应的 Bean，而 source 正是之前定义的 Bean 的 id，这样就可以引用已经定义好的 Bean 了。

上面是一些很简单的使用方法，有时候会将对应的集合类注入，比如 Set、Map、List 和 Properties 等，下一节将讨论它们。

11.3.2 装配集合

有些时候要做一些复杂的装配工作，比如 Set、Map、List、Array 和 Properties 等。为了介绍它们，先定义 Bean，如代码清单 11-8 所示。

代码清单 11-8：集合装配类

```
package com.learn.ssm.chapter11.pojo;
/**** imports ****/

public class ComplexAssembly {

    private Long id;
    private List<String> list;
    private Map<String, String> map;
    private Properties props;
    private Set<String> set;
     private String[] array;
    /****setter and getter ****/
}
```

这个 Bean 没有任何的业务含义，只是介绍如何装配这些常用的集合类，可以如同代码清单 11-9 这样装配这些属性。

代码清单 11-9：装配集合类

```
<bean id="complexAssembly"
    class="com.learn.ssm.chapter11.pojo.ComplexAssembly">
    <property name="id" value="1" />
    <property name="list">
        <list>
            <value>value-list-1</value>
            <value>value-list-2</value>
            <value>value-list-3</value>
        </list>
    </property>
    <property name="map">
        <map>
            <entry key="key1" value="value-map-1" />
            <entry key="key2" value="value-map-2" />
            <entry key="key3" value="value-map-3" />
        </map>
    </property>
    <property name="props">
        <props>
            <prop key="prop1">value-prop-1</prop>
```

```
                <prop key="prop2">value-prop-2</prop>
                <prop key="prop3">value-prop-3</prop>
            </props>
        </property>
        <property name="set">
            <set>
                <value>value-set-1</value>
                <value>value-set-2</value>
                <value>value-set-3</value>
            </set>
        </property>
        <property name="array">
            <array>
                <value>value-array-1</value>
                <value>value-array-2</value>
                <value>value-array-3</value>
            </array>
        </property>
</bean>
```

这里的装配主要集中在比较简单的 String 类型上，其主要目的是告诉读者如何装配一些简易的数据到集合中。

- List 属性为对应的<list>元素装配，然后通过多个<value>元素设置。
- Map 属性为对应的<map>元素装配，然后通过多个<entry>元素设置，只是 entry 包含一个键（key)和一个值（value）的设置。
- Properties 属性为对应的<properties>元素装配，通过多个<property>元素设置，property 元素有一个必填属性 key，它代表属性的键，在设置它之后可以设置属性值。
- Set 属性为对应的<set>元素装配，通过多个<value>元素设置。
- 对于数组，可以使用<array>设置，通过多个<value>元素设置。

上面是对字符串的各个集合的装载，有些时候可能需要更为复杂的装载，比如一个 List 可以是一个系列类的对象，又如一个 Map 集合类，键是一个类对象，值也是一个类对象，这些也是 Java 中常常可以看到的。为此先建两个 POJO，如代码清单 11-10 所示。

代码清单 11-10：用户和角色 POJO

```
/***********Role 类************/
package com.ssm.chapter11.pojo;

package com.learn.ssm.chapter11.pojo;

public class Role {

private Long id;
private String roleName;
private String note;

/**
 ** 无参数的构造方法
 */
public Role() {
}

/**
 ** 带参数的构造方法
```

```
 * @param id 角色编号
 * @param roleName 角色名称
 * @param note 备注
 */
public Role(Long id, String roleName, String note) {
    this.id = id;
    this.roleName = roleName;
    this.note = note;
}

/**** setters and getters ****/

}

/***********User 类************/
package com.learn.ssm.chapter11.pojo;

public class User {
private Long id;
private String userName;
private String note;

/**** setters and getters ****/

}
```

为了测试上面的用户和角色，再建一个稍微复杂的 POJO，装配用户和角色类，如代码清单 11-11 所示。

代码清单 11-11：装配用户和角色类

```
package com.learn.ssm.chapter11.pojo;

/**** imports ****/

public class UserRoleAssembly {
private Long id;
private List<Role> list;
private Map<Role, User> map;
private Set<Role> set;

/**** setters and getters ****/
}
```

可以看到，对于 List、Map 和 Set 等集合类使用的是类对象，不过不必担心，Spring IoC 容器提供了对应的配置方法，如代码清单 11-12 所示。

代码清单 11-12：配置各类

```xml
<bean id="user_1" class="com.learn.ssm.chapter11.pojo.User">
    <property name="id" value="1" />
    <property name="userName" value="user_name_1" />
    <property name="note" value="role_note_1" />
</bean>

<bean id="user_2" class="com.learn.ssm.chapter11.pojo.User">
    <property name="id" value="2" />
    <property name="userName" value="user_name_2" />
    <property name="note" value="role_note_1" />
```

```
    </bean>

    <bean id="userRoleAssembly"
        class="com.learn.ssm.chapter11.pojo.UserRoleAssembly">
        <property name="id" value="1" />
        <property name="list">
            <list>
                <ref bean="role_1" />
                <ref bean="role_2" />
            </list>
        </property>
        <property name="map">
            <map>
                <entry key-ref="role_1" value-ref="user_1" />
                <entry key-ref="role_2" value-ref="user_2" />
            </map>
        </property>
        <property name="set">
            <set>
                <ref bean="role_1" />
                <ref bean="role_2" />
            </set>
        </property>
    </bean>
```

这里定义了两个角色 Bean（role_1 和 role_2）和两个用户 Bean（user_1 和 user_2），其中，

- List 属性使用<list>元素定义注入，使用多个<ref>元素的 Bean 属性引用之前定义好的
  Bean。
- Map 属性使用<map>元素定义注入，使用多个<entry>元素的 key-ref 属性引用之前定义
  好的 Bean 作为键，而用 value-ref 属性引用之前定义好的 Bean 作为值。
- Set 属性使用<set>元素定义注入，使用多个<ref>元素的 Bean 属性引用之前定义好的
  Bean。

至此，我们学习了如何装配简单值和集合值，在 Spring 中还能通过命名空间定义 Bean。

11.3.3　命名空间装配

除上述配置外，Spring 还提供了对应的命名空间的定义，在使用命名空间的时候要先引入
对应的命名空间和 XML 模式（XSD）文件。比如，继续使用之前关于角色类的装配，可以通
过如代码清单 11-13 所示的方法，使用命名空间的方法，将角色类实例注册在 Spring IoC 容器
中。

代码清单 11-13：使用 XML 命名空间注册角色

```
<?xml version='1.0' encoding='UTF-8' ?>
<beans xmlns="http://www.springframework.org/schema/beans"
    xmlns:c="http://www.springframework.org/schema/c"
    xmlns:p="http://www.springframework.org/schema/p"
    xmlns:xsi="http://www.w3.org/2001/XMLSchema-instance"
    xsi:schemaLocation="http://www.springframework.org/schema/beans
    http://www.springframework.org/schema/beans/spring-beans-4.0.xsd">
    <!-- 使用构造方法注入 -->
    <bean id="c_role" class="com.learn.ssm.chapter11.pojo.Role"
        c:_0="8" c:_1="role_name_c" c:_2="role_note_c" />
```

```
    <!-- 使用 setter 注入 -->
    <bean id="p_role" class="com.learn.ssm.chapter11.pojo.Role"
        p:id="9" p:roleName="role_name_p" p:note="role_note_p" />
</beans>
```

讨论一下这段代码。

- 注意加粗的两行代码，它们定义了 XML 的命名空间，这样才能在内容里面使用 p 和 c 这样的前缀定义。
- id 为 c_role 的角色定义，c:_0 代表构造方法的第 1 个参数，c:_1 代表第 2 个，c:_2 代表第 3 个，以此类推。
- id 为 p_role 的角色定义，p 代表引用属性，其中 p:id="2"以 2 为值，使用 setId 方法设置，roleName、note 属性也是一样的道理。

以上就是简单的设置方式，在现实中也可能需要为属性设值，正如代码清单 11-11 的 UserRoleAssembly 类，可以借助引入 XML 文档（XSD）文件的方法，把 UserRoleAssembly 类实例注册给 Spring IoC 容器，如代码清单 11-14 所示。

代码清单 11-14：通过命名空间定义 UserRoleAssembly 类实例

```xml
<?xml version='1.0' encoding='UTF-8' ?>
<beans xmlns="http://www.springframework.org/schema/beans"
    xmlns:c="http://www.springframework.org/schema/c"
    xmlns:p="http://www.springframework.org/schema/p"
    xmlns:util="http://www.springframework.org/schema/util"
    xmlns:xsi="http://www.w3.org/2001/XMLSchema-instance"
    xsi:schemaLocation="http://www.springframework.org/schema/beans
        http://www.springframework.org/schema/beans/spring-beans-4.0.xsd
        http://www.springframework.org/schema/util
        http://www.springframework.org/schema/util/spring-util.xsd">

    <!--装配普通 Bean-->
    <bean id="role1" class="com.learn.ssm.chapter11.pojo.Role"
        c:_0="1" c:_1="role_name_1" c:_2="role_note_1" />
    <bean id="role2" class="com.learn.ssm.chapter11.pojo.Role"
        p:id="2" p:roleName="role_name_2" p:note="role_note_2" />
    <bean id="user1" class="com.learn.ssm.chapter11.pojo.User"
        p:id="1" p:userName="role_name_1" p:note="user_note_1" />
    <bean id="user2" class="com.learn.ssm.chapter11.pojo.User"
        p:id="2" p:userName="role_name_2" p:note="user_note_2" />

    <!-- 装配一个 List 对象 -->
    <util:list id="list">
        <ref bean="role1" />
        <ref bean="role2" />
    </util:list>

    <!-- 装配一个 Map 对象 -->
    <util:map id="map">
        <entry key-ref="role1" value-ref="user1" />
        <entry key-ref="role2" value-ref="user2" />
    </util:map>

    <!-- 装配一个 Set 对象 -->
    <util:set id="set">
        <ref bean="role1" />
        <ref bean="role2" />
```

```
    </util:set>

    <!-- 引用定义好的 Bean -->
    <bean id="userRoleAssembly"
        class="com.learn.ssm.chapter11.pojo.UserRoleAssembly"
        p:id="1" p:list-ref="list" p:map-ref="map" p:set-ref="set" />
</beans>
```

这里加粗的代码是笔者引入的命名空间和 XSD 文件，定义了两个角色类对象（role1 和 role2）和两个用户类对象（user1 和 user2）。通过命名空间 util 定义 Map、Set 和 List 对象，这些在装配集合的时候论述过，接着定义 id 为 userRoleAssembly 的 Bean，这里的 list-ref 代表采用 List 属性，但是其值引用上下文定义好的 Bean，这里显然就是 util 命名空间定义的 List，同理，Map 和 Set 也是如此。

因此，在使用 XML 定义时，无论是使用原始的配置，还是使用命名空间定义都是被允许的。

11.4　通过注解装配 Bean

通过上面的学习，读者已经知道如何使用 XML 的方式装配 Bean，但是更多的时候，我们不推荐使用 XML 的方式装配 Bean，使用注解的方式可以减少 XML 的配置，注解功能更为强大，它既能实现 XML 的功能，也能提供自动装配的功能，采用自动装配后，程序员所需要做的决断少了，更加有利于程序的开发，这就是"约定优于配置"的开发理念。

Spring 提供了两种方式让 Spring IoC 容器发现 Bean。

- 组件扫描：通过定义资源的方式，让 Spring IoC 容器扫描对应的包，从而把 Bean 装配进来。
- 自动装配：通过注解定义，使得一些依赖关系可以通过注解完成。

通过扫描和自动装配，大部分的项目都可以用 Java 配置完成，而不是 XML，这样可以有效减少配置并避免引入大量 XML，它解决了在 Spring 3 之前的版本需要配置大量 XML 的问题。目前注解已经成为 Spring 开发的主流，在之后的章节里，笔者也会以注解的方式为主介绍 Spring 的开发，但是请注意只是为主，而不是全部以注解的方式实现。这是因为不使用 XML 也存在一定的弊端，比如当系统存在多个公共的配置文件（比如多个 properties 和 XML 文件）时，如果写在注解里，那么那些公共资源的配置就会比较分散，不利于统一管理，又或者一些类来自第三方，而不是系统开发的配置文件，这时利用 XML 的方式来完成会更加明确，所以本书会以注解为主，以 XML 为辅进行介绍。

11.4.1　使用注解@Component 装配 Bean

首先定义 POJO，如代码清单 11-15 所示。

代码清单 11-15：通过命名空间定义 UserRoleAssembly 类实例

```
package com.learn.ssm.chapter11.annotation.pojo;

import org.springframework.beans.factory.annotation.Value;
import org.springframework.stereotype.Component;
```

```java
// 支持扫描，且 id 为 "role"
@Component(value = "role")
public class Role {
    @Value("1") // 注入值
    private Long id;
    @Value("role_name_1")
    private String roleName;
    @Value("role_note_1")
    private String note;

    /**** setters and getters ****/
}
```

注意代码中加粗的注解。

- 注解@Component 表示 Spring IoC 会把这个类扫描生成 Bean 实例，而其中的 value 属性表示这个类在 Spring 中的 id，这就相当于 XML 方式定义的 Bean 的 id，也可以简写成 @Component("role")，甚至直接写成注解@Component，对于不写的，Spring IoC 容器就默认类名，以首字母小写的形式作为 id，为其生成对象，装配到容器中。
- 注解@Value 表示值的注入，这里只是简单注入一些值，其中 id 是一个 long 型，注入的时候 Spring 会为其转化类型。

有了这个类还不能进行测试，这是因为 Spring IoC 并不知道去哪里扫描对象，这个时候可以使用一个 Java Config 告诉它，如代码清单 11-16 所示。

代码清单 11-16：Java Config 类

```java
package com.learn.ssm.chapter11.annotation.pojo;

import org.springframework.context.annotation.ComponentScan;

// 启用扫描功能
@ComponentScan
public class PojoConfig {
}
```

这个类十分简单，几乎没有逻辑，但是要注意两处加粗的代码。

- 包名和代码清单 11-15 的 POJO 保持一致。
- 注解@ComponentScan 表示进行扫描，默认扫描当前包的路径，POJO 的包名和它保持一致才能扫描，否则不进行扫描。

有了代码清单 11-15 和代码清单 11-16，就可以通过 Spring 定义好的 Spring IoC 容器的实现类 AnnotationConfigApplicationContext 生成 Spring IoC 容器了。如代码清单 11-17 所示。

代码清单 11-17：使用注解方式生成 Spring IoC 容器

```java
package com.learn.ssm.chapter11.annotation.main;

/**** imports ****/

public class AnnotationMain {
    public static void main(String[] args) {
        // 基于注解的 Spring IoC 容器
        AnnotationConfigApplicationContext context =
            new AnnotationConfigApplicationContext(PojoConfig.class);
        // 获取 Bean
```

```
        Role role = context.getBean(Role.class);
        System.out.println(role.getId());
        context.close();
    }
}
```

这里使用了 AnnotationConfigApplicationContext 类初始化 Spring IoC 容器，它的参数是代码清单 11-16 的 PojoConfig 类。这样 Spring IoC 就会根据注解的配置解析对应的资源，生成 Spring IoC 容器了。

虽说这样的方式也可以生成 Spring IoC 容器，但是它有两个明显的弊端：其一，注解 @ComponentScan 只扫描所在包的 Java 类，但更多的时候我们需要它扫描指定的类；其二，上面只注入了一些简单的值，而没有注入对象，在真实的开发中可以注入对象是十分重要的，也是常见的场景。本节会解决第 1 个问题，第 2 个问题将在后面的章节讲解，因为它还涉及很多其他内容。

注解 @ComponentScan 存在多个配置项，其中两个可以指定扫描的包。第 1 个是 basePackages，它是由 base 和 package 两个单词组成的，而 package 还使用了复数，意味着它可以配置一个 Java 包的数组，Spring 会根据它的配置扫描对应的包和子包，将配置好的 Bean 装配进来；第 2 个是 basePackageClasses，它由 base、package 和 class 三个单词组成，采用复数，意味着它可以配置多个类，Spring 会根据配置的类所在的包，为包和子包扫描装配对应配置的 Bean。

为了更好地验证注解 @ComponentScan 的两个配置项，我们定义一个接口 RoleService，如代码清单 11-18 所示。

代码清单 11-18：RoleService 接口

```
package com.learn.ssm.chapter11.annotation.service;

import com.learn.ssm.chapter11.annotation.pojo.Role;

public interface RoleService {

public void printRoleInfo(Role role);
}
```

使用接口定义方法是 Spring 推荐的方式，它可以将定义和实现分离，更为灵活。对于这个接口，我们开发了一个实现类，如代码清单 11-19 所示。

代码清单 11-19：RoleServiceImpl 类

```
package com.learn.ssm.chapter11.annotation.service.impl;

import org.springframework.stereotype.Component;

import com.learn.ssm.chapter11.annotation.pojo.Role;
import com.learn.ssm.chapter11.annotation.service.RoleService;

@Component
public class RoleServiceImpl implements RoleService {

@Override
public void printRoleInfo(Role role) {
    System.out.println("id =" +role.getId());
```

```
        System.out.println("roleName =" +role.getRoleName());
        System.out.println("note =" +role.getNote());
    }

    }
```

这里的注解@Component 表明它是一个 Spring 需要装配的 Bean，而且也实现了对应的 RoleService 接口定义的 printRoleInfo 方法。为了装配 RoleServiceImpl 和代码清单 11-15 定义的 Role 这个两个类的实例，需要在注解@ComponentScan 加上对应的扫描配置，如代码清单 11-20 所示。

代码清单 11-20：配置注解@ComponentScan 制定包扫描

```
package com.learn.ssm.chapter11.annotation.config;

import org.springframework.context.annotation.ComponentScan;

import com.learn.ssm.chapter11.annotation.pojo.Role;
import com.learn.ssm.chapter11.annotation.service.impl.RoleServiceImpl;

// 通过类来装配，它会扫描对应类所在的包
@ComponentScan(basePackageClasses = {Role.class, RoleServiceImpl.class})

/*
// 通过指定包进行扫描
@ComponentScan(basePackages = {"com.learn.ssm.chapter11.annotation.pojo",
    "com.learn.ssm.chapter11.annotation.service"}) */

/*
// 混合使用
@ComponentScan(basePackages = {"com.learn.ssm.chapter11.annotation.pojo"},
    basePackageClasses = {RoleServiceImpl.class}) */
public class ApplicationConfig {

}
```

注意加粗的代码，这里需要注意以下几点。

- 这是对扫描包的定义，可以采用任意一个注解@ComponentScan 定义，也可以取消代码中的注释。
- 当采用多个注解@ComponentScan 定义对应的包时出现重复，请小心处理，如果重复扫描包，就会出现一些没有必要的错误，所以应该避免这样的情况。

基于上述几点，笔者建议不要采用多个注解@ComponentScan 进行配置，因为一旦发生重复的包或者其他的情况，往往会出现意想不到的错误。对于 basePackages 和 basePackageClasses 的选择问题，basePackages 的可读性更好，因此在项目中我们会优先选择使用它。但是在需要大量重构的工程中，尽量不要使用 basePackages 定义，这是因为很多时候重构修改包名需要反复配置，而 IDE 不会给开发者任何提示。而采用 basePackageClasses，当开发者移动包的时候，IDE 会报错提示，并且可以轻松处理这些错误。

采用代码清单 11-21 就可以对上述的代码进行验证了。

代码清单 11-21：测试 basePackages 和 basePackageClasses 配置

```
public static void testComponentScan() {
    AnnotationConfigApplicationContext context =
```

```
        new AnnotationConfigApplicationContext(ApplicationConfig.class);
    Role role = context.getBean(Role.class);
    RoleService roleService = context.getBean(RoleService.class);
    roleService.printRoleInfo(role);
    context.close();
}
```

这样便能够验证这两个配置项了。

11.4.2 自动装配——@Autowired

11.4.1 节提到的两个问题之一就是注解没有注入对象，关于这个问题，在注解中略微有点复杂，我们先从最简单的内容开始讲解。在大部分情况下，我们建议使用自动装配，因为这样可以减小配置的复杂度。

通过学习 Spring IoC 容器，我们知道 Spring 先完成 Bean 的定义，再初始化和寻找需要注入的资源。也就是当 Spring 初始化所有的 Bean 后，如果发现对应的注解，就会在 Bean 中查找，找到对应的类型，将其注入，完成依赖注入。所谓自动装配，是一种由 Spring 发现对应的 Bean，自动完成装配工作的方式，它会被应用到一个十分常用的注解@Autowired 上，这个时候 Spring 会根据类型寻找定义的 Bean，然后将其注入，这里需要留意，这是按类型（by type）注入的方式。

下面开始测试自动装配，基于代码清单 11-18 新建一个接口，如代码清单 11-22 所示。

代码清单 11-22：修改 RoleService

```
package com.learn.ssm.chapter11.annotation.service;

public interface RoleService2 {
    public void printRoleInfo();
}
```

这里采用了 Spring 推荐的接口方式，接下来是其实现类，它是通过对代码清单 11-19 的修改得到的，如代码清单 11-23 所示。

代码清单 11-23：RoleServiceImpl 改写

```
package com.learn.ssm.chapter11.annotation.service.impl;

import org.springframework.beans.factory.annotation.Autowired;
import org.springframework.stereotype.Component;

import com.learn.ssm.chapter11.annotation.pojo.Role;
import com.learn.ssm.chapter11.annotation.service.RoleService2;

@Component("RoleService2")
public class RoleServiceImpl2 implements RoleService2 {
    // 自动装配（注入）对象
    @Autowired
    private Role role = null;

    @Override
    public void printRoleInfo() {
        System.out.println("id = " + role.getId());
        System.out.println("roleName = " + role.getRoleName());
        System.out.println("note = " + role.getNote());
```

```
    }

  }
```

这里的注解@Autowired，表示在 Spring IoC 定位所有的 Bean 后，这个字段需要按类型注入，这样 Spring IoC 容器就会寻找资源，然后将其注入。比如代码清单 11-15 装配的 Role 实例会被注入 RoleServiceImpl2 实例的 role 属性中。需要大家注意的是，这里会按照类型（by type）进行注入。

Spring IoC 容器有时候会寻找失败，在默认情况下会抛出异常，也就是说，在默认情况下，Spring IoC 容器认为一定要找到对应的 Bean 注入这个属性，有些时候这并不是一个真实的需求，比如日志，有时候我们觉得这是可有可无的，这个时候可以通过注解@Autowired 的配置项 required 改变它，比如：

```
@Autowired(required = false)
```

正如之前所谈到的，在默认情况下，是必须注入成功的，所以这里 required 的值为 true。当把配置修改为 false 时，表示如果在已经定义好的 Bean 中找不到对应的类型，则允许不注入，这样就没有了异常抛出。这时，这个字段可能为空，需要开发者自己进行校验，才能避免发生空指针异常，当然在大部分的情况下，笔者不建议那么做。

注解@Autowired 除可以配置在属性外，还允许方法配置，常见的 Bean 的 setter 方法也可以使用它来完成注入，比如类似代码清单 11-24 的代码。

代码清单 11-24：注解@Autowired 应用于标注方法

```
package com.learn.ssm.chapter11.annotation.service.impl;

/**** imports ****/

@Component("RoleService2")
public class RoleServiceImpl2 implements RoleService2 {
  private Role role = null;

  @Autowired // 也可以使用在方法上
  public void setRole(Role role) {
    this.role = role;
  }

  ......
}
```

在大部分的配置中笔者都推荐使用注解@Autowired，这是 Spring IoC 自动装配完成的，使得配置大幅度减少，满足约定优于配置的原则，增加程序的健壮性。但是在有些时候是不能自动装配的，关于这个问题，下节我们会进行讨论。

11.4.3　自动装配的歧义性（注解@Primary 和注解@Qualifier）

Spring 建议在大部分情况下使用接口编程，但是定义一个接口，并不一定只有与之对应的一个实现类。换句话说，一个接口可以有多个实现类，比如代码清单 11-18 定义的接口 RoleService，有了一个代码清单 11-19 定义的 RoleServiceImpl 接口，但是还可以为其定义一个新的接口 RoleServiceImpl3，如代码清单 11-25 所示。

代码清单 11-25：定义 RoleServiceImpl3 实现 RoleService

```
package com.learn.ssm.chapter11.annotation.service.impl;

import org.springframework.stereotype.Component;

import com.learn.ssm.chapter11.annotation.pojo.Role;
import com.learn.ssm.chapter11.annotation.service.RoleService;

@Component("roleService3")
public class RoleServiceImpl3 implements RoleService {

    @Override
    public void printRoleInfo(Role role) {
        System.out.print("{id =" +role.getId());
        System.out.print(", roleName =" +role.getRoleName());
        System.out.println(", note =" +role.getNote()+"}");
    }

}
```

再新建一个 RoleController 类，它有一个字段是 RoleService 类型，如代码清单 11-26 所示。

代码清单 11-26：RoleControlller 的定义

```
package com.learn.ssm.chapter11.annotation.controller;

import org.springframework.beans.factory.annotation.Autowired;
import org.springframework.stereotype.Component;

import com.learn.ssm.chapter11.annotation.pojo.Role;
import com.learn.ssm.chapter11.annotation.service.RoleService;

@Component
public class RoleController {

    @Autowired // 引发歧义
    private RoleService roleService = null;

    public void printRole(Role role) {
        roleService.printRoleInfo(role);
    }
}
```

这里需要自动注入的属性是 roleService，它是一个 RoleService 接口类型。但是 RoleService 有两个实现类，分别是代码清单 10-19 定义的 RoleServiceImpl 和代码清单 10-25 定义的 RoleServiceImpl3，这个时候 Spring IoC 容器就会犯糊涂了，它无法判断注入哪个对象，于是抛出异常，这样注解@Autowired 注入就失败了。

通过上面的分析，可以知道发生这样的状况是因为注解@Autowired 采用的是按类型注入对象的方式，而在 Java 中，接口可以有多个实现类，同样的抽象类也可以有多个非抽象子类，这些都会造成通过类型（by type）获取 Bean 的不唯一，从而导致 Spring IoC 按类似于类型的方法无法获得唯一的实例，出现异常。这里可以回想 Spring IoC 底层容器接口 BeanFactory 的定义，它存在一个通过类型获取 Bean 的方法：

```
<T> T getBean(Class<T> requiredType) throws BeansException;
```

这样仅仅通过类型（RoleService.class）作为参数无法判断使用哪个具体类实例返回，这便是自动装配的歧义性。为了消除歧义性，Spring 提供了注解@Primary 和注解@Qualifier，这是两个不同的注解，其消除歧义性的理念是不一样的，下面让我们学习它们。

1．注解@Primary

注解@Primary 代表优先的，表示当 Spring IoC 通过一个接口或者抽象类注入对象，发现多个实现类，不能做出决策时，注解@Primary 就会告诉 Spring IoC 容器，优先将该类实例注入。例如可以在代码清单 11-24 加入注解@Primary，如下所示。

```
......
import org.springframework.context.annotation.Primary;

@Component("roleService3")
@Primary // 使 Bean 获得优先注入权
public class RoleServiceImpl3 implements RoleService {
    ......
}
```

这里的注解@Primary 告诉 Spring IoC 容器，当存在多个 RoleService 类型，无法判断注入哪个的时候，优先将 RoleServiceImpl3 的实例注入，这样可以消除歧义性。或许开发者可以想到将注解@Primary 也加入 RoleServiceImpl 中，这样就存在两个优先注入的 RoleService 接口的实例了，在 Spring IoC 容器中这样定义是被允许的，只是在注入的时候将抛出异常。但是无论如何注解@Primary 只能解决优先性的问题，而不能解决选择性的问题，简而言之，它不能选择使用接口具体的实现类或者抽象类的非抽象子类去注入。

2．注解@Qualifier

出现歧义性的一个重要原因是 Spring 在注入时是按类型的。除了按类型查找 Bean，Spring IoC 容器底层的接口 BeanFactory，也定义了按名称（by name）查找的方法。

```
<T> T getBean(String name, Class<T> requiredType) throws BeansException;
```

如果采用这个方法按名称查找，而不按类型查找，那么是否可以消除歧义性呢？答案是肯定的，而注解@Qualifier 就是这样的一个注解。

回看代码清单 11-25，如果 RoleServiceImpl3 定义了 Bean 名为 roleService3，那么只需要按照下面的方式修改 RoleController 就可以注入这个实现类了，如代码清单 11-27 所示。

代码清单 11-27：通过注解@Qualifier 注入对象

```
package com.learn.ssm.chapter11.annotation.controller;

import org.springframework.beans.factory.annotation.Autowired;
import org.springframework.beans.factory.annotation.Qualifier;
import org.springframework.stereotype.Component;

import com.learn.ssm.chapter11.annotation.pojo.Role;
import com.learn.ssm.chapter11.annotation.service.RoleService;

@Component
```

```
public class RoleController {

    @Autowired
    @Qualifier("roleService3")
    private RoleService roleService = null;

    /****setters and getters ****/

    public void setRoleService(RoleService roleService) {
        this.roleService = roleService;
    }
}
```

这个时候 IoC 容器不会再按照类型的方式注入，而是按照名称的方式注入，这样既能注入成功，也不存在歧义性。

3. 总结

严格来说，上述做法还不够严谨，这里有必要再明确注解@Autowired 的注入规则，步骤如下。

- 先按类型匹配，如果只有一个满足的 Bean，那么将其注入，结束所有步骤。
- 如果找到多个匹配的 Bean 类型，那么它会按照属性名查找 Bean，比如代码清单 11-27 中的"roleService"这个字符串，当 Spring IoC 容器存在多种类型时，它就会按照这个字符串查找 Bean，如果可以找到则将其注入，结束所有步骤。
- 在上述步骤都找不到，且不允许为空时抛出异常，提示开发者。

注解@Primary 表示优先选择，注解@Qualifier 则表示给予开发者自行配置选择 Bean 的机会。当产生歧义性时，在使用上，笔者更建议使用注解@Qualifier 来明确具体的 Bean，因为这样会更加明确一些。

11.4.4　装载带有参数的构造方法类

角色类的构造方法都是不带参数的，而事实上在某些时候构造方法是带参数的，一些带有参数的构造方法允许通过注解注入。比如有时候 RoleController 的构造方法如代码清单 11-28 所示。

代码清单 11-28：RoleController 构造方法带有参数的类

```
package com.learn.ssm.chapter11.controller;

/**** imports ****/

@Component
public class RoleController {

    private RoleService roleService = null;

    public RoleController(RoleService roleService) {
        this.roleService = roleService;
    }

    ......
}
```

关于 XML 的构建方式，我们在 11.1.1 节中谈过，那么使用注解的方式应该如何注入呢？我们可以使用注解@Autowired 或者注解@Qualifier 注入，换句话说，这两个注解还能支持参数。比如将代码清单 11-28 中的构造方法修改为代码清单 11-29 的样子，就可以完成构造方法的注入了。

代码清单 11-29：在构造方法中使用注解@Autowired

```
private RoleService roleService = null;

public RoleController(
        @Autowired @Qualifier("roleService3") RoleService roleService) {
    this.roleService = roleService;
}
```

11.4.5 使用注解@Bean 装配

以上都是通过注解@Component 装配 Bean，但是注解@Component 只能注解在类上，不能注解到方法上。对于 Java 而言，大部分的开发都需要引入第三方的包（jar 文件），而且往往并没有这些包的源码，这时候将无法为这些包的类加入注解@Component，让它们变为开发环境的Bean。开发者可以使用新类扩展（extends）其包内的类，然后在新类上使用注解@Component，但是这样又显得不伦不类。

这个时候 Spring 给予一个注解@Bean，它可以注解到方法之上，并且将方法返回的对象作为 Spring 的 Bean，存放在 IoC 容器中。比如如果我们需要使用 DBCP 数据源，就要引入关于它的包，然后通过代码清单 11-30 装配数据源的 Bean。

代码清单 11-30：使用注解@Bean 装配数据源

```
@Bean(name = "dataSource")
public DataSource getDataSource() {
    Properties props = new Properties();
    props.setProperty("driver", "com.mysql.jdbc.Driver");
    props.setProperty("url", "jdbc:mysql://localhost:3306/ssm");
    props.setProperty("username", "root");
    props.setProperty("password", "123456");
    DataSource dataSource = null;
    try {
        dataSource = BasicDataSourceFactory.createDataSource(props);
    } catch (Exception e) {
        e.printStackTrace();
    }
    return dataSource;
}
```

这样就能够装配一个 Bean，当 Spring IoC 容器扫描它的时候，就会为其生成对应的 Bean。这里还配置了注解@Bean 的 name 选项为 dataSource，这意味着 Spring 生成该 Bean 的时候就会使用"dataSource"作为其 BeanName。和其他 Bean 一样，它也可以通过@Autowired 或者@Qualifier 等注解注入别的 Bean 中。

11.4.6　注解自定义 Bean 的初始化和销毁方法

10.3.3 节介绍了 Spring Bean 的生命周期，参考图 10-6 可以知道 Bean 的初始化可以通过实现 Spring 所定义的一些关于生命周期的接口来实现，这样 BeanFactory 或者其他高级容器，如 ApplicationContext 就可以调用这些接口定义的方法了，这点和使用 XML 是一样的。但是我们还没有讨论如何在注解中实现自定义的初始化方法和销毁方法。这其实很简单，主要是运用注解@Bean 的配置项，注解@Bean 不能使用在类的标注上，它主要使用在方法上，注解@Bean 提供的配置项如下。

- value：同 name。
- name：Bean 名称。
- autowire：指定 Bean 的装配方式，根据名称和类型装配，一般采用默认设置即可，Spring 5.1 后不再推荐使用。
- autowireCandidate：默认为 true，从 Srping 5.1 开始使用，设置是否是依赖注入的候选 Bean。
- initMethod：自定义初始化方法。
- destroyMethod：自定义销毁方法。

基于上述介绍，自定义的初始化方法是配置 initMethod，销毁方法则是 destroyMethod。下面使用一个方法来创建代码清单 10-11 中定义的 POJO 实例，并指明它的初始化方法和销毁方法。

```
@Bean(name="juiceMaker2", initMethod="init", destroyMethod="myDestroy")
public JuiceMaker2 initJuiceMaker2() {
    JuiceMaker2 juiceMaker2 = new JuiceMaker2();
    juiceMaker2.setBeverageShop("贡茶");
    Source source = new Source();
    source.setFruit("橙子");
    source.setSize("大杯");
    source.setSugar("少糖");
    juiceMaker2.setSource(source);
    return juiceMaker2;
}
```

这样一个 Spring Bean 就可以被注册到 Spring IoC 容器中了，也可以使用自动装配的方法将它装配到其他 Bean 中。

11.5　装配的混合使用

上面介绍了最基本的装配 Bean 的方法，在现实中，使用 XML 或者注解各有道理，笔者建议在自己的项目中所开发的类尽量使用注解方式，因为使用它并不困难，甚至可以说更为简单，而对于引入第三方包或者服务的类，尽量使用 XML 方式，这样的好处是可以尽量减少对三方包或者服务的细节理解，也更加清晰和明朗。

代码清单 11-30 的注解注入有些弊端：开发者需要了解第三方包的使用规则，而对 XML 进行改写就简单了许多。现在通过使用 XML 实现代码清单 11-30 的功能，如代码清单 11-31 所示。

代码清单 11-31：使用 XML 配置数据源

```xml
<bean id="dataSource" class="org.apache.commons.dbcp2.BasicDataSource">
    <property name="driverClassName" value="com.mysql.jdbc.Driver" />
    <property name="url" value="jdbc:mysql://localhost:3306/ssm" />
    <property name="username" value="root" />
    <property name="password" value="123456" />
</bean>
```

显然我们并不需要了解第三方包的更多细节，也不需要过多的 Java 代码，尤其是不用 try...catch...finally...语句处理它们，相对于注解@Bean 的装配会更好一些，也更为简单，所以对于第三方的包或者其他外部的接口，笔者还是建议使用 XML 的方式进行装配。

Spring 同时支持这两种形式的装配，可以自由选择，无论采用 XML 还是注解方式的装配都是将 Bean 装配到 Spring IoC 容器中，这样就可以通过 Spring IoC 容器管理各类资源了。

以数据库池的配置为例，DBCP 数据库连接池是通过第三方定义的，我们没有办法向第三方加入注解，但是可以选择通过 XML 给出，这里可以继续使用代码清单 11-31 的配置，假设它配置 XML 文件——spring-data.xml，我们就需要将它引入注解的体系中，而注解的体系需要完成对角色编号（id）为 1 的查询功能。

使用注解@ImportResource，引入 spring-data.xml 所定义的内容，如代码清单 11-32 所示。

代码清单 11-32：引入 XML 资源

```java
package com.learn.ssm.chapter11.annotation.config;

/**** imports ****/

@ComponentScan(basePackages = {"com.learn.ssm.chapter11.annotation"})
@ImportResource({"classpath:spring-data.xml"})
public class ApplicationConfig {
    ......
}
```

注解@ImportResource 中配置的内容是一个数组，也就是说，它可以配置多个 XML 配置文件，这样就可以引入多个 XML 定义的 Bean 了。

这个时候我们可以通过注解@Autowired 实现对数据库连接池的注入，比如定义一个查询角色的接口——RoleDataSourceService，如代码清单 11-33 所示。

代码清单 11-33：查询角色接口——RoleDataSourceService

```java
package com.learn.ssm.chapter11.annotation.service;

import com.learn.ssm.chapter11.annotation.pojo.Role;

public interface RoleDataSourceService {
    public Role getRole(Long id);
}
```

这是一个很简单的接口，我们需要一个实现类，这个实现类要用到数据库连接池（dataSource），这时可以使用注解@Autowired 注入，如代码清单 11-34 所示。

代码清单 11-34：查询角色接口实现类

```
package com.learn.ssm.chapter11.annotation.service.impl;

/********imports**********/

@Service
public class RoleDataSourceServiceImpl implements RoleDataSourceService {

    // 注入数据源
    @Autowired
    DataSource dataSource = null;

    @Override
    public Role getRole(Long id) {
        Connection conn = null;
        ResultSet rs = null;
        PreparedStatement ps = null;
        Role role = null;
        try {
            // 获取数据库连接
            conn = dataSource.getConnection();
            String sql = "select id, role_name, note from t_role where id = ?";
            ps = conn.prepareStatement(sql);
            ps.setLong(1, id);
            // 执行查询
            rs = ps.executeQuery();
            while (rs.next()) {
                role = new Role();
                role.setId(rs.getLong("id"));
                role.setRoleName(rs.getString("role_name"));
                role.setNote(rs.getString("note"));
            }
        } catch (SQLException e) {
            e.printStackTrace();
        } finally {
            /**** 关闭数据库连接代码 ****/
        }
        return role;
    }

}
```

通过这样的形式就够把 XML 配置的 dataSource 注入 RoleDataSourceServiceImpl 了。也可以通过同样的办法通过 XML 引入其他的 Bean。

有时候所有的配置都放在一个 ApplicationConfig 类里面会造成配置复杂，因此开发者希望有多个类似于 ApplicationConfig 的配置类，比如 ApplicationConfig2、ApplicationConfig3 等。Spring 也提供了注解@Import 的方式注入这些配置类，如代码清单 11-35 所示。

代码清单 11-35：使用多个配置类

```
package com.learn.ssm.chapter11.annotation.config;

import org.springframework.context.annotation.ComponentScan;
import org.springframework.context.annotation.ImportResource;
@ComponentScan(basePackages = {"com.learn.ssm.chapter11.annotation"})
@Import({ApplicationConfig2.class, ApplicationConfig3.class})
public class ApplicationConfig {
```

```
    ......
}
```

通过这样的形式加载了多个配置文件，开发者希望通过其中的一个 XML 文件引入其他的
XML 文件，假设目前有了 spring-bean.xml，需要引入 spring-datasource.xml，那么可以在
spring-bean.xml 使用 import 元素来加载它，如下所示。

```
<import resourse="spring-datasource.xml"/>
```

也许开发者希望使用 XML 加载 Java 配置类，但是目前 Spring 不支持这种方式，不过 Spring
支持通过 XML 的配置扫描注解的包，只需要通过<context:component-scan>定义扫描的包就可
以了，比如下面的代码可以取代代码清单 11-32 中的配置：

```
<!-- 使用扫描的方式注入 -->
<context:component-scan base-package="com.learn.ssm.chapter11"/>
```

无论是使用 XML 方式，还是使用注解方式，都各有利弊，笔者更喜欢在第三方包、系统
外的接口服务和通用的配置中使用 XML 配置，对于系统内部的开发则以注解方式为主，本书
后面的内容是混合使用它们的。

11.6 使用 Profile

在软件开发的过程中，敏捷开发模式很常见，也就是每次都提交一个小阶段的测试。有可
能开发人员使用一套系统，而测试人员使用另一套系统，而这两套系统的数据库是不一样的，
毕竟测试人员也需要花费很多时间构建测试数据，不希望和开发人员共享同一个数据库环境，
这样就有了在不同的系统中进行切换的需求。Spring 支持这样的场景，在 Spring 中我们可以定
义 Bean 的 Profile。

11.6.1 使用注解@Profile 配置

先来看看如何使用注解@Profile 配置，下面的例子是配置两个数据库连接池，一个用于开
发（dev），一个用于测试（test），如代码清单 11-36 所示。

代码清单 11-36：带有注解@Profile 的数据源

```java
package com.learn.ssm.chapter11.annotation.config;
/**** imports ****/

@Component
public class ProfileDataSource {
    @Bean(name = "devDataSource")
    @Profile("dev")
    public DataSource getDevDataSource() {
        System.out.println("dev datasource");
        Properties props = new Properties();
        props.setProperty("driver", "com.mysql.jdbc.Driver");
        props.setProperty("url", "jdbc:mysql://localhost:3306/ssm");
        props.setProperty("username", "root");
        props.setProperty("password", "123456");
        DataSource dataSource = null;
        try {
```

```
            dataSource
                = BasicDataSourceFactory.createDataSource(props);
        } catch (Exception e) {
            e.printStackTrace();
        }
        return dataSource;
    }

    @Bean(name = "testDataSource")
    @Profile("test")
    public DataSource getTestDataSource() {
        System.out.println("test datasource");
        Properties props = new Properties();
        props.setProperty("driver", "com.mysql.jdbc.Driver");
        props.setProperty("url", "jdbc:mysql://localhost:3306/ssm");
        props.setProperty("username", "root");
        props.setProperty("password", "123456");
        DataSource dataSource = null;
        try {
            dataSource
                = BasicDataSourceFactory.createDataSource(props);
        } catch (Exception e) {
            e.printStackTrace();
        }
        return dataSource;
    }

}
```

这里定义的两个 Bean 分别定义了注解@Profile，一个是 dev，一个是 test，同样，使用 XML
也可以定义。

11.6.2　使用 XML 定义 Profile

正如前面所论述的，有时候我们希望使用 XML 配置数据源，因为它可以减少一些 Java 代
码的使用。这个时候使用 XML 配置数据源也是没有问题的，比如代码清单 11-37 就是配置一个
Profile 为 dev 的数据源。

代码清单 11-37：XML 配置 Profile

```xml
<?xml version='1.0' encoding='UTF-8' ?>
<beans xmlns="http://www.springframework.org/schema/beans"
    xmlns:xsi="http://www.w3.org/2001/XMLSchema-instance"
    xmlns:p="http://www.springframework.org/schema/p"
    xsi:schemaLocation="http://www.springframework.org/schema/beans
    http://www.springframework.org/schema/beans/spring-beans-4.0.xsd"
    profile="dev">
<bean id="dataSource" class="org.apache.commons.dbcp2.BasicDataSource">
    <property name="driverClassName" value="com.mysql.jdbc.Driver" />
    <property name="url" value="jdbc:mysql://localhost:3306/ssm" />
    <property name="username" value="root" />
    <property name="password" value="123456" />
</bean>
</beans>
```

加了 Profile 属性会导致一个配置文件所有的 Bean 都放在 dev 的 Profile 下，这不是我们想
要的。有时候在一个 XML 文件里面也可以配置多个 Profile，如代码清单 11-38 所示。

代码清单 11-38：配置多个 Profile

```xml
<?xml version="1.0" encoding="UTF-8"?>
<beans xmlns="http://www.springframework.org/schema/beans"
  xmlns:xsi="http://www.w3.org/2001/XMLSchema-instance"
   xmlns:p="http://www.springframework.org/schema/p"
  xsi:schemaLocation="http://www.springframework.org/schema/beans
  http://www.springframework.org/schema/beans/spring-beans-4.0.xsd">
  <beans profile="test">
    <bean id="devDataSource"
        class="org.apache.commons.dbcp2.BasicDataSource">
      <property name="driverClassName" value="com.mysql.jdbc.Driver" />
      <property name="url" value="jdbc:mysql://localhost:3306/ssm" />
      <property name="username" value="root" />
      <property name="password" value="123456" />
    </bean>
  </beans>

  <beans profile="dev">
    <bean id="devDataSource"
        class="org.apache.commons.dbcp2.BasicDataSource">
      <property name="driverClassName" value="com.mysql.jdbc.Driver" />
      <property name="url" value="jdbc:mysql://localhost:3306/ssm" />
      <property name="username" value="root" />
      <property name="password" value="123456" />
    </bean>
  </beans>
</beans>
```

这样也能够使用 Profile。

11.6.3　启动 Profile

当启动 Java 或者 XML 配置的 Profile 时，可以发现这两个 Bean 并不会被加载到 Spring IoC 容器中，需要自行激活 Profile。常见激活 Profile 的方法有 5 种。

- 在使用 Spring MVC 的情况下可以配置 Web 上下文参数，或者 DispatchServlet 参数。
- 作为 JNDI 条目。
- 配置环境变量。
- 配置 JVM 启动参数。
- 在集成测试环境中使用注解@ActiveProfiles。

下面我们来介绍如何通过这些方法来激活 Profile。首先我们能够想到的便是在测试代码中激活 Profile，如果开发人员进行测试，那么可以使用注解@ActiveProfiles 进行定义。不过在此之前需要引入 spring-test 和 JUnit 的依赖，如下所示。

```xml
<dependency>
    <groupId>org.springframework</groupId>
    <artifactId>spring-test</artifactId>
    <version>5.2.1.RELEASE</version>
    <scope>test</scope>
</dependency>
<dependency>
    <groupId>junit</groupId>
    <artifactId>junit</artifactId>
    <version>4.12</version>
```

```
        <scope>test</scope>
    </dependency>
```

请注意，这里的 Spring 5 以上的版本要求与 JUnit 4.12 以上的版本对应，否则会出现版本不兼容的问题。这就就能使用注解@ActiveProfiles 来决定加载哪个 Profile 的 Bean 了，如代码清单 11-39 所示。

代码清单 11-39：加载带有注解@Profile("dev")的 Bean

```java
package com.learn.ssm.chapter11.annotation;

/**** imports ****/

// Spring JUnit4 驱动器
@RunWith(SpringJUnit4ClassRunner.class)
// Spring IoC 容器 Java 配置文件
@ContextConfiguration(classes=ApplicationConfig.class)
// 也可以通过指定 XML 配置文件进行测试
// @ContextConfiguration(locations = {"classpath:spring-mix.xml"})
@ActiveProfiles("test")
public class ProfileTest {

    @Autowired
     private DataSource dataSource;

    @Test
    public void test() {
        System.out.println(dataSource.getClass().getName());
    }
}
```

在测试代码中可以加入注解@ActiveProfiles 来指定加载哪个 Profile，这样程序就会自己加载对应的 Profile 了。但是程序毕竟不是什么时候都在测试代码中运行的，有些时候要在一些服务器上运行，这个时候可以配置 Java 虚拟机的启动项，比如程序在 Tomcat 服务器上或者在 main 方法上运行时，可以启用 Java 虚拟机的参数来实现它，制定 Profile 的参数有两个。

- spring.profiles.active：启动的 Profile，如果配置了它，那么 spring.profiles.default 配置项将失效。
- spring.profiles.default：默认启动的 Profile，如果系统没有配置关于 Profile 的参数，那么它将被启用。

这个时候可以配置 JVM 的参数启用对应的 Profile，比如这里需要启动 test，那么可以配置为：

```
JAVA_OPTS="-Dspring.profiles.active=test"
```

这个时候 Spring 就知道开发者需要的是 Profile 为 test 的 Bean 了。有时在类似于 Eclipse 的 IDE 中开发，也可以给运行的类加入虚拟机参数，如图 11-2 所示。

这样在 IDE 运行代码的时候，Spring 就知道采用哪个 Profile 操作了。

在大部分情况下需要启动 Web 服务器，如果使用的是 Spring MVC，那么也可以设置 Web 环境参数或者 DispatcherServlet 参数选择对应的 Profile，比如可以在 web.xml 中配置，如代码清单 11-40 所示。

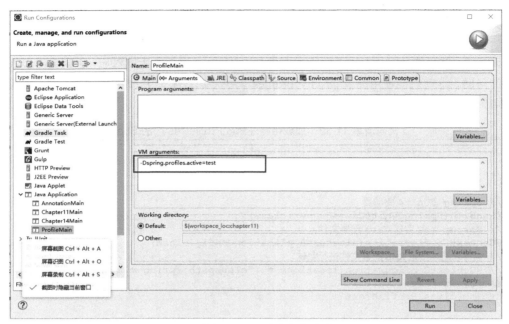

图 11-2　配置虚拟机参数

代码清单 11-40：使用 web.xml 配置 Profile

```
......
<!-- 使用 Web 环境参数 -->
<context-param>
    <param-name>spring.profiles.active</param-name>
    <param-value>test</param-value>
</context-param>
......
<!-- 使用 SpringMVC 的 DispatcherServlet 环境参数 -->
<servlet>
    <servlet-name>dispatcher</servlet-name>
    <servlet-class>org.springframework.web.servlet.DispatcherServlet
</servlet-class>
    <load-on-startup>2</load-on-startup>
    <init-param>
        <param-name>spring.profiles.active</param-name>
        <param-name>test</param-name>
    </init-param>
</servlet>
......
```

这样也可以在 Web 项目启动的时候来启用对应的 Profile 了，通过编码去实现也是可以的。

11.7　加载属性文件

在开发的过程中，配置文件往往就是那些属性（properties）文件，比如使用 properties 文件配置数据库文件，又如 database-config.properties，其内容如代码清单 11-41 所示。

代码清单 11-41：database-config.properties

```
jdbc.database.driver=com.mysql.jdbc.Driver
```

```
jdbc.database.url=jdbc:mysql://localhost:3306/ssm
jdbc.database.username=root
jdbc.database.password=123456
```

使用属性文件可以有效地减少硬编码，很多时候修改环境只需要修改配置文件就可以了，这样能够有效提高运维人员的操作便利性，所以使用 properties 文件是十分常见的场景。在 Spring 中也可以通过注解或者 XML 的方式加载属性文件，下面的两个小节，将展示它们的使用方法。

11.7.1　使用注解方式加载属性文件

Spring 提供了注解@PropertySource 来加载属性文件，它的使用比较简单，不过在此之前需要先了解它的配置项。

- **name**：字符串，配置属性的名称。
- **value**：字符串数组，可以配置多个属性文件。
- **ignoreResourceNotFound**：boolean 值，默认为 false，其含义为如果找不到对应的属性文件是否忽略，由于默认值为 false，所以在默认的情况下找不到对应的配置文件会抛出异常。
- **encoding**：编码，默认为""，可以配置为 "UTF-8" 等。
- **factory**：属性文件解析工厂，一般不需要配置，默认为 PropertySourceFactory。

注意，如果只有注解@PropertySource 被加载，那么 Spring 只会把对应文件加载进来。因此可以在 Spring 环境中使用它们，比如重新定义 Java 配置类，如代码清单 11-42 所示。

代码清单 11-42：在 Java 配置文件中，加载属性文件

```
package com.learn.ssm.chapter11.annotation.config;
/**** imports ****/

@Configuration
// 指定扫描包
@ComponentScan(basePackages = {"com.learn.ssm.chapter11.annotation"})
// 加载属性文件
@PropertySource(
    // 指定属性文件
    value={"classpath:database-config.properties"},
    // 当找不到属性文件时，允许忽略
    ignoreResourceNotFound = true
)
public class ApplicationConfig {

    ......
}
```

注解@PropertySource 的配置，首先加载了 database-config.properties 文件，然后定义选项为 ignoreResourceNotFound=true，也就是找不到该文件就会忽略它。如果这个值为 false，且找不到对应的文件，那么 Spring 将抛出异常，停止工作。

但是如果仅仅这样，Spring 还是无法将属性读入，因为还缺少属性文件的解析配置器——PropertySourcesPlaceholderConfigurer。这就需要开发者自己在 Java 配置文件中添加一段代码，如代码清单 11-43 所示。

代码清单 11-43：在 Java 配置文件中，加载属性文件

```java
// 属性文件解析
@Bean
public PropertySourcesPlaceholderConfigurer
        propertySourcesPlaceholderConfigurer() {
    return new PropertySourcesPlaceholderConfigurer();
}
```

有了这个 Bean，Spring 才能读取属性文件，然后在 Spring 上下文环境中就可以使用占位符引用对应的属性值了。下面用代码清单 11-44 对其进行测试。

代码清单 11-44：测试加载的属性文件

```java
public static void testProperties() {
    // 生成 IoC 容器
    ApplicationContext context
        = new AnnotationConfigApplicationContext(ApplicationConfig.class);
    // 获取环境配置
    Environment env = context.getEnvironment();
    // 获取配置项
    String url = env.getProperty("jdbc.database.url");
    System.out.println(url);
}
```

下面通过创建 DBCP 数据源演示如何在 Spring 的上下文中引用属性文件的配置。上面的代码中定义了一个 PropertySourcesPlaceholderConfigurer 类的 Bean，它的作用是让 Spring 能够解析属性占位符，比如属性文件 database-config.properties 已经定义了数据库连接所需要的配置，还需要知道如何引用已经定义好的配置连接数据库。在 Spring 中，提供了注解@Value 和占位符的功能来完成这个任务，如代码清单 11-45 所示。

代码清单 11-45：引用属性文件的配置

```java
package com.ssm.chapter10.annotation.config;
/***** imports ****/

@Component
public class DataSourceBean {
    // 数据库驱动
    @Value("${jdbc.database.driver}")
    private String driver = null;

    // 数据库连接
    @Value("${jdbc.database.url}")
    private String url = null;

    // 用户名
    @Value("${jdbc.database.username}")
    private String username = null;

    // 密码
    @Value("${jdbc.database.password}")
    private String password = null;

    @Bean(name = "dataSource")
    public DataSource getDataSource() {
        // 设置连接属性
```

```
        Properties props = new Properties();
        props.setProperty("driver", driver);
        props.setProperty("url", url);
        props.setProperty("username", username);
        props.setProperty("password", password);
        DataSource dataSource = null;
        try {
            // 连接数据库
            dataSource = BasicDataSourceFactory.createDataSource(props);
        } catch (Exception e) {
            e.printStackTrace();
        }
        return dataSource;
    }
}
```

注意代码中加粗的注解@Value，我们使用了占位符$\{jdbc.database.driver\}$引用加载进来的属性，这样就可以在 Bean 中通过注入的形式获取文件配置了。

11.7.2　使用 XML 方式加载属性文件

11.7.1 节讨论了如何通过注解方式来加载属性文件，有时候也可以使用 XML 方式加载属性文件，它只需要使用<context:property-placeholder>元素加载一些配置项即可。比如通过代码清单 11-46 加载 database-config.properties，也可以使用属性文件加载。

代码清单 11-46：通过 XML 加载属性文件

```
<?xml version='1.0' encoding='UTF-8' ?>
<beans xmlns="http://www.springframework.org/schema/beans"
    xmlns:xsi="http://www.w3.org/2001/XMLSchema-instance"
    xmlns:p="http://www.springframework.org/schema/p"
    xmlns:context="http://www.springframework.org/schema/context"
    xsi:schemaLocation="http://www.springframework.org/schema/beans
    http://www.springframework.org/schema/beans/spring-beans-4.0.xsd
    http://www.springframework.org/schema/context
    http://www.springframework.org/schema/context/spring-context-4.0.xsd">

    <!-- 使用命名空间加载属性文件 ① -->
    <context:property-placeholder
        ignore-resource-not-found="false"
        location="classpath:database-config.properties" />

    <!-- 引用属性文件的配置 -->
    <bean id="dataSource" class="org.apache.commons.dbcp2.BasicDataSource">
        <property name="driverClassName" value="${jdbc.database.driver}" />
        <property name="url" value="${jdbc.database.url}" />
        <property name="username" value="${jdbc.database.username}" />
        <property name="password" value="${jdbc.database.password}" />
    </bean>

</beans>
```

注意代码①处的<context:property-placeholder>元素，这里的 ignore-resource-not-found 属性代表是否允许文件不存在，如果配置为 true，则表示允许文件不存在。当默认值为 false 时，不允许文件不存在，这时如果文件不存在，则 Spring 会抛出异常，停止工作。属性 location 是一个配置属性文件路径的选项，它可以配置单个文件或者多个文件，多个文件之间要使用逗号分隔。接着又配置了一个数据源，这个数据源引用了配置文件里的属性，它的格式是${属性名}，比如${jdbc.database.driver}。

如果系统中存在很多文件，<context:property-placeholder>元素的 location 属性就要配置长长的字符串，这时使用其他 XML 的方式配置或许是更好的选择，那就是配置 PropertySourcesPlaceholderConfigurer。我们把代码清单 11-46 中的<context:property-placeholder>元素删除，使用代码清单 11-47 代替，就可以配置多个属性文件了，且可读性更高。

代码清单 11-47：配置多个属性文件

```
<bean id="propertySourcesPlaceholderConfigurer"
class="org.springframework.context.support.PropertySourcesPlaceholderConfigurer
">
    <property name="locations">
        <array>
            <value>classpath:database-config.properties</value>
            <value>log4j.properties</value>
        </array>
    </property>
    <property name="ignoreResourceNotFound" value="true" />
</bean>
```

在需要多个文件的场景下，这样的配置更加清晰，当需要加载大量属性文件的时候使用它更好。

11.8 条件化装配 Bean

有时候，在某些条件下不需要装配某些 Bean。比如当没有代码清单 11-41 的属性文件中的 database-config.properties 属性配置时，就不需要创建数据源，这个时候，我们需要通过条件化去判断。Spring 提供了注解@Conditional 去配置，通过它可以配置一个或者多个类，只是这些类都需要实现接口 Condition（org.springframework.context.annotation.Condition）。为了演示这个过程，先提供一个 Condition 接口的实现类，如代码清单 11-48 所示。

代码清单 11-48：编写条件逻辑

```
package com.learn.ssm.chapter11.annotation.condition;

/**** imports ****/

@Component
// 实现 Condition 接口的 matches 方法
public class DataSourceCondition implements Condition {

    // 编写判断逻辑
    @Override
    public boolean matches(
            ConditionContext context, AnnotatedTypeMetadata metadata) {
        // 获取上下文环境
        Environment env = context.getEnvironment();
        // 判断是否存在关于数据源的基础配置
        return env.containsProperty("jdbc.database.driver")
                && env.containsProperty("jdbc.database.url")
                && env.containsProperty("jdbc.database.username")
                && env.containsProperty("jdbc.database.password");
```

```
        }
    }
```

这里要求 DataSourceCondition 实现接口 Condition 的 matches 方法，该方法有两个参数，一个是 ConditionContext，通过它可以获得 Spring 的运行环境，另一个是 AnnotatedTypeMetadata，通过它可以获取关于该 Bean 的注解信息。代码先获取了运行上下文的环境，然后判断在环境中属性文件是否配置了数据库的相关参数，如果配置了这些参数，则返回 true，Spring 创建对应的 Bean，否则不创建。

接着我们就可以配置数据源了，如代码清单 11-49 所示。

代码清单 11-49：使用注解@Conditional

```
@Bean(name = "dataSource")
// 设置判断条件
@Conditional({DataSourceCondition.class})
public DataSource getDataSource(
        // 注入属性值
        @Value("${jdbc.database.driver}") String driver,
        @Value("${jdbc.database.url}") String url,
        @Value("${jdbc.database.username}") String username,
        @Value("${jdbc.database.password}") String password) {
    Properties props = new Properties();
    props.setProperty("driver", driver);
    props.setProperty("url", url);
    props.setProperty("username", username);
    props.setProperty("password", password);
    DataSource dataSource = null;
    try {
        dataSource = BasicDataSourceFactory.createDataSource(props);
    } catch (Exception e) {
        e.printStackTrace();
    }
    return dataSource;
}
```

代码通过注解@Value 在参数里注入对应属性文件的配置值，但是我们没有办法确定这些数据源连接池的属性在属性文件中是否已经配置完整。不充足的属性配置会导致创建数据源失败，为此要判断属性文件的配置是否充足才能继续创建 Bean。这时通过注解@Conditional 引入一个判定类——DataSourceCondition 即可，这样就能够根据自己的逻辑去判定是否创建 Bean 了。

11.9　Bean 的作用域

所谓 Bean 的作用域指 Bean 在应用中的有效范围。在默认情况下，Spring IoC 容器只会对 Bean 创建唯一的实例，然后在 Spring IoC 容器的生命周期中有效。但是有时候我们需要去改变这种方式。

使用下面的代码进行测试。

```
public static void testScope() {
    // 生成 Spring IoC 容器
    AnnotationConfigApplicationContext context
        = new AnnotationConfigApplicationContext(ApplicationConfig.class);
    RoleDataSourceService service1
```

```
    = context.getBean(RoleDataSourceService.class);
RoleDataSourceService service2
    = context.getBean(RoleDataSourceService.class);
// 位比较
System.out.println(service1 == service2);
context.close();
}
```

这里 Spring IoC 容器通过类型的方式获取 Bean，然后通过"=="比较两次获取的 Bean 的结果，这是一个位比较，换句话说，就是比较 service1 和 service2 是否为同一个对象。经过测试，它的结果如图 11-3 所示。

图 11-3　测试从 Spring IoC 容器中取出的对象

从图 11-3 中可以看到，它们是同一个对象，换句话说，在默认情况下，Spring IoC 容器只会为配置的 Bean 生成一个实例，而不是多个。

有时候我们希望能够通过 Spring IoC 容器获取多个实例，比如 Struts2（现在它的使用已经比较少了）中的 Action（Struts2 的控制层类），它往往绑定了从页面请求过来的订单。如果它也是一个实例，那么订单就从头到尾只有一个，而不是多个，这样就不能满足互联网的并发要求了。为了解决这个问题，我们希望 Action 是多个实例，每当我们请求的时候就产生一个独立的对象，这样多个实例就可以在不同的线程运行了，就没有并发问题了。这些是由 Spring 的作用域决定的。

Spring 基本的 IoC 容器中提供两种作用域。

- 单例（**singleton**）：它是默认的选项，在整个应用中，Spring 只为其生成一个 Bean 的实例。
- 原型（**prototype**）：当每次从 Spring IoC 容器获取 Bean 时，Spring 都会为它创建一个新的实例。

在 Spring 中可以用注解@Scope 指定作用域，比如可以指定作用域为原型（prototype），如代码清单 11-50 所示。

代码清单 11-50：注解@Scope 指定作用域为原型

```
package com.learn.ssm.chapter11.annotation.service.impl;
/**** imports ****/

@Service
@Scope(ConfigurableBeanFactory.SCOPE_PROTOTYPE)
```

```
public class RoleDataSourceServiceImpl implements RoleDataSourceService {
......
}
```

这里使用了注解@Scope，并且指定作用域为原型，修改完成后，再次测试代码，可以得到图 11-4 所示的结果。

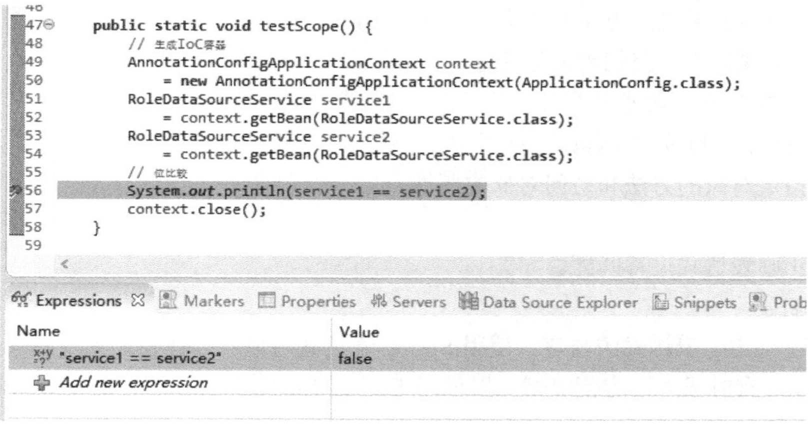

```
46
47⊖    public static void testScope() {
48        // 生成IoC容器
49        AnnotationConfigApplicationContext context
50            = new AnnotationConfigApplicationContext(ApplicationConfig.class);
51        RoleDataSourceService service1
52            = context.getBean(RoleDataSourceService.class);
53        RoleDataSourceService service2
54            = context.getBean(RoleDataSourceService.class);
55        // 位比较
56        System.out.println(service1 == service2);
57        context.close();
58    }
59
```

| Expressions ⊠ | Markers | Properties | Servers | Data Source Explorer | Snippets | Prob |

Name	Value
"service1 == service2"	false
Add new expression	

图 11-4　测试原型的作用域

从测试结果可以看到有两个对象，因为我们将其声明为了原型，所以每当我们从 Spring IoC 容器中获取对象时，它都会生成一个新的实例，这样两次获取获得了不同的对象，比较后返回 false。

在互联网应用中，Spring 会使用实现了 WebApplicationContext 接口（该接口继承了 ApplicationContext）的实现类作为 IoC 容器，在互联网中，它还存在两种常见的作用域。

- **会话（session）**：在 Web 应用中使用，在会话过程中 Spring 只创建一个实例。
- **请求（request）**：在 Web 应用中使用，在一次请求中 Spring 会创建一个实例。

它们的定义都在 WebApplicationContext 中，可以使用以下代码进行定义：

```
package com.learn.ssm.chapter11.annotation.service.impl;
/**** imports ****/

@Service
@Scope(WebApplicationContext.SCOPE_SESSION)
public class RoleDataSourceServiceImpl implements RoleDataSourceService {
......
}
```

这样就能够定义会话作用域的 Bean 了。上述只是通过注解来讲解作用域的定义，我们还可以使用 XML 进行定义，如下：

```
<bean id="role_2" class="com.learn.ssm.chapter11.pojo.Role"
    scope="prototype">
    <property name="id" value="2" />
    <property name="roleName" value="高级工程师" />
    <property name="note" value="重要人员" />
</bean>
```

请注意加粗的代码，这里使用了 scope 属性定义 Bean 为原型（prototype），这样就能够在 XML 中定义作用域了。

11.10 使用 Spring 表达式

Spring 还提供了更灵活的注入方式，那就是 Spring 表达式（Spring EL），实际上 Spring EL 远比以上注入方式强大，我们需要学习它。

Spring EL 拥有很多功能。

- 使用 Bean 的 id 引用 Bean。
- 调用指定对象的方法和访问对象的属性。
- 运算。
- 提供正则表达式进行匹配。
- 集合配置。

这些都是 Spring 表达式的内容，使用 Spring 表达式可以获得比使用 Properties 文件更为强大的装配功能，有时候为了方便测试可以使用 Spring EL 定义的解析类进行测试，我们先来认识它们。

11.10.1 Spring EL 相关的类

简要介绍 Spring EL 相关的类，以便我们测试和理解。ExpressionParser 接口是一个表达式的解析接口，既然是一个接口，它就不具备任何具体的功能，显然 Spring 会提供更多的实现类，如图 11-5 所示。

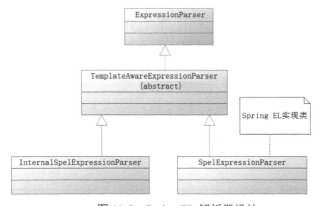

图 11-5　Spring EL 解析器设计

举例说明 Spring EL 的使用，如代码清单 11-51 所示。

代码清单 11-51：使用 Spring EL 的例子

```
public static void testExpression() {
    // 表达式解析器
    ExpressionParser parser = new SpelExpressionParser();
    // 设置表达式
    Expression exp = parser.parseExpression("'hello world'");
    String str = (String) exp.getValue();
```

```
        System.out.println(str);
        // 通过 EL 访问普通方法
        exp = parser.parseExpression("'hello world'.charAt(0)");
        char ch = (Character) exp.getValue();
        System.out.println(ch);
        // 通过 EL 访问 getter 方法
        exp = parser.parseExpression("'hello world'.bytes");
        byte[] bytes = (byte[]) exp.getValue();
        System.out.println(bytes);
        // 通过 EL 访问属性，相当于"hello world".getBytes().length
        exp = parser.parseExpression("'hello world'.bytes.length");
        int length = (Integer)exp.getValue();
        System.out.println(length);
        exp = parser.parseExpression("new String('abc')");
        String abc = (String)exp.getValue();
        System.out.println(abc);
    }
```

可以看出，通过表达式可以创建对象、调用对象的方法或者获取属性。用变量解析表达式会使表达式更加灵活，比如针对 Spring IoC 容器进行解析，我们可以从中获得配置的属性。当然，使用这些表达式也会造成一定的可读性下降，所以笔者建议少量使用表达式，且不应该用表达式处理复杂问题。

为了更好地满足用户的需求，Spring EL 还支持变量的解析，使用变量解析时常常用到一个类——EvaluationContext，它可以有效解析表达式中的变量。它也有一个实现类——StandardEvaluationContext，下面针对角色类和 List 举例，如代码清单 11-52 所示。

代码清单 11-52：在表达式中使用变量

```
public static void testEvaluation() {
    // 表达式解析器
    ExpressionParser parser = new SpelExpressionParser();
    // 创建角色对象
    Role role = new Role(1L, "role_name", "note");
    Expression exp = parser.parseExpression("note");
    // 相当于从 role 中获取备注信息
    String note = (String) exp.getValue(role);
    System.out.println(note);

    // 变量环境类，并且将角色对象 role 作为其根节点
    EvaluationContext ctx = new StandardEvaluationContext(role);
    // 变量环境类操作根节点
    parser.parseExpression("note").setValue(ctx, "new_note");
    // 获取备注，这里的 String.class 指明，我们希望返回的是一个字符串
    note = parser.parseExpression("note").getValue(ctx, String.class);
    System.out.println(note);
    // 调用 getRoleName 方法
    String roleName
        = parser.parseExpression("getRoleName()").getValue(ctx, String.class);
    System.out.println(roleName);

    // 新增环境变量
    List<String> list = new ArrayList<String>();
    list.add("value1");
    list.add("value2");
    // 给环境变量增加变量
    ctx.setVariable("list", list);
```

```
// 通过表达式读/写环境变量的值
parser.parseExpression("#list[1]").setValue(ctx, "update_value2");
System.out.println(parser.parseExpression("#list[1]").getValue(ctx));
}
```

EvaluationContext 使用了它的实现类 StandardEvaluationContext 进行实例化，在构造方法中将角色对象传递给它，估值内容就会基于这个类进行解析。后面表达式的 setValue 和 getValue 方法都把这个估值内容传递进去，这样就能够读/写根节点的内容了，通过 getRole() 的例子，可以知道它支持方法的调用。为了更加灵活，估值内容还支持其他变量的新增和操作，比如代码中创建了一个 List，并且把 List 用估值内容的 setVariable 方法设置，其键为"list"，这样就允许我们在表达式里面通过#list 引用它，而给出的下标 1，代表引用 List 对象的第 2 个元素（List是以下标 0 标识第 1 个元素的）。

上面介绍了 Spring 对表达式的解析功能，Spring EL 最重要的功能就是对 Bean 属性进行注入，让我们以注解的方式为主学习它。

11.10.2　Bean 的属性和方法

使用注解的方式需要用到注解@Value，在属性文件的读取中使用的是 "$"，在 Spring EL中则使用 "#"。下面以角色类为例进行讨论，我们可以这样初始化它的属性，如代码清单 11-53所示。

代码清单 11-53：使用 Spring EL 初始化角色类

```
package com.learn.ssm.chapter11.annotation.pojo;

/**** imports ****/

@Component("elRole")
public class ElRole {

    // 赋值 long 型
    @Value("#{1}")
    private Long id;

    // 字符串赋值
    @Value("#{'role_name_1'}")
    private String roleName;

    // 字符串赋值
    @Value("#{'note_1'}")
    private String note;
    /**** setters and getters ****/

}
```

这样就可以定义一个 BeanName 为 elRole 的角色类了，同时给它所有的属性赋值，这个时候可以通过另一个 Bean 引用它的属性或者调用它的方法，比如新建一个类——ElBean 进行测试，如代码清单 11-54 所示。

代码清单 11-54：通过 Spring EL 引用 role 的属性，调用其方法

```
package com.learn.ssm.chapter11.annotation.pojo;
```

```
/**** imports ****/

@Component("elBean")
public class ElBean {

    //通过 BeanName 获取 Bean，然后注入
    @Value("#{elRole}")
    private ElRole elRole;

    //获取 Bean 的属性 id
    @Value("#{elRole.id}")
    private Long id;

    //调用 Bean 的 getNote 方法，获取角色名称
    @Value("#{elRole.getNote().toString()}")
    private String note;

    /**** setters and getters ****/

}
```

我们可以通过 BeanName 注入，也可以通过 OGNL 获取其属性或者调用其方法注入其他的 Bean。注意表达式"#{elRole.getNote().toString()}"的注入，getNote 方法可能返回 null，这样 toString()方法就会抛出异常。为了处理这个问题，可以写成"#{elRole.getNote()?.toString()}"，这个表达式中问号的含义是先判断是否返回非 null，如果不是则不再调用 toString 方法。

11.10.3 使用类的静态常量和方法

有时候我们可能希望使用一些静态方法和常量，比如圆周率 π，在 Java 中是 Math 类的 PI 常量，注入它十分简单，在 ElBean 中进行如下操作就可以了：

```
@Value("#{T(Math).PI}")
private double pi;
```

这里的 Math 代表 java.lang.*包下的 Math 类。在 Java 代码中使用该包不需要使用 import 关键字引入，对于 Spring EL 也是如此。如果在 Spring 中使用一个非该包的内容，那么要给出该类的全限定名，需要写成类似这样：

```
@Value("#{T(java.lang.Math).PI}")
private double pi;
```

同样，我们有时候使用 Math 类的静态方法生产随机数（0 到 1 之间的随机双精度数字），这个时候需要使用它的 random 方法，比如：

```
@Value("#{T(Math).random()}")
private double random;
```

这样就可以通过调用类的静态方法加载对应的数据了。

11.10.4 Spring EL 运算

上面讨论了如何获取值，除此之外，Spring EL 还可以进行运算，比如在 ElBean 上增加一

个数字 num，其值默认为角色编号（id）+1，我们可以写成：

```
@Value("#{elRole.id+1}")
private int num;
```

有时候 "+" 运算符也可以运用在字符串的连接上，比如下面这个字段，把角色对象中的属性 roleName 和 note 相连：

```
@Value("#{elRole.roleName + elRole.note}")
private String str;
```

这样就能够得到一个角色名称和备注相连接的字符串。

比较两个值是否相等，比如角色 id 是否为 1，角色名称是否为"role_name_001"。数字和字符串都可以使用 "eq" 或者 "==" 进行相等比较。除此之外，还有大于、小于等数学运算，比如：

```
@Value("#{elRole.id == 1}")
private boolean equalNum;

@Value("#{elRole.note eq 'note_1'}")
private boolean eqaulString;

@Value("#{elRole.id > 2}")
private boolean greater;

@Value("#{elRole.id < 2}")
private boolean less;
```

在 Java 中，也许开发者会怀念三目运算，比如，如果角色编号大于 1，那么取值为 5，否则取值为 1，在 Java 中可以写成：

```
int max = (role.getId()>1? 5 : 1);
```

如果角色的备注为空，我们就给它一个默认的初始值 "note"，使用 Java 写成：

```
String defaultString = (role.getNote() == null? "hello" : role.getNote());
```

下面让我们通过 String EL 实现上述功能。

```
@Value("#{elRole.id > 1 ? 5 : 1}")
private int max;

@Value("#{elRole.note?: 'hello'}")
private String defaultString;
```

实际上 Spring EL 的功能远不止这些，上面只介绍了一些最基础、最常用的功能，熟练运用它还需要读者们多动手实践。

第**12**章
面向切面编程

本章目标

1. 进一步掌握动态代理
2. 掌握面向切面编程（AOP）的概念术语和约定流程
3. 掌握如何开发 AOP，包括@AspectJ 注解方式和 XML 方式
4. 掌握 AOP 中的各类通知
5. 掌握如何给 AOP 各类通知传递参数
6. 掌握多个切面的执行顺序

如果说 IoC 是 Spring 的核心，那么面向切面编程（AOP）就是 Spring 最为重要的功能之一，在数据库事务中面向切面编程被广泛使用。和其他 Spring 书籍不同的是，笔者并不急着介绍 Spring AOP 那些抽象的概念，一切从 Spring AOP 的底层技术——动态代理开始。理解了动态代理的例子，通过类比读者就能豁然开朗。为了更通俗易懂地阐述 AOP，先和读者玩一个简单的约定游戏。

12.1　一个简单的约定游戏

AOP 原理是 Spring 技术中最难理解的部分，这个约定游戏会给读者很多帮助，通过这个约定游戏，可以理解 Spring AOP 的含义和实现方法，也能帮助读者更好地将 Spring AOP 运用到实际的编程中，这对于正确理解 Spring AOP 是十分重要的。当然这个游戏也会有一定的难度，不过通过实践就可以理解和掌握它了。

12.1.1　约定规则

首先提供一个 Interceptor（拦截器）接口，其定义如代码清单 12-1 所示。

代码清单 12-1：定义拦截器接口

```
package com.learn.ssm.chapter12.game;

public interface Interceptor {

    public void before(Object obj);

    public void after(Object obj);
```

```
        public void afterReturning(Object obj);

        public void afterThrowing(Object obj);
}
```

这里是一个拦截器接口，可以对它创建实现类。如果使用过 Spring AOP，读者就会发现笔者定义的方法和 Spring AOP 定义的消息是如此相近。如果读者没有使用过，那么也没有关系，这只是一个很简单的接口定义，理解它很容易。

笔者要求读者用这样的一个类生成对象，如代码清单 12-2 所示。

代码清单 12-2：ProxyBeanFactory 的 getBean 方法

```
package com.learn.ssm.chapter12.game;

public class ProxyBeanFactory {

    public static <T> T getBean(T obj, Interceptor interceptor) {
        return (T) ProxyBeanUtil.getBean(obj, interceptor);
    }
}
```

具体类 ProxyBeanUtil 的 getBean 方法的逻辑不需要理会，因为这是笔者需要完成的内容。但是读者要知道当使用了这个方法后，存在如下约定（这里不讨论 obj 对象为空或者拦截器 interceptor 为空的情况，因为这些并不具备很大的讨论价值，只需要很简单的为空判断就可以处理了）。

当一个对象通过 ProxyBeanFactory 的 getBean 方法被获取后，有这样的约定。

- Bean 必须是一个实现了某一个接口的对象。
- 最先执行拦截器的 before 方法。
- 其次执行 Bean 的方法（通过反射的形式）。
- 执行 Bean 方法时，无论是否产生异常，都会执行 after 方法。
- 执行 Bean 方法时，如果不产生异常，则执行 afterReturning 方法；如果产生异常，则执行 afterThrowing 方法。

这个约定十分接近 Spring AOP 的约定，所以它十分重要，其流程如图 12-1 所示。

图 12-1 是笔者和读者的约定流程，图中有一个判断，即是否存在 Bean 方法的异常。如果存在异常，则会在结束前调用 afterThrowing 方法，否则正常返回，调用 afterReturning 方法。

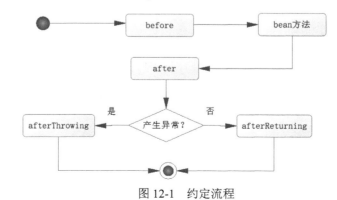

图 12-1 约定流程

12.1.2　读者的代码

笔者给出了接口和获取 Bean 的方式，同时给出了具体的约定，这个时候读者可以根据约定编写代码，比如打印一个角色信息。由于约定服务对象必须实现接口，所以可以自己定义一个 RoleService 接口，如代码清单 12-3 所示。

代码清单 12-3：RoleService 接口

```
package com.learn.ssm.chapter12.game.service;

import com.learn.ssm.chapter12.pojo.Role;

public interface RoleService {
    public void printRole(Role role);
}
```

然后就可以编写它的实现类了，代码清单 12-4 是笔者编写的 RoleService 的实现类，它提供了 printRole 方法的具体实现。

代码清单 12-4：RoleServiceImpl 实现接口

```
package com.learn.ssm.chapter12.game.service.impl;

import com.learn.ssm.chapter12.game.service.RoleService;
import com.learn.ssm.chapter12.pojo.Role;

public class RoleServiceImpl implements RoleService {
    @Override
    public void printRole(Role role) {
        System.out.println("{id =" + role.getId()
            + ", roleName=" + role.getRoleName()
            + ", note=" + role.getNote() + "}");
    }
}
```

显然到这里还是没什么难度。只是还欠缺一个拦截器，它只需要实现代码清单 12-1 的接口，也十分简单，下面笔者给出自己的实现，如代码清单 12-5 所示。

代码清单 12-5：角色拦截器 RoleInterceptor

```
package com.learn.ssm.chapter12.game.interceptor;

import com.learn.ssm.chapter12.game.Interceptor;

public class RoleInterceptor implements Interceptor {

    @Override
    public void before(Object obj) {
        System.out.println(
            "准备打印角色信息");
    }

    @Override
    public void after(Object obj) {
        System.out.println(
            "已经完成角色信息的打印");
    }

    @Override
```

```
    public void afterReturning(Object obj) {
        System.out.println(
            "刚刚完成打印，一切正常。");
    }

    @Override
    public void afterThrowing(Object obj) {
        System.out.println(
            "打印功能执行异常，查看角色对象为空了吗？");
    }

}
```

该清单编写了图 12-1 中描述流程的各个方法，这个时候读者可以清楚地知道代码将按照流程图的流程执行。注意，读者并不需要知道笔者是如何将这些方法织入流程中的，只需要知道我们之间的约定即可。这里使用代码清单 12-6 测试约定流程。

代码清单 12-6：测试约定流程

```
package com.learn.ssm.chapter12.game.main;

import com.learn.ssm.chapter12.game.Interceptor;
import com.learn.ssm.chapter12.game.ProxyBeanFactory;
import com.learn.ssm.chapter12.game.interceptor.RoleInterceptor;
import com.learn.ssm.chapter12.game.service.RoleService;
import com.learn.ssm.chapter12.game.service.impl.RoleServiceImpl;
import com.learn.ssm.chapter12.pojo.Role;

public class GameMain {

    public static void main(String[] args) {
        RoleService roleService = new RoleServiceImpl();
        Interceptor interceptor = new RoleInterceptor();
        // 按照约定获取 Bean
        RoleService proxy = ProxyBeanFactory.getBean(roleService, interceptor);
        Role role = new Role(1L, "role_name_1", "role_note_1");
        proxy.printRole(role);
        System.out.println("\n######## 测试 afterthrowing 方法 ########");
        // 设置为空，让 Bean 方法出现异常，从而测试 afterthrowing 方法
        role = null;
        proxy.printRole(role);
    }

}
```

加粗的代码是笔者和读者约定的获取 Bean 的方法，而到了后面为了测试 afterThrowing 方法，笔者将角色对象 role 设置为 null，这样便能使原有的打印方法发生异常。此时运行这段代码，就可以得到下面的日志：

```
准备打印角色信息
{id =1, roleName=role_name_1, note=role_note_1}
已经完成角色信息的打印
刚刚完成打印功能，一切正常。

######## 测试 afterthrowing 方法 ########
准备打印角色信息
```

已经完成角色信息的打印
打印功能执行异常，查看角色对象为空了吗？

可见底层已经处理了这个流程，使用者只需要懂得流程图的约定，实现接口中的方法即可。这些都是笔者和读者的约定，读者不需要知道笔者是如何实现的。也许读者会好奇，笔者是如何做到这些的？下节笔者将展示如何完成这个约定游戏。

12.1.3 笔者的代码

在 12.1.1 节中，笔者只是和读者进行了约定，而没有展示代码，本节将展示代码。下面的代码都基于动态代理模式，不熟悉的读者需要重新翻阅本书的第 3 章，切实掌握它，它是理解 Spring AOP 的基础。这段代码对理解 Spring AOP 的本质有很大帮助，对于动态代理不熟悉的读者，可以先抄，后面再自己通过添加断点的方式，一步步摸索流程。

下面展示通过 JDK 动态代理实现图 12-1 中的流程，如代码清单 12-7 所示。

代码清单 12-7：使用动态代理实现流程

```java
package com.learn.ssm.chapter12.game;

import java.lang.reflect.InvocationHandler;
import java.lang.reflect.Method;
import java.lang.reflect.Proxy;
class ProxyBeanUtil implements InvocationHandler {
    // 目标对象
    private Object obj;
    // 拦截器
    private Interceptor interceptor = null;

    /**
     * 获取动态代理对象
     * @param obj 目标对象
     * @param interceptor 拦截器
     * @return 动态代理对象
     */
    public static Object getBean(Object obj, Interceptor interceptor) {
        /**
         * 使用当前类，作为代理方法，当目标对象执行方法时，
         * 会进入当前类的 invoke 方法
         */
        ProxyBeanUtil _this = new ProxyBeanUtil();
        // 保存目标对象
        _this.obj = obj;
        // 保存拦截器
        _this.interceptor = interceptor;
        // 生成代理对象，并绑定代理方法
        return Proxy.newProxyInstance(obj.getClass().getClassLoader(),
                obj.getClass().getInterfaces(), _this);
    }

    /**
     * 代理方法
     * @param proxy 代理对象
     * @param method 当前调度方法
     * @param args 参数
     * @return 方法返回
```

```
 * @throws Throwable 异常
 */
@Override
public Object invoke(Object proxy, Method method, Object[] args)
    throws Throwable {
  Object retObj = null;
  // 是否产生异常
  boolean exceptionFlag = false;
  // before 方法
  interceptor.before(obj);
  try {
      // 反射原有方法
      retObj = method.invoke(obj, args);
  } catch (Exception ex) {
    exceptionFlag = true;
  } finally {
    // after 方法
    interceptor.after(obj);
  }
  if (exceptionFlag) {
    // afterThrowing 方法
    interceptor.afterThrowing(obj);
  } else {
    // afterReturning 方法
    interceptor.afterReturning(obj);
  }
  return retObj;
  }
}
```

上面的代码使用了动态代理，鉴于这段代码的重要性，这里有必要讨论其实现过程。

首先，通过 getBean 方法保存了目标对象、拦截器（interceptor）和参数（args），为之后的调用奠定了基础。然后，生成了 JDK 动态代理对象（proxy），同时绑定了 ProxyBeanUtil 的一个实例作为其代理类，这样，当代理对象调用方法的时候，就会进入 ProxyBeanUtil 实例的 invoke 方法，于是焦点又到了 invoke 方法上。

在 invoke 方法中，笔者将拦截器的方法按照流程图实现了一遍，其中设置了异常标志（exceptionFlag），通过这个标志就能判断反射原有对象方法的时候是否发生了异常，这就是读者的代码能够按照流程打印的原因。由于动态代理和反射的代码比较抽象，所以更多的时候大部分框架只会告诉开发者流程图和具体流程方法的配置，就像笔者之前只是给出约定而已。相信有心的读者已经明白这句话的意思了——Spring 框架也是这样做的。

动态代理不好理解，当读者掌握不好的时候，可以自己调试代码清单 12-6，通过断点进入代码清单 12-7，一步步跟踪，图 12-2 是笔者通过断点跟踪这段代码的印记，只有多动手跟踪代码才能真正理解编程的奥妙。

通过图 12-2 的方法，我们可以根据断点追踪整个流程的执行过程。这个例子告诉大家，笔者完全可以将其他开发人员编写的代码按照一定的流程织入约定的流程中。同样，Spring 框架也是可以的，而且 Spring 框架提供的方式更多，也更强大，只要我们抓住了约定的内容，就不难理解 Spring AOP 的应用了。

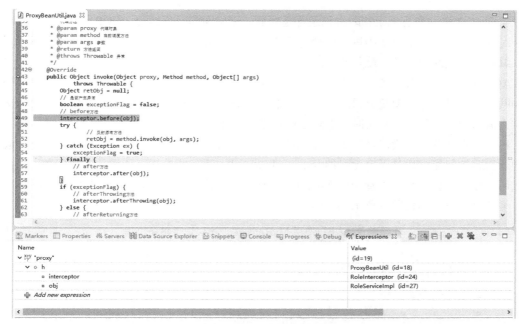

图 12-2　测试约定游戏

12.2　Spring AOP 的基本概念

在 12.1 节中，笔者展示了如何通过动态代理将代码织入约定好的流程，那么这有什么意义呢？这是本节要讨论的问题。

12.2.1　AOP 的概念和使用原因

在现实中有一些内容并不是面向对象（OOP）可以解决的，比如数据库事务，它对于企业级的 Java EE 应用是十分重要的，如在电商网站购物需要经过交易系统和财务系统，交易系统存在一个交易记录的对象，而财务系统存在账户的信息对象。从这个角度出发，我们需要对交易记录和账户操作进行统一的事务管理。交易和账户的数据库事务，要么全部成功，要么全部失败。这样我们就可以得到如图 12-3 所示的流程。

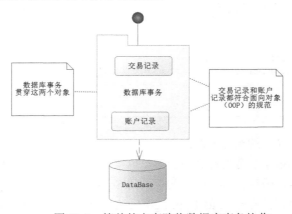

图 12-3　简单的电商购物数据库事务协作

在图 12-3 中，交易记录和账户记录都是对象，采用面向对象编程（OOP）的方式。但是这两个对象需要在同一个事务中进行管理，这不是面向对象可以解决的问题，而需要用到面向切面的编程，这里的切面环境就是数据库事务。

AOP 编程有着重要的意义，首先它可以拦截一些方法，然后把各个对象组织成一个整体，比如网站的交易记录需要记录日志。如果我们约定好了动态的流程，就可以在交易前后、交易正常完成后或者交易发生异常时，通过这些约定记录相关的日志了。

也许到现在读者还没能理解 AOP 的重要性，不过不要紧。回到 JDBC 的代码中，令人最讨厌和最折腾的问题永远是无穷无尽的 try...catch...finally...语句和数据库资源的关闭问题，而且这些代码会存在大量重复。先看一个 MyBatis 的例子，它的作用是扣减一个产品的库存，然后新增一笔交易记录，如代码清单 12-8 所示。

代码清单 12-8：使用 MyBatis 实现购买记录事务流程

```
/**
* 记录购买记录
* @productId --产品编号
* @record -- 购买记录
**/
public void savePurchaseRecord (Long productId, PurchaseRecord record) {
    SqlSession sqlSession = null;
    try {
        sqlSession = SqlSessionFactoryUtils.openSqlSession();
        ProductMapper productMapper
            = sqlSession.getMapper(ProductMapper.class);
        Product product = productMapper .getRole(productId);
        // 判断库存是否大于购买数量
        if (product.getStock() >= record.getQuantity()) {
            // 减库存，并更新数据库记录
            product.setStock(product.getStock() - record.getQuantity());
            productMapper.update(product);
            // 保存交易记录
            PurchaseRecordMapper purchaseRecordMapper =
            sqlSession.getMapper(PurchaseRecordMapper.class);
            purchaseRecordMapper.save(record);
            sqlSession.commit();
        }
    } catch (Exception ex) {
        // 异常回滚事务
        ex.printStackTrace();
        sqlSession.rollback();
    } finally {
        // 关闭资源
        if (sqlSession != null) {
            sqlSession.close();
        }
    }
}
```

这里购买交易的产品和购买记录都在 try...catch...finally...语句中，需要开发者获取对应的映射器，而业务流程中穿插着事务的提交和回滚，也就是如果交易成功，则提交事务，如果交易发生异常，则回滚事务，最后在 finally 语句中关闭 SqlSession 所持有的资源。

但这并不是一个很好的设计，按照 Spring 的 AOP 设计思维，它希望写成如代码清单 12-9

所示的代码。

代码清单 12-9：使用 Spring AOP 实现购买记录事务流程

```
@Autowired
private ProductMapper productMapper = null;
@Autowired
private  PurchaseRecordMapper purchaseRecordMapper =null;
......
@Transactional
public void updateRoleNote(Long productId, PurchaseRecord record) {
    Product product = productMapper.getRole(productId);
    //判断库存是否大于购买数量
    if (product.getStock() >= record.getQuantity()) {
        //减库存，并更新数据库记录
        product.setStock(product.getStock() - record.getQuantity());
        productMapper.update(product);
        //保存交易记录
        purchaseRecordMapper.save(record);
    }
}
```

这段代码除了一个注解@Transactional，没有任何关于打开或者关闭数据库资源的代码，更没有任何提交或者回滚数据库事务的代码，它却能够完成如代码清单 12-8 所示的全部功能。注意，这段代码更简洁，也更容易维护，它不但消除了 try...catch...finally...语句，而且主要集中在业务处理上，而不是数据库事务和资源管控上，这就是 AOP 的魅力。到这步初学者可能会有一个疑问，AOP 是怎么通过一个注解@Transactional 做到这点的？

为了回答这个问题，首先来了解正常执行 SQL 的逻辑与步骤。

（1）通过数据库连接池获得或者打开数据库连接，开启事务，并做一定的设置。

（2）执行对应的 SQL 语句，对数据进行操作。

（3）如果 SQL 执行过程中发生异常，则回滚事务。

（4）如果 SQL 执行过程中没有发生异常，则提交事务。

（5）关闭数据库连接。

于是我们得到这样一个流程图，如图 12-4 所示。

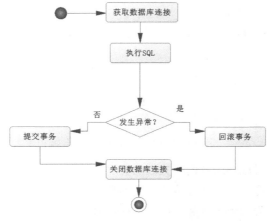

图 12-4　正常 SQL 的逻辑与执行步骤

细心的读者会发现，图 12-4 和约定游戏中的流程（图 12-1）是十分接近的，也就是说，作为 AOP，完全可以根据这个流程做一定的封装，然后通过动态代理技术，将代码织入对应的环节。类似这样的流程，参考约定游戏中的例子，我们完全可以（参照图 12-1）设计成这样。

（1）获取数据连接在 before 方法中完成。

（2）执行 SQL，按照开发者的逻辑采用反射的机制调用。

（3）如果发生异常，则回滚事务；如果没有发生异常，则提交事务。无论如何都会关闭数据库连接。

如果一个 AOP 框架不需要我们实现流程中的方法，而是在流程中提供一些通用的方法，并可以通过一定的配置满足各种功能，比如 AOP 框架帮助开发者获取数据库，开发者就不需要知道如何获取数据库连接功能了，此外再增加一些关于事务的重要约定。

● 当方法标注为注解@Transactional 时，方法启用数据库事务功能。

● 在默认情况下（注意是在默认情况下，可以通过配置改变），如果原有方法出现异常，则回滚事务；如果没有发生异常，则提交事务，这样事务管理 AOP 就完成了整个流程，无须开发者编写任何代码去实现。

● 关闭数据库连接这点也比较通用，由 AOP 框架帮开发者完成。

有了上面的约定，我们可以根据图 12-4 得到 AOP 框架约定的 SQL 流程图，如图 12-5 所示。

这是使用最广的执行流程，符合约定优于配置的开发原则。这些约定的方法加入默认实现后，开发者要做的只是执行 SQL。于是开发者看到了代码清单 12-9 的代码，没有数据库资源的获取和关闭，也没有事务提交和回滚的相关代码。这些 AOP 框架依据约定的流程默认实现，在大部分情况下，只需要使用默认的约定，或者进行一些特定的配置，就可以完成开发者所需要的功能，这样开发者就可以集中精力在业务开发的代码上，而不是资源控制、事务异常处理，因为这些都可以由 AOP 框架完成。

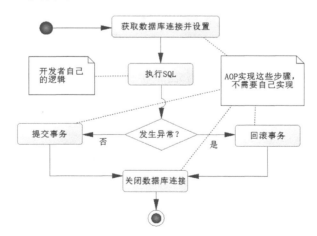

图 12-5　AOP 框架约定 SQL 流程

以上只讨论了事务同时成功或者同时失败的情况，但是并非所有的情况都是这样，比如信用卡还款存在一个批量任务，总的任务按照一定的顺序调度各张信用卡，进行还款处理。这个时候不能把所有的卡都视为同一个事务，如果这样，只要有一张卡出现异常，那么所有卡的事务都会失败，这样就会导致有些正常还款的用户也出现了问题，显然不符合真实场景的需要。

这个时候必须允许存在部分成功、部分失败的场景,事务对各个对象的管控更为复杂,通过 AOP 的手段可以比较容易地控制它们,这就是 Spring AOP 的魅力所在。

AOP 是通过动态代理模式管控各个对象操作的切面环境,管理包括日志、数据库事务等操作,让我们可以在反射原有对象方法之前,正常返回或异常返回后,插入自己的逻辑代码,有时候甚至可以取代原始方法。在一些常用的流程中,比如数据库事务,AOP 会提供默认的实现逻辑,也会提供一些简单的配置,开发者能比较方便地修改默认的实现,达到符合真实应用的效果,这样就可以大大降低开发的工作量,提高代码的可读性和可维护性,将精力集中在业务逻辑上。

数据库事务是企业最为关注的问题之一,当然也是本书的核心内容之一,在第 14 章我们会更详细地讨论它们。

12.2.2 面向切面编程的术语

上节涉及了 AOP 对数据库的设计,这里需要进一步明确 AOP 的抽象概念,虽然真正的 AOP 框架比笔者的游戏更加复杂,但是二者的原理是一样的,有了对约定游戏的理解,解释 AOP 的原理就容易得多了。

1．切面

切面(Aspect)指工作的环境。比如在代码清单 12-9 中,数据库的事务直接贯穿整个代码层面,这就是一个切面,它能够在目标对象的方法之前或之后,产生异常或者正常返回后切入开发者的代码,甚至取代原来的方法。在 AOP 中可以把它理解成一个拦截器,比如代码清单 12-5 的类 RoleInterceptor 就是一个切面类,我们可以通过动态代理将它的内容织入约定的流程。

2．通知

通知(Adice)是切面开启后,切面的方法。它根据在代理对象真实方法被调用前、后的顺序和逻辑区分,它和约定游戏的例子里的拦截器的方法十分接近。

- 环绕通知(**around**):在动态代理中,它可以取代当前被拦截对象的方法,我们可以通过参数和反射调用被拦截对象的方法。
- 前置通知(**before**):在动态代理反射目标对象方法或者在环绕通知前执行的通知功能。
- 后置通知(**after**):在动态代理反射目标对象方法或者在环绕通知后执行的通知功能。无论是否抛出异常,它都会被执行。
- 返回通知(**afterReturning**):在动态代理反射目标对象方法或者在环绕通知后执行的通知功能。
- 异常通知(**afterThrowing**):在动态代理反射目标对象方法或者在环绕通知产生异常后执行的通知功能。

如果读者调试过代码清单 12-7,那么相信已经十分熟悉这些通知了。

3．引入

引入(Introduction)允许开发者在现有的类里添加自定义的类和方法,以增强现有类的功能。

4．切点

并非所有的程序代码都需要使用 AOP，开发者需要告诉 AOP 框架，在哪里织入切面的通知和其他内容，这就是切点（Pointcut）的作用，它是一个判断条件，就像一个正则式告诉 AOP 框架在哪里需要织入切面的内容。

5．连接点

连接点（Join Point）是一个具体的点，经过切点的判断，如果它符合切点的条件，就织入切面的内容。在 Spring 中，一般连接点是某个具体的方法，比如在我们约定的游戏中，代码清单 12-4 中的 printRole 方法就是一个连接点，AOP 会在这里织入切面（拦截器）的内容。

6．织入

织入（Weaving）是一个生成代理对象的过程。实际代理的方法分为静态代理和动态代理。静态代理是在编译 class 文件时生成的代码逻辑，但是在 Spring 中并不使用这样的方式，所以我们就不展开讨论了。静态代理是通过类的加载器（ClassLoader）实现的，在类加载时就生成代码逻辑，所以该静态代理的代码逻辑是在运行前生成的。动态代理是一种在运行期动态生成代码的方式，这是 Spring AOP 所采用的方式，Spring 是以 JDK 或 CGLIB 动态代理来生成代理对象的，正如在游戏例子中，笔者是通过 JDK 动态代理来生成代理对象的，这些内容可以从第 3 章的"Java 设计模式"中学习到。

AOP 的概念比较晦涩难懂，为了便于理解，笔者通过类比约定游戏中的代码，为读者画出流程图，如图 12-6 所示，相信 AOP 流程图对读者理解 AOP 术语会有很大的帮助。

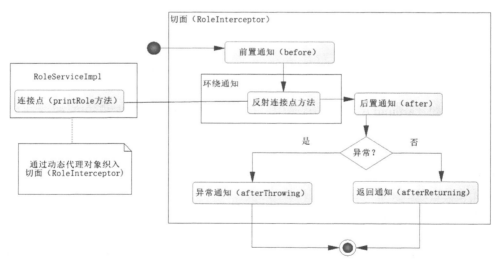

图 12-6　AOP 流程图

在图 12-6 中，圈内的部分代表约定游戏的类或者方法，读者可以参考约定游戏的例子，这样便能理解 AOP 术语。环绕通知是最强大的通知，在约定游戏中，我们还没有讨论它，后面会详细讨论。

12.2.3　Spring 对 AOP 的支持

　　AOP 并不是 Spring 框架特有的，Spring 是支持 AOP 编程的框架之一，每一个框架对 AOP 的支持各有特点。有些 AOP 能够对方法的参数进行拦截，有些 AOP 对方法进行拦截。而 Spring AOP 是一种基于方法拦截的 AOP，换句话说，Spring 只能支持方法拦截的 AOP。在 Spring 中有 4 种方式可以实现 AOP 的拦截功能。

- 使用 ProxyFactoryBean 和对应的接口实现 AOP。
- 使用 XML 配置 AOP。
- 使用注解@AspectJ 驱动切面。
- 使用 AspectJ 注入切面。

　　在 Spring AOP 的拦截方式中，真正常用的是注解@AspectJ 的方式，有时候 XML 配置也有一定的辅助作用，因此对这两种方式笔者会详细讨论。对于 ProxyFactoryBean 和 AspectJ 注入切面的方式笔者只会简单介绍，因为这两种方式已经很少用了。

12.3　使用注解@AspectJ 开发 Spring AOP

　　鉴于使用注解@AspectJ 的方式已经成为主流，所以先以注解@AspectJ 的方式详细讨论 Spring AOP 的开发，有了对注解@AspectJ 实现的理解，其他的方式其实也是大同小异。不过在此之前我们要先讨论一些关键的步骤，否则将难以理解一些重要的内容。

　　在使用注解@AspectJ 方式前，需要通过 Maven 引入相应的包，如下所示。

```xml
<dependency>
    <groupId>org.aspectj</groupId>
    <artifactId>aspectjrt</artifactId>
    <version>1.9.5</version>
</dependency>
<dependency>
    <groupId>org.aspectj</groupId>
    <artifactId>aspectjweaver</artifactId>
    <version>1.9.5</version>
</dependency>
```

12.3.1　选择连接点

　　Spring 是方法级别的 AOP 框架，我们主要也是以某个类的某个方法作为连接点的，用动态代理的理论来说，就是要拦截哪个方法织入对应的 AOP 通知。为了更好地测试，先建一个接口，如代码清单 12-10 所示。

代码清单 12-10：打印角色接口

```java
package com.learn.ssm.chapter12.aop.service;

import com.learn.ssm.chapter12.pojo.Role;

public interface RoleService {
    public void printRole(Role role);
}
```

这个接口很简单，接下来提供一个实现类，如代码清单 12-11 所示。

代码清单 12-11：RoleService 实现类

```java
package com.learn.ssm.chapter12.aop.service.impl;
import org.springframework.stereotype.Component;
import com.learn.ssm.chapter12.aop.service.RoleService;
import com.learn.ssm.chapter12.pojo.Role;

@Component
public class RoleServiceImpl implements RoleService {
    @Override
    public void printRole(Role role) {
        System.out.println("{id: " + role.getId() + ", "
            + "role_name : " + role.getRoleName() + ", "
            + "note : " + role.getNote() + "}");
    }
}
```

这个类没什么特别的，这时如果把 printRole 作为 AOP 的连接点，那么只要创建代理对象，去拦截类 RoleServiceImpl 的 printRole 方法，就可以在约定的流程中织入各种 AOP 通知方法了。

12.3.2　创建切面

选择好了连接点就可以创建切面了，从动态代理的角度来说，切面就如同一个拦截器，在 Spring 中只要使用注解@Aspect 注解一个类，Spring IoC 容器就会认为这是一个切面了，如代码清单 12-12 所示。

代码清单 12-12：定义切面

```java
package com.learn.ssm.chapter12.aop.aspect;

import org.aspectj.lang.annotation.After;
import org.aspectj.lang.annotation.AfterReturning;
import org.aspectj.lang.annotation.AfterThrowing;
import org.aspectj.lang.annotation.Aspect;
import org.aspectj.lang.annotation.Before;

@Aspect
public class RoleAspect {

    // 切点表达式，告知 AOP 需要拦截的地方
    private static final String POINTCUT_EXPRESS =
            "execution(* com.learn.ssm.chapter12."
                + "aop.service.impl.RoleServiceImpl.printRole(..))";

    // 前置通知
    @Before(POINTCUT_EXPRESS)
    public void before() {
        System.out.println("before ....");
    }


    // 后置通知
    @After(POINTCUT_EXPRESS)
    public void after() {
        System.out.println("after ....");
    }
```

```
// 返回通知
@AfterReturning(POINTCUT_EXPRESS)
public void afterReturning() {
    System.out.println("afterReturning ....");
}

// 异常通知
@AfterThrowing(POINTCUT_EXPRESS)
public void afterThrowing() {
    System.out.println("afterThrowing ....");
}
}
```

代码中加粗的部分是 AspectJ 的注解，从注解中读者也能猜测出其含义，但是代码中并没有给出环绕通知，未来我们会再讨论，这里的注解通过表 12-1 进行阐述。

表 12-1　Spring 中 AspectJ 注解

注　解	通　知	备　注
@Before	在目标对象的方法前先调用	前置通知
@Around	将目标对象的方法封装起来，并用环绕通知取代它	环绕通知，它将覆盖原有方法，但是允许开发者通过反射调用原有方法，后续会讨论
@After	在目标对象的方法后调用	后置通知
@AfterReturning	在目标对象的方法正常返回后调用	返回通知，要求目标对象的方法执行过程中没有发生异常
@AfterThrowing	在目标对象的方法抛出异常后调用	异常通知，要求目标对象的方法执行过程中发生异常

有了这个表，再参考图 12-6，就知道各个方法执行的顺序了。这段代码中的注解使用了对应的正则式，这些正则式是切点的问题，也就是告诉 Spring AOP，需要拦截什么对象的什么方法，然后织入 AOP 的内容，为此我们要学习切点的知识。

12.3.3　切点

12.3.2 节讨论了切面的组成，但是并没有详细讨论 Spring 是如何判断是否需要拦截方法的，毕竟并不是所有的方法都需要使用 AOP 编程，这就是一个切点的问题。代码清单 12-12 在注解中定义了 execution 的正则表达式，Spring 通过这个正则表达式判断是否需要拦截方法，这个表达式是：

```
"execution(*
com.learn.ssm.chapter12.aop.service.impl.RoleServiceImpl.printRole(..))"
```

对这个表达式做出分析。
- execution：代表执行方法的时候会触发。
- *：任意返回类型的方法。
- com.learn.ssm.chapter12.aop.service.impl.RoleServiceImpl：类的全限定名。
- printRole：被拦截的方法名称。
- (..)：任意的参数。

通过上面的描述，如果全限定名为 com.learn.ssm.chapter12.aop.service.impl.RoleServiceImpl 的类的 printRole 方法被拦截了，Spring 就按照 AOP 通知的规则把方法织入流程。上述的表达式还有些简单，我们需要进一步论述它们，它可以配置如下内容，如表 12-2 所示。

表 12-2　AspectJ 的指示器

AspectJ 指示器	描　　述
arg()	限制切点匹配参数为指定类型的方法
@args()	限制切点匹配参数为指定注解标注的执行方法
execution	用于匹配切点的执行方法，这是最常用的匹配，可以通过类似上面的正则式进行匹配
this()	限制切点匹配 AOP 代理的 Bean，引用为指定类型的类
target	限制切点匹配目标对象为指定的类型
@target()	限制切点匹配特定的执行对象，这些对象要符合指定的注解类型
within()	限制切点匹配指定的包
@within()	限制切点匹配指定的类型
@annotation	限定匹配带有指定注解的切点

注意，Spring 只能支持表 12-2 列出的 AspectJ 的指示器。如果使用了非表格中列举的指示器，那么它将抛出 IllegalArgumentException 异常。

此外，Spring 根据自己的需求扩展了一个 Bean() 的指示器，使得我们可以根据 bean id 或者名称去定义对应的 Bean。但是本书并不会谈及所有的指示器，因为有些指示器并不常用。我们只会对那些常用的指示器进行探讨，如果需要全部掌握，那么可以翻阅关于 AspectJ 框架的相关资料。

比如，我们只需要对 com.learn.ssm.chapter12.aop.service.impl 包的类进行匹配。修改前置通知，指示器就可以编写成代码清单 12-13 的样子。

代码清单 12-13：使用 within 指示器

```
// 前置通知
@Before(POINTCUT_EXPRESS
    + "&& within(com.learn.ssm.chapter12.aop.service.impl.*)")
public void before() {
    System.out.println("before ....");
}
```

这里笔者使用 within 限定 execution 定义的正则式下包的匹配，这样 Spring 就只会将 com.ssm.chapter12.aop.service.impl 包下面的类的 printRole 方法作为切点了。"&&" 表示并且，如果使用 XML 方式引入，那么 "&" 在 XML 中具有特殊含义，可以用 "and" 代替它。运算符 "||" 可以用 "or" 代替，非运算符 "!" 可以用 "not" 代替。

代码清单 12-13 中的正则表达式需要重复书写多次，比较麻烦，只要引入另一个注解 @Pointcut 就可以避免这个麻烦，如代码清单 12-14 所示。

代码清单 12-14：使用注解 @Pointcut

```
package com.learn.ssm.chapter12.aop.aspect;

import org.aspectj.lang.annotation.After;
import org.aspectj.lang.annotation.AfterReturning;
import org.aspectj.lang.annotation.AfterThrowing;
import org.aspectj.lang.annotation.Aspect;
import org.aspectj.lang.annotation.Before;
```

```
import org.aspectj.lang.annotation.Pointcut;

@Aspect
public class RoleAspect {

    // 切点表达式，告知 AOP 需要拦截的地方
    private static final String POINTCUT_EXPRESS =
        "execution(* com.learn.ssm.chapter12."
            + "aop.service.impl.RoleServiceImpl.printRole(..))";

    // 定义切点
    @Pointcut(POINTCUT_EXPRESS
        +"&& within(com.learn.ssm.chapter12.aop.service.impl.*)")
    public void print() {
    }

    @Before("print()")
    public void before() {
        System.out.println("before ....");
    }


    // 后置通知
    @After("print()")
    public void after() {
        System.out.println("after ....");
    }

    // 返回通知
    @AfterReturning("print()")
    public void afterReturning() {
        System.out.println("afterReturning ....");
    }

    // 异常通知
    @AfterThrowing("print()")
    public void afterThrowing() {
        System.out.println("afterThrowing ....");
    }
}
```

注意加粗的代码，通过这样的方式我们可以重复使用一个简易表达式取代需要多次书写的复杂表达式。

12.3.4　测试 AOP

代码清单 12-14 给出了切面的各个通知和切点的规则，这个时候可以通过编写测试代码测试 AOP 的内容。首先对 Spring 的 Bean 进行配置，采用注解 Java 配置，如代码清单 12-15 所示。

代码清单 12-15：Spring 配置文件

```
package com.learn.ssm.chapter12.aop.config;

import org.springframework.context.annotation.Bean;
import org.springframework.context.annotation.ComponentScan;
import org.springframework.context.annotation.Configuration;
import org.springframework.context.annotation.EnableAspectJAutoProxy;
```

```
import com.learn.ssm.chapter12.aop.aspect.RoleAspect;

@Configuration
@EnableAspectJAutoProxy
@ComponentScan("com.learn.ssm.chapter12.aop")
public class AopConfig {

    // 创建切面
    @Bean
    public RoleAspect getRoleAspect() {
        return new RoleAspect();
    }
}
```

这里加粗的注解表示启用 AspectJ 框架的自动代理，这个时候 Spring 会生成动态代理对象，进而可以使用 AOP，getRoleAspect 方法则生成一个切面实例。

也许开发者不喜欢使用注解的方式，Spring 还提供了 XML 的方式，这里就需要使用 AOP 的命名空间了，如代码清单 12-16 所示。

代码清单 12-16：使用 XML 配置 AOP 和切面

```
<?xml version='1.0' encoding='UTF-8' ?>
<beans xmlns="http://www.springframework.org/schema/beans"
    xmlns:xsi="http://www.w3.org/2001/XMLSchema-instance"
    xmlns:context="http://www.springframework.org/schema/context"
    xmlns:aop="http://www.springframework.org/schema/aop"
    xsi:schemaLocation="http://www.springframework.org/schema/beans
    http://www.springframework.org/schema/beans/spring-beans-4.0.xsd
    http://www.springframework.org/schema/context
    http://www.springframework.org/schema/context/spring-context-4.0.xsd
    http://www.springframework.org/schema/aop
    http://www.springframework.org/schema/aop/spring-aop-4.0.xsd">

    <!-- 驱动 Aspectj -->
    <aop:aspectj-autoproxy />
    <bean id="roleAspect"
        class="com.learn.ssm.chapter12.aop.aspect.RoleAspect" />
    <bean id="roleService"
        class="com.learn.ssm.chapter12.aop.service.impl.RoleServiceImpl"/>
</beans>
```

其中加粗的代码如同注解@EnableAspectJAutoProxy，采用的也是自动代理的功能。

无论用 XML 还是用 Java 的配置，都能使 Spring 产生动态代理对象，从而组织切面，把各类通知织入流程，代码清单 12-17 是笔者测试的代码。

代码清单 12-17：测试 AOP 流程

```
package com.learn.ssm.chapter12.main;

import org.springframework.context.ApplicationContext;
import
org.springframework.context.annotation.AnnotationConfigApplicationContext;
import org.springframework.context.support.ClassPathXmlApplicationContext;

import com.learn.ssm.chapter12.aop.config.AopConfig;
import com.learn.ssm.chapter12.aop.service.RoleService;
import com.learn.ssm.chapter12.pojo.Role;
```

```
public class AopMain {

    public static void main(String[] args) {
        ApplicationContext ctx
            = new AnnotationConfigApplicationContext(AopConfig.class);
        // 使用 ClassPathXmlApplicationContext 作为 IoC 容器，读入 XML 文件的配置
        // ApplicationContext ctx
        //      = new ClassPathXmlApplicationContext("spring-cfg.xml");
        RoleService roleService
            = (RoleService) ctx.getBean(RoleService.class);
        Role role = new Role();
        role.setId(1L);
        role.setRoleName("role_name_1");
        role.setNote("note_1");
        roleService.printRole(role);
        System.out.println("###################");
        // 测试异常通知
        role = null;
        roleService.printRole(role);
    }

}
```

在第 2 次打印前，笔者将 role 设置为 null，这样是为了测试异常返回通知，通过运行这段代码，可以得到如下日志：

```
before ....
Exception in thread "main" {id: 1, role_name : role_name_1, note : note_1}
after ....
afterReturning ....
###################
before ....
after ....
afterThrowing ....
java.lang.NullPointerException
at
com.learn.ssm.chapter12.aop.service.impl.RoleServiceImpl.printRole(RoleServiceI
mpl.java:12)
at sun.reflect.NativeMethodAccessorImpl.invoke0(Native Method)
at sun.reflect.NativeMethodAccessorImpl.invoke(Unknown Source)
......
```

显然，切面的通知已经通过 AOP 织入约定的流程中了，这时就可以使用 AOP 处理一些需要切面的场景了。

12.3.5　环绕通知

环绕通知是 Spring AOP 中最强大的通知，它可以同时实现前置通知和后置通知的功能。它保留了调度目标对象原有方法的功能，所以它既强大，又灵活。但是它的可控制性不那么强，稍不谨慎就可能出现一些没有必要的错误，如果不需要大量改变业务逻辑，一般我们不使用它。让我们在代码清单 12-14 中加入下面这个环绕通知的方法，如代码清单 12-18 所示。

代码清单 12-18：加入环绕通知

```java
/**
 *  环绕通知
 *  @param jp —— 连接点（具体的某个方法）
 */
@Around("print()")
public void around(ProceedingJoinPoint jp) {
    System.out.println("around before ....");
    try {
        jp.proceed();
    } catch (Throwable e) {
        e.printStackTrace();
    }
    System.out.println("around after ....");
}
```

这样在一个切面里通过注解@Around 加入了切面的环绕通知，这个通知里有一个 ProceedingJoinPoint 参数，它是一个连接点，代表某个方法。环绕通知的参数是 Spring 提供的，它可以通过反射来执行目标对象的方法。在加入反射切点方法后，对代码清单 12-17 再次进行测试，可以得到下面的日志：

```
around before ....java.lang.NullPointerException

before ....
{id: 1, role_name : role_name_1, note : note_1}
around after ....
after ....
afterReturning ....
####################
around before ....
before ....
around after ....
after ....
afterReturning ....
at
com.learn.ssm.chapter12.aop.service.impl.RoleServiceImpl.printRole(RoleServiceI
mpl.java:12)
at sun.reflect.NativeMethodAccessorImpl.invoke0(Native Method)
at sun.reflect.NativeMethodAccessorImpl.invoke(Unknown Source)
......
```

请注意，日志中斜体和加下画线的地方是异常信息，这里先把它们忽略掉。日志先打印出环绕通知的“before”，然后才打印前置通知的“before”，再通过 jp.proceed 反射目标对象的方法和环绕通知之后的逻辑，最后才打印后置通知和返回（或者异常）通知。环绕通知“before”和前置通知的“before”的顺序是笔者质疑 Spring 框架的地方，它并未严格按照图 12-6 打印，笔者估计是 Spring 版本的原因。这个 ProceedingJoinPoint 类型的参数值得我们探讨，它代表某个方法，为此先加入一个断点，通过监测来研究这个参数，如图 12-7 所示。

从图 12-7 中可以看到动态代理对象，请注意这里使用的是 JDK 动态代理对象，目标对象、方法和参数都包含在内，这样 Spring 就可以组织 AOP 流程了。

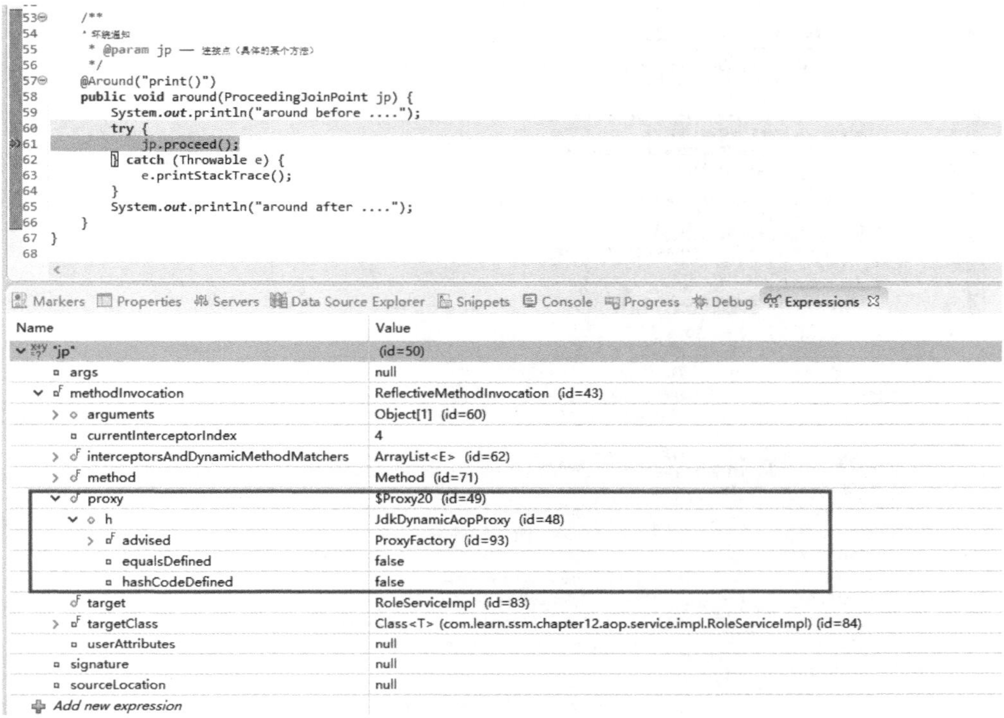

```
53⊖    /**
54      * 环绕通知
55      * @param jp —— 连接点（具体的某个方法）
56      */
57⊖    @Around("print()")
58     public void around(ProceedingJoinPoint jp) {
59         System.out.println("around before ....");
60         try {
61             jp.proceed();
62         } catch (Throwable e) {
63             e.printStackTrace();
64         }
65         System.out.println("around after ....");
66     }
67 }
68
```

Name	Value
"jp"	(id=50)
▫ args	null
⌄ ◻ methodInvocation	ReflectiveMethodInvocation (id=43)
〉◇ arguments	Object[1] (id=60)
▫ currentInterceptorIndex	4
〉◻ interceptorsAndDynamicMethodMatchers	ArrayList<E> (id=62)
〉◻ method	Method (id=71)
⌄ ◻ proxy	$Proxy20 (id=49)
⌄ ◦ h	JdkDynamicAopProxy (id=48)
〉◻ advised	ProxyFactory (id=93)
▫ equalsDefined	false
▫ hashCodeDefined	false
◻ target	RoleServiceImpl (id=83)
〉◻ targetClass	Class<T> (com.learn.ssm.chapter12.aop.service.impl.RoleServiceImpl) (id=84)
▫ userAttributes	null
◻ signature	null
◻ sourceLocation	null
➕ Add new expression	

图 12-7　监控 ProceedingJoinPoint 参数

12.3.6　织入

织入是生成代理对象的过程，在上述代码中，连接点（方法）所在的类都是拥有接口的类，而事实上即使没有接口，Spring 也能提供 AOP 的功能，所以是否拥有接口不是使用 Spring AOP 的强制要求。在第 3 章的动态代理模式中介绍过，使用 JDK 动态代理时，必须拥有接口，使用 CGLIB 动态代理则不需要，于是 Spring 提供了一个规则：当类的实现存在接口时，Spring 将提供 JDK 动态代理，从而织入各个通知，如图 12-7 所示，可以看到明显的 JDK 动态代理的痕迹；而当类不存在接口的时候没有办法使用 JDK 动态代理，Spring 会使用 CGLIB 动态代理来生成代理对象，这时可以删掉代码清单 12-11 的接口实现，其他代码修正错误后可以通过断点进行调试，这样就可以监控到具体的对象了。图 12-8 是断点调试监控，可以看到 CGLIB 的动态代理技术。

动态代理对象是由 Spring IoC 容器根据描述生成的，一般不需要修改它，对于使用者来说，只要知道 AOP 术语中的约定便可以使用 AOP 了，在 Spring 中建议使用接口编程。在大部分情况下，本书按照"接口+实现类"的方式来介绍，这样的好处是定义和实现分离，有利于实现变化和替换，更为灵活。

```
11
12⊖    public static void main(String[] args) {
13        ApplicationContext ctx
14            = new AnnotationConfigApplicationContext(AopConfig.class);
15  //    使用XML使用ClassPathXmlApplicationContext作为IoC容器
16  //    ApplicationContext ctx
17  //        = new ClassPathXmlApplicationContext("spring-cfg.xml");
18        RoleServiceImpl roleService
19            = ctx.getBean(RoleServiceImpl.class);
20        Role role = new Role();
21        role.setId(1L);
22        role.setRoleName("role_name_1");
23        role.setNote("note_1");
24        roleService.printRole(role);
25        System.out.println("###################");
26        // 测试异常通知
27        role = null;
28        roleService.printRole(role);
29    }
30
31 }
32
```

| Markers | Properties | Servers | Data Source Explorer | Snippets | Console | Progress | Debug | Expressions ⊠ |

Name	Value
∨ "roleService"	(id=28)
□ CGLIB$BOUND	false
> □ CGLIB$CALLBACK_0	CglibAopProxy$DynamicAdvisedInterceptor (id=38)
> □ CGLIB$CALLBACK_1	CglibAopProxy$StaticUnadvisedInterceptor (id=43)
> □ CGLIB$CALLBACK_2	CglibAopProxy$SerializableNoOp (id=45)
> □ CGLIB$CALLBACK_3	CglibAopProxy$StaticDispatcher (id=48)
> □ CGLIB$CALLBACK_4	CglibAopProxy$AdvisedDispatcher (id=51)
> □ CGLIB$CALLBACK_5	CglibAopProxy$EqualsInterceptor (id=53)
> □ CGLIB$CALLBACK_6	CglibAopProxy$HashCodeInterceptor (id=55)
✛ Add new expression	

图 12-8　断点调试监控

12.3.7　向通知传递参数

在 Spring AOP 的各类通知中，对于除环绕绕通知外的通知并没有讨论参数的传递，有时候我们希望能够传递参数，为此本节介绍如何传递参数给 AOP 的各类通知。这里先在 RoleService 接口中增加一个方法的声明，如下：

```
public void printRole(Role role, int sort);
```

然后在 RoleServiceImpl 添加方法的实现，如下所示。

```
@Override
public void printRole(Role role, int sort) {
    System.out.println("{id: " + role.getId() + ", "
        + "role_name : " + role.getRoleName() + ", "
        + "note : " + role.getNote() + "}");
    System.out.println(sort);
}
```

这里存在两个参数，一个是角色，另一个是整形排序，要把这个方法作为连接点，也就是使用切面拦截这个方法。这里以前置通知为例，我们在代码清单 12-19 中加入前置通知，并且配置好切点，就可以获取参数了。

代码清单 12-19：向通知传递参数

```
/**
 * 定义前置通过，且获取参数
 * @param role —— 角色对象
 * @param sort —— 排序整数
 */
```

```
@Before("print() && args(role, sort) ") // 切点定义
public void before(Role role, int sort) {
    System.out.println("sort before ....");
}
```

注意加粗的代码，在切点的匹配上加入参数，就可以获取目标对象原有方法的参数了。这个获取是 Spring 通过动态代理解析正则式后传递的，测试向通知传递参数，如图 12-9 所示。

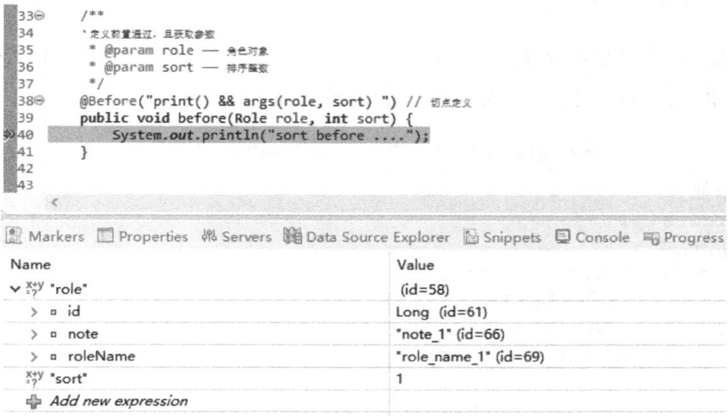

图 12-9　测试向通知传递参数

从断点监控来看，传递给前置通知的参数是成功的，对于其他的通知是相同的，这样就可以把参数传递给通知了。

12.3.8　引入

Spring AOP 通过动态代理技术，把各类通知织入它所约定的流程中，而事实上，有时候我们可以通过引入其他类的方法得到更好的实现。

比如 printRole 方法，如果要求当角色为空时不再打印，那么要引入一个新的检测器对其进行检测。先定义一个 RoleVerifier 接口，如代码清单 12-20 所示。

代码清单 12-20：定义 RoleVerifier 接口

```
package com.learn.ssm.chapter12.aop.verifier;

import com.learn.ssm.chapter12.pojo.Role;

public interface RoleVerifier {

    public boolean verify(Role role);
}
```

verify 方法检测对象 role 是否为空，如果不为空则返回 true，为空则返回 false。此时需要一个实现类——RoleVerifierImpl，如代码清单 12-21 所示。

代码清单 12-21：RoleVerifierImpl 实现 RoleVerifier

```
package com.learn.ssm.chapter12.aop.verifier.impl;

import com.learn.ssm.chapter12.aop.verifier.RoleVerifier;
import com.learn.ssm.chapter12.pojo.Role;
```

```
public class RoleVerifierImpl implements RoleVerifier {

    @Override
    public boolean verify(Role role) {
        return role != null;
    }

}
```

RoleVerifierImpl 仅仅检测 role 对象是否为空，要引入它就需要改写代码清单 12-14 所示的切面。我们在其 RoleAspect 类中加入一个新的属性，如代码清单 12-22 所示。

代码清单 12-22：加入 RoleVerifier 到切面中

```
// 定义引入增强
@DeclareParents(
    // 需要增强的类
    value= "com.learn.ssm.chapter12.aop.service.impl.RoleServiceImpl+",
    // 引入哪个类去增强原有类的功能
    defaultImpl=RoleVerifierImpl.class)
public RoleVerifier roleVerifier;
```

注解@DeclareParents 的使用如代码清单 12-22 所示，这里讨论它的配置。

- value="com.ssm.chapter12.aop.service.impl.RoleServiceImpl+"表示对 RoleServiceImpl 类进行增强，也就是在 RoleServiceImpl 中引入一个新的接口，这样可以通过这个接口加入新的功能。
- defaultImpl 代表增强的默认实现类，这里是 RoleVerifierImpl。

然后就可以使用这个方法了，现在要在打印角色（printRole）方法之前检测角色是否为空，如代码清单 12-23 所示。

代码清单 12-23：使用引入增强检测角色是否为空

```
ApplicationContext ctx
    = new AnnotationConfigApplicationContext(AopConfig.class);
// 获取 RoleService 接口类型的 Bean
RoleService roleService
    = ctx.getBean(RoleService.class);
// 强制转换为 RoleVerifier
RoleVerifier roleVerifier = (RoleVerifier) roleService;
Role role = new Role();
role.setId(1L);
role.setRoleName("role_name_1");
role.setNote("note_1");
if (roleVerifier.verify(role)) { // 检验是否为 null
    roleService.printRole(role, 1);
}
```

使用强制转换后可以把 roleService 转化为 RoleVerifier 接口对象，接下来使用 verify 方法。RoleVerifer 调用的方法 verify，显然是通过 RoleVerifierImpl 实现的。

这里再分析它的原理，我们知道 Spring AOP 依赖于动态代理实现，生成 JDK 代理对象是通过类似于下面的代码实现的。

```
//生成代理对象，并绑定代理方法
```

```
return Proxy.newProxyInstance(obj.getClass().getClassLoader(),
    obj.getClass().getInterfaces(), this);
```

obj.getClass().getInterfaces()意味着代理对象可以挂在多个接口之下，换句话说，只要 Spring AOP 让代理对象挂到 RoleService 和 RoleVerifier 两个接口之下，就可以通过强制转换，让代理对象在 RoleService 和 RoleVerifier 之间相互转换。关于这点，我们可以对断点进行验证，如图 12-10 所示。

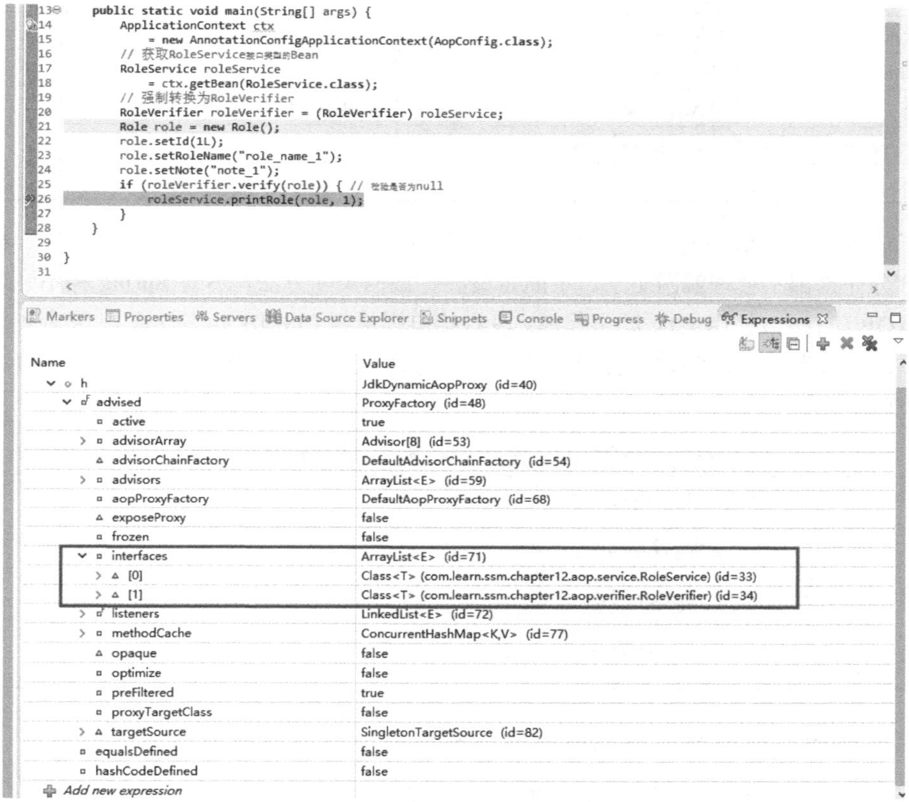

图 12-10　动态代理下挂多个接口

图 12-10 中的动态代理下挂了两个接口，所以能够相互转换，进而可以调用引入的方法，这样就能够通过引入功能，在原有的基础上再次增强 Bean 的功能。

同样的，如果 RoleServiceImpl 没有接口，那么它也会使用 CGLIB 动态代理，使用增强者类（Enhancer）也会有一个 interfaces 的属性，允许代理对象挂到对应的多个接口下，于是也可以像 JDK 动态代理那样使对象可以在多个接口之间相互转换。

12.4　使用 XML 配置开发 Spring AOP

12.3 节基于注解详细讨论了 AOP 的开发，本节介绍使用 XML 方式开发 AOP，其实它们的原理是相同的，这里主要介绍一些用法。这里需要在 XML 中引入 AOP 的命名空间，所以先来了解一下 AOP 可配置的元素，如表 12-3 所示。

表 12-3　AOP 可配置的元素

AOP 可配置的元素	用　　途	备　　注
aop:advisor	定义 AOP 的通知器	一种较老的方式，目前很少使用，本书不再论述
aop:aspect	定义一个切面	—
aop:before	定义前置通知	—
aop:after	定义后置通知	—
aop:around	定义环绕通知	—
aop:after-returning	定义返回通知	—
aop:after-throwing	定义异常通知	—
aop:config	顶层的 AOP 配置元素	AOP 的配置是从它开始的
aop:declare-parents	给通知引入新的额外接口，增强功能	—
aop:pointcut	定义切点	—

　　有了注解@AspectJ 驱动的切面开发，只要记住它是依据图 12-6 的流程织入的，相信读者对于大部分元素都不会理解困难了。下面定义要拦截的类和方法，尽管 Spring 并不强迫定义接口使用 AOP（有接口使用 JDK 动态代理，没有接口则使用 CGLIB 动态代理）。笔者还是建议使用接口，这样有利于实现和定义分离，使系统更为灵活，这里笔者先给出一个新的接口，如代码清单 12-24 所示。

代码清单 12-24：定义 XML 配置 AOP 拦截的接口

```
package com.learn.ssm.chapter12.xml.service;

import com.learn.ssm.chapter12.xml.pojo.Role;

public interface RoleService {

    public void printRole(Role role);
}
```

　　然后给出接口的实现类，如代码清单 12-25 所示。

代码清单 12-25：接口的实现类

```
package com.learn.ssm.chapter12.xml.service.impl;

import com.learn.ssm.chapter12.xml.pojo.Role;
import com.learn.ssm.chapter12.xml.service.RoleService;
public class RoleServiceImpl implements RoleService {

    @Override
    public void printRole(Role role) {
        System.out.print("id = " + role.getId()+",");
        System.out.print("role_name = " + role.getRoleName()+",");
        System.out.println("note = " + role.getNote());
    }

}
```

　　这里和普通编程的实现并没有太多不同。我们通过 AOP 来增强它的功能，为此需要一个切面类，如代码清单 12-26 所示。

代码清单 12-26：切面类

```java
package com.learn.ssm.chapter12.xml.aspect;

import org.aspectj.lang.ProceedingJoinPoint;

import com.learn.ssm.chapter12.xml.verifier.RoleVerifier;

public class XmlAspect {

    public void before() {
        System.out.println("before ......");
    }

    public void after() {
        System.out.println("after ......");
    }

    public void afterThrowing() {
        System.out.println("after-throwing ......");
    }

    public void afterReturning() {
        System.out.println("after-returning ......");
    }

}
```

这里同样没有任何注解，这就意味着需要我们使用 XML 向 Spring IoC 容器描述它们。

12.4.1　各类通知

由于前置通知、后置通知、返回通知和异常通知这 4 个通知都遵循图 12-6 中约定的流程，而且十分接近，所以放在一起讨论。下面进行配置，如代码清单 12-27 所示。

代码清单 12-27：通过 XML 配置多个通知

```xml
<?xml version='1.0' encoding='UTF-8' ?>
<beans xmlns="http://www.springframework.org/schema/beans"
    xmlns:xsi="http://www.w3.org/2001/XMLSchema-instance"
    xmlns:context="http://www.springframework.org/schema/context"
    xmlns:aop="http://www.springframework.org/schema/aop"
    xsi:schemaLocation="http://www.springframework.org/schema/beans
http://www.springframework.org/schema/beans/spring-beans-4.0.xsd
        http://www.springframework.org/schema/context
http://www.springframework.org/schema/context/spring-context-4.0.xsd
        http://www.springframework.org/schema/aop
http://www.springframework.org/schema/aop/spring-aop-4.0.xsd">
    <!-- 定义切面 -->
    <bean id="xmlAspect"
        class="com.learn.ssm.chapter12.xml.aspect.XmlAspect" />
    <!-- 定义 Bean -->
    <bean id="roleService"
        class="com.learn.ssm.chapter12.xml.service.impl.RoleServiceImpl" />
    <aop:config>
        <!-- 引用 xmlAspect 作为切面 -->
        <aop:aspect ref="xmlAspect">
            <!-- 定义通知和切点 -->
            <aop:before method="before"
```

```
                pointcut="execution(*
com.learn.ssm.chapter12.xml.service.impl.RoleServiceImpl.printRole(..))" />
            <aop:after method="after"
                pointcut="execution(*
com.learn.ssm.chapter12.xml.service.impl.RoleServiceImpl.printRole(..))" />
            <aop:after-throwing method="afterThrowing"
                pointcut="execution(*
com.learn.ssm.chapter12.xml.service.impl.RoleServiceImpl.printRole(..))" />
            <aop:after-returning method="afterReturning"
                pointcut="execution(*
com.learn.ssm.chapter12.xml.service.impl.RoleServiceImpl.printRole(..))" />
        </aop:aspect>
    </aop:config>
</beans>
```

这里首先通过引入的 XML 定义 AOP 的命名空间，然后定义一个 roleService 类和切面 xmlAspect，最后通过<aop:config>定义 AOP 的内容信息。

* <aop:aspect>：定义切面类，这里引用了 xmlAspect 这个 Bean。
* <aop:before>：定义前置通知。
* <aop:after>：定义后置通知。
* <aop:after-throwing>：定义异常通知。
* <aop:after-returning>：定义返回通知。

这些方法都会根据约定织入流程，但是这些通知拦截的方法都采用了同一个正则式匹配，重写那么多的正则式显然有些冗余。和使用注解一样，先定义切点，再将其引用到各个通知上，比如通过代码清单 12-28 定义 AOP 的通知。

代码清单 12-28：定义切点并引入——spring-cfg2.xml

```
<?xml version='1.0' encoding='UTF-8' ?>
<beans xmlns="http://www.springframework.org/schema/beans"
    xmlns:xsi="http://www.w3.org/2001/XMLSchema-instance"
    xmlns:context="http://www.springframework.org/schema/context"
    xmlns:aop="http://www.springframework.org/schema/aop"
    xsi:schemaLocation="http://www.springframework.org/schema/beans
        http://www.springframework.org/schema/beans/spring-beans-4.0.xsd
        http://www.springframework.org/schema/context
        http://www.springframework.org/schema/context/spring-context-4.0.xsd
        http://www.springframework.org/schema/aop
        http://www.springframework.org/schema/aop/spring-aop-4.0.xsd">
    <!-- 定义切面 -->
    <bean id="xmlAspect"
        class="com.learn.ssm.chapter12.xml.aspect.XmlAspect" />
    <!-- 定义 Bean -->
    <bean id="roleService"
        class="com.learn.ssm.chapter12.xml.service.impl.RoleServiceImpl" />
    <aop:config>
        <!-- 引用 xmlAspect 作为切面 -->
        <aop:aspect ref="xmlAspect">
            <!-- 定义切点 -->
            <aop:pointcut id="printRole"
                expression="execution(*
com.learn.ssm.chapter12.xml.service.impl.RoleServiceImpl.printRole(..))" />
            <!-- 定义通知和切点 -->
            <aop:before method="before" pointcut-ref="printRole"/>
            <aop:after method="after" pointcut-ref="printRole" />
```

```
                <aop:after-throwing method="afterThrowing"
                    pointcut-ref="printRole"/>
                <aop:after-returning method="afterReturning"
                    pointcut-ref="printRole" />
                <aop:around method="around" pointcut-ref="printRole"/>
            </aop:aspect>
        </aop:config>
</beans>
```

通过这段代码定义切点并引用，可以避免多次书写同一正则式的麻烦。

12.4.2　环绕通知

和其他通知一样，环绕通知也可以织入约定的流程，比如在代码清单 11-26 中加入一个新的方法，如代码清单 12-29 所示。

代码清单 12-29：加入环绕通知

```
public void around(ProceedingJoinPoint jp) {
    System.out.println("around before ......");
    try {
        jp.proceed();
    } catch (Throwable e) {
        new RuntimeException("回调目标对象方法，产生异常......");
    }
    System.out.println("around after ......");
}
```

我们在注解方式中讨论过 ProceedingJoinPoint 连接点，通过调度它的 proceed 方法能够调用原有的流程。这里沿用代码清单 12-27 的配置，加入下面的配置即可使用这个环绕通知：

```
<aop:around method="around" pointcut-ref="printRole"/>
```

这样，所有的通知都被定义了，下面使用代码清单 12-30，对 XML 定义的切面进行测试。

代码清单 12-30：测试 XML 定义的 AOP 编程

```
ApplicationContext ctx
    = new ClassPathXmlApplicationContext("spring-cfg2.xml");
RoleService roleService = ctx.getBean(RoleService.class);
Role role = new Role();
role.setId(1L);
role.setRoleName("role_name_1");
role.setNote("note_1");
roleService.printRole(role);
```

这里读入了 XML 文件，并通过容器获取了 Bean，创建角色类，然后打印角色，就能得到日志：

```
before ......
around before ......
id = 1,role_name = role_name_1,note = note_1
around after ......
after-returning ......
after ......
```

显然，所有的通知都被织入了 AOP 约定的流程。但是请注意，环绕通知的"before"是在前置通知之后被打印出来的，这说明它符合图 12-6 关于 AOP 的约定，而使用注解@AspectJ 方式要注意其执行的顺序，先打印环绕通知的"before"，再打印前置通知，这点可能是 Spring 版本更替留下的缺陷。

12.4.3　向通知传递参数

通过 XML 的配置，也可以引入参数到通知中，下面以前置通知为例探讨它。

改写代码清单 12-26 中的 before 方法。

```
public void before(Role role) {
    System.out.println("role_id= " + role.getId() +" before ......");
}
```

此时带上了参数 role，将代码清单 12-27 关于前置通知的配置修改为下面的代码：

```
<aop:before method="before"
    pointcut="execution(*
com.learn.ssm.chapter12.xml.service.impl.RoleServiceImpl.printRole(..)) and
args(role)" />
```

注意，和注解的方式有所不同，笔者使用"and"代替了"&&"，因为在 XML 中"&"有特殊的含义。再次运行代码，就可以通过添加断点监控参数了，如图 12-11 所示。

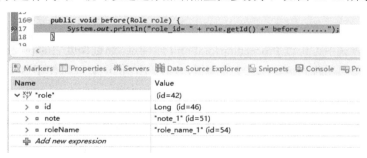

图 12-11　通知中的参数

上述传递参数对其他非环绕通知也是通用的，笔者不再赘述。

12.4.4　引入

在注解中，我们谈论到了引入新的功能，也探讨了其实现原理，无论是使用 JDK 动态代理，还是使用 CGLIB 动态代理，都可以将代理对象下挂到多个接口之下，这样就能够引入新的方法了，注解能做到的事情 XML 也可以做到。

代码清单 12-20 和代码清单 12-21 依旧可以在这里使用，也可以在代码清单 11-25 中加入新的属性——RoleVerifier 对象和其 setter 方法：

```
private RoleVerifier roleVerifier = null;

public void setRoleVerifier(RoleVerifier roleVerifier) {
    this.roleVerifier = roleVerifier;
}
```

此时可以使用 XML 配置它，配置的内容和注解引入的方法相似，它是使用 <aop:declare-parents>引入的，代码清单 12-31 就是通过使用它引入新方法的配置。

代码清单 12-31：通过 XML 引入增强

```
<!-- 引入增强 -->
<aop:declare-parents
  types-matching="com.learn.ssm.chapter12.xml.service.impl.RoleServiceImpl+"
  implement-interface="com.learn.ssm.chapter12.xml.verifier.RoleVerifier"
  default-impl="com.learn.ssm.chapter12.xml.verifier.impl.RoleVerifierImpl"/>
```

显然，它的配置和通过注解的方式十分接近，然后就可以测试了。

12.5 经典 Spring AOP 应用程序

这是 Spring 早期提供的 AOP 实现，在现实中几乎被废弃了，不过具有一定的讨论价值。它需要通过 XML 方式配置，例如，完成代码清单 12-4 中 RoleServiceImpl 类中 printRole 方法的切面前置和环绕通知的功能，这时可以把 printRole 方法称为 AOP 的连接点。先定义一个类来实现前置通知和环绕通知，它要求类实现 MethodBeforeAdvice 接口的 before 方法和 MethodInterceptor 接口的 invoke 方法，如代码清单 12-32 所示。

代码清单 12-32：定义 ProxyFactoryBeanAspect 类

```
package com.learn.ssm.chapter12.xml.aspect;

import java.lang.reflect.Method;

import org.aopalliance.intercept.MethodInterceptor;
import org.aopalliance.intercept.MethodInvocation;
import org.springframework.aop.MethodBeforeAdvice;

/**
 * MethodBeforeAdvice 接口相当于实现前置通知
 * MethodInterceptor 接口相当于实现环绕通知
 * @author ykzhen
 *
 */
public class ProxyFactoryBeanAspect
        implements MethodBeforeAdvice, MethodInterceptor {

    @Override
    /***
     * 前置通知
     * @param method 被拦截方法（切点）
     * @param params 参数数组[role]
     * @param roleService 目标对象
     */
    public void before(Method method, Object[] params, Object roleService)
            throws Throwable {
        System.out.println("前置通知!! ");
    }

    @Override
    /**
     * 环绕通知
```

```
 * @param invocation 方法回调对象
 */
public Object invoke(MethodInvocation invocation) throws Throwable {
    return invocation.proceed();
}

}
```

有了它还需要对 Spring IoC 容器描述对应的信息，这个时候需要一个 XML 文件描述它，如代码清单 12-33 所示。

代码清单 12-33：使用 XML 描述 ProxyFactoryBean 生成代理对象（spring-cfg4.xml）

```xml
<?xml version='1.0' encoding='UTF-8' ?>
<beans xmlns="http://www.springframework.org/schema/beans"
    xmlns:xsi="http://www.w3.org/2001/XMLSchema-instance"
    xmlns:p="http://www.springframework.org/schema/p"
    xsi:schemaLocation="http://www.springframework.org/schema/beans
    http://www.springframework.org/schema/beans/spring-beans-4.0.xsd">

    <bean id="proxyFactoryBeanAspect"
        class="com.learn.ssm.chapter12.xml.aspect.ProxyFactoryBeanAspect" />

    <!--设定代理类 -->
    <bean id="roleService"
            class="org.springframework.aop.framework.ProxyFactoryBean">
        <!--这里代理的是接口 -->
        <property name="proxyInterfaces">
            <value>com.learn.ssm.chapter12.xml.service.RoleService</value>
        </property>

        <!--是 ProxyFactoryBean 要代理的目标类 -->
        <property name="target">
            <bean class="com.learn.ssm.chapter12.xml.service.impl.RoleServiceImpl"
/>
        </property>

        <!--定义通知 -->
        <property name="interceptorNames">
            <list>
                <!-- 引入定义好的 spring bean -->
                <value>proxyFactoryBeanAspect</value>
            </list>
        </property>
    </bean>
</beans>
```

这里的代码笔者加了注释，方便读者理解配置的含义，此时可以使用代码清单 12-34 测试这些通知。

代码清单 12-34：测试 ProxyFactoryBeanAspect 定义的通知

```java
public static void main(String[] args) {
    ApplicationContext ctx =
        new ClassPathXmlApplicationContext("spring-cfg.xml");
    Role role = new Role();
    role.setId(1L);
    role.setRoleName("role_name");
    role.setNote("note");
```

```
RoleService roleService = (RoleService) ctx.getBean("roleService");
roleService.printRole(role);
}
```

通过运行这段代码，可以得到日志：

```
前置通知!!
id = 1,role_name = role_name,note = note
```

这样 Spring AOP 就被用起来了。大家可以看到 ProxyFactoryBeanAspect 实现了接口
MethodBeforeAdvice 和 MethodInterceptor，然后在 XML 文件中配置，就可以使用 AOP 了。此
外，Spring 对后置通知、返回通知和异常通知也分别提供了接口，分别是 AfterAdvice、
AfterReturningAdvice 和 ThrowsAdvice。

这样的方式虽然很经典，但是已经不是主流方式了，所以不再进行更详细地讨论了。

12.6　多个切面

上面的例子讨论了只存在一个切面的情况，而事实是 Spring 也能支持多个切面。当存在多
个切面时，在测试过程中它们的顺序代码会随机生成，但是有时候我们希望它们按照指定的顺
序运行。在此之前要先定义一个切点方法，为此新建一个接口——MultiBean，它十分简单，如
代码清单 12-35 所示。

代码清单 12-35：定义多个切面的方法（连接点）

```
package com.learn.ssm.chapter12.aop.multi.bean;

public interface MultiBean {

    public void testMulti();
}
```

下面我们来实现这个接口，如代码清单 12-36 所示。

代码清单 12-36：实现 MultiBean 接口

```
package com.learn.ssm.chapter12.aop.multi.bean.impl;

import org.springframework.stereotype.Component;

import com.learn.ssm.chapter12.aop.multi.bean.MultiBean;

@Component
public class MultiBeanImpl implements MultiBean {

    @Override
    public void testMulti() {
        System.out.println("test multi aspects!!");
    }

}
```

这样就定义好了方法（连接点），那么现在需要定义 Aspect1、Aspect2 和 Aspect33 个切面，
其内容如代码清单 12-37 所示。

代码清单 12-37：3 个切面的定义

```
/**############** Aspect1 **############**/
package com.learn.ssm.chapter12.aop.multi.aspect;

/**** imports ****/
@Aspect
public class Aspect1 {

    private static final String POINTCUT_EXP = "execution(* "
        + "com.learn.ssm.chapter12.aop.multi.bean.impl.MultiBeanImpl"
        + ".testMulti(..))";
    @Pointcut(POINTCUT_EXP)
    public void print() {
    }

    @Before("print()")
    public void before() {
        System.out.println("before 1 ......");
    }

    @After("print()")
    public void after() {
        System.out.println("after 1 ......");
    }

    @AfterThrowing("print()")
    public void afterThrowing() {
        System.out.println("afterThrowing 1 ......");
    }

    @AfterReturning("print()")
    public void afterReturning() {
        System.out.println("afterReturning 1 ......");
    }
}

/**############** Aspect2 **############**/

package com.learn.ssm.chapter12.aop.multi.aspect;

/**** imports ****/
@Aspect
public class Aspect2 {

    private static final String POINTCUT_EXP = "execution(* "
        + "com.learn.ssm.chapter12.aop.multi.bean.impl.MultiBeanImpl"
        + ".testMulti(..))";

    @Pointcut(POINTCUT_EXP)
    public void print() {
    }

    @Before("print()")
    public void before() {
        System.out.println("before 2 ......");
    }

    @After("print()")
    public void after() {
        System.out.println("after 2 ......");
```

```
    }

    @AfterThrowing("print()")
    public void afterThrowing() {
        System.out.println("afterThrowing 2 ......");
    }

    @AfterReturning("print()")
    public void afterReturning() {
        System.out.println("afterReturning 2 ......");
    }
}

/**############** Aspect3 **############**/
package com.learn.ssm.chapter12.aop.multi.aspect;

/**** imports ****/
@Aspect
public class Aspect3 {

    private static final String POINTCUT_EXP = "execution(* "
        + "com.learn.ssm.chapter12.aop.multi.bean.impl.MultiBeanImpl"
        + ".testMulti(..))";

    @Pointcut(POINTCUT_EXP)
    public void print() {
    }

    @Before("print()")
    public void before() {
        System.out.println("before 3 ......");
    }

    @After("print()")
    public void after() {
        System.out.println("after 3 ......");
    }

    @AfterThrowing("print()")
    public void afterThrowing() {
        System.out.println("afterThrowing 3 ......");
    }

    @AfterReturning("print()")
    public void afterReturning() {
        System.out.println("afterReturning 3 ......");
    }
}
```

这样就有了 3 个切面，那么它的执行顺序是怎样的呢？为此我们来配置运行的 Java 环境进行测试，如代码清单 12-38 所示。

代码清单 12-38：多切面测试 Java 配置

```
package com.learn.ssm.chapter12.aop.config;

/**** imports ****/
@Configuration
@EnableAspectJAutoProxy
@ComponentScan("com.learn.ssm.chapter12.aop.multi.*")
public class MultiConfig {
```

```
    @Bean
    public Aspect1 getAspect1() {
        return new Aspect1();
    }

    @Bean
    public Aspect2 getAspect2() {
        return new Aspect2();
    }

    @Bean
    public Aspect3 getAspect3() {
        return new Aspect3();
    }
}
```

通过 AnnotationConfigApplicationContext 加载配置文件。在多次测试后，我们发现其顺序并不确定，有时候可以得到如下日志：

```
before 3 ......
before 2 ......
before 1 ......
test multi aspects!!
after 1 ......
afterReturning 1 ......
after 2 ......
afterReturning 2 ......
after 3 ......
afterReturning 3 ......
```

也许我们期待的顺序是从 1 到 3，而这里是从 3 到 1，显然多个切面是无序的，其执行顺序值得我们探讨。先来讨论如何让它有序执行，在 Spring 中有多种方法，如果使用注解的切面，那么可以给切面加入注解@Ordered，比如在 Aspect1 类中加入注解@Order(1)：

```
package com.learn.ssm.chapter12.aop.multi.aspect;
/**** imports ****/
@Aspect
// 定义切面顺序
@Order(1)
public class Aspect1 {
    ......
}
```

同样，可以给 Aspect2 类加入注解@Order(2)，给 Aspect3 加入注解@Order(3)，再次对其进行测试，得到日志：

```
before 1 ......
before 2 ......
before 3 ......
test multi aspects!!
after 3 ......
afterReturning 3 ......
after 2 ......
afterReturning 2 ......
after 1 ......
afterReturning 1 ......
```

　　在得到了预期结果后，有必要对执行顺序进行更深层次的讨论。我们讨论过，Spring AOP 的实现方法是动态代理，在多个代理的情况下，读者能否想起第 3 章所讨论的责任链模式？如果已经忘记就请回头看看，它打出的日志多么像责任链模式下的打印输出，为了方便读者理解，再次画出该执行顺序，如图 12-12 所示。

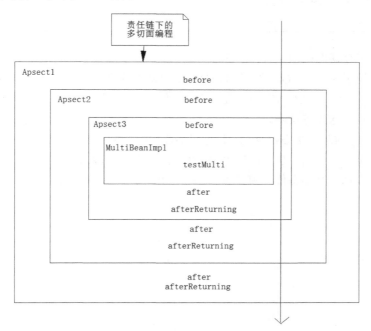

图 12-12　多个切面的执行顺序

　　图 12-12 展示了一条责任链，换句话说，Spring 底层也是通过责任链模式来处理多个切面的，只要理解了这点，其执行的顺序也就很容易理解了。

　　上面只是实现多切面排序的方法之一，实际上还有其他的方法，比如可以让切面实现 Ordered（org.springframework.core.Ordered）接口，它定义了一个 getOrder 方法。如果需要取代 Apsect1 中的注解@Order(1)的功能，那么可以将 Aspect1 改写为代码清单 12-39。

代码清单 12-39：通过 Ordered 接口实现排序

```
package com.learn.ssm.chapter12.aop.multi.aspect;
/**** imports ****/

@Aspect
public class Aspect1 implements Ordered {

    ......

    @Override
    /**
     * 定义切面顺序
     */
    public int getOrder() {
        return 1;
    }
}
```

也可以对 Aspect2、Aspect3 进行类似的改写，这样也可以指定切面的顺序，不过显然没有使用注解@Order 方便。有时候也许读者会想念 XML，这也没有问题，只需要在<aop:aspect>增加一个属性 order 排序即可：

```
<aop:aspect ref="aspect1" order="1">
......
</aop:aspect>
```

到此，关于多个切面的知识就讲解完了，读者还需要通过练习来掌握它。

本章主要讨论了 Spring AOP 的开发和原理，通过动态代理的小游戏，让读者知道通过 Spring 可以把一些方法（通知）织入约定的流程。通过注解和 XML 配置的方式讲解了关于 AOP 的切点、切面、连接点、通知等功能。

AOP 是 Spring 的两大核心内容之一，通过 AOP 可以将一些公共的代码抽取出来，进而减少开发者的工作量。在数据库事务的应用中，我们会再次看到 AOP 的威力，理解 AOP 有一定的困难，但是只要掌握好动态代理模式和 AOP 所约定的流程，就能掌握它。

第 13 章
Spring 和数据库编程

本章目标

1. 掌握传统 JDBC 的弊端
2. 掌握使用 Spring 配置各类数据源的方法
3. 掌握 JdbcTemplate 的基础用法
4. 掌握 MyBatis-Spring 项目的整合

Spring 最重要的功能就是操作数据。在 Java 互联网项目中，数据大部分存储在数据库和 NoSQL 工具中，本章将介绍数据库编程，未来我们还会介绍 Redis。数据库编程是互联网编程的基础，Spring 为开发者提供了 JDBC 模板模式，那就是它自身的 JdbcTemplate，JdbcTemplate 可以简化许多编程的代码，但是在实际的工作中 JdbcTemplate 并不常用。

Spring 还提供了 TransactionTemplate 支持事务的模板，只是这些都不是常用技术，对于持久层，工作中更多的时候使用 Hibernate 框架和 MyBatis 框架。Spring 并不取代已有框架的功能，而是以提供模板的形式给予支持。对于 Hibernate 框架，Spring 提供了 HibernateTemplate 给予支持，它能有效简化 Hibernate 的编程。出于版本的原因，Spring 并不支持 MyBatis 框架，好在 MyBatis 社区开发了接入 Spring 的开发包，该包也提供了 SqlSessionTemplate 给开发者使用，更让人欣喜的是该包可以在编程中擦除 SqlSessionTemplate 这样的功能性代码，让开发者直接使用接口编程，大大提高了编码的可读性。

本书以 Java 互联网为主题，在互联网项目中，使用 Hibernate 框架的少之又少，所以本书不讨论 Spring 和 Hibernate 结合使用的内容，而着重讨论互联网最常用的持久层 MyBatis 框架。在 Java 互联网应用中，数据库事务是最受关注的内容之一，鉴于它的重要性和专业性，笔者会用一章的篇幅专门讨论它。关于 Spring 数据库的编程，让我们从传统的 JDBC 开始讲解。

13.1 传统的 JDBC 代码的弊端

首先来看一段传统的 JDBC 代码，如代码清单 13-1 所示。

代码清单 13-1：传统的 JDBC 代码

```
// 数据库 URL
private static String url = "jdbc:mysql://localhost:3306/ssm";
// 数据库用户名
private static String username = "root";
// 数据库密码
```

```java
    private static String password = "123456";

public static Role getRole(Long id) {
    Role role = null;
    // 声明 JDBC 变量
    Connection con = null;
    PreparedStatement ps = null;
    ResultSet rs = null;
    try {
        // 注册驱动程序
        Class.forName("com.mysql.jdbc.Driver");
        // 获取连接
        con = DriverManager.getConnection(url, username, password);
        String sql ="select id, role_name, note from t_role where id = ?";
        // 预编译 SQL
        ps = con.prepareStatement(sql);
        // 设置参数
        ps.setLong(1, id);
        // 执行 SQL
        rs = ps.executeQuery();
        // 组装结果集返回 POJO
        while (rs.next()) {
            role = new Role();
            role.setId(rs.getLong(1));
            role.setRoleName(rs.getString(2));
            role.setNote(rs.getString(3));
        }
    } catch (ClassNotFoundException | SQLException e) {
        // 异常处理
        e.printStackTrace();
    } finally {
        // 关闭数据库连接资源
        try {
            if (rs != null && !rs.isClosed()) {
                rs.close();
            }
        } catch (SQLException e) {
            e.printStackTrace();
        }
        try {
            if (ps != null && !ps.isClosed()) {
                ps.close();
            }
        } catch (SQLException e) {
            e.printStackTrace();
        }
        try {
            if (con != null && !con.isClosed()) {
                con.close();
            }
        } catch (SQLException e) {
            e.printStackTrace();
        }
    }
    return role;
}
```

从代码可以看出，使用传统的 JDBC 即使是执行一条简单的 SQL 语句，其过程也不简单，先打开数据库连接执行 SQL 语句，然后组装结果，最后关闭数据库资源，它有太多的 try...catch...finally...语句需要处理，而数据库连接的打开和关闭都是定性的。从数据库事务的角度看，一旦发生异常，就考虑让数据库的事务回滚，如果没有异常，就提交事务，显然有大量定性的代码冗余，我们可以考虑通过封装或者 AOP 流程消除这些冗余且定性的代码。Spring 提供了自己的方案，那就是 JdbcTemplate 模板。不过在介绍 JdbcTemplate 模板之前，先要了解在 Spring 中是如何配置数据库资源的。

13.2　配置数据库

在 Spring 中配置数据库很简单，在实际工作中，大部分会通过配置数据库连接池实现，我们既可以使用 Spring 内部提供的类，也可以使用第三方数据库连接池或者从 Web 服务器中通过 JNDI 获取数据源。由于使用了第三方的类，所以一般在工程中会偏向于采用 XML 的方式配置，当然也可以采用注解的方式配置。对于项目的公共资源，笔者建议采用统一的 XML 或者 Java 类配置，这样方便查找公共资源。在本节中，笔者会以 XML 的方式为主进行配置。

在此之前，先通过 Maven 引入 Spring 对 JDBC 的支持包和 MySQL 的驱动包，如下：

```xml
<!-- Spring JDBC 包 -->
<dependency>
    <groupId>org.springframework</groupId>
    <artifactId>spring-jdbc</artifactId>
    <version>5.2.1.RELEASE</version>
</dependency>
<!-- mysql 驱动包 -->
<dependency>
    <groupId>mysql</groupId>
    <artifactId>mysql-connector-java</artifactId>
    <version>5.1.29</version>
</dependency>
<!-- log4j 实现 slf4j 接口并整合 -->
<dependency>
    <groupId>org.slf4j</groupId>
    <artifactId>slf4j-log4j12</artifactId>
    <version>1.7.26</version>
</dependency>
<dependency>
    <groupId>org.apache.logging.log4j</groupId>
    <artifactId>log4j-core</artifactId>
    <version>2.11.2</version>
</dependency>
```

13.2.1　使用简单数据库配置

首先讨论一个简单的数据库配置，它是 Spring JDBC 包提供的一个数据源类 org.springframework.jdbc. datasource.SimpleDriverDataSource，它很简单，只是不支持数据库连接池。这里可以通过 XML 的方式配置它，如代码清单 13-2 所示。

代码清单 13-2：配置数据源

```xml
<bean id="dataSource"
        class="org.springframework.jdbc.datasource.SimpleDriverDataSource">
    <property name="username" value="root" />
    <property name="password" value="123456" />
    <property name="driverClass" value="com.mysql.jdbc.Driver" />
```

```
<property name="url"
    value="jdbc:mysql://localhost:3306/ssm" />
</bean>
```

这样就能配置一个最简单的数据源。这个配置一般用于测试，因为它不是一个数据库连接池，而是一个很简单的数据库连接的应用。在更多的时候，也可以使用第三方的数据库连接。

13.2.2 使用第三方数据库连接池

13.2.1 节配置了一个简单的数据库连接，但是没有应用到第三方的数据库连接池。当使用第三方的数据库连接池，比如 DBCP 数据库连接池时，需要先通过 Maven 引入 DBCP 包，如下：

```
<!-- DBCP2 包 -->
<dependency>
    <groupId>org.apache.commons</groupId>
    <artifactId>commons-dbcp2</artifactId>
    <version>2.7.0</version>
</dependency>
```

同样，在 Spring 中简单配置后，就能使用它了，如代码清单 13-3 所示。

代码清单 13-3：配置 DBCP 数据库连接池

```
<!-- 数据库连接池 -->
<bean id="dataSource" class="org.apache.commons.dbcp2.BasicDataSource">
    <property name="driverClassName"
        value="com.mysql.jdbc.Driver" />
    <property name="url" value="jdbc:mysql://localhost:3306/ssm" />
    <property name="username" value="root" />
    <property name="password" value="123456" />
    <!--连接池的最大数据库连接数 -->
    <property name="maxTotal" value="255" />
    <!--最大等待连接中的数量 -->
    <property name="maxIdle" value="5" />
    <!--最大等待毫秒数 -->
    <property name="maxWaitMillis" value="10000" />
</bean>
```

这样就能够配置一个 DBCP 的数据库连接池了。此外，Spring 为配置 JNDI 数据库连接池提供了对应的支持。

13.2.3 使用 JNDI 数据库连接池

在 Tomcat、WebLogic 等 Java EE 服务器上配置数据源时，我们也会给这个数据源配置一个 JNDI 名称，此时我们可以通过 Spring 所提供的 JNDI 机制获取对应的数据源。假设已经在 Tomcat 上配置了 JNDI 为 jdbc/ssm 的数据源，那么就可以在 Web 项目中获取这个 JNDI 数据源，如代码清单 13-4 所示。

代码清单 13-4：配置 JNDI 数据源

```
<bean id="dataSource"
    class="org.springframework.jndi.JndiObjectFactoryBean">
    <property  name="jndiName" value="java:comp/env/jdbc/ssm" />
</bean>
```

这样就能在 Spring 中引用 JNDI 数据源了，有了数据源，我们就可以继续讲解其他 Spring 数据库的知识了。

13.3　JDBC 代码失控的解决方案——JdbcTemplate

JdbcTemplate 是 Spring 针对 JDBC 代码失控提供的解决方案，严格来说，它不算成功。但是无论如何，JdbcTemplate 的方案体现了 Spring 框架的主导思想之一：给常用技术提供模板化的编程，减少开发者的工作量。

假设这里采用代码清单 13-3 进行数据源配置，对 JdbcTemplate 进行的配置如代码清单 13-5 所示。

代码清单 13-5：配置 JdbcTemplate

```
<bean id="jdbcTemplate" class="org.springframework.jdbc.core.JdbcTemplate">
    <property name="dataSource" ref="dataSource"/>
</bean>
```

配置好 dataSource 和 JdbcTemplate，就可以使用 JdbcTemplate 执行 SQL 了。假设 Spring 配置文件为 spring-cfg.xml，我们通过代码清单 13-6 实现代码清单 13-1 的功能。

代码清单 13-6：通过 JdbcTemplate 操作数据库

```
public static void testJdbcTemplate() {
    ClassPathXmlApplicationContext ctx
        = new ClassPathXmlApplicationContext("spring-cfg.xml");
    // 获取 JdbcTemplate
    JdbcTemplate jdbcTemplate = ctx.getBean(JdbcTemplate.class);
    Long id = 1L;
    // 执行的 SQL
    String sql = "select id, role_name, note from t_role where id = " + id;
    // 使用匿名类创建映射
    RowMapper<Role> roleMapper = new RowMapper<Role>() {
        @Override
        public Role mapRow(ResultSet rs, int rowNum) throws SQLException {
            Role result = new Role();
            result.setId(rs.getLong("id"));
            result.setRoleName(rs.getString("role_name"));
            result.setNote(rs.getString("note"));
            return result;
        }
    };
    // 执行 SQL，返回结果
    Role role = jdbcTemplate.queryForObject(sql, roleMapper);
    ctx.close();
    System.out.println(role.getRoleName());
}
```

这里笔者使用了 JdbcTemplate 的 queryForObject 方法。它包含两个参数，一个是 SQL，另一个是 RowMapper 接口，笔者用匿名类创建了一个 RowMapper 接口对象。如果开发环境是 Java 8 以上版本的，那么也可以使用 Lambda 表达式的写法，如代码清单 13-7 所示。

代码清单 13-7：使用 Lambda 表达式

```
public static void testJdbcTemplate() {
```

```
ClassPathXmlApplicationContext ctx
    = new ClassPathXmlApplicationContext("spring-cfg.xml");
// 获取 JdbcTemplate
JdbcTemplate jdbcTemplate = ctx.getBean(JdbcTemplate.class);
Long id = 1L;
// 执行的 SQL
String sql = "select id, role_name, note from t_role where id = " + id;
// 使用 Lambda 表达式定义映射
RowMapper<Role> roleMapper = (ResultSet rs, int rowNum) -> {
    Role result = new Role();
    result.setId(rs.getLong("id"));
    result.setRoleName(rs.getString("role_name"));
    result.setNote(rs.getString("note"));
    return result;
};
// 执行 SQL，返回结果
Role role = jdbcTemplate.queryForObject(sql, roleMapper);
ctx.close();
System.out.println(role.getRoleName());
}
```

这里使用 Lambda 表达式，代码更清晰。这里的 Lambda 表达式，实际也是实现 RowMapper
接口定义的 mapRow 方法，它的作用是从 ResultSet 对象中取出查询到的数据，组装成一个 Role
对象。这里无须再写任何关闭数据库连接的代码，因为 JdbcTemplate 内部实现了它们，这便是
Spring 所提供的模板规则。为了掌握 JdbcTemplate 的应用，下面学习 JdbcTemplate 的增、删、
查、改。

13.3.1　JdbcTemplate 的增、删、查、改

举例说明 JdbcTemplate 增、删、查、改的用法，如代码清单 13-8 所示。

代码清单 13-8：JdbcTemplate 的增、删、查、改

```
public static void main(String[] args) throws SQLException {
    ApplicationContext ctx
        = new ClassPathXmlApplicationContext("spring-cfg.xml");
    JdbcTemplate jdbcTemplate = ctx.getBean(JdbcTemplate.class);
    Chapter13Main test = new Chapter13Main();
    List roleList = test.findRole(jdbcTemplate, "role");
    System.out.println(roleList.size());
    Role role = new Role();
    role.setId(1L);
    role.setRoleName("update_role_name_1");
    role.setNote("update_note_1");
    System.out.println(test.insertRole(jdbcTemplate));
    System.out.println(test.updateRole(jdbcTemplate, role));
    System.out.println(test.deleteRole(jdbcTemplate, 1L));
}

/***
 * 插入角色
 *
 * @param jdbcTemplate 模板
 * @return 影响条数
 */
public int insertRole(JdbcTemplate jdbcTemplate) {
    Long id = 1L;
```

```
        String roleName = "role_name_1";
        String note = "note_1";
        String sql = "insert into t_role(id, role_name, note) values(?, ?, ?)";
        return jdbcTemplate.update(sql, id, roleName, note);
    }

    /**
     * 删除角色
     *
     * @param jdbcTemplate 模板
     * @param id  角色编号，主键
     * @return 影响条数
     */
    public int deleteRole(JdbcTemplate jdbcTemplate, Long id) {
        String sql = "delete from t_role where id=?";
        return jdbcTemplate.update(sql, id);
    }

    public int updateRole(JdbcTemplate jdbcTemplate, Role role) {
        String sql = "update t_role set role_name=?, note = ? where id = ?";
        return jdbcTemplate.update(sql,
            role.getRoleName(), role.getNote(), role.getId());
    }

    /**
     * 查询角色列表
     *
     * @param jdbcTemplate 模板
     * @param roleName 角色名称
     * @return 角色列表
     */
    public List<Role> findRole(JdbcTemplate jdbcTemplate, String roleName) {
        String sql = "select id, role_name, note from t_role "
            + "where role_name like concat('%',?, '%')";
        Object[] params = { roleName };// 组织参数
        // 使用 RowMapper 接口组织返回（使用 lambda 表达式）
        List<Role> list = jdbcTemplate.query(sql, params,
            (ResultSet rs, int rowNum) -> {
            Role result = new Role();
            result.setId(rs.getLong("id"));
            result.setRoleName(rs.getString("role_name"));
            result.setNote(rs.getString("note"));
            return result;
        });
        return list;
    }
```

此例展示了 JdbcTemplate 的一些用法，如果使用的不是 Java 8 以上的版本，那么要使用匿名类代替代码中的 Lambda 表达式。实际上，JdbcTemplate 的增、删、查、改方法远不止这些，由于它不是常用的持久层技术，所以这里就不再深入讨论多个增、删、查、改方法的使用了。

13.3.2　执行多条 SQL 语句

在 13.3.1 节中，一个 JdbcTemplate 只执行了一条 SQL 语句，当要多次执行 SQL 语句时，可以使用 execute 方法。它将允许传递 ConnectionCallback 或者 StatementCallback 等接口进行回调，从而完成对应的功能。代码清单 13-9 就是回调接口的使用方法。

代码清单 13-9：在 JdbcTemplate 中执行多条 SQL

```java
/**
 * 使用 ConnectionCallback 接口进行回调
 * @param jdbcTemplate 模板
 * @param id 角色编号
 * @return 返回角色
 */
public Role getRoleByConnectionCallback(JdbcTemplate jdbcTemplate, Long id) {
    Role role = null;
    /*
     *这里写成 Java 8 的 Lambda 表达式,
     * 如果开发者使用低版本的 Java,那么需要使用 ConnectionCallback 匿名类
     */
    role = jdbcTemplate.execute((Connection con) -> {
        Role result = null;
        String sql = "select id, role_name, note from t_role where id = ?";
        PreparedStatement ps = con.prepareStatement(sql);
        ps.setLong(1, id);
        ResultSet rs = ps.executeQuery();
        while (rs.next()) {
            result = new Role();
            result.setId(rs.getLong("id"));
            result.setNote(rs.getString("note"));
            result.setRoleName(rs.getString("role_name"));
        }
        return result;
    });
    return role;
}

/**
 * 使用 StatementCallback 接口进行回调
 * @param jdbcTemplate 模板
 * @param id 角色编号
 * @return 返回角色
 */
public Role getRoleByStatementCallback(JdbcTemplate jdbcTemplate, Long id) {
    Role role = null;
    /*
     *这里写成 Java 8 的 lambda 表达式,
     * 如果开发者使用低版本的 Java,那么需要使用 StatementCallback 的匿名类
     */
    role = jdbcTemplate.execute((Statement stmt) -> {
        Role result = null;
        String sql = "select id, role_name, note from t_role where id = " + id;
        ResultSet rs = stmt.executeQuery(sql);
        while (rs.next()) {
            result = new Role();
            result.setId(rs.getLong("id"));
            result.setNote(rs.getString("note"));
            result.setRoleName(rs.getString("role_name"));
        }
        return result;
    });
    return role;
}
```

通过实现 ConnectionCallback 或者 StatementCallback 接口的方法获取 Connection 对象或者

Statement 对象，这样便能执行多条 SQL 语句了。只是在代码中笔者使用了 Lambda 表达式，这样看起来会清爽些，当开发者使用低于 Java 8 的版本时，就要使用匿名类的方式了。

13.3.3　JdbcTemplate 的源码分析

13.3.2 节使用了 JdbcTemplate 进行操作，但是没有任何关闭对应数据连接的代码，实际上这些 Spring 都为开发者完成了。为此本节探讨源码是怎么实现的，这里选择了 StatementCallback 接口回调，如代码清单 13-10 所示。

代码清单 13-10：JdbcTemplate 源码分析

```
@Override
@Nullable
public <T> T execute(StatementCallback<T> action)
        throws DataAccessException {
    Assert.notNull(action, "Callback object must not be null");
    // 获取数据库连接
    Connection con = DataSourceUtils.getConnection(obtainDataSource());
    Statement stmt = null;
    try {
        stmt = con.createStatement();
        applyStatementSettings(stmt);
        // 执行 SQL
        T result = action.doInStatement(stmt);
        handleWarnings(stmt);
        return result;
    }
    catch (SQLException ex) { // 异常
        /** 在异常处理之前，尽早释放数据库连接，
         * 以避免后续操作占用时间和潜在的连接池死锁
         */
        String sql = getSql(action);
        // 关闭 Statement
        JdbcUtils.closeStatement(stmt);
        stmt = null;
        // 释放数据库连接
        DataSourceUtils.releaseConnection(con, getDataSource());
        con = null;
        throw translateException("StatementCallback", sql, ex);
    }
    finally {
        // 关闭 Statement
        JdbcUtils.closeStatement(stmt);
        // 释放数据库连接
        DataSourceUtils.releaseConnection(con, getDataSource());
    }
}
```

从源码中我们可以看到，它首先从数据源中获取一条连接，然后对接口进行了回调，而在 catch 语句中会关闭对应的连接。从异常注释来看，为了防止连接池在数据库死锁，它会先考虑释放数据库连接。不过无论如何，最后都会用 finally 语句释放数据库连接。这里需要注意笔者的用词，是释放而非关闭，这是因为存在事务的问题。从源码中可以看到，要在 Spring 中实现数据库连接获取和释放的逻辑，只要使用 JdbcTemplate 即可，它提供了模板，很多定性的工作都可以在这里完成。但是我们并没有看到任何的事务管理，因为 JdbcTemplate 需要引入对应的

事务管理器才能支持事务。

这里的数据库资源获取和释放的功能还没有那么简单，比如源码中的这两行代码：

```
Connection con = DataSourceUtils.getConnection(getDataSource());
......
DataSourceUtils.releaseConnection(con, getDataSource());
```

在 Spring 中，它会在内部再次判断事务是否交由事务管理器处理，如果是，则从数据库事务管理器中获取数据库连接，并且 JdbcTemplate 的连接请求的关闭也将由事务管理器决定，而不是由 JdbcTemplate 决定。由于这里只是简单应用，数据库事务并没有交由事务管理器管理，所以数据库资源是由 JdbcTemplate 管理的。

13.4 MyBatis-Spring 项目

目前大部分的 Java 互联网项目，都是用 Spring MVC+Spring+MyBatis（SSM）搭建平台的。使用 Spring IoC 可以有效管理各类 Java 资源，实现即插即拔功能；通过 AOP 框架，数据库事务可以委托给 Spring 处理，消除很大一部分的事务代码；再配合 MyBatis 的高灵活、可配置、可优化 SQL 等特性，完全可以构建高性能的大型网站。

毫无疑问，MyBatis 和 Spring 两大框架已经成了 Java 互联网技术的主流框架组合，它们经受住了大数据量和大批量请求的考验，在互联网系统中得到了广泛应用。使用 MyBatis-Spring 使得业务层和模型层得到了更好的分离，与此同时，在 Spring 环境中使用 MyBatis 也更加简单，节省了不少代码，甚至可以不用 SqlSessionFactory、SqlSession 等对象，因为 MyBatis-Spring 封装了它们。

MyBatis-Spring 项目不是 Spring 框架的子项目，因为当 Spring 3 发版时，MyBatis 3 并没有完成，所以 Spring 的 orm 包中只支持 MyBatis 的旧版 iBATIS。MyBatis 社区开发了 MyBatis-Spring 项目，可以到其官网查看对应的信息，如图 13-1 所示。

图 13-1 mybatis-spring 官网首页

从官网可以看出，MyBatis 3.5（含）与之后的版本使用的是 Spring 5.0 之后的版本，我们采用的 MyBatis-Spring 项目版本将是 2.0.3。如果开发者使用的 MyBatis 是 3.5 之前的版本，那么需要 1.3 版本的 MyBatis-Spring 项目。下面通过 Maven 引入 MyBatis-Spring 项目和 MySQL 包。

```xml
<!-- MyBatis 包 -->
<dependency>
    <groupId>org.mybatis</groupId>
    <artifactId>mybatis</artifactId>
    <version>3.5.3</version>
</dependency>
<!-- MySQL 驱动包 -->
<dependency>
    <groupId>mysql</groupId>
    <artifactId>mysql-connector-java</artifactId>
    <version>5.1.29</version>
</dependency>
<!-- mybatis-spring -->
<dependency>
    <groupId>org.mybatis</groupId>
    <artifactId>mybatis-spring</artifactId>
    <version>2.0.3</version>
</dependency>
```

这样就可以引入 MyBatis 和 MyBatis-Spring 项目了。下面进行配置，配置 MyBatis-Spring 项目需要如下步骤。

- 配置数据源，参考 13.2 节。
- 配置 SqlSessionFactory 或 SqlSessionTemplate，如果同时配置 SqlSessionTemplate 和 SqlSessionFactory，则优先采用 SqlSessionTemplate。
- 配置 Mapper，可以配置单个 Mapper，也可以通过扫描的方法生成 Mapper，比较灵活。此时 Spring IoC 会生成对应接口的实例，这样就可以通过注入的方式获取资源了。
- 事务管理，它涉及的问题比较多，我们将在下章详细讨论并给出实例。

下面讨论 SqlSessionFactoryBean 的配置。

13.4.1　配置 SqlSessionFactoryBean

从 MyBatis 的介绍中，可以知道 MyBatis 是围绕 SqlSessionFactory 的应用，而 SqlSessionFactory 是产生 SqlSession 的基础，因此配置 SqlSessionFactory 十分关键。在 MyBatis-Spring 项目中提供了 SqlSessionFactoryBean 支持 SqlSessionFactory 的配置，先看它的源码，如代码清单 13-11 所示。

代码清单 13-11：SqlSessionFactoryBean 的源码

```java
package org.mybatis.spring;
/**** imports ****/
public class SqlSessionFactoryBean
        implements FactoryBean<SqlSessionFactory>, InitializingBean,
        ApplicationListener<ApplicationEvent> {

    ......
    // 配置文件路径
```

```
        private Resource configLocation;

        // 配置类
        private Configuration configuration;

        // 映射器路径
        private Resource[] mapperLocations;

        // 数据源
        private DataSource dataSource;

        // 事务工厂
        private TransactionFactory transactionFactory;

        // 属性
        private Properties configurationProperties;

        // SqlSessionFactoryBuilder
        private SqlSessionFactoryBuilder sqlSessionFactoryBuilder
            = new SqlSessionFactoryBuilder();

        // SqlSessionFactory
        private SqlSessionFactory sqlSessionFactory;

        // 环境配置（数据源）
        // EnvironmentAware requires spring 3.1
        private String environment = SqlSessionFactoryBean.class.getSimpleName();

        // 是否支持快速失败
        private boolean failFast;

        // 插件
        private Interceptor[] plugins;

        // 类型处理器
        private TypeHandler<?>[] typeHandlers;

        // 类型处理器包（支持扫描装载）
        private String typeHandlersPackage;

        // 别名
        private Class<?>[] typeAliases;

        // 别名扫描包（支持扫描装载）
        private String typeAliasesPackage;

        // 别名父类
        private Class<?> typeAliasesSuperType;

        // 脚本语言驱动
        private LanguageDriver[] scriptingLanguageDrivers;

        // 默认脚本语言驱动
        private Class<? extends LanguageDriver> defaultScriptingLanguageDriver;

        // 数据库厂商标识
        // issue #19. No default provider.
        private DatabaseIdProvider databaseIdProvider;
```

```
    // Unix 的 VFS 文件系统处理类
    private Class<? extends VFS> vfs;

    // 缓存
    private Cache cache;

    // ObjectFactory
    private ObjectFactory objectFactory;

    // 对象包装器
    private ObjectWrapperFactory objectWrapperFactory;

/**** setters and other methods ****/

    ......
}
```

从源码中可以看出,我们几乎可以配置所有关于 MyBatis 的组件,它们也提供了对应的 setter
方法让 Spring 进行设置, 所以完全可以通过 Spring IoC 容器的规则去配置它们。由于使用了第
三方的包,所以这里笔者先以 XML 的形式来配置它们。先来看一个简单的配置,如代码清单
13-12 所示。

代码清单 13-12:配置 SqlSessionFactoryBean

```
<bean id="SqlSessionFactory" class="org.mybatis.spring.SqlSessionFactoryBean">
    <property name="dataSource" ref="dataSource" />
    <property name="configLocation" value="classpath:mybatis-config.xml" />
</bean>
```

这里配置了 SqlSesionFactoryBean,但是只是配置了数据源,然后引入一个 MyBatis 配置文
件,如果所配置的内容很简单,那么可以完全不引入 MyBatis 配置文件,只需要通过 Spring IoC
容器注入即可。但是一般来说,对于较为复杂的配置,笔者还是推荐使用 MyBatis 的配置文件,
这样的好处在于不至于使得 SqlSessionFactoryBean 的配置全部依赖于 Spring 提供的规则,导致
配置的复杂性。下面来看 mybatis-config.xml 的代码,如代码清单 13-13 所示。

代码清单 13-13:MyBatis 配置文件——mybatis-config.xml

```
<?xml version="1.0" encoding="UTF-8"?>
<!DOCTYPE configuration PUBLIC "-//mybatis.org//DTD Config 3.0//EN"
"http://mybatis.org/dtd/mybatis-3-config.dtd">
<configuration>
    <settings>
        <!-- 这个配置使全局的映射器启用或禁用缓存 -->
        <setting name="cacheEnabled" value="true" />
        <!--
            允许 JDBC 支持生成的键。需要适当的驱动。如果设置为 true,
            则这个设置强制生成的键被使用,
            尽管一些驱动拒绝兼容但仍然有效(比如 Derby)
        -->
        <setting name="useGeneratedKeys" value="true" />
        <!-- 配置默认的执行器。
        SIMPLE 执行器没有什么特别之处。
        REUSE 执行器重用预处理语句。
        BATCH 执行器重用语句和批量更新  -->
        <setting name="defaultExecutorType" value="REUSE" />
        <!-- 全局启用或禁用延迟加载。当禁用时,所有关联对象都会被即时加载 -->
```

```
        <setting name="lazyLoadingEnabled" value="true"/>
        <!-- 设置超时时间，它决定驱动等待数据库响应的时间  -->
        <setting name="defaultStatementTimeout" value="25000"/>
    </settings>
    <!-- 别名配置 -->
    <typeAliases>
        <typeAlias alias="role" type="com.learn.ssm.chapter13.pojo.Role" />
    </typeAliases>

    <!-- 指定映射器路径 -->
    <mappers>
        <mapper resource="com/learn/ssm/chapter13/mapper/RoleMapper.xml" />
    </mappers>
</configuration>
```

这里配置了 MyBatis 的一些配置项，定义了一个角色的别名 role，引入了映射器 RoleMapper.xml，如代码清单 13-14 所示。

代码清单 13-14：RoleMapper.xml

```xml
<?xml version="1.0" encoding="UTF-8" ?>
<!DOCTYPE mapper
  PUBLIC "-//mybatis.org//DTD Mapper 3.0//EN"
  "http://mybatis.org/dtd/mybatis-3-mapper.dtd">
<mapper namespace="com.learn.ssm.chapter13.dao.RoleDao">

    <insert id="insertRole" useGeneratedKeys="true" keyProperty="id">
        insert into t_role(role_name, note) values (#{roleName}, #{note})
    </insert>

    <delete id="deleteRole" parameterType="long">
        delete from t_role where id=#{id}
    </delete>

    <select id="getRole" parameterType="long" resultType="role">
        select id, role_name as roleName, note from t_role where id = #{id}
    </select>

    <update id="updateRole" parameterType="role">
        update t_role
        set role_name = #{roleName},
        note = #{note}
        where id = #{id}
    </update>
</mapper>
```

定义了一个命名空间（namespace）——com.learn.ssm.chapter13.dao.RoleDao，并且提供了对角色的增、删、查、改方法。按照 MyBatis 的规则需要定义一个接口 RoleDao.java，才能调用它，如代码清单 13-15 所示。

代码清单 13-15：RoleDao.java

```java
package com.learn.ssm.chapter13.dao;

import org.apache.ibatis.annotations.Param;

import com.learn.ssm.chapter13.pojo.Role;

public interface RoleDao {
```

```
    public int insertRole(Role role);

    public Role getRole(@Param("id") Long id);

    public int updateRole(Role role);

public int deleteRole(@Param("id") Long id);

    }
```

到这里就完成了 MyBatis 框架的主要代码，RoleDao 是一个接口，而不是一个类，它没有办法创建实例，那么应该如何配置它呢？这就是接下来要阐述的问题，不过在此之前，先讨论一下 SqlSessionTemplate 的使用。

13.4.2　SqlSessionTemplate 的配置

严格来说，SqlSessionTemplate 并不是一个必须配置的组件，但是它也存在一定的价值。它是线程安全的类，也就是确保每个线程使用的 SqlSession 唯一且不互相冲突。同时，它提供了一系列的功能，如增、删、查、改等，不过在此之前需要先配置它，而配置它也是比较简单的，如代码清单 13-16 所示。

代码清单 13-16：配置 SqlSessionTemplate

```xml
<bean id="sqlSessionTemplate" class="org.mybatis.spring.SqlSessionTemplate">
    <constructor-arg ref="SqlSessionFactory" />
    <!-- <constructor-arg value="BATCH"/> -->
</bean>
```

SqlSessionTemplate 要通过带有参数的构造方法创建对象，常用的参数是 SqlSessionFactory 和 MyBatis 执行器（Executor）类型，取值枚举是 SIMPLE、REUSE 和 BATCH，也就是我们之前论述过的执行器的 3 种类型。

配置好了 SqlSessionTemplate 就可以使用它了，比如增、删、查、改，如代码清单 13-17 所示。

代码清单 13-17：SqlSessionTemplate 的应用

```
ApplicationContext ctx
        = new ClassPathXmlApplicationContext("spring-cfg.xml");
//ctx 为 Spring IoC 容器
SqlSessionTemplate sqlSessionTemplate
        = ctx.getBean(SqlSessionTemplate. class);
Role role = new Role();
role.setRoleName("role_name_sqlSessionTemplate");
role.setNote("note_sqlSessionTemplate");
String prefix = "com.learn.ssm.chapter13.dao.RoleDao";
sqlSessionTemplate.insert(prefix + ".insertRole", role);
Long id = role.getId();
sqlSessionTemplate.selectOne(prefix + ".getRole", id);
role.setNote("update_sqlSessionTemplate");
sqlSessionTemplate.update(prefix + ".updateRole", role);
sqlSessionTemplate.delete(prefix + ".deleteRole", id);
```

运行这段代码会得到以下日志：

```
org.mybatis.logging.Logger: Creating a new SqlSession
org.mybatis.logging.Logger: SqlSession
[org.apache.ibatis.session.defaults.DefaultSqlSession@6e2829c7] was not
registered for synchronization because synchronization is not active
org.mybatis.logging.Logger: JDBC Connection [362827515,
URL=jdbc:mysql://localhost:3306/ssm, UserName=root@localhost, MySQL Connector Java]
will not be managed by Spring
org.apache.ibatis.logging.jdbc.BaseJdbcLogger: ==> Preparing: insert into
t_role(role_name, note) values (?, ?)
org.apache.ibatis.logging.jdbc.BaseJdbcLogger: ==> Parameters:
role_name_sqlSessionTemplate(String), note_sqlSessionTemplate(String)
org.apache.ibatis.logging.jdbc.BaseJdbcLogger: <==    Updates: 1
org.mybatis.logging.Logger: Closing non transactional SqlSession
[org.apache.ibatis.session.defaults.DefaultSqlSession@6e2829c7]
org.mybatis.logging.Logger: Creating a new SqlSession
org.mybatis.logging.Logger: SqlSession
[org.apache.ibatis.session.defaults.DefaultSqlSession@4dd6fd0a] was not
registered for synchronization because synchronization is not active
org.mybatis.logging.Logger: JDBC Connection [1384210339,
URL=jdbc:mysql://localhost:3306/ssm, UserName=root@localhost, MySQL Connector Java]
will not be managed by Spring
org.apache.ibatis.logging.jdbc.BaseJdbcLogger: ==> Preparing: select id,
role_name as roleName, note from t_role where id = ?
org.apache.ibatis.logging.jdbc.BaseJdbcLogger: ==> Parameters: 37(Long)
org.apache.ibatis.logging.jdbc.BaseJdbcLogger: <==     Total: 1
org.mybatis.logging.Logger: Closing non transactional SqlSession
[org.apache.ibatis.session.defaults.DefaultSqlSession@4dd6fd0a]
org.mybatis.logging.Logger: Creating a new SqlSession
org.mybatis.logging.Logger: SqlSession
[org.apache.ibatis.session.defaults.DefaultSqlSession@266374ef] was not
registered for synchronization because synchronization is not active
org.mybatis.logging.Logger: JDBC Connection [330551672,
URL=jdbc:mysql://localhost:3306/ssm, UserName=root@localhost, MySQL Connector Java]
will not be managed by Spring
org.apache.ibatis.logging.jdbc.BaseJdbcLogger: ==> Preparing: update t_role set
role_name = ?, note = ? where id = ?
org.apache.ibatis.logging.jdbc.BaseJdbcLogger: ==> Parameters:
role_name_sqlSessionTemplate(String), update_sqlSessionTemplate(String),
37(Long)
org.apache.ibatis.logging.jdbc.BaseJdbcLogger: <==    Updates: 1
org.mybatis.logging.Logger: Closing non transactional SqlSession
[org.apache.ibatis.session.defaults.DefaultSqlSession@266374ef]
org.mybatis.logging.Logger: Creating a new SqlSession
org.mybatis.logging.Logger: SqlSession
[org.apache.ibatis.session.defaults.DefaultSqlSession@766653e6] was not
registered for synchronization because synchronization is not active
org.mybatis.logging.Logger: JDBC Connection [1309129055,
URL=jdbc:mysql://localhost:3306/ssm, UserName=root@localhost, MySQL Connector Java]
will not be managed by Spring
org.apache.ibatis.logging.jdbc.BaseJdbcLogger: ==> Preparing: delete from t_role
where id=?
org.apache.ibatis.logging.jdbc.BaseJdbcLogger: ==> Parameters: 37(Long)
org.apache.ibatis.logging.jdbc.BaseJdbcLogger: <==    Updates: 1
org.mybatis.logging.Logger: Closing non transactional SqlSession
[org.apache.ibatis.session.defaults.DefaultSqlSession@766653e6]
```

　　从日志中我们看到，每执行一个 SqlSessionTemplate 方法，它都会重新获取一个新的 SqlSession，也就是说每一个 SqlSessionTemplate 运行的时候都会产生新的 SqlSession，所以每一个方法都是独立的 SqlSession，这意味着它是安全的线程。

关于 SqlSessionTemplate，目前运用已经不多，正如代码清单 13-17 所示，它需要使用字符串表明运行哪个 SQL，字符串没有业务含义，只是功能性代码，并不符合面向对象的思想。与此同时，使用字符串时，IDE 无法检查代码逻辑的正确性，所以这样的用法渐渐被人们抛弃了。注意，SqlSessionTemplate 允许配置执行器的类型，当同时配置 SqlSessionFactory 和 SqlSessionTemplate 时，SqlSessionTemplate 的优先级会大于 SqlSessionFactory。

13.4.3　配置 MapperFactoryBean

13.4.2 节谈到了使用 SqlSessionTemplate 的一些不便之处，而 MyBatis 的运行只需要提供类似于 RoleDao.java 的接口，无须提供实现类。通过学习 MyBatis 的运行原理，可以知道它是由 MyBatis 体系创建的动态代理对象运行的，所以 Spring 也没有办法为其生成实现类。为了解决这个问题，MyBatis-Spring 团队提供了一个 MapperFactoryBean 类作为媒介，我们可以通过配置它来实现我们想要的 Mapper。使用 Mapper 接口编程方式可以有效地在开发者的逻辑代码中擦除 SqlSessionTemplate，这样代码就按照面向对象的规范编写了，这是人们乐于采用的形式。

现在让我们配置代码清单 13-15 中 RoleDao 的映射器对象，如代码清单 13-18 所示。

代码清单 13-18：配置 RoleDao 对象

```
<bean id="roleDao" class="org.mybatis.spring.mapper.MapperFactoryBean">
    <!--RoleMapper 接口将被扫描为 Mapper -->
    <property name="mapperInterface"
        value="com.learn.ssm.chapter13.dao.RoleDao" />
    <property name="SqlSessionFactory" ref="SqlSessionFactory" />
    <!--
    如果同时注入 SqlSessionTemplate 和 SqlSessionFactory,
    则只会启用 SqlSessionTemplate
    -->
    <!-- <property name="sqlSessionTemplate" ref="sqlSessionTemplate"/> -->
</bean>
```

这里可以看到，MapperFactoryBean 存在 3 个属性可以配置，分别是 mapperInterface、sqlSessionTemplate 和 sqlSessionFactory，其中：

- mapperInterface 是映射器的接口。
- 如果同时配置 sqlSessionTemplate 和 sqlSessionFactory，那么它会启用 sqlSessionTemplate，而 sqlSessionFactory 作废。

如果我们配置这样的一个 Bean，我们就可以使用下面的代码去获取映射器了。

```
RoleDao roleDao = ctx.getBean(RoleDao.class);
```

有时候项目内容会比较多，映射器接口也会很多，如果一个个配置 Mapper 会造成配置量大的问题，这显然不利于开发。为此 MyBatis 也有了应对方案，那就是下面谈到的另一个类——MapperScannerConfigurer，通过它可以用扫描的形式创建对应的 Mapper。

13.4.4　配置 MapperScannerConfigurer

MapperScannerConfigurer 是一个通过扫描的形式配置 Mapper 的类，如果一个个配置

Mapper，那么显然工作量大，并会导致配置泛滥，有了它只需要给予一些简单的配置，就能够生成大量的 Mapper，从而减少工作量。

MapperScannerConfigurer 的主要配置项有以下几个：

- basePackage，指定让 Spring 自动扫描的包，它会逐层深入扫描，如果遇到多个包可以使用半角逗号分隔。
- annotationClass，表示限定类或者接口标注对应的注解时，才会被扫描为 Mapper 装配到 IoC 容器中。开发时为了区分普通接口和 Mapper，笔者建议用对应的注解标注具体的 Mapper。在 Spring 中往往使用注解@Repository 标注数据访问层（Data Access Object，DAO），而在 MyBatis 中以注解@Mapper 标注 Mapper，本书会以注解@Mapper 为主进行介绍。
- sqlSessionFactoryBeanName 和 sqlSessionTemplateBeanName，其中 sqlSessionFactoryBeanName 可指定在 Spring 中定义 sqlSessionFactory 的 Bean 名称。sqlSessionTemplateBeanName 则可以指定在 Spring 中定义 sqlSessionTemplate 的 Bean 名称，如果配置了 sqlSessionTemplateBeanName，那么 sqlSessionFactoryBeanName 将失效。
- markerInterface，指定实现了什么接口就认为它是 Mapper。我们需要提供一个公共的接口去标记。

其实它还有很多的配置项，比如 sqlSessionFactory 和 sqlSessionTemplate，但是 MyBatis 官方已经不推荐使用它们了，在它们的 setter 方法上标注了@Deprecated，所以这里不再介绍它们。之所以会这样，是因为它们会在 Bean 的初始化时，产生一些没有必要的顺序初始化的错误。

在 Spring 配置前需要给映射接口注入一个注解，在 Spring 中往往使用注解@Repository 表示 DAO 层，但是在 MyBatis 中是使用注解@Mapper 标注的，在本书中，我们采用注解@Mapper 标注。这里对代码清单 13-15 中的 RoleDao 进行改造，如代码清单 13-19 所示。

代码清单 13-19：改造 RoleDao

```
package com.learn.ssm.chapter13.dao;

import org.apache.ibatis.annotations.Mapper;
import org.apache.ibatis.annotations.Param;

import com.learn.ssm.chapter13.pojo.Role;

@Mapper
public interface RoleDao {

    public int insertRole(Role role);

    public Role getRole(@Param("id") Long id);

    public int updateRole(Role role);

    public int deleteRole(@Param("id") Long id);
}
```

从代码中我们看到了注解@Mapper 的引入，它表示这是一个 MyBatis 的映射器接口。此外，我们还需要告诉 Spring 扫描哪个包，这样就可以扫出对应的映射器接口到 Spring IoC 容器中了，如代码清单 13-20 所示。

代码清单 13-20：通过扫描的方式装配 Mapper 接口

```
<bean id="mapperScanner"
    class="org.mybatis.spring.mapper.MapperScannerConfigurer">
  <property name="basePackage" value="com.learn.ssm.chapter13.dao"/>
  <property name="SqlSessionFactoryBeanName" value="SqlSessionFactory"/>
  <!--
  使用 SqlSessionTemplateBeanName 将覆盖 SqlSessionFactoryBeanName 的配置
  -->
  <!--
  <property name="sqlSessionTemplateBeanName" value="sqlSessionTemplate"/>
   -->
  <!-- 指定注解才能扫描成为 Mapper 接口装配到 Spring IoC 容器中 -->
  <property name="annotationClass"
    value="org.apache.ibatis.annotations.Mapper"/>
</bean>
```

通过这样的配置，Spring 会将包命名为 com.learn.ssm.chapter13.dao，把注解@Mapper 的接口扫描为 Mapper 对象，存放到 Spring IoC 容器中，对于多个包的扫描可以用半角逗号分隔。

使用注解@Mapper 是笔者推荐的方式，它允许开发者把接口放到各个包中，然后通过简单的定义类 MapperScannerConfigurer 的 basePackage 属性扫描出来，有利于对包的规划。这里需要注意的是，如果不使用注解标注接口，那么可能引发一些没有必要的错误。

此外，也可以使用扩展接口名的方式限制扫描的接口，比如这里先定义一个接口——BaseDao，如代码清单 13-21 所示。

代码清单 13-21：定义接口 BaseMapper

```
package com.learn.ssm.chapter13.dao;

public interface BaseDao {

}
```

它没有任何逻辑，只是为了标记用。再次改写代码清单 13-15 中的 RoleDao，如代码清单 13-22 所示。

代码清单 13-22：使用 RoleDao 扩展 BaseDao

```
package com.learn.ssm.chapter13.dao;
import org.apache.ibatis.annotations.Param;
import com.learn.ssm.chapter13.pojo.Role;

public interface RoleDao extends BaseDao {

    public int insertRole(Role role);

    public Role getRole(@Param("id") Long id);

    public int updateRole(Role role);

    public int deleteRole(@Param("id") Long id);
}
```

这里 RoleDao 扩展了 BaseDao，然后修改代码清单 13-20，使得 Spring 能够扫描到这个接口，如代码清单 13-23 所示。

代码清单 13-23：使用标记接口扫描 Mapper 接口

```
<bean id="mapperScanner"
    class="org.mybatis.spring.mapper.MapperScannerConfigurer">
  <property name="basePackage" value="com.learn.ssm.chapter13.dao"/>
  <property name="SqlSessionFactoryBeanName" value="SqlSessionFactory"/>
  <!-- 使用 sqlSessionTemplateBeanName 将覆盖 SqlSessionFactoryBeanName 的配置
  -->
  <!--
  <property name="sqlSessionTemplateBeanName" value="sqlSessionTemplate"/>
  -->
  <property name="markerInterface"
    value="com.learn.ssm.chapter13.dao.BaseDao"/>
</bean>
```

和注解的方式一样，它能让 Spring 扫描标记扩展 BaseDao 的接口，并通过扫描生成对应的 Mapper 对象装配到 Spring IoC 容器中。但是这不是推荐的方式，因为总是扩展一个接口会显得相当奇怪，更多时候我们将使用 MyBatis 提供的注解@Mapper 标注对应的 Mapper，本书后面的例子也是如此。

13.4.5　定制扫描

除了使用 MapperScannerConfigurer 定制扫描，我们还可以使用<mybatis:scan>或者注解@MapperScan 定制扫描，本章我们先谈<mybatis:scan/>，注解@MapperScan 会放在 Java 配置文件配置 MyBatis-Spring 中介绍。在此之前我们需要删去 MapperFactoryBean 和 MapperScannerConfigurer 在 XML 中的配置，映射器接口代码采用代码清单 13-19。

使用<mybatis:scan>定制扫描需要引入对应的命名空间和 XML 模式定义（XSD），如代码清单 13-24 所示。

代码清单 13-24：使用<mybatis:scan/>扫描 Mapper 接口

```
<?xml version='1.0' encoding='UTF-8' ?>
<beans xmlns="http://www.springframework.org/schema/beans"
  xmlns:xsi="http://www.w3.org/2001/XMLSchema-instance"
  xmlns:context="http://www.springframework.org/schema/context"
  xmlns:aop="http://www.springframework.org/schema/aop"
  xmlns:mybatis="http://mybatis.org/schema/mybatis-spring"
  xsi:schemaLocation="http://www.springframework.org/schema/beans
    http://www.springframework.org/schema/beans/spring-beans-4.0.xsd
    http://www.springframework.org/schema/context
    http://www.springframework.org/schema/context/spring-context-4.0.xsd
    http://www.springframework.org/schema/aop
    http://www.springframework.org/schema/aop/spring-aop-4.0.xsd
    http://mybatis.org/schema/mybatis-spring
    http://mybatis.org/schema/mybatis-spring.xsd">

  <mybatis:scan base-package="com.learn.ssm.chapter13.dao"
    annotation="org.apache.ibatis.annotations.Mapper"
    factory-ref="sqlSessionFactory"
    template-ref="sqlSessionTemplate" />
  ......
</beans>
```

大家可以看到加粗的代码，其中在<beans>元素中主要引入命名空间和 XML 模式定义。在使用<mybatis:scan>扫描定义时，配置了 4 个属性。

- **base-package**：指定需要扫描的包并扫描到子包。
- **annotation**：限定扫描的注解，只有接口被该注解标注后才会扫描为 MyBatis 的映射接口。
- **factory-ref**：定义 SqlSessionFactory 的引用，其值是一个 SqlSessionFactory 的 Bean 名称，如果 Spring IoC 容器中只有一个 SqlSessionFactory，那么可以省略不配置；如果有多个 SqlSessionFactory，则需要配置明确。
- **template-ref**：定义 SqlSessionTemplate 的引用，其值是一个 SqlSessionTemplate 的 Bean 名称，如果 Spring IoC 容器中只有一个 SqlSessionTemplate，那么可以省略不配置，如果有多个 SqlSessionTemplate，则需要配置明确。

其实还可以配置其他属性，比如 marker-interface 通过父接口限制扫描，只是这和 MapperScannerConfigurerd 的 markerInterface 使用类似，也不是常用的办法，所以不再赘述。需要注意的是，如果同时配置了 factory-ref 和 template-ref，那么 template-ref 将覆盖掉 factory-ref 的配置，因为在 MyBatis-Spring 项目中，SqlSessionTemplate 的优先级要高于 SqlSessionFactory。

13.4.6　使用 Java 配置文件配置 MyBatis-Spring 项目

前面通过 XML 的形式配置 MyBatis-Spring 项目，实际上也可以通过 Java 配置文件进行配置。这里沿用 mybatis-config.xml、RoleMapper.xml、Role.java 和代码清单 13-19 的映射接口，其他的则不再使用。

Java 的配置文件如代码清单 13-25 所示。

代码清单 13-25：使用配置文件配置 MyBatis-Spring 项目

```java
package com.learn.ssm.chapter13.config;
/**** imports ****/

@Configuration // 设置为 Java 配置文件
@MapperScan( // 映射器扫描定制
        // 定义扫描包
        basePackages = "com.learn.ssm.chapter13.dao",
        // 限制被扫描的接口必须标注注解@Mapper
        annotationClass = Mapper.class,
        // 指定 SqlSessionFactory
        sqlSessionFactoryRef = "sqlSessionFactory",
        // 指定 SqlSessionTemplate
        sqlSessionTemplateRef = "sqlSessionTemplate")
// 定义包扫描
@ComponentScan(basePackages="com.learn.ssm.chapter13")
public class MyBatisConfig {

    /**
     * 定义数据源，且定义生命周期销毁方法为 close
     * @return 数据源
     */
    @Bean(name = "dataSource", destroyMethod = "close")
    public DataSource createDataSource() {
        Properties props = new Properties();
        props.setProperty("driver", "com.mysql.jdbc.Driver");
        props.setProperty("url", "jdbc:mysql://localhost:3306/ssm");
        props.setProperty("username", "root");
        props.setProperty("password", "123456");
```

```
          DataSource dataSource = null;
          try {
              dataSource = BasicDataSourceFactory.createDataSource(props);
          } catch (Exception e) {
              e.printStackTrace();
          }
          return dataSource;
      }

      /**
       * 创建 SqlSessionFactory
       * @param dataSource —— 数据源
       * @return SqlSessionFactory
       * @throws Exception
       */
      @Bean("sqlSessionFactory")
      public SqlSessionFactory createSqlSessionFactoryBean(
              @Autowired DataSource dataSource) throws Exception {
          // 配置文件
          String cfgFile = "mybatis-config.xml";
          SqlSessionFactoryBean sqlSessionFactoryBean
                  = new SqlSessionFactoryBean();
          sqlSessionFactoryBean.setDataSource(dataSource);
          // 配置文件
          Resource configLocation = new ClassPathResource(cfgFile);
          sqlSessionFactoryBean.setConfigLocation(configLocation);
          return sqlSessionFactoryBean.getObject();
      }

      /**
       * 创建 SqlSessionTemplate
       * @param sqlSessionFactory
       * @return SqlSessionTemplate
       */
      @Bean("sqlSessionTemplate")
      public SqlSessionTemplate createSqlSessionTemplate(
              @Autowired SqlSessionFactory sqlSessionFactory) {
          SqlSessionTemplate sqlSessionTemplate
              = new SqlSessionTemplate(sqlSessionFactory);
          return sqlSessionTemplate;
      }

  }
```

这段代码主要是声明数据源、SqlSessionFactory 和 SqlSessionTemplate，它们分别对应 createDataSource、createSqlSessionFactoryBean 和 createSqlSessionTemplate 方法。请注意 createSqlSessionFactoryBean 和 createSqlSessionTemplate 方法，它们的参数都使用了注解 @Autowired 进行注入。而在配置类还加入了注解@MapperScan 定制扫描，在代码中，笔者加粗了这部分内容，下面分析一下它所配置的内容。

- basePackages：指定扫描包，它会连同子包一起被扫描。
- annotationClass：限定扫描注解，只有接口被该注解标注后才会被扫描。
- sqlSessionFactoryRef：配置 SqlSessionFactory 的 Bean 名称，如果开发者的 Spring IoC 容器中只有一个 SqlSessionFactory，则可以不配置。

- sqlSessionTemplateRef：配置 SqlSessionTemplate 的 Bean 名称，如果开发者的 Spring IoC 容器中只有一个 SqlSessionTemplate，则可以不配置。

显然@MapperScan 和<mybatis:scan>也是接近的，而 sqlSessionTemplateRef 的优先级会高于 sqlSessionFactoryRef。

有了这个配置类我们就可以使用代码清单 13-26 进行测试了。

代码清单 13-26：测试 Java 配置文件下的 MyBatis-Spring 项目

```java
private static void testAnnotationConfig() {
    ApplicationContext ctx
        = new AnnotationConfigApplicationContext(MyBatisConfig.class);
    RoleDao roleDao = ctx.getBean(RoleDao.class);
    Role role = roleDao.getRole(2L);
    System.out.println(role.getRoleName());
}
```

运行以上代码，可以看到这样的日志：

```
DEBUG 2019-12-18 13:51:32,397 org.mybatis.logging.Logger: Creating a new SqlSession
DEBUG 2019-12-18 13:51:32,403 org.mybatis.logging.Logger: SqlSession
[org.apache.ibatis.session.defaults.DefaultSqlSession@38604b81] was not
registered for synchronization because synchronization is not active
DEBUG 2019-12-18 13:51:32,670 org.mybatis.logging.Logger: JDBC Connection
[520162288, URL=jdbc:mysql://localhost:3306/ssm, UserName=root@localhost, MySQL
Connector Java] will not be managed by Spring
DEBUG 2019-12-18 13:51:32,675 org.apache.ibatis.logging.jdbc.BaseJdbcLogger: ==>
Preparing: select id, role_name as roleName, note from t_role where id = ?
DEBUG 2019-12-18 13:51:32,694 org.apache.ibatis.logging.jdbc.BaseJdbcLogger: ==>
Parameters: 2(Long)
DEBUG 2019-12-18 13:51:32,709 org.apache.ibatis.logging.jdbc.BaseJdbcLogger: <==
Total: 1
DEBUG 2019-12-18 13:51:32,712 org.mybatis.logging.Logger: Closing non transactional
SqlSession [org.apache.ibatis.session.defaults.DefaultSqlSession@38604b81]
role_name_2
```

13.4.7　测试 Spring+MyBatis

通过前面的 XML 配置就可以把 Spring 和 MyBatis 组合在一起了，但是还是比较凌乱，所以这里再理清一下。笔者已经介绍过了 Mapper 的接口、XML 和 MyBatis 的配置文件，这里只给出一个关键性的 XML 配置，它采用的是<mybatis:scan>扫描的方式，注解@Mapper 作为映射器的标记，如代码清单 13-27 所示。

代码清单 13-27：配置 MyBatis-Spring 项目

```xml
<?xml version='1.0' encoding='UTF-8' ?>
<beans xmlns="http://www.springframework.org/schema/beans"
    xmlns:xsi="http://www.w3.org/2001/XMLSchema-instance"
    xmlns:context="http://www.springframework.org/schema/context"
    xmlns:aop="http://www.springframework.org/schema/aop"
    xmlns:mybatis="http://mybatis.org/schema/mybatis-spring"
    xsi:schemaLocation="http://www.springframework.org/schema/beans
        http://www.springframework.org/schema/beans/spring-beans-4.0.xsd
        http://www.springframework.org/schema/context
        http://www.springframework.org/schema/context/spring-context-4.0.xsd
        http://www.springframework.org/schema/aop
```

```
                http://www.springframework.org/schema/aop/spring-aop-4.0.xsd
                http://mybatis.org/schema/mybatis-spring
                http://mybatis.org/schema/mybatis-spring.xsd">
    <!-- 定制扫描  -->
    <mybatis:scan base-package="com.learn.ssm.chapter13.dao"
        annotation="org.apache.ibatis.annotations.Mapper"
        factory-ref="sqlSessionFactory"
        template-ref="sqlSessionTemplate" />
    <!-- 数据库连接池 -->

    <bean id="dataSource"
        class="org.apache.commons.dbcp2.BasicDataSource">
        <property name="driverClassName"
            value="com.mysql.jdbc.Driver" />
        <property name="url" value="jdbc:mysql://localhost:3306/ssm" />
        <property name="username" value="root" />
        <property name="password" value="123456" />
        <!--连接池的最大数据库连接数 -->
        <property name="maxTotal" value="255" />
        <!--最大等待连接中的数量 -->
        <property name="maxIdle" value="5" />
        <!--最大等待毫秒数 -->
        <property name="maxWaitMillis" value="10000" />
    </bean>
    <bean id="jdbcTemplate"
        class="org.springframework.jdbc.core.JdbcTemplate">
        <property name="dataSource" ref="dataSource" />
    </bean>

    <bean id="sqlSessionFactory"
        class="org.mybatis.spring.SqlSessionFactoryBean">
        <property name="dataSource" ref="dataSource" />
        <property name="configLocation"
            value="classpath:mybatis-config.xml" />
    </bean>

    <bean id="sqlSessionTemplate"
        class="org.mybatis.spring.SqlSessionTemplate">
        <constructor-arg ref="sqlSessionFactory" />
        <!-- <constructor-arg value="BATCH"/> -->
    </bean>

</beans>
```

这样就能够把 Spring 和 MyBatis 两个框架组合起来，采用代码清单 13-28 进行验证。

代码清单 13-28：测试 XML 方式配置的 Spring+MyBatis

```
private static void testXmlConfig() {
    ApplicationContext ctx
        = new ClassPathXmlApplicationContext("spring-cfg.xml");
    RoleDao roleDao = ctx.getBean(RoleDao.class);
    Role role = roleDao.getRole(2L);
    System.out.println(role.getRoleName());
}
```

从代码中可以看到，复杂的 SqlSessionTemplate 操作已经被擦除，只剩下了类似 RoleDao 的接口代码。正因为擦除了类似 SqlSessionTemplate 的功能性代码，MyBatis 框架的 API 看不到了，代码具有更高的可读性。运行这段代码，可以得到以下日志：

```
DEBUG 2019-12-18 14:02:03,892 org.apache.ibatis.logging.LogFactory: Logging
initialized using 'class org.apache.ibatis.logging.slf4j.Slf4jImpl' adapter.
DEBUG 2019-12-18 14:02:03,961 org.mybatis.logging.Logger: Creating
MapperFactoryBean with name 'roleDao' and 'com.learn.ssm.chapter13.dao.RoleDao'
mapperInterface
 WARN 2019-12-18 14:02:03,961 org.mybatis.logging.Logger: Cannot use both:
sqlSessionTemplate and sqlSessionFactory together. sqlSessionFactory is ignored.
DEBUG 2019-12-18 14:02:04,239 org.mybatis.logging.Logger: Parsed configuration file:
'class path resource [mybatis-config.xml]'
DEBUG 2019-12-18 14:02:04,239 org.mybatis.logging.Logger: Property
'mapperLocations' was not specified.
DEBUG 2019-12-18 14:02:04,302 org.mybatis.logging.Logger: Creating a new SqlSession
DEBUG 2019-12-18 14:02:04,307 org.mybatis.logging.Logger: SqlSession
[org.apache.ibatis.session.defaults.DefaultSqlSession@389c4eb1] was not
registered for synchronization because synchronization is not active
DEBUG 2019-12-18 14:02:04,602 org.mybatis.logging.Logger: JDBC Connection
[1237740254, URL=jdbc:mysql://localhost:3306/ssm, UserName=root@localhost, MySQL
Connector Java] will not be managed by Spring
DEBUG 2019-12-18 14:02:04,611 org.apache.ibatis.logging.jdbc.BaseJdbcLogger: ==>
Preparing: select id, role_name as roleName, note from t_role where id = ?
DEBUG 2019-12-18 14:02:04,633 org.apache.ibatis.logging.jdbc.BaseJdbcLogger: ==>
Parameters: 2(Long)
DEBUG 2019-12-18 14:02:04,649 org.apache.ibatis.logging.jdbc.BaseJdbcLogger: <==
Total: 1
DEBUG 2019-12-18 14:02:04,653 org.mybatis.logging.Logger: Closing non transactional
SqlSession [org.apache.ibatis.session.defaults.DefaultSqlSession@389c4eb1]
role_name_2
```

　　显然运行成功了，从加粗的日志中可以看到 "non transactional" 的字样，说明它在一个非事务的场景下运行。数据库事务比较复杂，笔者将在第 14 章中进行更详细的介绍。

第14章
深入 Spring 数据库事务管理

本章目标

1. 掌握 Spring 数据库事务管理器的基础知识
2. 掌握 Spring 数据库事务管理器提交和回滚事务的规则
3. 掌握数据库 ACID 特性，尤其是数据库隔离级别
4. 掌握 Spring 提供的传播行为
5. 正确使用注解@Transactional
6. 掌握把数据库事务应用在 Spring+MyBatis 的框架组合中的方法

也许这是全书中读者最感兴趣的一章，数据库事务是企业应用最为重要的内容之一。本章会先讨论 Spring 数据库的事务应用，然后讨论 Spring 中最著名的注解之一——@Transactional。要搞清楚注解@Transactional 的配置并不容易，因为这会涉及数据库中的各种概念。为此有必要先从数据库谈起，这样有利于理解它的配置内容。Spring 数据库事务概念中的隔离级别和传播行为等抽象概念，对于 Java EE 的初学者，还是存在较大的理解难度的。

互联网系统时时面对着高并发，在互联网系统中同时运行成百上千条线程都是十分常见的，尤其是当一些热门网站将刚上市的促销商品放在线上销售时，狂热的用户几乎在同一时刻打开手机、电脑、平板电脑等设备进行抢购。这样就会导致数据库处在一个多事务访问的环境中，从而引发数据库丢失更新（Lost Update）和数据一致性的问题，同时会给服务器带来很大压力，甚至发生数据库系统死锁和瘫痪进而导致系统宕机。为了解决这些问题，互联网开发者需要了解数据库的一些特性，规避一些问题，避免数据的不一致，提高系统性能。

在大部分情况下，我们认为数据库事务要么同时成功，要么同时失败，但是也存在着不同的情况。比如银行的信用卡还款，有个批量事务，这个批量事务包含了对各个信用卡的还款业务的处理，我们不能因为其中一张卡的事务失败了，就把其他卡的事务也回滚，即正常还款的用户，也被认为是不正常还款的，这样会引发严重的金融信誉问题，Spring 事务的传播行为带来了比较方便的解决方案。

14.1　Spring 数据库事务管理器的设计

Spring 5 之前版本的数据库事务是通过 PlatformTransactionManager 管理的，而从 Spring 5 开始，引入了响应式编程，将 TransactionManager 作为底层接口。不过 TransactionManager 是空实现，而响应式编程也不是我们需要讨论的主要内容，我们需要了解的是

PlatformTransactionManager，它的源码如代码清单 14-1 所示。

代码清单 14-1：PlatformTransactionManager 源码分析

```
package org.springframework.transaction;

/**** imports ****/
public interface PlatformTransactionManager extends TransactionManager {

    // 获取事务
    TransactionStatus getTransaction(
        @Nullable TransactionDefinition definition)
        throws TransactionException;

    // 提交事务
    void commit(TransactionStatus status) throws TransactionException;

    // 回滚事务
    void rollback(TransactionStatus status) throws TransactionException;

}
```

可见这个接口还是比较简单的，只是三个很普通的方法定义。需要注意到它的重要参数
TransactionDefinition 和 TransactionStatus，它们有些复杂，后续我们会再谈到。

第 13 章讨论了 JdbcTemplate 的源码，单凭它并不能支持事务，为了让读者对事务管理器有
初步的认识，我们来探索能够支持事务的模板——TransactionTemplate（org.springframework.
transaction.support.）。它是 Spring 提供的事务管理的模板，这里探索它的 execute 方法的源码，
如代码清单 14-2 所示。

代码清单 14-2：TransactionTemplate 源码分析

```
// 事务管理器
@Nullable
private PlatformTransactionManager transactionManager;

......

@Override
@Nullable
public <T> T execute(TransactionCallback<T> action)
    throws TransactionException {
    // 判定事务管理器是否为空
    Assert.state(this.transactionManager != null,
        "No PlatformTransactionManager set");

    // 判断是否为回滚事务管理器，对可能的回滚事务做相关处理
    if (this.transactionManager
        instanceof CallbackPreferringPlatformTransactionManager) {
    return ((CallbackPreferringPlatformTransactionManager)
        this.transactionManager).execute(this, action);
    }
    else {
        // 获取事务，返回事务状态
        TransactionStatus status
            = this.transactionManager.getTransaction(this);
        T result;
        try {
```

```
        // 执行业务逻辑（SQL）
        result = action.doInTransaction(status);
    }
    catch (RuntimeException | Error ex) {
        // Transactional code threw application exception -> rollback
        // 异常时回滚事务
        rollbackOnException(status, ex);
        throw ex;
    }
    catch (Throwable ex) {
        // Transactional code threw unexpected exception -> rollback
        // 异常时回滚事务
        rollbackOnException(status, ex);
        throw new UndeclaredThrowableException(ex,
            "TransactionCallback threw undeclared checked exception");
    }
    // 提交事务
    this.transactionManager.commit(status);
    // 返回结果
    return result;
    }
}

private void rollbackOnException(TransactionStatus status, Throwable ex)
    throws TransactionException {
    Assert.state(this.transactionManager != null,
    "No PlatformTransactionManager set");

    logger.debug(
        "Initiating transaction rollback on application exception", ex);
    try {
        // 回滚事务
        this.transactionManager.rollback(status);
    }
    catch (TransactionSystemException ex2) {
        logger.error(
            "Application exception overridden by rollback exception", ex);
        ex2.initApplicationException(ex);
        throw ex2;
    }
    catch (RuntimeException | Error ex2) {
        logger.error(
            "Application exception overridden by rollback exception", ex);
        throw ex2;
    }
}
```

源码中的中文注释是笔者加的，需要注意的地方已经被加粗，可以清楚地看到如下几点。

- 事务的创建、提交和回滚是通过 PlatformTransactionManager 接口完成的。
- 当事务产生异常时会回滚，在默认的实现中所有的异常都会回滚。Spring 允许我们通过配置修改在某些异常发生时回滚或者不回滚的事务。
- 当无异常时，提交事务。

这样我们的关注点就转到了事务管理器的实现上。在 Spring 中，有多种事务管理器，它们的设计如图 14-1 所示。

```
                  ✓ 🅘 TransactionManager
                     ✓ 🅘 PlatformTransactionManager
                        ✓ 🅖ᴬ AbstractPlatformTransactionManager
                           🅖 CciLocalTransactionManager
                           🅖 DataSourceTransactionManager
                        ✓ 🅖 JtaTransactionManager
                           🅖 WebLogicJtaTransactionManager
                           🅖 WebSphereUowTransactionManager
                     ✓ 🅘 CallbackPreferringPlatformTransactionManager
                        🅖 WebSphereUowTransactionManager
                     ✓ 🅘 ResourceTransactionManager
                        🅖 CciLocalTransactionManager
                        🅖 DataSourceTransactionManager
                  ✓ 🅘 ReactiveTransactionManager
                     🅖ᴬ AbstractReactiveTransactionManager
```

图 14-1　Spring 事务管理器的设计

从图 14-1 中可以看到多个数据库事务管理器，包括 JTA 事务管理器。在诸多数据库事务管理器中常用的是 DataSourceTransactionManager，它继承抽象事务管理器 AbstractPlatformTransactionManager，而 AbstractPlatformTransactionManager 实现了 PlatformTransactionManager 接口。这样，Spring 就可以如同源码中看到的那样使用 PlatformTransactionManager 接口的方法，获取、提交或者回滚事务了。

14.1.1　配置事务管理器

本书使用的是 MyBatis 框架，用得最多的事务管理器是 DataSourceTransactionManager（org.springframework.jdbc.datasource.DataSourceTransactionManager），下面将使用它进行讲解。如果使用的持久框架是 Hibernate，那么开发者就要用到 spring-orm 包 org.springframework.orm.hibernate4.HibernateTransactionManager 了。它们大同小异，一般来说我们在使用时，还会加入 XML 的事务命名空间。下面配置一个事务管理器，如代码清单 14-3 所示。

代码清单 14-3：配置事务管理器

```xml
<?xml version="1.0" encoding="UTF-8"?>
<beans xmlns="http://www.springframework.org/schema/beans"
  xmlns:xsi="http://www.w3.org/2001/XMLSchema-instance"
  xmlns:p="http://www.springframework.org/schema/p"
  xmlns:aop="http://www.springframework.org/schema/aop"
  xmlns:tx="http://www.springframework.org/schema/tx"
  xmlns:context="http://www.springframework.org/schema/context"
  xsi:schemaLocation="http://www.springframework.org/schema/beans
   http://www.springframework.org/schema/beans/spring-beans-4.0.xsd
   http://www.springframework.org/schema/aop
   http://www.springframework.org/schema/aop/spring-aop-4.0.xsd
   http://www.springframework.org/schema/tx
   http://www.springframework.org/schema/tx/spring-tx-4.0.xsd
   http://www.springframework.org/schema/context
   http://www.springframework.org/schema/context/spring-context-4.0.xsd">
<!-- 数据库连接池 -->
<bean id="dataSource"
   class="org.apache.commons.dbcp2.BasicDataSource">
   <property name="driverClassName"
      value="com.mysql.jdbc.Driver" />
   <property name="url" value="jdbc:mysql://localhost:3306/ssm" />
   <property name="username" value="root" />
```

```
            <property name="password" value="123456" />
            <!--连接池的最大数据库连接数 -->
            <property name="maxTotal" value="255" />
            <!--最大等待连接中的数量 -->
            <property name="maxIdle" value="5" />
            <!--最大等待毫秒数 -->
            <property name="maxWaitMillis" value="10000" />
    </bean>

    <!-- 配置 JdbcTemplate -->
    <bean id="jdbcTemplate"
            class="org.springframework.jdbc.core.JdbcTemplate">
        <property name="dataSource" ref="dataSource"/>
    </bean>

    <!-- 配置数据源事务管理器 -->
    <bean id="transactionManager"
        class="org.springframework.jdbc.datasource.DataSourceTransactionManager">
        <property name="dataSource" ref="dataSource" />
    </bean>

</beans>
```

这里先引入 XML 的命名空间，然后定义数据源，在此基础上就可以使用
DataSourceTransactionManager 定义数据库事务管理器了，该管理器依赖数据库源。这样 Spring
就知道开发者已经将数据库事务委托给事务管理器（TransactionManager）管理了。在
JdbcTemplate 源码分析时，笔者就已经指出，数据库资源的产生和释放如果没有委托给数据库
管理器，那么就由 JdbcTemplate 管理，但是此时委托给了事务管理器，所以 JdbcTemplate 的数
据库资源和事务就由事务管理器处理了。

在 Spring 中可以使用声明式事务或者编程式事务。如今编程式事务几乎不用了，因为它会
产生冗余，代码可读性较差，所以以本书只简单交代编程式事务，重点介绍声明式事务。声明式
事务又可以分为 XML 配置和注解事务，XML 方式已经不常用了，所以我们也只简单交代它的
用法而已，目前的主流方法是注解@Transactional，本章主要以讲解它为主。

14.1.2 用 Java 配置方式实现 Spring 数据库事务

用 Java 配置的方式实现 Spring 数据库事务，需要在配置类中实现接口
TransactionManagementConfigurer 的 annotationDrivenTransactionManager 方法。Spring 会把
annotationDrivenTransactionManager 方法返回的事务管理器作为程序中的事务管理器，如代码
清单 14-4，就是使用 Java 配置方式实现 Spring 数据库事务配置。

代码清单 14-4：使用 Java 配置方式实现 Spring 数据库事务管理器

```
package com.learn.ssm.chapter14.config;

/**** imports ****/

@Configuration
@ComponentScan("com.learn.ssm.chapter14*")
// 驱动事务管理器
@EnableTransactionManagement
public class JavaConfig implements TransactionManagementConfigurer {
```

```java
// 数据源
private DataSource dataSource = null;

/**
 * 配置数据源
 * @return 数据源
 */
@Bean(name = "dataSource")
public DataSource initDataSource() {
    if (dataSource != null) {
        return dataSource;
    }
    Properties props = new Properties();
    props.setProperty("driverClassName", "com.mysql.jdbc.Driver");
    props.setProperty("url", "jdbc:mysql://localhost:3306/ssm");
    props.setProperty("username", "root");
    props.setProperty("password", "123456");
    props.setProperty("maxActive", "200");
    props.setProperty("maxIdle", "20");
    props.setProperty("maxWait", "30000");
    try {
        dataSource = BasicDataSourceFactory.createDataSource(props);
    } catch (Exception e) {
        e.printStackTrace();
    }
    return dataSource;
}

/**
 * 初始化 jdbcTemplate
 * @param dataSource 数据源
 * @return JdbcTemplate
 */
@Bean(name = "jdbcTemplate")
public JdbcTemplate initjdbcTemplate(@Autowired DataSource dataSource) {
    JdbcTemplate jdbcTemplate = new JdbcTemplate();
    jdbcTemplate.setDataSource(dataSource);
    return jdbcTemplate;
}

/**
 * 实现接口方法，返回数据库事务管理器
 * @return 事务管理器
 */
@Override
@Bean(name = "transactionManager")
public PlatformTransactionManager annotationDrivenTransactionManager() {
    DataSourceTransactionManager transactionManager
        = new DataSourceTransactionManager();
    // 设置事务管理器管理的数据源
    transactionManager.setDataSource(initDataSource());
    return transactionManager;
}

}
```

加粗的代码实现了 TransactionManagementConfigurer 接口所定义的方法 annotation
DrivenTransactionManager，我们使用 DataSourceTransactionManager 定义数据库事务管理器的实
例，然后设置数据源。注意，使用注解@EnableTransactionManagement 后，在 Spring 上下文中

使用事务注解@Transactional，Spring 就会使用这个数据库事务管理器去管理事务了。

14.2 编程式事务

编程式事务以代码的方式管理事务，换句话说，事务将通过代码实现，这里需要使用一个事务定义接口——TransactionDefinition，我们暂时不对它进行深入的介绍，只要使用默认的实现类——DefaultTransactionDefinition 就可以了。它的详细介绍在后面章节，这里使用代码清单 14-4 的配置，在创建 Spring IoC 容器的基础上，先给出其编程式事务的代码，如代码清单 14-5 所示。

代码清单 14-5：编程式事务

```
public static void testAnnotation() {
    ApplicationContext ctx
        = new AnnotationConfigApplicationContext(JavaConfig.class);
    JdbcTemplate jdbcTemplate = ctx.getBean(JdbcTemplate.class);
    //事务定义类
    TransactionDefinition def = new DefaultTransactionDefinition();
    PlatformTransactionManager transactionManager =
        ctx.getBean(PlatformTransactionManager.class);
    TransactionStatus status = transactionManager.getTransaction(def);
    try {
        //执行 SQL 语句
        jdbcTemplate.update("insert into t_role(role_name, note) "
            + "values('role_name_transactionManager', "
            + "'note_transactionManager')");
        //提交事务
        transactionManager.commit(status);
    } catch(Exception ex) {
        //回滚事务
        transactionManager.rollback(status);
    }
}
```

注意加粗的代码，从代码中可以看到所有的事务都是由开发者自己控制的，由于事务已交由事务管理器管理，所以 JdbcTemplate 的数据库资源已经由事务管理器管理，因此当它执行完 insert 语句时不会自动提交事务，这个时候需要使用事务管理器的 commit 方法，回滚事务需要使用 rollback 方法。

这是编程式事务的使用方式，但这已经不是主流方式，Spring 也不再推荐使用。这里之所以介绍它，是因为代码中 Spring 的事务流程更为清晰，有助于理解声明式事务。

14.3 声明式事务

编程式事务是一种约定型的事务，在大部分情况下，当使用数据库事务时，如果代码中发生了异常，则回滚事务，否则提交事务，从而保证数据库数据的一致性。从这点出发，Spring 给了一个约定（AOP 开发也给了我们一个约定），如果使用声明式事务，那么当开发者的业务方法不发生异常（或者发生异常，但该异常也被配置为允许提交事务）时，Spring 会让事务管理器提交事务，当发生异常（并且该异常不被开发者配置为允许提交事务）时，则让事务管理器回滚事务。

　　编程式事务允许自定义事务接口——TransactionDefinition，它可以由 XML 或者 @Transactional 配置，我们先谈谈@Transactional 的配置项。

14.3.1　@Transactional 的配置项

　　如果读者认为@Transactional 的配置项很复杂，就大错特错了，这里探索一下它的源码，如代码清单 14-6 所示。

代码清单 14-6：@Transactional 的源码

```java
package org.springframework.transaction.annotation;

/**** imports ****/
@Target({ElementType.TYPE, ElementType.METHOD})
@Retention(RetentionPolicy.RUNTIME)
@Inherited
@Documented
public @interface Transactional {

    @AliasFor("transactionManager")
    String value() default "";

    @AliasFor("value")
    String transactionManager() default "";

    Propagation propagation() default Propagation.REQUIRED;

    Isolation isolation() default Isolation.DEFAULT;

    int timeout() default TransactionDefinition.TIMEOUT_DEFAULT;

    boolean readOnly() default false;

    Class<? extends Throwable>[] rollbackFor() default {};

    String[] rollbackForClassName() default {};

    Class<? extends Throwable>[] noRollbackFor() default {};

    String[] noRollbackForClassName() default {};

}
```

　　显然，@Transactional 可配置的内容不多，鉴于它的重要性，这里给出它的配置项的含义，如表 14-1 所示。

表 14-1　@Transactional 配置项的含义

配　置　项	含　　义	备　　注
value	指定具体的事务管理器	它是 Spring IoC 容器里的一个 Bean id，这个 Bean 需要实现接口 PlatformTransactionManager
transactionManager	同上	同上
isolation	隔离级别，后面会详细谈到它的含义	这是一个数据库在多个事务同时存在时的概念，也是本章重点讨论的内容之一。默认值取数据库默认隔离级别

续表

配　置　项	含　　义	备　　注
propagation	传播行为	传播行为是事务方法之间调用的问题，也是本章重点讨论的内容之一。默认值为 Propagation.REQUIRED
timeout	超时时间	单位为秒，当超时时，会引发异常，默认会导致事务回滚
readOnly	是否开启只读事务	默认值为 false
rollbackFor	回滚事务的异常类定义	只有当方法产生所定义异常时，才回滚事务，否则提交事务
rollbackForClassName	回滚事务的异常类名定义	同 rollbackFor，只是使用类名称定义
noRollbackFor	产生配置异常时不回滚事务	当产生所定义异常时，Spring 将继续提交事务
noRollbackForClassName	同 noRollbackFor	同 noRollbackFor，只是使用类的名称定义

value、transactionManager、timeout、readOnly、rollbackFor、rollbackForClassName、noRollbackFor 和 noRollbackForClassName 都十分容易理解，isolation 和 propagation 则不那么容易理解，然而这两个配置项的内容却是最为重要的。这些属性将会被 Spring 放到事务定义类 TransactionDefinition 中，事务声明器的配置内容也以这些为主。

注意，使用声明式事务需要配置注解驱动，只需要在代码清单 14-3 中加入如下配置就可以使用注解@Transactional 配置事务了。

```
<!-- 驱动事务管理器工作 -->
<tx:annotation-driven transaction-manager="transactionManager"/>
```

14.3.2　使用 XML 配置事务管理器

使用 XML 配置事务管理器的方法很多，但是不常用，更多的时候，我们会采用注解式的事务。为此笔者介绍一种通用的 XML 声明式事务配置，它在一定流程上揭示了事务管理器的内部实现。它需要一个事务拦截器——TransactionInterceptor，可以把拦截器想象成 AOP 编程，配置方法如代码清单 14-7 所示。

代码清单 14-7：配置事务拦截器

```
<bean id="transactionInterceptor"
class="org.springframework.transaction.interceptor.TransactionInterceptor">
    <property name="transactionManager" ref="transactionManager" />
    <!-- 配置事务属性 -->
    <property name="transactionAttributes">
        <props>
            <!-- key 代表业务方法的正则式匹配，
            其内容可以配置各类事务定义参数-->
            <prop key="insert*">
                PROPAGATION_REQUIRED,ISOLATION_READ_ UNCOMMITTED
            </prop>
            <prop key="save*">
                PROPAGATION_REQUIRED,ISOLATION_READ_ UNCOMMITTED
            </prop>
            <prop key="add*">
                PROPAGATION_REQUIRED,ISOLATION_READ_ UNCOMMITTED
            </prop>
            <prop key="select*">
                PROPAGATION_REQUIRED,readOnly
            </prop>
```

```
        <prop key="get*">
            PROPAGATION_REQUIRED,readOnly
        </prop>
        <prop key="find*">
            PROPAGATION_REQUIRED,readOnly
        </prop>
        <prop key="del*">
            PROPAGATION_REQUIRED,ISOLATION_READ_ UNCOMMITTED
        </prop>
        <prop key="remove*">
            PROPAGATION_REQUIRED,ISOLATION_READ_ UNCOMMITTED
        </prop>
        <prop key="update*">
            PROPAGATION_REQUIRED,ISOLATION_READ_ UNCOMMITTED
        </prop>
        </props>
    </property>
</bean>
```

配置 transactionAttributes 的内容是需要关注的重点，Spring IoC 启动时会解析这些内容，放到事务定义接口 TransactionDefinition 中，再运行时会根据正则式的匹配度决定采取哪种策略。显然这使用了拦截器的编程技术，也揭示了声明式事务的底层原理——Spring AOP 技术。

代码清单 14-7 只展示了 Spring 方法采取的事务策略，并没有告知 Spring 拦截哪些类，因此我们还需要告诉 Spring 哪些类要使用事务拦截器进行拦截，为此我们再配置一个类 BeanNameAutoProxyCreator，如代码清单 14-8 所示。

代码清单 14-8：指明事务拦截器拦截的类

```
<bean
class="org.springframework.aop.framework.autoproxy.BeanNameAutoProxyCreator">
    <property name="beanNames">
        <list>
            <value>*ServiceImpl</value>
        </list>
    </property>
    <property name="interceptorNames">
        <list>
            <value>transactionInterceptor</value>
        </list>
    </property>
</bean>
```

BeanName 属性告诉 Spring 如何拦截类。由于声明为*ServiceImpl，所以关于 Service 的现实类都会被其拦截，而 interceptorNames 是定义事务拦截器，这样对应的类和方法就会被事务管理器拦截了。

14.3.3　事务定义器

从注解@Transactional 或者 XML 中我们看到了事务定义器的身影，事务定义器 TransactionDefinition 的源码如代码清单 14-9 所示。

代码清单 14-9：事务定义器源码

```
package org.springframework.transaction;

/**** imports ****/
```

```java
public interface TransactionDefinition {
    //传播行为常量定义（7 个）
    int PROPAGATION_REQUIRED = 0;
    int PROPAGATION_SUPPORTS = 1;
    int PROPAGATION_MANDATORY = 2;
    int PROPAGATION_REQUIRES_NEW = 3;
    int PROPAGATION_NOT_SUPPORTED = 4;
    int PROPAGATION_NEVER = 5;
    int PROPAGATION_NESTED = 6;

    // 隔离级别
    int ISOLATION_DEFAULT = -1;
    int ISOLATION_READ_UNCOMMITTED = 1;
    int ISOLATION_READ_COMMITTED = 2;
    int ISOLATION_REPEATABLE_READ = 4;
    int ISOLATION_SERIALIZABLE = 8;

    // 默认超时时间，-1 代表永不超时
    int TIMEOUT_DEFAULT = -1;

    // 默认传播行为
    default int getPropagationBehavior() {
        return PROPAGATION_REQUIRED;
    }

    // 默认隔离级别
    default int getIsolationLevel() {
        return ISOLATION_DEFAULT;
    }

    // 默认超时
    default int getTimeout() {
        return TIMEOUT_DEFAULT;
    }

    default boolean isReadOnly() {
        return false;
    }

    @Nullable
    default String getName() {
        return null;
    }

    static TransactionDefinition withDefaults() {
        return StaticTransactionDefinition.INSTANCE;
    }

}
```

以上是关于事务定义器的内容，除了异常的定义，其他关于事务的定义都可以在这里完成，对于事务的回滚内容，它会以 RollbackRuleAttribute 和 NoRollbackRuleAttribute 两个类保存，这样在事务拦截器中就可以根据我们配置的内容处理事务了。

14.3.4 声明式事务的约定流程

这里的约定十分重要，我们首先要理解注解@Transactional 或者 XML 配置的含义，知道

Spring 会为我们提供什么。注解@Transactional 可以使用在方法或者类上，在 Spring IoC 容器初始化时，Spring 会读入这个注解或者 XML 的事务配置，并且保存到一个事务定义类里面（TransactionDefinition 接口的子类）备用。当其运行时会让 Spring 拦截注解标注的某一个方法或者类的所有方法。谈到拦截，读者可能会想到 AOP，Spring 也是如此。有了 AOP 的概念，它就会把开发者编写的代码织入 AOP 的流程，然后给出它的约定。

首先，Spring 通过事务管理器（PlatformTransactionManager 的子类）创建事务，与此同时，把事务定义中的隔离级别、超时时间等属性根据配置内容在事务上进行设置。根据传播行为，配置采取一种特定的策略，后文会谈到传播行为的使用问题，这是 Spring 根据配置完成的内容，开发者只需要配置，无须编码。然后，执行开发者提供的业务方法。我们知道，Spring 会通过反射的方式调度开发者的业务方法，反射的结果可能是正常返回或者异常返回，Spring 的约定是只要发生异常，并且符合事务定义类回滚条件的，就会将数据库事务回滚，否则将数据库事务提交，这也是由 Spring 完成的。读者会惊奇地发现，在整个开发过程中，只需要编写业务代码并对事务属性进行配置就可以了，并不需要使用代码干预，工作量比较小，代码逻辑也更为清晰，更有利于维护。声明式事务的流程如图 14-2 所示。

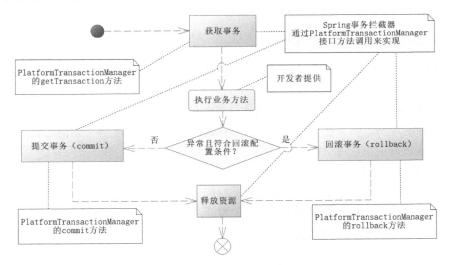

图 14-2　声明式事务的流程

这个流程其实和代码清单 14-5 是十分接近的，而 PlatformTransactionManager 的各个方法是通过 Spring AOP 织入流程的。下面我们进行举例，比如插入角色代码，如代码清单 14-10 所示。

代码清单 14-10：在事务下插入角色

```
// 注入 RoleDao
@Autowired
private RoleDao roleDao = null;

// 标注注解@Transactional，说明该方法使用 Spring 事务管理
@Transactional(propagation=Propagation.REQUIRED,
        isolation=Isolation.DEFAULT, timeout=3)
public int insertRole(Role role) {
    return roleDao.insertRole(role);
}
```

这里没有数据库的资源打开和释放代码，也没看到数据库提交的代码，只看到了注解@Transactional。它配置了 Propagation.REQUIRED 的传播行为，这意味着当别的事务方法调度它时，如果存在事务就沿用下来，如果不存在事务就开启新的事务，而隔离级别采用默认的级别，并且设置超时时间为 3 秒。其他的开发人员只要知道当 roleDao 的 insert 方法抛出异常时，注解@Transactional 的工作 Spring 就会回滚事务，如果成功，就提交事务。这样 Spring 就让开发人员主要的精力放在业务的开发上，而不是控制数据库的资源和事务上。我们必须清楚，注解@Transactional 的工作原理是 Spring AOP 技术，其底层的实现原理是动态代理，也就是只有代理对象调用才能启动 Spring 事务。

下面需要讨论的是两个最难理解，也是最为重要的事务配置项，那就是隔离级别和传播行为。在此之前，我们要进一步深入讨论关于数据库的一些重要知识，否则读者可能很难理解后面的内容。

14.4　数据库的相关知识

为了更好地理解注解@Transactional 的配置内容，本节会讨论一些数据库的知识和内容。

14.4.1　数据库事务 ACID 特性

数据库事务正确执行的 4 个基础要素是原子性（Atomicity）、一致性（Consistency）、隔离性（Isolation）和持久性（Durability）。

- 原子性（A）：整个事务中的所有操作，要么全部完成，要么全部不完成，不可能停滞在某个中间环节。事务在执行过程中发生错误，会被回滚到事务开始前的状态，就像这个事务从来没被执行过一样。
- 一致性（C）：指一个事务可以改变封装状态（除非它是只读的）。事务必须始终保证系统处于一致的状态，不管在任何给定的时间并发事务有多少。
- 隔离性（I）：指两个事务之间的隔离程度。
- 持久性（D）：在事务完成以后，该事务对数据库所做的更改便持久保存在数据库中，不会被回滚。

这里的原子性、一致性和持久性都比较好理解，而隔离性就不一样了，它涉及了多个事务并发的状态。多个事务并发会产生数据库丢失更新的问题，而隔离性又分为多个层级。

14.4.2　丢失更新

在互联网中存在着抢购、秒杀等高并发场景，使得数据库在一个多事务并发的环境中运行，多个事务的并发会产生一系列问题，主要问题之一就是丢失更新。一般来说会存在两类丢失更新。

假设一对夫妻共用一个账户，该账户存在互联网消费和刷卡消费两种形式，老公喜欢刷卡消费，老婆喜欢互联网消费，那么可能产生如表 14-2 所示的场景。

表 14-2　第一类丢失更新

时　刻	事务一（老公）	事务二（老婆）
T1	查询余额 10 000 元	—
T2	—	查询余额 10 000 元
T3	—	网购 1 000 元
T4	**请客吃饭消费 1 000 元**	—
T5	提交事务成功，余额 9 000 元	—
T6	—	不想买了，取消购买，回滚事务到 T2 时刻，余额 10 000 元

请注意加粗的内容，整个过程中只有老公消费了 1 000 元，而在最后的 T6 时刻，老婆回滚事务，却恢复了原来的初始值余额 10 000 元，这显然不符合事实。这样的两个事务并发，一个回滚，而另一个提交成功，导致结果错误，我们称之为**第一类丢失更新**。所幸的是，大部分数据库（包括 MySQL 和 Oracle）基本已经消灭了这类丢失更新，所以本书不再讨论。

另一类丢失更新是我们真正需要关注的内容，还是以上面的例子来说明，如表 14-3 所示。

表 14-3　第二类丢失更新

时　刻	事务一（老公）	事务二（老婆）
T1	查询余额 10 000 元	—
T2	—	查询余额 10 000 元
T3	—	**网购 1 000 元**
T4	**请客吃饭消费 1 000 元**	—
T5	提交事务成功，查询为 10 000 元，消费 1 000 元后，余额 9 000 元	—
T6	—	提交事务，根据之前余额 10 000 元，扣减 1 000 元后，余额 9 000 元

请注意加粗的内容，整个过程中存在两笔交易，一笔是老公的请客吃饭，一笔是老婆的网购，两者都提交了事务。由于不同的事务之间无法探知彼此的操作，导致两者提交后，余额都为 9 000 元，而实际应为 8 000 元。在并发的多个事务中，假如事务都进行了提交，而最后提交的事务的数据冲掉之前事务所提交的数据，那么我们把这种情况称为**第二类丢失更新**。为了避免事务并发导致出现的一致性问题，数据库标准规范中定义了事务之间的隔离级别，在不同程度上减少了出现丢失更新的可能性，这便是 14.4.3 节讨论的数据库隔离级别。

14.4.3　隔离级别

隔离级别可以在不同程度上减少丢失更新，那么对于隔离级别，数据库标准是怎么定义的呢？按照 SQL 的标准规范（还有些人认为这是 Spring 或者 Java 的规范，而实际上它是 SQL 的规范，Spring 或者 Java 只是按照 SQL 的规范定义而已），把隔离级别定义为 4 种，分别是：未提交读（read uncommitted）、提交读（read commit）、可重复读（repeatable read）和序列化（serializable）。初看这 4 个隔离级别不是那么好理解，不过不要紧，下面举例说明它们的区别。

未提交读是最低的隔离级别，其含义是允许一个事务去读取另一个事务中未提交的数据。还是以丢失更新的夫妻消费为例进行说明，如表 14-4 所示。

表 14-4　脏读现象

时刻	事务一（老公）	事务二（老婆）	备　　注
T1	查询余额 10 000 元	—	—
T2	—	查询余额 10 000 元	—
T3	—	网购 1 000 元，余额 9 000 元	—
T4	请客吃饭 1 000 元，余额 8 000 元	—	读取到事务二，未提交余额为 **9 000 元**，所以余额为 **8 000 元**
T5	提交事务	—	余额为 8 000 元
T6	—	取消购买，回滚事务	由于第一类丢失更新数据库已经克服，所以余额为错误的 8 000 元。

　　由于在 T3 时刻老婆启动了消费，导致余额为 9 000 元，老公在 T4 时刻消费，因为用了未提交读，所以能够读取老婆消费的余额（注意，这个余额是事务二未提交的）为 9 000 元，这样余额就为 8 000 元了，于是 T5 时刻老公提交事务，余额变为了 8 000 元，老婆在 T6 时刻回滚事务，由于数据库克服了第一类丢失更新，所以余额依旧为 8 000 元，显然这是一个错误的余额，这个错误的根源来自 T4 时刻，也就是事务一可以读取事务二未提交的事务数据，这样的场景我们称为**脏读（dirty read）**。

　　为了克服脏读现象，SQL 规范提出了第二个隔离级别——提交读。所谓提交读，指一个事务只能读取另一个事务已经提交的数据。依旧以夫妻的消费为例，如表 14-5 所示。

表 14-5　提交读

时刻	事务一（老公）	事务二（老婆）	备　　注
T1	查询余额 10 000 元	—	—
T2	—	查询余额 10 000 元	—
T3	—	网购 1 000 元，余额 9 000 元	—
T4	请客吃饭 1 000 元，余额 9 000 元	—	由于事务一只能读取已经提交事务的数据，所以此处不能读取到 **9000** 的余额
T5	提交事务	—	余额为 9 000 元
T6	—	取消购买，回滚事务	由于第一类丢失更新数据库已经克服，所以余额依旧为正确的 9 000 元

　　在 T3 时刻，由于事务采取提交读的隔离级别，所以老公无法读取老婆未提交的 9 000 元余额，他只能读到余额为 10 000 元，所以在消费后余额依旧为 9 000 元。在 T5 时刻提交事务，而 T6 时刻老婆回滚事务，所以结果为正确的 9 000 元，这样就消除了未提交读带来的脏读问题，但是也会引发其他的问题，如表 14-6 所示。

表 14-6　不可重读现象

时刻	事务一（老公）	事务二（老婆）	备　　注
T1	查询余额 10 000 元	—	—
T2	—	查询余额 10 000 元	—
T3	—	网购 1 000 元，余额 9 000 元	—
T4	请客吃饭 2 000 元，余额 8 000 元	—	由于采取提交读，所以不能读取事务二中未提交的余额 9 000 元

续表

时刻	事务一（老公）	事务二（老婆）	备　注
T5	—	继续购物 8 000 元，余额 1 000 元	由于采取提交读，所以不能读取事务一中的未提交余额 8 000 元
T6	—	提交事务，余额为 1 000 元	老婆提交事务，余额更新为 1 000 元
T7	提交事务发现余额为 1 000 元，不足以买单	—	由于采用提交读，因此此时事务一可以知道余额不足

　　由于 T7 时刻事务一知道事务二提交的结果——余额为 1 000 元，导致老公无钱买单的尴尬。对于老公而言，他并不知道老婆做了什么事情，但是账户余额却莫名其妙地从 10 000 元变为了 1 000 元，对他来说账户余额是不能重复读取的，而是一个会变化的值，这样的场景我们称为**不可重复读（unrepeatable read）**，这是提交读存在的问题。

　　为了克服提交读带来的不可重复读现象，SQL 规范又提出了一个**可重复读（repeatable read）**的隔离级别来解决不可重复读的问题。注意，可重复读这个概念是针对数据库的同一条记录而言的，换句话说，可重复读会使得同一条数据库记录的读/写按照一个序列化操作，不会产生交叉，这样就能保证同一条数据的一致性，进而保证上述场景的正确性。但是在很多场景下，数据库需要同时对多条记录进行读/写，这个时候就会产生下面的情况，如表 14-7 所示。

表 14-7　幻读现象

时刻	事务一（老公）	事务二（老婆）	备　注
T1	—	查询消费记录为 10 条，准备打印	初始状态
T2	启用消费 1 笔	—	—
T3	提交事务	—	—
T4	—	打印消费记录得到 11 条	老婆发现打印了 **11 条消费记录**，比查询的 **10 条**多了 1 条。她会认为这条是多余不存在的，这样的场景称为幻读现象

　　老婆在 T1 时刻查询到 10 条记录，到 T4 时刻打印记录时，并不知道老公在 T2 时刻进行了消费，导致多了一条（需要注意的是未提交读、提交读和可重复读是针对数据库的同一条记录而言的，而这里讨论的问题不是同一条数据库记录，而是多条数据库记录）消费记录，她会质疑这条多出来的记录是不存在的，这样的场景我们称为**幻读（phantom read）**。

　　为了消除幻读，SQL 标准又提出了**序列化（Serializable）**的隔离级别。它是一种让 SQL 按照顺序读/写的方式，能够消除数据库事务之间并发产生数据不一致的问题。各类隔离级别和产生的现象如表 14-8 所示。

表 14-8　各类隔离级别和产生的现象

隔离级别	脏　读	不可重读	幻　读
未提交读	√	√	√
提交读	×	√	√
可重复读	×	×	√
序列化	×	×	×

　　至此关于隔离级别的知识就介绍完了，下面讨论如何选择的问题。

14.5　选择隔离级别和传播行为

选择隔离级别的出发点在于性能和数据的一致性，下面展开论述。

14.5.1　选择隔离级别

在互联网应用中，不但要考虑数据库数据的一致性，而且要考虑系统的性能。一般而言，从脏读到序列化，数据库的性能是直线下降的。因此设置高的级别，比如序列化，会严重压制并发，从而引发大量的线程挂起，直到获得锁才能进一步操作，但这样恢复时又需要大量的等待时间。因此在购物类的应用中，通过隔离级别控制数据一致性的方式被排除了，但这样对于脏读风险又过大。在大部分场景下，企业会选择提交读（read committed）设置事务。这样既有助于提高并发，又压制了脏读，但是并没有解决数据一致性问题，后面会详细讨论如何去克服这类问题。对于一般的应用都可以使用注解@Transactional 进行配置，如代码清单 14-11 所示。

代码清单 14-11：使用提交读隔离级别

```
@Autowired
private RoleDao roleDao = null;

//设置方法为提交读的隔离级别
@Transactional(propagation=Propagation.REQUIRED,
    isolation=Isolation.READ_COMMITTED)
public int insertRole(Role role) {
    return roleDao.insert(role);
}
```

当然也会有例外，并不是所有的业务都在高并发下完成，在业务并发量不是很大或者根本不需要考虑并发的情况下，使用序列化隔离级别以保证数据的一致性，也是一个不错的选择。总之，隔离级别需要根据并发的大小和性能进行选择，对于并发量不大又要保证数据一致性的情况可以使用序列化的隔离级别，这样能够保证数据库在多事务环境中的一致性，例子参见代码清单 14-12。

代码清单 14-12：使用序列化隔离级别

```
@Autowired
private RoleDao roleDao = null;

//设置方法为序列化的隔离级别
@Transactional(propagation=Propagation.REQUIRED,
    isolation=Isolation.SERIALIZABLE)
public int insertRole(Role role) {
    return roleDao.insert(role);
}
```

在实际工作中，注解@Transactional 隔离级别的默认值为 Isolation.DEFAULT，其含义是采用数据库默认的隔离级别，它会随数据库厂商选择的变化而变化。因为对于不同的数据库，隔离级别的支持和默认值是不一样的。比如 MySQL 可以支持 4 种隔离级别，而默认的是可重复读的隔离级别；Oracle 只能支持提交读和序列化两种隔离级别，默认为提交读，这些是在工作中需要注意的问题。

14.5.2　传播行为

传播行为是方法之间的调用中事务策略的问题。在大部分情况下，我们希望事务能够同时成功或者同时失败，但是也会有例外。比如信用卡的还款功能，有一个批量的调用代码逻辑——RepaymentBatchService 的 batch 方法，它要实现的是记录还款成功的总笔数和对应的完成信息，每一张卡的还款则通过 RepaymentService 的 repay 方法完成。

假设只有单一事务，当调用 RepaymentService 的 repay 方法对某一张信用卡进行还款时，发生了异常。如果将这条事务回滚，就会造成所有的数据操作都被回滚，那些已经正常还款的用户也会显示还款失败，这将是一个糟糕的结果。当 batch 方法调用 repay 方法时，它为 repay 方法创建了一条独立的子事务。当 repay 方法发生异常时，只会回滚它自身的事务，而不会影响 batch 方法的事务和其他方法事务，这样就能避免上面遇到的问题了，如图 14-3 所示。

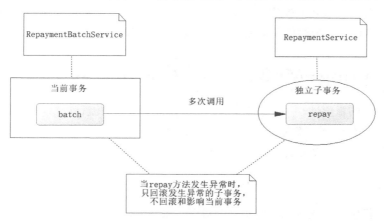

图 14-3　信用卡还款事务调用设计

类似这样一个方法调度另一个方法时，可以对事务的特性进行传播配置的行为，我们称为**事务的传播行为**，下文简称为传播行为。

在 Spring 中通过一个枚举类定义传播行为的类型，这个枚举类是org.springframework.transaction.annotation.Propagation，它定义了表 14-9 所列举的 7 种传播行为。

表 14-9　Spring 的 7 种传播行为

传播行为	含　　义	备　　注
REQUIRED	当方法被调用时，如果不存在当前事务，就创建事务；如果之前的方法已经存在事务了，就沿用之前的事务	这是 **Spring** 默认的传播行为
SUPPORTS	当方法被调用时，如果不存在当前事务，就不启用事务；如果存在当前事务，就沿用当前事务	—
MANDATORY	方法必须在事务内运行	如果不存在当前事务，就抛出异常
REQUIRES_NEW	无论是否存在当前事务，方法都会在新的事务中运行	事务管理器会打开新的事务运行该方法
NOT_SUPPORTED	不支持事务，即便不存在当前事务也不会创建事务；如果存在当前事务，则挂起它，直至该方法结束后才恢复当前事务	适用于那些不需要事务的 SQL
NEVER	不支持事务，只有在没有事务的环境中才能运行它	如果方法存在当前事务，则抛出异常

续表

传播行为	含　义	备　注
NESTED	嵌套事务，也就是调用方法，如果抛出异常，则只回滚自己内部执行的 SQL，而不回滚当前事务的 SQL	它的实现存在两种情况：如果当前数据库支持保存点（savepoint），它就会在当前事务上使用保存点技术，如果发生异常则将方法内执行的 SQL 回滚到保存点上，而不是回滚全部操作。如果当前数据库不支持保存点，就创建新的事务运行方法代码

在表 14-9 的 7 种传播行为中，最常用的是 REQUIRED，它也是默认的传播行为。它比较简单，即如果不存在事务，就启用事务；如果存在，就沿用下来，所以并不需要深入研究。对于那些不支持事务的方法我们使用得不多，一般而言，企业比较关注的是 REQUIRES_NEW 和 NESTED，这两种传播行为的使用会在接下来的实例中展开讨论。

14.6　在 Spring+MyBatis 组合中使用事务

由于上述内容的重要性，加之当前 Spring+MyBatis 应用的流行，所以笔者通过 Spring 和 MyBatis 的组合，给出一个较为详细的实例。在这个实例中，我们再通过一些测试，对 Spring 数据库事务管理需要注意的地方给予深入讨论。

14.6.1　实例

为了方便我们学习，这里来搭建实例，对应目录和文件如图 14-4 所示。

图 14-4　实例目录图

这里的文件作用如表 14-10 所示。

表 14-10 文件作用

文 件	作 用	备 注
Chapter14Main.java	程序入口	从这里开始运行测试程序
RoleDao.java	MyBatis 接口文件	映射接口
Role.java	POJO 类文件	POJO 实体
RoleListService.java	角色列表操作接口	列表插入操作
RoleListServiceImpl.java	角色列表操作实现类	
RoleService.java	角色服务接口	
RoleServiceImpl.java	角色服务实现类	
RoleMapper.xml	MyBatis 映射文件	
mybatis-config.xml	MyBatis 配置文件	
log4j.properties	Log4j 配置文件	
JavaConfig.java	Java 配置文件	配置 Spring IoC 容器

先通过 Maven 引入依赖，上述已经有了具体的介绍，这里就不再重复了。再用配置类 JavaConfig 定制 Spring IoC 容器，如代码清单 14-13 所示。

代码清单 14-13：使用 Java 文件配置 Spring IoC 容器

```java
package com.learn.ssm.chapter14.config;
/**** imports ****/

@Configuration
// 扫描包
@ComponentScan("com.learn.ssm.chapter14*")
// 驱动事务管理器
@EnableTransactionManagement
@MapperScan(
        // 扫描包
        basePackages = "com.learn.ssm.chapter14",
        // 限制注解
        annotationClass = Mapper.class)
// 实现接口 TransactionManagementConfigurer，定制事务管理器
public class JavaConfig implements TransactionManagementConfigurer {

    // 数据源
    private DataSource dataSource = null;

    /**
     * 配置数据源
     * @return 数据源
     */
    @Bean(name = "dataSource")
    public DataSource initDataSource() {
        if (dataSource != null) {
            return dataSource;
        }
        Properties props = new Properties();
        props.setProperty("driverClassName", "com.mysql.jdbc.Driver");
        props.setProperty("url", "jdbc:mysql://localhost:3306/ssm");
        props.setProperty("username", "root");
        props.setProperty("password", "123456");
```

```java
        props.setProperty("maxActive", "200");
        props.setProperty("maxIdle", "20");
        props.setProperty("maxWait", "30000");
        try {
            dataSource = BasicDataSourceFactory.createDataSource(props);
        } catch (Exception e) {
            e.printStackTrace();
        }
        return dataSource;
    }

    /**
     * 初始化 jdbcTemplate
     * @param dataSource 数据源
     * @return JdbcTemplate
     */
    @Bean(name = "jdbcTemplate")
    public JdbcTemplate initjdbcTemplate(@Autowired DataSource dataSource) {
        JdbcTemplate jdbcTemplate = new JdbcTemplate();
        jdbcTemplate.setDataSource(dataSource);
        return jdbcTemplate;
    }

    /**
     * 实现接口方法，使得返回数据库事务管理器
     * @return 事务管理器
     */
    @Override
    @Bean(name = "transactionManager")
    public PlatformTransactionManager annotationDrivenTransactionManager() {
        DataSourceTransactionManager transactionManager
            = new DataSourceTransactionManager();
        // 设置事务管理器管理的数据源
        transactionManager.setDataSource(initDataSource() );
        return transactionManager;
    }

    /**
     * 创建 SqlSessionFactory
     * @param dataSource —— 数据源
     * @return SqlSessionFactory
     * @throws Exception
     */
    @Bean("sqlSessionFactory")
    public SqlSessionFactory createSqlSessionFactoryBean(
            @Autowired DataSource dataSource) throws Exception {
        // 配置文件
        String cfgFile = "mybatis-config.xml";
        SqlSessionFactoryBean sqlSessionFactoryBean
            = new SqlSessionFactoryBean();
        sqlSessionFactoryBean.setDataSource(dataSource);
        // 配置文件
        Resource configLocation = new ClassPathResource(cfgFile);
        sqlSessionFactoryBean.setConfigLocation(configLocation);
        return sqlSessionFactoryBean.getObject();
    }

}
```

这里采用 MyBatis 作为持久层搭建测试环境。先给出数据库表映射的 POJO 类，如代码清

单 14-14 所示。

代码清单 14-14：POJO 类——Role.java

```
package com.learn.ssm.chapter14.pojo;

import org.apache.ibatis.type.Alias;

@Alias("role") // 别名
public class Role {

    private Long id;
    private String roleName;
    private String note;
    /**** setter and getter ****/
}
```

再来搭建 MyBatis 的映射文件，建立 SQL 和 POJO 的关系，如代码清单 14-15 所示。

代码清单 14-15：搭建 MyBatis 的 RoleMapper.xml

```
<?xml version="1.0" encoding="UTF-8" ?>
<!DOCTYPE mapper
  PUBLIC "-//mybatis.org//DTD Mapper 3.0//EN"
  "http://mybatis.org/dtd/mybatis-3-mapper.dtd">
<mapper namespace="com.learn.ssm.chapter14.dao.RoleDao">

<insert id="insertRole" useGeneratedKeys="true" keyProperty="id">
    insert into t_role(role_name, note) values (#{roleName}, #{note})
</insert>
</mapper>
```

这里是一个简单的插入角色映射器，配置一个接口就能使用它，如代码清单 14-16 所示。

代码清单 14-16：RoleDao 接口

```
package com.learn.ssm.chapter14.dao;

import org.apache.ibatis.annotations.Mapper;
import org.apache.ibatis.annotations.Param;

import com.learn.ssm.chapter14.pojo.Role;

@Mapper
public interface RoleDao {

    public int insertRole(Role role);
}
```

为了引入这个映射器，配置一个 MyBatis 的配置文件，如代码清单 14-17 所示。

代码清单 14-17：mybatis-config.xml

```
<?xml version="1.0" encoding="UTF-8"?>
<!DOCTYPE configuration PUBLIC "-//mybatis.org//DTD Config 3.0//EN"
    "http://mybatis.org/dtd/mybatis-3-config.dtd">
<configuration>
    <!-- 别名配置 -->
    <typeAliases>
        <!-- 扫描别名，并指定包 -->
        <package name="com.learn.ssm.chapter14.pojo"/>
```

```
    </typeAliases>

    <!-- 指定映射器路径 -->
    <mappers>
        <mapper resource="com/learn/ssm/chapter14/mapper/RoleMapper.xml" />
    </mappers>
</configuration>
```

这样 MyBatis 部分的内容就配置完成了，接着配置一些服务（Service）类。对于服务类，在开发的过程中一般都坚持"接口+实现类"的规则，这有利于实现类的变化。为此定义两个接口，如代码清单 14-18 所示。

代码清单 14-18：操作角色的两个接口

```
/**** 单个角色操作 ****/
package com.learn.ssm.chapter14.service;

import com.learn.ssm.chapter14.pojo.Role;

public interface RoleService {

    public int insertRole(Role role);
}

/**** 角色列表操作类 ****/
package com.learn.ssm.chapter14.service;

import java.util.List;

import com.learn.ssm.chapter14.pojo.Role;

public interface RoleListService {

    public int insertRoleList(List<Role> roleList);
}
```

RoleService 接口的 insertRole 方法可以对单个角色进行插入，而 RoleListService 的 insertRoleList 方法可以对角色列表进行插入。注意，insertRoleList 方法会调用 insertRole，这样我们就可以测试各类传播行为了，给出这两个接口的实现类，如代码清单 14-19 所示。

代码清单 14-19：两个接口的实现类

```
/**** RoleServiceImpl ****/
package com.learn.ssm.chapter14.service.impl;

import org.springframework.beans.factory.annotation.Autowired;
import org.springframework.stereotype.Service;
import org.springframework.transaction.annotation.Isolation;
import org.springframework.transaction.annotation.Propagation;
import org.springframework.transaction.annotation.Transactional;

import com.learn.ssm.chapter14.dao.RoleDao;
import com.learn.ssm.chapter14.pojo.Role;
import com.learn.ssm.chapter14.service.RoleService;

@Service
public class RoleServiceImpl implements RoleService {
```

```
    // 注入 RoleDao
    @Autowired
    private RoleDao roleDao = null;

    // 设置隔离级别为提交读，传播行为为 REQUIRED
    @Transactional(propagation=Propagation.REQUIRED,
            isolation=Isolation.DEFAULT, timeout=3)
    public int insertRole(Role role) {
        return roleDao.insertRole(role);
    }

}

/***** RoleListServiceImpl ****/
package com.learn.ssm.chapter14.service.impl;

import java.util.List;

import org.apache.log4j.Logger;
import org.springframework.beans.factory.annotation.Autowired;
import org.springframework.stereotype.Service;
import org.springframework.transaction.annotation.Isolation;
import org.springframework.transaction.annotation.Propagation;
import org.springframework.transaction.annotation.Transactional;

import com.learn.ssm.chapter14.pojo.Role;
import com.learn.ssm.chapter14.service.RoleListService;
import com.learn.ssm.chapter14.service.RoleService;

@Service
public class RoleListServiceImpl implements RoleListService {

    // 日志
    private Logger log = Logger.getLogger(RoleListServiceImpl.class);

    // 注入 RoleService 接口
    @Autowired
    private RoleService roleService = null;


    // 设置隔离级别为提交读，传播行为为 REQUIRED
    @Override
    @Transactional(propagation = Propagation.REQUIRED,
            isolation = Isolation.READ_COMMITTED)
    public int insertRoleList(List<Role> roleList) {
        int count = 0;
        for (Role role : roleList) {
            try {
                count += roleService.insertRole(role);
            } catch (Exception ex) {
                log.info(ex);
            }
        }
        return count;
    }

}
```

在代码中笔者给两个服务实现类方法标注了注解@Transactional，这样它们都会在对应的隔离级别和传播行为中运行。由于 insertRole 方法标注了：

```
// 设置隔离级别为提交读，传播行为为 REQUIRED
@Transactional(propagation=Propagation.REQUIRED,
        isolation=Isolation.DEFAULT, timeout=3)
```

所以每当 insertRoleList 方法调用了 insertRole 方法时，都会沿用 insertRoleList 方法的事务，当然这里也可以换成其他的隔离级别进行测试。

为了更好地测试从而输出对应的日志，这里修改 log4j 的配置文件，如代码清单 14-20 所示。

代码清单 14-20：log4j.properties

```
log4j.rootLogger=DEBUG , stdout
log4j.logger.org.springframework=DEBUG
log4j.appender.stdout=org.apache.log4j.ConsoleAppender
log4j.appender.stdout.layout=org.apache.log4j.PatternLayout
log4j.appender.stdout.layout.ConversionPattern=%5p %d %C: %m%n
```

这里的配置 log4j.logger.org.springframework=DEBUG，使得 Spring 在运行中会输出对应的日志，此时利用代码清单 14-21 便可以对各类传播行为和隔离级别进行测试了。

代码清单 14-21：测试隔离级别和传播行为——Chapter14Main.java

```java
package com.learn.ssm.chapter14.main;

import java.util.ArrayList;
import java.util.List;

import org.springframework.context.ApplicationContext;
import org.springframework.context.annotation.AnnotationConfigApplicationContext;

import com.learn.ssm.chapter14.config.JavaConfig;
import com.learn.ssm.chapter14.pojo.Role;
import com.learn.ssm.chapter14.service.RoleListService;

public class Chapter14Main {

    public static void main(String[] args) {
        ApplicationContext ctx
            = new AnnotationConfigApplicationContext(JavaConfig.class);
        RoleListService roleListService = ctx.getBean(RoleListService.class);
        System.out.println(roleListService.getClass().getName());
        List<Role> roleList = new ArrayList<>();
        for (int i = 1; i <= 10; i++) {
            Role role = new Role();
            role.setRoleName("role_name_" + i);
            role.setNote("note-" + i);
            roleList.add(role);
        }
        int affectRows = roleListService.insertRoleList(roleList);
        System.out.println(affectRows);

    }

}
```

这里插入了 10 个角色，由于 insertRoleList 会调用 insertRole，而 insertRole 的传播行为为

REQUIRED，所以每次调用都会沿用 insertRoleList 方法的事务。运行这段代码可以得到如下日志：

```
org.mybatis.logging.Logger: Creating a new SqlSession
org.mybatis.logging.Logger: Registering transaction synchronization for SqlSession
[org.apache.ibatis.session.defaults.DefaultSqlSession@42463763]
org.mybatis.logging.Logger: JDBC Connection [38603201,
URL=jdbc:mysql://localhost:3306/ssm, UserName=root@localhost, MySQL Connector Java]
will be managed by Spring
org.apache.ibatis.logging.jdbc.BaseJdbcLogger: ==>  Preparing: insert into
t_role(role_name, note) values (?, ?)
org.apache.ibatis.logging.jdbc.BaseJdbcLogger: ==> Parameters:
role_name_1(String), note-1(String)
org.apache.ibatis.logging.jdbc.BaseJdbcLogger: <==    Updates: 1
......
org.mybatis.logging.Logger: Releasing transactional SqlSession
[org.apache.ibatis.session.defaults.DefaultSqlSession@42463763]
org.mybatis.logging.Logger: Fetched SqlSession
[org.apache.ibatis.session.defaults.DefaultSqlSession@42463763] from current
transaction
org.apache.ibatis.logging.jdbc.BaseJdbcLogger: ==>  Preparing: insert into
t_role(role_name, note) values (?, ?)
org.apache.ibatis.logging.jdbc.BaseJdbcLogger: ==> Parameters:
role_name_10(String), note-10(String)
org.apache.ibatis.logging.jdbc.BaseJdbcLogger: <==    Updates: 1
org.mybatis.logging.Logger: Releasing transactional SqlSession
[org.apache.ibatis.session.defaults.DefaultSqlSession@42463763]
org.mybatis.logging.Logger: Transaction synchronization committing SqlSession
[org.apache.ibatis.session.defaults.DefaultSqlSession@42463763]
org.mybatis.logging.Logger: Transaction synchronization deregistering SqlSession
[org.apache.ibatis.session.defaults.DefaultSqlSession@42463763]
org.mybatis.logging.Logger: Transaction synchronization closing SqlSession
[org.apache.ibatis.session.defaults.DefaultSqlSession@42463763]
```

通过加粗的日志内容可以看到，Spring 已经为我们加入了事务控制，由于使用了 REQUIRED 传播行为，所以所有的 SQL 都在同一个事务里执行。我们有必要进一步学习其他传播行为。

14.6.2　深入理解传播行为

以上讲述了 REQUIRED 传播行为，我们介绍过，传播行为分为 7 种，常用的除了 REQUIRED，还有 REQUIRES_NEW 和 NESTED，这里针对这两个传播行为进行分析。

修改代码清单 14-21，如代码清单 14-22 所示。

代码清单 14-22：异常测试

```
package com.learn.ssm.chapter14.main;

import java.util.ArrayList;
import java.util.List;

import org.springframework.context.ApplicationContext;
import
org.springframework.context.annotation.AnnotationConfigApplicationContext;

import com.learn.ssm.chapter14.config.JavaConfig;
import com.learn.ssm.chapter14.pojo.Role;
import com.learn.ssm.chapter14.service.RoleListService;
```

```java
public class Chapter14Main {

    public static void main(String[] args) {
        ApplicationContext ctx
            = new AnnotationConfigApplicationContext(JavaConfig.class);
        RoleListService roleListService = ctx.getBean(RoleListService.class);
        System.out.println(roleListService.getClass().getName());
        List<Role> roleList = new ArrayList<>();
        for (int i = 1; i <= 10; i++) {
            Role role = new Role();
            if (i == 5) {
                //如果设置为空，那么将引发 SQL 错误，抛出异常
                role.setRoleName(null);
            } else {
                role.setRoleName("role_name_" + i);
            }
             role.setNote("note-" + i);
            roleList.add(role);
        }
        int affectRows = roleListService.insertRoleList(roleList);
        System.out.println(affectRows);
    }

}
```

此时运行代码可以得到下面的日志。

```
org.mybatis.logging.Logger: Creating a new SqlSession
org.mybatis.logging.Logger: Registering transaction synchronization for SqlSession
[org.apache.ibatis.session.defaults.DefaultSqlSession@42463763]
org.mybatis.logging.Logger: JDBC Connection [38603201,
URL=jdbc:mysql://localhost:3306/ssm, UserName=root@localhost, MySQL Connector Java]
will be managed by Spring
org.apache.ibatis.logging.jdbc.BaseJdbcLogger: ==>  Preparing: insert into
t_role(role_name, note) values (?, ?)
org.apache.ibatis.logging.jdbc.BaseJdbcLogger: ==> Parameters:
role_name_1(String), note-1(String)
org.apache.ibatis.logging.jdbc.BaseJdbcLogger: <==    Updates: 1
......
org.mybatis.logging.Logger: Releasing transactional SqlSession
[org.apache.ibatis.session.defaults.DefaultSqlSession@42463763]
org.mybatis.logging.Logger: Fetched SqlSession
[org.apache.ibatis.session.defaults.DefaultSqlSession@42463763] from current
transaction
org.apache.ibatis.logging.jdbc.BaseJdbcLogger: ==>  Preparing: insert into
t_role(role_name, note) values (?, ?)
org.apache.ibatis.logging.jdbc.BaseJdbcLogger: ==> Parameters: null,
note-5(String)
org.mybatis.logging.Logger: Releasing transactional SqlSession
[org.apache.ibatis.session.defaults.DefaultSqlSession@42463763]
com.learn.ssm.chapter14.service.impl.RoleListServiceImpl:
org.springframework.dao.DataIntegrityViolationException:
### Error updating database.  Cause:
com.mysql.jdbc.exceptions.jdbc4.MySQLIntegrityConstraintViolationException:
Column 'role_name' cannot be null
### The error may exist in com/learn/ssm/chapter14/mapper/RoleMapper.xml
### The error may involve defaultParameterMap
### The error occurred while setting parameters
### SQL: insert into t_role(role_name, note) values (?, ?)
### Cause:
com.mysql.jdbc.exceptions.jdbc4.MySQLIntegrityConstraintViolationException:
```

```
Column 'role_name' cannot be null
; Column 'role_name' cannot be null; nested exception is
com.mysql.jdbc.exceptions.jdbc4.MySQLIntegrityConstraintViolationException:
Column 'role_name' cannot be null
org.mybatis.logging.Logger: Fetched SqlSession
[org.apache.ibatis.session.defaults.DefaultSqlSession@42463763] from current
transaction
org.apache.ibatis.logging.jdbc.BaseJdbcLogger: ==> Preparing: insert into
t_role(role_name, note) values (?, ?)
org.apache.ibatis.logging.jdbc.BaseJdbcLogger: ==> Parameters:
role_name_6(String), note-6(String)
org.apache.ibatis.logging.jdbc.BaseJdbcLogger: <==    Updates: 1
......
Releasing transactional SqlSession
[org.apache.ibatis.session.defaults.DefaultSqlSession@42463763]
Transaction synchronization deregistering SqlSession
[org.apache.ibatis.session.defaults.DefaultSqlSession@42463763]
Transaction synchronization closing SqlSession
[org.apache.ibatis.session.defaults.DefaultSqlSession@42463763]
Exception in thread "main"
org.springframework.transaction.UnexpectedRollbackException: Transaction rolled
back because it has been marked as rollback-only
at
org.springframework.transaction.support.AbstractPlatformTransactionManager.proc
essRollback(AbstractPlatformTransactionManager.java:871)
at
org.springframework.transaction.support.AbstractPlatformTransactionManager.comm
it(AbstractPlatformTransactionManager.java:708)
at
org.springframework.transaction.interceptor.TransactionAspectSupport.commitTran
sactionAfterReturning(TransactionAspectSupport.java:631)
at
org.springframework.transaction.interceptor.TransactionAspectSupport.invokeWith
inTransaction(TransactionAspectSupport.java:385)
at
org.springframework.transaction.interceptor.TransactionInterceptor.invoke(Trans
actionInterceptor.java:99)
at
org.springframework.aop.framework.ReflectiveMethodInvocation.proceed(Reflective
MethodInvocation.java:186)
at
org.springframework.aop.framework.JdkDynamicAopProxy.invoke(JdkDynamicAopProxy.
java:212)
at com.sun.proxy.$Proxy30.insertRoleList(Unknown Source)
at com.learn.ssm.chapter14.main.Chapter14Main.main(Chapter14Main.java:30)
```

从加粗的日志中可以看出，Spring 在运行中抛出了异常，而最后的异常提示事务只能回滚（Transaction rolled back because it has been marked as rollback-only）。回到代码清单 14-19 中，可以看到，insertRole 是被包装在 try 语句里的，catch 语句已经捕捉了异常，也就是说，Spring 在 insertRoleList 方法中将得不到异常信息，那么它怎么知道要回滚事务呢？关于这点，我们回到事务管理器 PlatformTransactionManager 接口 getTransaction 方法的定义：

```
TransactionStatus getTransaction(@Nullable TransactionDefinition definition)
    throws TransactionException;
```

可以看到，它返回的是 TransactionStatus 类型的结果，这是一个事务状态，也就是当执行 insertRole 方法的时候，Spring 也会记录对应的事务状态，于是就可以看到"Transaction rolled back because it has been marked as rollback-only" 的异常信息了。

有时候我们希望 insertRole 方法的事务不影响 insertRoleList 的事务，那么可以将 insertRole 方法的传播行为设置为 NESTED，然后进行测试，可以看到如下日志。

```
org.mybatis.logging.Logger: Creating a new SqlSession
org.mybatis.logging.Logger: Registering transaction synchronization for SqlSession
[org.apache.ibatis.session.defaults.DefaultSqlSession@41dd05a]
org.mybatis.logging.Logger: JDBC Connection [264394929,
URL=jdbc:mysql://localhost:3306/ssm, UserName=root@localhost, MySQL Connector Java]
will be managed by Spring
org.apache.ibatis.logging.jdbc.BaseJdbcLogger: ==>  Preparing: insert into
t_role(role_name, note) values (?, ?)
org.apache.ibatis.logging.jdbc.BaseJdbcLogger: ==> Parameters:
role_name_1(String), note-1(String)
org.apache.ibatis.logging.jdbc.BaseJdbcLogger: <==    Updates: 1
org.mybatis.logging.Logger: Releasing transactional SqlSession
[org.apache.ibatis.session.defaults.DefaultSqlSession@41dd05a]
org.mybatis.logging.Logger: Fetched SqlSession
[org.apache.ibatis.session.defaults.DefaultSqlSession@41dd05a] from current
transaction
org.apache.ibatis.logging.jdbc.BaseJdbcLogger: ==>  Preparing: insert into
t_role(role_name, note) values (?, ?)
org.apache.ibatis.logging.jdbc.BaseJdbcLogger: ==> Parameters:
role_name_2(String), note-2(String)
org.apache.ibatis.logging.jdbc.BaseJdbcLogger: <==    Updates: 1
......
com.learn.ssm.chapter14.service.impl.RoleListServiceImpl:
org.springframework.dao.DataIntegrityViolationException:
### Error updating database.  Cause:
com.mysql.jdbc.exceptions.jdbc4.MySQLIntegrityConstraintViolationException:
Column 'role_name' cannot be null
### The error may exist in com/learn/ssm/chapter14/mapper/RoleMapper.xml
### The error may involve defaultParameterMap
### The error occurred while setting parameters
### SQL: insert into t_role(role_name, note) values (?, ?)
### Cause:
com.mysql.jdbc.exceptions.jdbc4.MySQLIntegrityConstraintViolationException:
Column 'role_name' cannot be null
; Column 'role_name' cannot be null; nested exception is
com.mysql.jdbc.exceptions.jdbc4.MySQLIntegrityConstraintViolationException:
Column 'role_name' cannot be null
......
org.mybatis.logging.Logger: Releasing transactional SqlSession
[org.apache.ibatis.session.defaults.DefaultSqlSession@41dd05a]
org.mybatis.logging.Logger: Fetched SqlSession
[org.apache.ibatis.session.defaults.DefaultSqlSession@41dd05a] from current
transaction
org.apache.ibatis.logging.jdbc.BaseJdbcLogger: ==>  Preparing: insert into
t_role(role_name, note) values (?, ?)
org.apache.ibatis.logging.jdbc.BaseJdbcLogger: ==> Parameters:
role_name_10(String), note-10(String)
org.apache.ibatis.logging.jdbc.BaseJdbcLogger: <==    Updates: 1
org.mybatis.logging.Logger: Releasing transactional SqlSession
......
```

从加粗日志可以看到，insertRole 方法是从当前事务中获取独立的子事务去执行的，而查看数据库记录就会发现，即使有异常发生，它还是会提交事务。这里 Spring 采用了数据库的保存点（savepoint）技术，由于保存点技术并不是每一个数据库都支持的，所以当传播行为被设置为 NESTED 时，Spring 会先探测当前数据库是否支持保存点技术。如果数据库不支持，它就会和 REQUIRES_NEW 一样创建新事务去运行代码，以达到内部方法发生异常时并不回滚当前事务的目的。

下面我们再将 insertRole 方法的传播行为修改为 REQUIRES_NEW，然后运行代码得到下面的日志：

```
org.mybatis.logging.Logger: Creating a new SqlSession
org.mybatis.logging.Logger: Registering transaction synchronization for SqlSession
[org.apache.ibatis.session.defaults.DefaultSqlSession@613a8ee1]
org.mybatis.logging.Logger: JDBC Connection [1878413714,
URL=jdbc:mysql://localhost:3306/ssm, UserName=root@localhost, MySQL Connector Java]
will be managed by Spring
org.apache.ibatis.logging.jdbc.BaseJdbcLogger: ==>  Preparing: insert into
t_role(role_name, note) values (?, ?)
org.apache.ibatis.logging.jdbc.BaseJdbcLogger: ==> Parameters:
role_name_1(String), note-1(String)
org.apache.ibatis.logging.jdbc.BaseJdbcLogger: <==    Updates: 1
org.mybatis.logging.Logger: Releasing transactional SqlSession
[org.apache.ibatis.session.defaults.DefaultSqlSession@613a8ee1]
org.mybatis.logging.Logger: Transaction synchronization committing SqlSession
[org.apache.ibatis.session.defaults.DefaultSqlSession@613a8ee1]
org.mybatis.logging.Logger: Transaction synchronization deregistering SqlSession
[org.apache.ibatis.session.defaults.DefaultSqlSession@613a8ee1]
org.mybatis.logging.Logger: Transaction synchronization closing SqlSession
[org.apache.ibatis.session.defaults.DefaultSqlSession@613a8ee1]
org.mybatis.logging.Logger: Creating a new SqlSession
org.mybatis.logging.Logger: Registering transaction synchronization for SqlSession
[org.apache.ibatis.session.defaults.DefaultSqlSession@1253e7cb]
org.mybatis.logging.Logger: JDBC Connection [1640612861,
URL=jdbc:mysql://localhost:3306/ssm, UserName=root@localhost, MySQL Connector Java]
will be managed by Spring
org.apache.ibatis.logging.jdbc.BaseJdbcLogger: ==>  Preparing: insert into
t_role(role_name, note) values (?, ?)
org.apache.ibatis.logging.jdbc.BaseJdbcLogger: ==> Parameters:
role_name_2(String), note-2(String)
org.apache.ibatis.logging.jdbc.BaseJdbcLogger: <==    Updates: 1
org.mybatis.logging.Logger: Releasing transactional SqlSession
[org.apache.ibatis.session.defaults.DefaultSqlSession@1253e7cb]
org.mybatis.logging.Logger: Transaction synchronization committing SqlSession
[org.apache.ibatis.session.defaults.DefaultSqlSession@1253e7cb]
org.mybatis.logging.Logger: Transaction synchronization deregistering SqlSession
[org.apache.ibatis.session.defaults.DefaultSqlSession@1253e7cb]
org.mybatis.logging.Logger: Transaction synchronization closing SqlSession
[org.apache.ibatis.session.defaults.DefaultSqlSession@1253e7cb]
......
### Error updating database.  Cause:
com.mysql.jdbc.exceptions.jdbc4.MySQLIntegrityConstraintViolationException:
Column 'role_name' cannot be null
### The error may exist in com/learn/ssm/chapter14/mapper/RoleMapper.xml
### The error may involve defaultParameterMap
### The error occurred while setting parameters
### SQL: insert into t_role(role_name, note) values (?, ?)
### Cause:
com.mysql.jdbc.exceptions.jdbc4.MySQLIntegrityConstraintViolationException:
Column 'role_name' cannot be null
; Column 'role_name' cannot be null; nested exception is
com.mysql.jdbc.exceptions.jdbc4.MySQLIntegrityConstraintViolationException:
Column 'role_name' cannot be null
```

```
......
org.mybatis.logging.Logger: Creating a new SqlSession
org.mybatis.logging.Logger: Registering transaction synchronization for SqlSession
[org.apache.ibatis.session.defaults.DefaultSqlSession@488eb7f2]
org.mybatis.logging.Logger: JDBC Connection [1099552523,
URL=jdbc:mysql://localhost:3306/ssm, UserName=root@localhost, MySQL Connector Java]
will be managed by Spring
org.apache.ibatis.logging.jdbc.BaseJdbcLogger: ==> Preparing: insert into
t_role(role_name, note) values (?, ?)
org.apache.ibatis.logging.jdbc.BaseJdbcLogger: ==> Parameters:
role_name_10(String), note-10(String)
org.apache.ibatis.logging.jdbc.BaseJdbcLogger: <==    Updates: 1
org.mybatis.logging.Logger: Releasing transactional SqlSession
[org.apache.ibatis.session.defaults.DefaultSqlSession@488eb7f2]
......
```

通过查看数据库，也可以看到提交了数据。从加粗的日志可以看出，当执行 insertRole 方法时，Spring 会为每一次 insertRole 方法的调用都分配一个新的 SqlSession 去执行。

REQUIRES_NEW 和 NESTED 两个隔离级别都可以让子事务回滚而当前事务不回滚，它们的区别如下。

- Spring 只有在传播行为为 REQUIRES_NEW 时，才会创建新的数据库连接去执行子方法，这时才会根据子方法（比如 insertRole 方法）的事务配置来设置这条新的连接属性，比如隔离级别、超时时间等。
- Spring 在非传播行为为 REQUIRES_NEW 时，不会创建新的连接，也就不会重新设置事务的属性，而是沿用当前事务（insertRoleList 方法）的事务配置，也就是子方法（比如 insertRole 方法）的事务配置，隔离级别、超时时间等都失效了。

通过上述分析可以知道，当使用独立的连接运行子方法时，可以重新设置独立的隔离级别、锁和会话等，此时要使用 REQUIRES_NEW；如果需要沿用当前事务的隔离级别、锁和会话等，就用 NESTED。

14.7　注解@Transactional 的自调用失效问题

有时候配置的注解@Transactional 会失效，这里要注意一些细节问题，以避免落入陷阱。

注解@Transactional 的底层实现是 Spring AOP 技术，而 Spring AOP 技术使用的是动态代理。这就意味着对于静态（static）方法和非 public 方法，注解@Transactional 是失效的。还有一个更为隐秘的，而且在使用过程中极其容易犯错误的问题——自调用。先解释一下什么是自调用。

所谓自调用，就是一个类的一个方法去调用自身另一个方法的过程。先来改写代码清单 14-19 中的 RoleServiceImpl，如代码清单 14-23 所示。

代码清单 14-23：注解@Transactional 的自调用问题

```
package com.learn.ssm.chapter14.service.impl;

import java.util.List;

import org.springframework.beans.factory.annotation.Autowired;
import org.springframework.stereotype.Service;
import org.springframework.transaction.annotation.Isolation;
import org.springframework.transaction.annotation.Propagation;
```

```java
import org.springframework.transaction.annotation.Transactional;

import com.learn.ssm.chapter14.dao.RoleDao;
import com.learn.ssm.chapter14.pojo.Role;
import com.learn.ssm.chapter14.service.RoleService;

@Service
public class RoleServiceImpl implements RoleService {

    // 注入 RoleDao
    @Autowired
    private RoleDao roleDao = null;

    // 设置隔离级别为提交读，传播行为为 REQUIRES_NEW
    @Transactional(propagation=Propagation.REQUIRES_NEW,
            isolation=Isolation.DEFAULT, timeout=3)
    public int insertRole(Role role) {
        return roleDao.insertRole(role);
    }

    /**
     * 测试自调用问题
     */
    @Override
    @Transactional(propagation = Propagation.REQUIRED,
        isolation=Isolation.READ_COMMITTED)
    public int insertRoleList(List<Role> roleList) {
        int count = 0;
        for (Role role : roleList) {
            try {
                // 调用自身类的方法，产生自调用问题
                insertRole(role);
                count++;
            } catch (Exception ex) {
                ex.printStackTrace();
            }
        }
        return count;
    }

}
```

通过这个实现类修改其接口 RoleService 的工作是很简单的，这里不再讨论关于 RoleService 接口的改造问题。在 insertRoleList 方法的实现中，它调用了自身类实现 insertRole 的方法，而 insertRole 声明是 REQUIRES_NEW 的传播行为，也就是每次调用都会产生新的事务运行，那么它会成功吗？笔者对此进行了测试，测试日志如下：

```
org.mybatis.logging.Logger: Creating a new SqlSession
org.mybatis.logging.Logger: Registering transaction synchronization for SqlSession
[org.apache.ibatis.session.defaults.DefaultSqlSession@42463763]
org.mybatis.logging.Logger: JDBC Connection [38603201,
URL=jdbc:mysql://localhost:3306/ssm, UserName=root@localhost, MySQL Connector Java]
will be managed by Spring
org.apache.ibatis.logging.jdbc.BaseJdbcLogger: ==>  Preparing: insert into
t_role(role_name, note) values (?, ?)
org.apache.ibatis.logging.jdbc.BaseJdbcLogger: ==> Parameters:
role-name-1(String), note-1(String)
org.apache.ibatis.logging.jdbc.BaseJdbcLogger: <==    Updates: 1
```

```
......
org.mybatis.logging.Logger: Releasing transactional SqlSession
[org.apache.ibatis.session.defaults.DefaultSqlSession@42463763]
org.mybatis.logging.Logger: Fetched SqlSession
[org.apache.ibatis.session.defaults.DefaultSqlSession@42463763] from current
transaction
org.apache.ibatis.logging.jdbc.BaseJdbcLogger: ==> Preparing: insert into
t_role(role_name, note) values (?, ?)
org.apache.ibatis.logging.jdbc.BaseJdbcLogger: ==> Parameters:
role-name-9(String), note-9(String)
org.apache.ibatis.logging.jdbc.BaseJdbcLogger: <==    Updates: 1
org.mybatis.logging.Logger: Releasing transactional SqlSession
[org.apache.ibatis.session.defaults.DefaultSqlSession@42463763]
org.mybatis.logging.Logger: Fetched SqlSession
[org.apache.ibatis.session.defaults.DefaultSqlSession@42463763] from current
transaction
org.apache.ibatis.logging.jdbc.BaseJdbcLogger: ==> Preparing: insert into
t_role(role_name, note) values (?, ?)
org.apache.ibatis.logging.jdbc.BaseJdbcLogger: ==> Parameters:
role-name-10(String), note-10(String)
org.apache.ibatis.logging.jdbc.BaseJdbcLogger: <==    Updates: 1
```

从日志中可以看到，角色插入多次都使用了同一事务，也就是说，在 insertRole 上标注的注解@Transactional 失效了，这是一个很容易掉进去的陷阱。

出现这个问题的根本原因在于 AOP 的实现原理——注解@Transactional 的实现原理是 AOP，而 AOP 的实现原理是动态代理。代码清单 14-23 中是自己调用自己的过程，换句话说，并不存在代理对象的调用，这样就不会产生 AOP 去设置注解@Transactional 配置的参数，从而出现自调用注解失效的问题。

为了解决这个问题，一方面可以像 14.6.1 节的实例一样使用两个服务（Service）类相互调用，这时 Spring IoC 容器中生成了 RoleService 的代理对象，就可以使用 AOP 了，而不会出现代码清单 14-23 的自调用问题。另外一方面，也可以直接从容器中获取 RoleService 的代理对象，如代码清单 14-24 所示，它改写了代码清单 14-23 的 insertRoleList 方法，从 Spring IoC 容器中获取 RoleService 代理对象。

代码清单 14-24：使用代理对象调用方法，消除自调用失效问题

```
package com.learn.ssm.chapter14.service.impl;

/**** imports ****/

@Service
public class RoleServiceImpl
    implements RoleService, ApplicationContextAware {

    ......

    private ApplicationContext ctx = null;
    /**
     * 测试自调用问题
     */
    @Override
    @Transactional(propagation = Propagation.REQUIRED,
        isolation=Isolation.READ_COMMITTED)
    public int insertRoleList(List<Role> roleList) {
        int count = 0;
```

```
        //从容器中获取 RoleService 对象，实际是一个代理对象
        RoleService roleService = ctx.getBean(RoleService.class);
        for (Role role : roleList) {
            try {
                // 代理对象调用，消除自调用问题
                roleService.insertRole(role);
                count++;
            } catch (Exception ex) {
                ex.printStackTrace();
            }
        }
        return count;
    }

    // 设置 Spring IoC 容器
    @Override
    public void setApplicationContext(ApplicationContext ctx)
        throws BeansException {
        this.ctx = ctx;
    }
}
```

　　这里，类实现了 Spring Bean 的声明周期接口 ApplicationContextAware，这样就可以通过 setApplicationContext 方法获取 Spring IoC 容器了。注意加粗的代码，首先从 Spring IoC 容器中获取了 RoleService 的 Bean，这里获得的是一个代理对象，如图 14-5 所示。

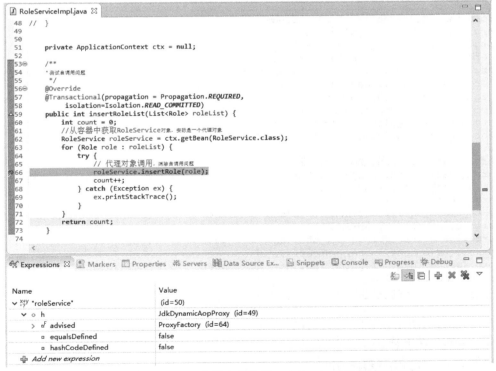

图 14-5　从 Spring IoC 容器中获取的 RoleService 实际为代理对象

　　这样 Spring 才能启用 AOP 技术，设置注解@Transactional 配置的参数，此时再次测试，打出的日志如下：

```
org.mybatis.logging.Logger: Creating a new SqlSession
org.mybatis.logging.Logger: Registering transaction synchronization for SqlSession
[org.apache.ibatis.session.defaults.DefaultSqlSession@f72203]
org.mybatis.logging.Logger: JDBC Connection [481402298,
URL=jdbc:mysql://localhost:3306/ssm, UserName=root@localhost, MySQL Connector Java]
will be managed by Spring
org.apache.ibatis.logging.jdbc.BaseJdbcLogger: ==> Preparing: insert into
t_role(role_name, note) values (?, ?)
org.apache.ibatis.logging.jdbc.BaseJdbcLogger: ==> Parameters:
role-name-1(String), note-1(String)
org.apache.ibatis.logging.jdbc.BaseJdbcLogger: <==    Updates: 1
org.mybatis.logging.Logger: Releasing transactional SqlSession
[org.apache.ibatis.session.defaults.DefaultSqlSession@f72203]
org.mybatis.logging.Logger: Transaction synchronization committing SqlSession
[org.apache.ibatis.session.defaults.DefaultSqlSession@f72203]
org.mybatis.logging.Logger: Transaction synchronization deregistering SqlSession
[org.apache.ibatis.session.defaults.DefaultSqlSession@f72203]
org.mybatis.logging.Logger: Transaction synchronization closing SqlSession
[org.apache.ibatis.session.defaults.DefaultSqlSession@f72203]
org.mybatis.logging.Logger: Creating a new SqlSession
org.mybatis.logging.Logger: Registering transaction synchronization for SqlSession
[org.apache.ibatis.session.defaults.DefaultSqlSession@51d143a1]
org.mybatis.logging.Logger: JDBC Connection [1179093020,
URL=jdbc:mysql://localhost:3306/ssm, UserName=root@localhost, MySQL Connector Java]
will be managed by Spring
org.apache.ibatis.logging.jdbc.BaseJdbcLogger: ==> Preparing: insert into
t_role(role_name, note) values (?, ?)
org.apache.ibatis.logging.jdbc.BaseJdbcLogger: ==> Parameters:
role-name-2(String), note-2(String)
org.apache.ibatis.logging.jdbc.BaseJdbcLogger: <==    Updates: 1
org.mybatis.logging.Logger: Releasing transactional SqlSession
[org.apache.ibatis.session.defaults.DefaultSqlSession@51d143a1]
org.mybatis.logging.Logger: Transaction synchronization committing SqlSession
[org.apache.ibatis.session.defaults.DefaultSqlSession@51d143a1]
org.mybatis.logging.Logger: Transaction synchronization deregistering SqlSession
[org.apache.ibatis.session.defaults.DefaultSqlSession@51d143a1]
org.mybatis.logging.Logger: Transaction synchronization closing SqlSession
[org.apache.ibatis.session.defaults.DefaultSqlSession@51d143a1]
......
org.mybatis.logging.Logger: Creating a new SqlSession
org.mybatis.logging.Logger: Registering transaction synchronization for SqlSession
[org.apache.ibatis.session.defaults.DefaultSqlSession@59496961]
org.mybatis.logging.Logger: JDBC Connection [2041611826,
URL=jdbc:mysql://localhost:3306/ssm, UserName=root@localhost, MySQL Connector Java]
will be managed by Spring
org.apache.ibatis.logging.jdbc.BaseJdbcLogger: ==> Preparing: insert into
t_role(role_name, note) values (?, ?)
org.apache.ibatis.logging.jdbc.BaseJdbcLogger: ==> Parameters:
role-name-10(String), note-10(String)
org.apache.ibatis.logging.jdbc.BaseJdbcLogger: <==    Updates: 1
```

从日志可以看出，从容器获取代理对象的方法解决了自调用过程的问题，但是有一个弊端，就是从容器获取代理对象的方法有侵入之嫌，开发者的类需要依赖 Spring IoC 容器，而这个问题可以像 14.6.1 节的实例那样通过使用另一个服务类调用来解决。

14.8　典型错误用法剖析

数据事务是企业应用关注的核心内容，也是开发者最容易犯错的地方。因此笔者在这里讲解一些使用中的不良习惯，注意它们可以避免一些错误，同时防止性能的丢失。

14.8.1　错误使用 Service

互联网往往采用模型—视图—控制器（Model View Controller，MVC）来搭建开发环境，因此在 Controller 中使用 Service 是十分常见的。为了方便测试，我们使用代码清单 14-19 的两个 Service 进行测试。假设我们想在一个 Controller 中插入两个角色，并且两个角色需要在同一个事务中处理，下面给出错误使用 Service 的 Controller，如代码清单 14-25 所示。

代码清单 14-25：错误使用 Service 的 Controller

```
package com.learn.ssm.chapter14.controller;

/****************** imports ******************/
@Controller
public class RoleController {
    @Autowired
    private RoleService roleService = null;

    @Autowired
    private RoleListService roleListService = null;

    // 方法无事务
    public void errerUseServices() {
        Role role1 = new Role();
        role1.setRoleName("role_name_1");
        role1.setNote("role_note_1");
        // 带事务方法
        roleService.insertRole(role1);
        Role role2 = new Role();
        role2.setRoleName("role_name_2");
        role2.setNote("role_note_2");
        // 带事务方法
        roleService.insertRole(role2);
    }
}
```

类似的代码在工作中常常出现，甚至拥有多年开发经验的开发人员也会犯这类错误。这里存在的问题是两个 insertRole 方法根本不在同一个事务里。

当一个 Controller 使用 Service 方法时，如果 Service 方法标注有注解@Transactional，就会启用一个事务，而一个 Service 方法完成后，就会释放该事务，所以前后两个 insertRole 的方法是在两个不同的事务中完成的。下面是笔者测试这段代码的日志，可以清晰地看出它们并不存在于同一个事务中。

```
org.mybatis.logging.Logger: Creating a new SqlSession
org.mybatis.logging.Logger: Registering transaction synchronization for SqlSession
[org.apache.ibatis.session.defaults.DefaultSqlSession@53f0a4cb]
org.mybatis.logging.Logger: JDBC Connection [1746570062,
URL=jdbc:mysql://localhost:3306/ssm, UserName=root@localhost, MySQL Connector Java]
will be managed by Spring
```

```
org.apache.ibatis.logging.jdbc.BaseJdbcLogger: ==> Preparing: insert into
t_role(role_name, note) values (?, ?)
org.apache.ibatis.logging.jdbc.BaseJdbcLogger: ==> Parameters:
role_name_1(String), role_note_1(String)
org.apache.ibatis.logging.jdbc.BaseJdbcLogger: <==    Updates: 1
org.mybatis.logging.Logger: Releasing transactional SqlSession
[org.apache.ibatis.session.defaults.DefaultSqlSession@53f0a4cb]
org.mybatis.logging.Logger: Transaction synchronization committing SqlSession
[org.apache.ibatis.session.defaults.DefaultSqlSession@53f0a4cb]
org.mybatis.logging.Logger: Transaction synchronization deregistering SqlSession
[org.apache.ibatis.session.defaults.DefaultSqlSession@53f0a4cb]
org.mybatis.logging.Logger: Transaction synchronization closing SqlSession
[org.apache.ibatis.session.defaults.DefaultSqlSession@53f0a4cb]
org.mybatis.logging.Logger: Creating a new SqlSession
org.mybatis.logging.Logger: Registering transaction synchronization for SqlSession
[org.apache.ibatis.session.defaults.DefaultSqlSession@640f11a1]
org.mybatis.logging.Logger: JDBC Connection [2059592603,
URL=jdbc:mysql://localhost:3306/ssm, UserName=root@localhost, MySQL Connector Java]
will be managed by Spring
org.apache.ibatis.logging.jdbc.BaseJdbcLogger: ==> Preparing: insert into
t_role(role_name, note) values (?, ?)
org.apache.ibatis.logging.jdbc.BaseJdbcLogger: ==> Parameters:
role_name_2(String), role_note_2(String)
org.apache.ibatis.logging.jdbc.BaseJdbcLogger: <==    Updates: 1
org.mybatis.logging.Logger: Releasing transactional SqlSession
[org.apache.ibatis.session.defaults.DefaultSqlSession@640f11a1]
```

如果第一个插入成功了，而第二个插入失败了，就会使数据库数据不同时成功或者失败，可能产生严重的数据不一致问题，给生产带来严重的损失。

这个例子明确地告诉大家在使用带有事务的 Service 方法时，应该只有一个入口，然后使用传播行为来定义事务策略。如果错误地进行多次调用，就不会在同一个事务中，这会造成不同时提交或回滚的数据一致性问题。每一个 Java EE 开发者都要注意这类问题，以避免不必要的错误。

14.8.2　长时间占用事务

在企业的生产系统中，数据库事务资源是最宝贵的资源之一，使用了数据库事务之后，要及时释放数据库事务资源，甚至要评估数据库事务处理业务的耗时。换言之，我们应该尽可能地缩短使用数据库事务资源的时间去完成所需工作，为此我们需要区分哪些业务是需要事务的，哪些是不需要的，而不需要的耗时又如何？比如在工作中需要进行文件、对外连接调用等操作，而这些操作往往会占用较长时间，且不需要事务，在这样的场景下，如果开发者不注意细节，就很容易出现系统宕机的问题。

假设在插入角色后还需要操作一个文件，那么我们要改造 insertRole 方法，如代码清单 14-26 所示。

代码清单 14-26：insertRole 方法的改造

```
@Override
@Transactional(propagation = Propagation.REQUIRED,
      isolation= Isolation.READ_COMMITTED)
public int insertRole(Role role) {
   int result = roleMapper.insertRole(role);
   // 操作一些与数据库无关的文件
```

```
    doSomethingForFile();
    return result;
}
```

代码中假设 doSomethingForFile 方法是一个与数据库事务无关的操作，比如图片的上传等，笔者必须告诉读者这是一段糟糕的代码。

当 insertRole 方法结束后，Spring 才会释放数据库事务资源，也就是说在运行 doSomethingForFile 方法时，Spring 并没有释放数据库事务资源，等到 doSomethingForFile 方法运行完成返回 result 后，才关闭数据库资源。

在大型互联网系统中，一个数据库的连接（Connection）可能只有 50 条左右，然而同时并发的请求可能有成百上千条。其中，大部分的并发请求都在等待这 50 条连接的文件操作，假如平均一个 doSomethingForFile 的操作需要 1 秒，对于同时出现 1 000 条并发请求的网站，就会出现请求卡顿的状况。因为大部分的请求都在等待数据库事务资源的分配，这是一个糟糕的结果，如图 14-6 所示。

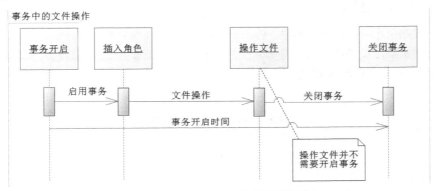

图 14-6　在事务中的文件操作

从图 14-6 可以看出，当操作文件的步骤占用较长时间时，数据库事务资源将长期得不到释放，这个时候如果发生高并发，会造成大量的并发请求得不到数据库的事务资源而导致的系统宕机。对此应该修改为在 Controller 层中操作文件，如代码清单 14-27 所示。

代码清单 14-27：在 Controller 层中操作文件

```
@Autowired
private RoleService roleService = null;

public Role addRole(Role role) {
    // 带事务方法
    roleService.insertRole(role);
    // 不需事务方法
    doSomethingForFile();
    return role;
}
```

注意，当程序运行 insertRole 方法后，Spring 会释放数据库事务资源。这时 doSomethingForFile 方法已经在一个没有事务的环境中运行了，不会因为当前的请求长期占用数据库事务资源，造成其他并发请求被迫等待其释放，这个改写分析如图 14-7 所示。

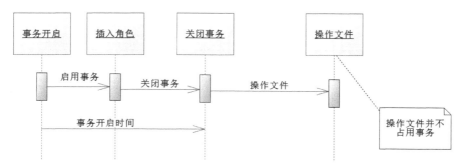

图 14-7　不在事务中的文件操作

从图 14-7 可以看出，在操作文件时，事务早已被关闭了，这时操作文件就避免了数据库事务资源被当前请求占用，导致其他请求得不到事务资源的情况。其实不仅是文件操作，还有一些系统之间的通信及一些可能需要花费较长时间的操作，都要注意这个问题。

14.8.3　错误捕捉异常

模拟一段购买产品的代码，其中，ProductService 是产品服务类，TransactionService 是记录交易信息，需求显然就是产品减库存和将交易保存在同一个事务里，要么同时成功，要么同时失败，并且假设减库存和保存交易的传播行为都为 REQUIRED，现在让我们来看代码清单 14-28。

代码清单 14-28：错误捕捉异常

```
@Autowired
private PrudoctService prudoctService;

@Autowired
Private TransactionService transactionService;

@Override
@Transactional(propagation = Propagation.REQUIRED,
      isolation = Isolation.READ_COMMITTED)
public int doTransaction(TransactionBean trans) {
    int resutl = 0;
    try {
        // 减少库存
        int result = prudoctService.decreaseStock(
            trans.getProductId, trans.getQuantity());
        // 如果减少库存成功则保存记录
        if (result >0) {
            transactionService.save(trans);
        }
    } catch(Exception ex) {
        // 自行处理异常代码
        // 记录异常日志
        log.info(ex);
    }
    return result;
}
```

这里的问题是方法已经存在异常了，由于开发者不了解 Spring 的事务约定，所以在两个操作的方法里面加入了自己的 try...catch...语句。这样实际也没有什么错误，只是显得冗余，之前我们分析过当 PrudoctService 的 decreaseStock 方法没有异常，而 TransactionService 的 save 方法发生异常时，也会发生事务的回滚，只是它会抛出 "Transaction rolled back because it has been marked as rollback-only"（事务看起来已经标注了只能回滚）的异常，一些初级开发者可能难以找到发生异常的原因。

在那些需要处理大量异常的代码中，我们要小心这样的问题，避免代码复杂化，让定位问题出现很大的困难。有时候也确实需要我们自己处理异常，为此对代码清单 14-28 进行改造，如代码清单 14-29 所示。

代码清单 14-29：自行抛出异常

```
@Autowired
private PrudoctService prudoctService;

@Autowired
Private TransactionService transactionService;

@Override
@Transactional(propagation = Propagation.REQUIRED,
    isolation = Isolation.READ_COMMITTED)
public int doTransaction(TransactionBean trans) {
    int resutl = 0;
    try {
        // 减少库存
        int result = prudoctService.decreaseStock(
            trans.getProductId, trans.getQuantity());
        // 如果减少库存成功则保存记录
        if (result >0) {
            transactionService.save(trans);
        }
    } catch(Exception ex) {
        // 自行处理异常代码
        // 记录异常日志
        log.info(ex);
        // 自行抛出异常，让 Spring 事务管理流程获取异常，进行事务管理
        throw new RuntimeException(ex);
    }
    return result;
}
```

注意加粗的代码，它抛出了一个运行异常，在 Spring 的事务流程中，会捕捉到抛出的这个异常，进行事务回滚。这样在发生异常时，会更有利于定位，这才是合适的使用数据库事务的方式。